科学出版社“十三五”普通高等教育本科规划教材

普通高等教育师范类地理系列教材

土壤地理学

（第二版）

海春兴　陈健飞　主编

科 学 出 版 社

北　京

内容简介

本书共分十章，主要内容包括五部分。首先，对土壤地理学的基本特征、研究内容和方法、学科体系及该学科的发展进行了阐述；其次，对土壤的物质组成及其理化性质进行介绍；第三，通过对土壤中的物质能量循环及土壤形成因素的分析，介绍了土壤的各种分类体系及其相互关联，并介绍主要土壤类型的分布、形成过程及理化性质；第四，对土壤的分布规律、土被结构及土壤区划进行了阐述；最后，通过土壤调查与土壤制图将所学的土壤学基础知识和土壤地理学知识应用到实践中。

本书是面向高等院校地理科学类专业、环境科学专业、生态专业、农林专业及其他相关专业的本科生及专科生教材，也可作为其他相关学科的研究生及教师的教学、科研参考书。

审图号：GS京(2023)0307号

图书在版编目(CIP)数据

土壤地理学／海春兴，陈健飞主编．—2版．—北京：科学出版社，2017.1

普通高等教育师范类地理系列教材

ISBN 978-7-03-050552-1

Ⅰ．①土… Ⅱ．①海…②陈… Ⅲ．①土壤地理学—高等学校—教材 Ⅳ．①S159

中国版本图书馆CIP数据核字(2016)第268023号

责任编辑：许　健／责任校对：谭宏宇

责任印制：黄晓鸣／封面设计：殷　靓

科学出版社 出版

北京东黄城根北街16号

邮政编码：100717

http://www.sciencep.com

南京展望文化发展有限公司排版

广东虎彩云印刷有限公司印刷

科学出版社发行　各地新华书店经销

＊

2010年9月第　一　版　开本：889×1194　1/16

2017年1月第　二　版　印张：14　3/4

2024年9月第二十次印刷　字数：473 000

定价：42.00元

（如有印装质量问题，我社负责调换）

《土壤地理学(第二版)》编委会名单

主　编　海春兴　陈健飞

副主编　郑　林　张永清

编　委　(按姓氏笔画排序)

王华静(四川师范大学)　王　莉(山西师范大学)
刘金萍(重庆师范大学)　齐述华(江西师范大学)
孙永光(赣南师范学院)　李占宏(包头师范学院)
李江涛(广州大学)　吴忠红(山西师范大学)
张永清(山西师范大学)　张保华(聊城大学)
陈永林(赣南师范学院)　陈松林(福建师范大学)
陈健飞(广州大学)　周葆华(安庆师范学院)
周瑞平(内蒙古师范大学)　郑　林(江西师范大学)
陕永杰(山西师范大学)　郝汉舟(咸宁学院)
郝润梅(内蒙古师范大学)　胡启武(江西师范大学)
姜洪涛(内蒙古师范大学)　敖登高娃(内蒙古师范大学)
凌　云(上饶师范学院)　海春兴(内蒙古师范大学)
解云虎(包头师范学院)　廖富强(江西师范大学)

序

正值中国地理学会在北京人民大会堂举行百年庆典之际，欣闻科学出版社组织全国高等师范院校共同编写地理科学类系列精编教材，以适应我国高等师范院校教学改革和综合化发展的需要，我作为教育部地球科学教学指导委员会主任委员感到由衷地高兴和鼓舞。

众所周知，高等师范院校的设置和发展可以说是中国高等教育在世界上的特色之一，为我国开展基础教育、提高国民素质教育作出了杰出贡献。地理科学类专业最早于1921年在东南大学(今南京大学的前身)设立了我国大学中的第一个地理学系，随后清华大学、金陵大学、北平师范大学纷纷增设地理学或地学系，因此地理科学类专业教育迄今已有八十余年的历史，培养了一大批服务于地理、环境与社会经济的地理科学人才。现今随着日益凸显的全球性的资源环境问题与人地关系矛盾的加剧和地理信息技术的迅速兴起、发展与应用，地理科学新的快速发展与拓展，地理科学类专业由原较单一的地理教育专业发展为地理科学、地理信息系统、资源环境与城乡规划管理等三个本科专业，并在综合性大学、高等师范院校、农林类高校等都有广泛开办。其中，高等师范院校较完整地设立了三个专业，在培养地理科学类的地理教学师资、地理信息系统、资源环境和城乡规划管理等人才方面发挥了主力军的作用，成为了我国培养这一类型人才的重要阵地，多被誉为“教师的摇篮”；与此同时，高等师范院校根据我国师范院校的性质和发展战略方向，以及我国高等教育改革的趋势，依托各区域的地理特点和文化积淀，针对社会的迫切需求，办出了不同于综合性大学的立足本土与本身的基础教育师资和区域性应用人才的特色。

由高等师范院校的资源环境与地理科学类的学院联合撰编系列精品教材，可紧密结合高等师范院校地理科学类专业的特点，量体裁衣，因校制宜，形成高等师范院校不同于综合性大学的自己系列精品教材；同时，可充分发挥师范院校教师们在师范院校地理科学类专业教学经验丰富和服务于基础教育及地方社会经济发展等的优势，将多年来精品课程建设、实践(实验)教学、专业建设、教学研究与教学改革等成果融入其中，形成真正的精品教材；再者，高等师范院校共同搭建系列精品教材编写平台，每本教材以1～2校为主编单位，多家院校参与、相互学习、相互交流、相互借鉴，取长补短，优势互补，共同提高，不仅利于每本教材编写水平的提升，也可促进师范院校专业建设和整体教学水平的提高，将提高本科教学质量、培养高素质人才、服务于地方基础教育和社会经济发展落到实处,推动我国高等教育的改革和发展。

我相信,科学出版社和高等师范院校精诚团结,真诚合作,各院校相互交流协作,一定能编出适合中国国情与需要,适应我国高等教育发展,适合高等师范院校的系列精品教材。

中国科学院院士

教育部高等学校地球科学教学指导委员会主任委员

前　言

党的二十大报告明确指出:“实施科教兴国战略,强化现代化建设人才支撑”“教育、科技、人才是全面建设社会主义现代化国家的基础性、战略性支撑”。科学合理的教材是教育发展的重要支撑条件之一,本着为地理学科提供更加丰富的授课资源,培养实践能力、创新能力和综合素质俱备的地理学人才,实现科技管理土壤资源及生态文明建设的初衷,我们编写了本教材,并持续进行再版修订。

本书从土壤形成的微观物质组成到宏观的土壤全球分布,系统阐述了土壤地理学知识体系的构架。从土壤形态特征入手,剖析土壤的性质,在描述土壤形成过程的基础上,对土壤的分类系统和全球分布进行规律性总结。结合时空概念,说明土壤地理学在地球环境中的地位和作用。本书全面阐述土壤地理学基本知识,重点强化土壤物质组成、形成过程及其分布,并力求将传统内容与前沿理论结合得更好,使基础知识与新理论、新方法有机结合起来,使得本书不仅能作为地理专业本科生的教材,同时也能使学生及时了解土壤地理学的前沿动态。在编写中,注重知识结构的严谨性、系统性和现势性,努力使本书成为可读性、可操作性较强的教材。

借国家一流学科、一流课程建设的契机,为满足全国高校学生对土壤地理学线上、线下教学资源的需求,我们将理论与实践教学资源进行了整合,并搭建了包括土壤实践教学的课程资源数据库,持续建设土壤地理学国家级一流本科课程。教材编写力求文字简练内容清晰,充分发挥插图和表格的作用,使繁多的内容简化,便于学习掌握;教材编写也突出了对实践环节的培养,强调室内实验—短途实习在本书中的位置,如对第七章可设计教学活动环节,各地可针对地带性土壤进行野外剖面观测与成土过程描述。兼顾理论知识与实践能力的同时合理融入思政元素,以土壤健康为需求背景,从土壤保护、土壤污染修复改良、土壤生物多样性等方面介入,并结合气候变化背景下土壤水、碳、氮循环案例,强调土壤系统在环境中的地位。

《土壤地理学(第二版)》第一章由内蒙古师范大学地理科学学院海春兴、郝润梅老师编写;第二章由重庆师范大学地理与旅游学院刘金萍老师编写;第三章由山西师范大学城市与环境科学学院张永清、吴忠红老师编写;第四章由山西师范大学城市与环境科学学院张永清老师组织编写,聊城大学地理与环境学院张保华老师、咸宁学院资源与环境科学学院郝汉舟老师、山西师范大学陕永杰

Foreword

老师分别编写了第二节、第三节、第四节，山西师范大学王莉老师编写了第五节和第六节；第五章由江西师范大学地理与环境学院郑林老师组织编写，江西师范大学胡启武老师编写第一节、第二节和第三节，赣南师范学院陈永林老师、孙永光老师分别编写第四节、第五节，江西师范大学齐述华老师编写第六节，江西师范大学廖富强老师编写第七节和第八节；第六章由江西师范大学地理与环境学院郑林老师组织编写，江西师范大学齐述华老师编写第一节，上饶师范学院凌云老师编写第二节，江西师范大学郑林老师、廖富强老师和上饶师范学院凌云老师编写第三节；第七章由广州大学地理科学学院陈健飞老师和福建师范大学陈松林老师编写；第八章由广州大学地理科学学院陈健飞老师和李江涛老师组织编写，内蒙古师范大学地理科学学院敖登高娃老师编写第二节中的草原土壤部分，四川师范大学地理与资源科学学院王华静老师编写了第四节中的紫色土部分；第九章由内蒙古师范大学地理科学学院海春兴、周瑞平老师及安庆师范学院资源环境学院周葆华老师编写；第十章由内蒙古师范大学地理科学学院海春兴、包头师范学院资源与环境学院李占宏老师编写；各章节课程思政元素由内蒙古师范大学姜洪涛老师和包头师范学院解云虎老师整理。

科学出版社编辑为教材编辑出版付出了辛勤劳动，周瑞荣、王静在教材成稿过程中做了大量文字校对工作，谨致以诚挚的谢意！

由于参与编写的院校和老师较多，集体分工编写过程的详略处理和表述口径尚难一致，难免存在不足之处，欢迎广大师生在使用过程中批评指正。

2023年5月修订

目录

Contents

第一章　绪　　论

第一节　土壤的基本特征

一、土壤的基本概念

有人类社会以来，就有了认土、用土和改土的历史。《周礼》中的“万物自生焉则曰土”，既分析了土壤与植物的关系，也说明了“土”的本身意义。许慎的《说文解字》指出：“土者，地之吐生物者也。”“二”，像地之上，地之中；“丨”，物出形也。具体说明了“土”字的形象、来源和意义。至于“壤”，《周礼》指出，“以人所耕而树艺焉则曰壤”，即“土”通过人们耕作、利用改良而成为“壤”。这种把“土”字和“壤”字联系起来的观点是对土壤概念最早的朴素解释。

（一）土壤含义

对于“土壤”一词的解释，不同的学科从各自的学科角度提出了对于“土壤”的不同界定。从生物学或农学的角度来看，土壤是陆地上具有一定肥力、能够生长植物的疏松表层，是天然植物与栽培作物的立地条件和生长发育基地；从地球化学角度来看，土壤是岩石圈表层在次生环境中发生元素迁移和形成次生矿物的近期堆积体；从工程建筑土质学的角度来看，土壤是具有特殊的材料理化性质和物理机械性质，并能作为建筑材料和承压性质基础的物体；从自然地理学的角度来看，土壤是成土母质在一定水热条件和生物作用下，经一系列生化物理作用而形成的独立的历史自然体，是一个从形态、物质组成、结构和功能上均可以剖析的物质实体。

20世纪中期以来，土壤概念更加强调土壤的三维空间特性。以美国土壤学家史密斯(Guy D. Smith)为首的诊断学派，提出以三维单个土体(pedon)、诊断层和诊断特性作为土壤分类的主要依据，为“土壤”概念的更新带来新的契机和活力。随着社会经济的快速发展和全球一体化，伴随而来的环境污染以及全球变化问题的日益突出，“土壤质量”的概念被提出来，即土壤质量是土壤生态界面内维持植物生产力、保障环境质量、促进动物与人类健康行为的能力(Doran et al., 1994)，在自然或人工生态系统中，土壤具有动植物生产持续性、保持和提高水质与空气质量以及支撑人类健康生活的能力。土壤的定义不再着重土壤肥力是土壤的唯一特性，更为广泛的含义是：土壤是发育于地球陆地表面具有生物活性和孔隙结构的介质，是地球陆地表面的脆弱薄层(Sposito, 1992)；或土壤是固态地球表面具有生命活动，处于生物与环境间进行物质循环和能量交换的疏松表层(赵其国, 1996)。

在土壤的发育过程中，最为显著的特点是建立在地表风化壳之上的物质分异，即形成了疏松多孔的肥力表层和表下层，成为近地表各种物质迁移转化的主要场所，同时，为其上植物的生长提供了养分条件，形成了持续不断供应动植物生产所需的肥力。另外，表层疏松多孔的特点也为接纳和分解污染物质提供了物质基础。

从土壤的形成和历史演化来看，土壤是地理环境中各圈层物质综合作用的产物。因而土壤的发生、发展、演变受成土环境变化的影响，与地球表层系统的发展和演化紧密相关，也经历了漫长而复杂的地质历史过程。现今在地球陆地表面土壤圈中，某些古土壤的起源可上溯到距今几千万年的第三纪，某些现代土壤类型则起源于第四纪冰后期，地球陆地表面以及一定范围的浅水地带是综合作用最显著的区域。

综上所述，可将“土壤”的概念定义为：土壤是发育于地球陆地表面的具有肥力能够生长植物的疏松表层，是成土母质在一定水热条件和生物作用下，经一系列生化物理作用而形成的独立的历史自然体。具有一定肥力、生物活性、多孔隙结构等是土壤的基本特征。现代环境条件下，土壤的功能表现为：作为生产资料，土壤具有肥力的本质属性；作为自然资源，土壤具可更新性和再生性；作为环境条件，土壤具有缓冲性与净化功能。因此，土壤条件成为人类社会可持续发展的必要条件之一。

（二）土壤土体构型

自然界的土壤是一个时间上处于动态变化、空间上具有垂直和水平分异的三维连续体，是一个从形态特征、物质组成、结构和功能上可以剖析的物质实体。因此，认识和研究土壤需要从具体的土壤剖面、单个土体、聚合土体剖析入手。

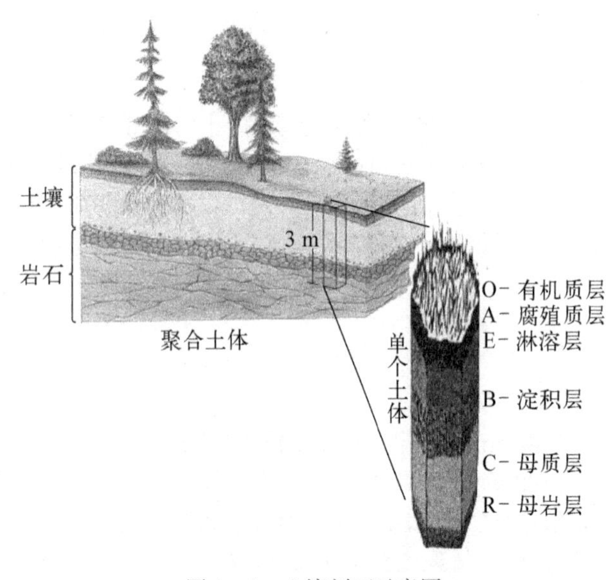

图 1-1 土壤剖面示意图

1. 土壤剖面 从地面垂直向下至母质的土壤纵断面称为土壤剖面(soil profile)。土壤剖面中与地面大致平行的、由成土作用形成的、组成物质及性状相对均匀的各土壤层，称为土壤发生层(soil genetic horizon)，简称土层(soil horizon)；由非成土作用形成的层次，称土壤层次(soil layers)。土壤发生层是土壤剖面的基本组成单元(图 1-1)。

2. 土体构型 在土壤剖面中的土层数目、排列组合形式和厚度，统称为土体构型(profile construction)，又称土壤剖面构造，它是土壤最重要的形态特征之一。在同一土壤剖面中的每个土层与其上下相邻的土层之间，在土壤颜色、结构体、质地、有机质含量等方面具有明显差别，任一土壤类型均具有其特定的土壤剖面构型，土体构型也是土壤类型辨别的重要依据。

3. 单个土体 土壤剖面的三维立体构成了单个土体(pedon)，是土壤最小体积单位的三维实体(图 1-1)。单个土体的形状大致为六面柱状体，根据土壤剖面的变异程度，单个土体的水平面积一般为 1～10 m^2，在此范围内任何土层在性能上是一致的，在垂直方向上包括所有土层。

4. 聚合土体 在空间上相邻、物质组成和性状上相近的多个单个土体共同组成聚合土体(polypedon)，又称土壤个体(soil individual)或土壤实体(soil body)。聚合土体相当于土壤分类中基本的分类单元，与土壤系统分类学(诊断学)中的一个土系(soil series)或土型(soil type)相当，或与在土壤发生学分类中一个土种(soil species)或变种(variety)相当。聚合土体是一个具体的土壤景观单位，它经常被作为土壤野外调查、观察、制图及其研究的重要对象。

二、土壤系统与土壤圈

（一）土壤系统

从系统结构角度看，土壤系统是一个由多相物质和多层结构组成的，不断运动着的复杂的物质和能量系统。土壤的固体物质(包括矿物质、有机质和活性有机体)、液体物质(土壤水分和土壤溶液)、气体物质(土壤空气)等构成了土壤系统的物质组成成分，并具有"活性"；土壤的层次结构又组成了土壤的结构系统。有学者认为土壤系统就是指土体，土壤剖面是它的二维反映，土体构型是土体的宏观结构。土壤内部多相物质之间、各土层之间不断地进行着物质与能量的迁移、转化、交换和传递过程构成了土壤的运动系统，是推动土壤发育与变化的内因和动力。

土壤又是一个复杂的开放系统，土壤是地球表层系统的重要组成要素，与自然界中其他因子相互作用，不断进行物质和能量交换。地理环境中的水分、养分、空气、热量等不断输入土壤，引起其性质改变；相反，输出则引起环境改变。这一交换过程是推动土壤形成和演变的外部因素，同时也是影响地球表层系统变化的重要原因(图 1-2)。

土壤还是一个生态系统。土壤生态系统是指土壤生物与其他成土因子(包括生物因子和非生物因子)构成的动态平衡系统,是一个相对独立的子系统,系统内外的物质与能量迁移转化过程,特别是生物地球化学过程,不仅是全球物质与能量循环的重要过程之一,同时对维护土壤系统平衡、区域生态环境稳定有着不可替代的作用。

土壤系统具有高度非线性和可变性特征,是自然界最为复杂的系统之一,它包含着复杂多样的物理、化学和生物过程,使得土壤系统永远不能处于静止的平衡状态。因此,必须从系统理论、耗散理论、非线性理论等角度出发来研究土壤系统。

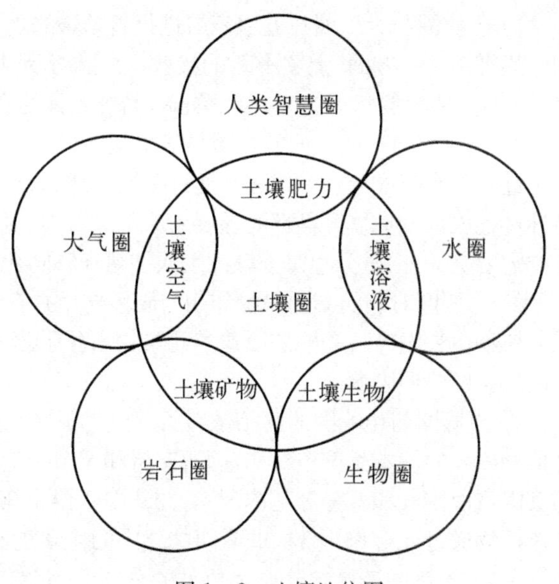

图 1-2 土壤地位图

资料来源:赵其国等(2007)

(二) 土壤圈

土壤圈(pedosphere)是地球表层系统的组成部分,呈不连续圈层状分布于地球陆地表面,又称“土被”,指覆盖于地球陆地表面和浅水域底部的土壤所构成的一种连续体或覆盖层。在大气圈、水圈、生物圈、岩石圈与土壤圈相互作用的界面上,形成了一个相对独立的亚系统,既具有自身的发生、发展、演化、分布规律,又与其他圈层之间不停地进行着物质循环和能量交换。

“土壤圈”的概念自 1938 年瑞典学者马特松(S. Matson)提出以后,B. A. 柯夫达(1973)和阿诺德(R. W. Anold)等(1990)又对“土壤圈”的定义、结构功能及其在地球系统和全球变化中的作用进行了较全面的论述。张甘霖等人认为土壤圈是一个具有多尺度结构的地球表层系统,“它包括分子—有机无机复合体—团聚体—土层—单个土体—土链—区域土被—土壤圈这样的多级组分,这实际上决定了土壤过程研究的多尺度性和极端复杂性”(张甘霖,2008)。土壤圈概念的发展旨在从地球系统的角度研究土壤圈的结构、成因和演化规律,以达到了解土壤圈的内在功能、在地球系统中的地位及其对人类与环境的影响的目的(赵其国,1999)。近年来,有关土壤圈的结构、功能及其在地球系统中地位和作用的研究已经成为现代土壤地理学研究的前沿领域。

(三) 土壤圈在地球表层系统中的地位和作用

从土壤圈分布的空间位置来看,它正处于人类智慧圈、大气圈、水圈、生物圈和岩石圈接触过渡地带。这里是地球表层不同圈层界面及其相互作用的交叉地带,是连接地理环境各组成要素的纽带,又是自然环境中的物质循环和能量转化的重要环节和活跃场所(图 1-2)。同时,也是联系有机界与无机界的中心环节,孕育了地理环境中生命的发展条件,维系着全球陆地生物圈的存在,土壤圈的变化直接或间接的引起全球变化。因此,土壤圈在地球表层系统具有重要地位和作用。

1. 土壤圈是地球表层系统的重要组成部分 由大气圈、水圈、生物圈、土壤圈、岩石圈等组成的地球表层系统是人类赖以生存的地理环境。土壤圈作为地球表层系统的组成部分,与其他圈层之间不断的物质循环和能量转化过程中,不仅形成了比大气圈、水圈和岩石圈的变化更为复杂多样的历史自然体——土壤,而且使土壤圈成为人类生存与发展的基本自然资源和人类劳动的对象,在社会经济发展和生态环境改善中起着特殊的作用,同时也影响到其他圈层的发展变化。

2. 土壤圈是自然环境中物质循环和能量转化的重要环节和活跃场所 地球上每年有 550×10^8 t 的植物有机质存在土壤圈中,其富集的灰分物质每年近 10×10^8 t,同期随地表地下径流进入江河大海的各种物质约有 3×10^8 t,使得土壤圈成为全球物质循环和能量转化的重要环节和活跃场所。物质和能量从其他自然地理要素不断向土壤输入,必然引起土壤物质组成及其性状的变化,又通过反馈机制引起地理环境要素的变化。

1）土壤圈与大气圈在近地表层进行着频繁的水分、热量、气态物质交换，影响着大气化学组成成分变化和水热平衡。一方面，土壤不断的接收大气降水及其沉降物质以供应生命之需；另一方面，又向大气释放CO_2、CH_4、N_2O等气体，参与碳、氮、硫、磷等元素的全球循环，并对全球环境产生影响。

2）土壤圈与水圈之间的物质与能量交换影响降水的重新分配和全球水平衡，也影响地球生物化学迁移转化过程和水圈成分。大气降水通过土壤过滤、吸持与渗透进入水圈，水分再次被蒸发降水回到土壤中的水循环过程成为全球水分循环的重要组成部分，在此过程中对水体的物质组成产生影响，同时供应生命体对水分的需要。此外，水分也是土壤圈物质能量迁移转化的重要载体和影响土壤性质的介质。

3）土壤圈对岩石圈的保护作用与破坏作用并存。岩石圈表层的风化物是土壤形成的物质基础（成土母质），植物生长发育所需的矿质营养元素均来源于岩石的风化。同时，土壤侵蚀及其堆积是岩石圈中沉积岩形成的重要物质来源。

4）土壤圈与生物圈的互相依存关系更为明显。土壤是陆地生物圈的载体和绿色植物生长的自然环境，是植物生长的基本生产资料和基础，支持和调节绿色植物的生物过程；提供植物生长肥力，植物通过根系从土壤中吸取水分和养分等基本因素，并从中获得土壤的机械支持；土壤也是动物生存的基础，动物只能利用绿色植物通过光合作用合成的有机物之中的化学能和营养物来维持其生命活动，“万物土中生”就是这个道理。另外，土壤圈还决定着自然植被的分布。当然，生物圈及生物活动对土壤圈的形成发育也产生深刻的影响。

3. 土壤圈具有广泛的生态环境功能 在土壤圈和地球表层系统其他圈层的物质与能量交换过程中，包含着复杂多样的物理、化学和生物学现象，从而使土壤圈永远处于一种动态平衡状态，这种错综复杂的耦合关系也形成了土壤圈物质循环的基本轮廓。随着现代对土壤圈内部的物质迁移转化过程及与地球表层其他圈层之间的物质交换过程、速率、机制及其相互影响研究的深入，土壤圈特有的疏松表层和物质迁移转化功能使其在保蓄水分、供给水源、净化水质、保持陆地生态系统多样性以及净化有机废弃物等方面具有广泛的生态环境功能。土壤修复技术、土壤自净功能的研究也成为当今土壤学科研究的热点领域，为保持和改善人类生存环境、发展农林牧业生产和全球变化研究服务。

4. 土壤圈的地理环境指示意义 在土壤圈漫长的形成与演变过程中，其逐渐成为一个反映地理环境变迁的信息系统库和信息载体。土壤的空间构型、诊断土层、形态特征、物质组成及其理化性状，都保留着土壤形成时的地理环境特征和变迁痕迹，能提供历史时期地理环境要素和人类活动的信息。由于全球地理环境的区域性特征和地质历史时期环境变迁的阶段性特征，使得土壤圈作为地理环境变化的记录体具有广泛性、相对稳定性、综合性、聚集性、滞后性等方面的特点，可从多方面对土壤进行解剖，以得到更多、更综合的信息，达到土壤和土壤圈指示地理环境的作用。

三、土壤与人类社会发展

土壤是自然地理要素、人类活动和时间综合作用的产物，不仅是自然地理环境的重要组成部分，同时也是人类赖以生存、生产和发展所必需的物质基础和条件，是人类劳动的对象和产物，是一种极为重要的自然资源，具有物质生产功能和环境净化功能。随着人类社会的发展，保持土壤的生产物质资料功能和稳定土壤的环境净化功能直接关系到人类自身的生存安全问题，可以说人类面临的社会问题，无论是人口、能源，或是环境、生态都与土壤及土壤系统密切相关。美国土壤学会前主席怀尔丁（Wilding, 1995）描述土壤重要作用为：保持生物的活性、多样性和生产性；调节水体和溶质的流动；过滤、缓冲、降解、固定并解毒无机和有机化合物；储存并使生物圈及地表养分和其他元素进行再循环；支撑社会经济构架并保护人类文明遗产。因此，土壤与人类社会发展的关系集中表现为人类活动对土壤肥力的改造作用和土壤对生态环境的稳定作用两个方面。

（一）土壤肥力与人类活动

土壤肥力（soil fertility）指天然植物或作物在生长过程中，土壤具有能为之延续不断地提供营养物质（水分、养分）和协调环境条件（空气、热量）的能力。土壤肥力是土壤的本质属性。在自然因素综合作用下形成的土壤称为自然土壤,它具有稳定、均匀、充足、适合地提供植物生长发育的能力,又称自然肥力。土壤自然肥力的高低决定着生长其上天然植物生产量的高低,是土壤生产能力的标志之一。

一般来说,当自然土壤在被开垦利用之后,土壤受自然因素作用的同时,也承受人类活动的影响,人类在利用土壤资源用于物质生产的过程中,通过有意识地改变土壤与地理环境要素之间的物质能量迁移转化过程和成土方向,如耕作施肥、平整土地、灌溉排水、改良土质等,使自然土壤肥力不断提高,从而提高土壤的农林牧业生产能力。通过人类改良、施肥、耕作等措施在熟化过程中形成的肥力又称人工肥力。由此使得土壤逐渐向肥力更高的耕作熟化土壤方向演化,使土壤最终成为人类劳动的产物。

在一些自然生态环境较为脆弱的地区,土壤资源的开发利用存在着一定的风险,过度利用和利用不当,则会引起土壤肥力下降,导致土壤退化,如土壤侵蚀、土壤风蚀沙化、土壤污染、土壤盐碱化等。

(二)土壤自净能力与人类活动

土壤自净能力(soil purification)是指土壤对进入土壤中的污染物通过复杂多样的物理过程、化学及生物化学过程,使其浓度降低、毒性减轻或者消失的性能,又称土壤的环境容纳量。有的学者称这种能力为土壤的“净化器”功能。按照土壤对污染物质吸纳降解的方式与过程,土壤自净能力可分为物理自净、化学自净、物理化学自净、生物自净等(李天杰等,2004)。随着现代工业社会的发展和环境污染物的类型和数量增多,土壤的这种环境净化功能越来越显著。

但土壤的自净能力是有限、有条件的,利用不当将会导致土壤自净能力的衰竭以至丧失。现代农业高强度的施用化肥和化学农药,已经加重了区域土壤的自净负荷,对区域土壤环境产生了深刻的影响。如果再叠加大量工业“三废”(废渣、废水和废气)、生活污水与生活垃圾等倾倒,将超过土壤自净能力的“阈值”,形成日益严重的土壤污染。土壤污染不但直接影响到农副产品质量,威胁人类健康与安全,也降低了土壤维护和改善人类生存环境质量的作用。因此,客观评价区域土壤类型的自净能力,适度利用土壤的自净功能,寻找修复被污染土壤自净能力的新技术途径,将成为人类合理利用土壤资源的重要研究与应用领域。

第二节 土壤地理学研究内容、方法与学科体系

一、土壤地理学研究对象与内容

(一)土壤地理学

土壤地理学(soil geography; pedogeography)是研究土壤在地球表面的发生发育、土壤分类及时空分异规律,进而为调控、改造和利用土壤资源提供科学依据的学科。作为土壤学和地理学的交叉学科,土壤地理学是最直接地提供土壤本身信息的科学,是了解土壤圈的过去历史和预测它的未来、描述它的空间特征和三维变异的基础学科分支。时间和空间中的土壤变化是土壤地理学的核心内容。因此,土壤地理学同时还是整个地球系统科学,特别是地球表层系统科学中的重要基础学科,在理解人地关系中具有重要的地位。

土壤地理学研究的主要目的在于通过一系列土壤问题研究,理解和掌握土壤的基本属性(“土壤是什么”、“为什么如此”)以及土壤及土壤圈形成规律(“如何演变”),尽可能准确地“预测”土壤在生态系统中的作用以及演变趋势。从应用的观点看,土壤地理学是正确理解和认识土壤资源的基础,并可从中获得正确的管理启示,从而可持续的利用土壤资源。

(二)土壤地理学研究对象与内容

土壤地理学以土壤及其与地理环境系统的关系作为研究对象。研究土壤各物质组成和各个土层之间的物质迁移与能量转换、各地理环境因素与土壤之间的物质与能量交换、输入与输出过程,进一步了解土壤与地理环境之间的相互对立、相互依存、相互作用和相互转化的对立统一关系;研究土壤发生发育的方向及其空间分异规律;研究利用现代技术手段合理开发、持续利用土壤资源、保护土壤环境的途径。现代土壤地理

学研究内容主要包括以下几个方面。

1. 土壤发生发育及其特性研究 这是土壤自身特性研究，也是土壤地理学基本理论研究内容之一。主要研究土壤内部各组成成分、层次结构，以及它与外界环境之间的物质与能量交换的过程，用科学的观点来研究土壤的发生发育过程，并根据这一规律来改造土壤。土壤及土壤圈的形成是各自然地理要素综合作用的结果，地理环境的复杂多变性决定了土壤发生发育过程的复杂性、土壤特性及土壤类型的复杂多样性。开展不同景观尺度土壤发生过程，特别是单个土体土层尺度内的物理化学过程定量研究，以及人类活动对土壤形成及性状变化的影响等已经成为现代土壤地理学基础与应用研究的热点领域。

2. 土壤分类系统研究 土壤分类研究是指在深入分析土壤形成发育规律，即分析土壤单个土体的物质组成、结构、土壤剖面、土层特征及其定量化的基础上，通过比较它们之间的相似与相异性，对客观存在的土壤进行科学的区分和归类，建立一个有序的、严密逻辑、多等级、谱系式分类系统的过程。所建立的分类系统能够正确地反映土壤的本质特性，反映土壤之间以及土壤与环境之间的内在关系，反映土壤的肥力水平和利用价值，为人类更好认识和改良利用土壤提供依据。

无论传统的土壤发生学，还是兴起于 20 世纪 60 年代的土壤诊断学，均从土壤的发生特征、土壤自身的定性定量诊断特征等方面展开了土壤发生学分类、土壤系统学分类的研究，并取得了丰硕的成果。迄今为止，土壤学界还没有一个世界统一的土壤分类体系，1978 年国际土壤学大会倡议发展国际性土壤分类研究，并成立了国际土壤分类参比基础(International Reference Base for Soil Classification, IRB)，之后通过吸收各国土壤学研究成果并以诊断层和诊断特性为基础，发展为现在的世界土壤资源参比基础(World Reference Base for Soil Resources, WRB)，成为世界各国交流土壤资源信息与研究成果的良好中介。

3. 土壤地理分布规律研究 土壤是各种成土因素综合作用的产物，特别是全球热量条件和生物条件的区域差异直接影响土壤的成土过程和土壤性质，也就决定了土壤类型的空间分布差异，因此，研究土壤的空间分布规律，以及区域自然地理环境特征和土壤分布之间的相互关系，从土壤发生发展的角度认识这种规律性也是土壤地理学理论研究的基本内容。土壤地理分布规律的研究对于因地制宜地进行农林牧业生产的布局具有十分重要的指导意义。

4. 土壤资源调查、制图与数据库建设 土壤调查主要指通过对土壤特性的调查、测定与鉴别，确定区域土壤类型的分布范围、利用状况等，它是认识土壤、掌握土壤地理发生学理论、科学地描述土壤以及进行土壤系统分类研究的基础。从传统的野外记录调查和实验室研究、手工制图到运用“3S”(RS、GIS、GPS)等现代先进技术进行土地资源调查、制图和数据库建设，现代土壤调查与制图技术无论在手段上，还是精确性都有了质的飞跃。同时，这些新技术的应用也加快了土壤资源调查、制图的速度和精度。为了广泛便捷的利用土壤资源调查成果，方便国际交流，近年来国际土壤学术界十分重视世界土壤-地形数字化数据库(World Soil and Terrain Digital Database, SOTER)的研究，将全球土壤和土地分类系统及其研究成果资料标准化、定量化，创建土壤图斑单元界线(多边形属性)子库、土地组分属性子库和土壤层属性子库；将这些数据子库存储在计算机中，可按照需要随时输出，并能够与其他资源数据库结合在一起进行综合分析研究，为不同空间尺度的土壤资源利用与管理提供科学依据。

5. 土被结构、土壤圈与地理环境相互关系研究 土被结构与地理环境之间存在密切的发生联系，特别是结合气候变化、植被演替和地貌发育来研究土被的发生与演替，对于合理开发和持续利用土壤资源具有重要的意义。另外，土壤圈是大气圈、水圈、生物圈、岩石圈之间物质能量迁移转化的结果，也是人类智慧圈与地圈相互作用的记录。因此，土壤圈的内在结构、功能及其演化在地球系统中的地位，以及人类活动、地圈与土壤圈相互作用的土壤生态系统研究已经成为现代土壤地理学的重要研究内容之一。各圈层之间的碳、氮、硫、磷等养分元素的迁移转化过程及其环境效应的研究，土壤圈与水圈之间的水分循环与物质迁移，土壤圈物质能量循环与地球生命、人类生存环境以及全球变化之关系研究，区域土壤生态系统的演变同环境条件的关系，人为活动对土壤生态环境的影响与预测等均成为现代土壤地理学的重要研究内容。

6. 土壤质量评价与资源保护、污染土壤修复技术研究 土壤是宝贵和有限的自然资源，随着社会经济的快速发展，大量工业“三废”直接或间接地通过大气、水体、生物向土壤环境输入，现代农业生产过程中高强度的施用化肥、农药及污水灌溉，使土壤不同程度地遭受污染。用生物技术和方法来治理土壤污染，使土壤恢复其正常功能的途径即土壤生物修复技术(soil bioremediation)。因此，选择一定的评价体系和评价因子对区域土壤资源质量现状进行调查与评价既是土壤资源保护和合理利用的基础性工作，又是污染土壤修复技术、土壤资源保护与管理方式选择的重要理论依据，这一领域已成为现代土壤科学研究的新内容。

二、土壤地理学研究方法

1. 土壤历史发生学研究方法 各种土壤类型、组成、特性及其空间构型是自然环境要素与人类活动综合作用的结果，也是其自发生之日到现在的信息载体。随着地理环境的变迁，如气候变化、新构造运动引起的地质地貌、水文条件、母质的侵蚀与堆积过程的改变等，都会引起土壤发育历史的变化。同时，人类活动方式与强度的改变也会加速或者延缓土壤发育过程。历史演变信息或多或少的反映在古土壤及其残遗特性上，借助土壤历史发生研究法，如地层分析法、同位素测年法、孢子分析、古土壤特性分析，通过确定土壤发育的绝对年龄和相对年龄，正确认识现代土壤的演变和发展过程，可为全球变化研究提供科学依据。

2. 区域文献资料分析方法 土壤地理学的研究具有很强的区域性，特别是一些敏感地区，同时也是土壤地理学家研究的热点地区，常常具有较为丰富的研究成果，同时，世界各国均开展了多次针对于土壤资源保护的土壤调查或土壤普查。因此，土壤地理学的研究最基本的手段和方法就是收集相关资料进行整理分析研究，充分掌握前人的研究成果，才能为进一步研究打下扎实的基础。

3. 野外观察调查与定位观测方法 野外观察调查与定位观测研究方法是土壤地理学最常用的一种收集资料和综合研究方法，也是土壤地理学传统的基本研究方法，也是获取土壤信息必不可少的手段。通过建立土壤野外定位观测站，获取连续性的土壤资料，或者针对一定研究目的进行野外路线样点调查，对区域成土环境、土壤剖面及其诊断特性、土壤利用现状进行综合观察与研究，不仅可以从宏观上把握区域土壤形成过程、土壤性状特征及其地理分异规律，而且实地采集土壤标本与土壤分析样品，使得实验室分析更为准确真实。目前在高新技术的应用，对野外土壤性状进行动态监测已成为可能，丰富和完善了野外观察调查与定位观测手段，使土壤性状数据的获得更为迅速与准确。

4. 实验室化验分析与实验模拟研究方法 作为独立的历史自然体，每一类型土壤都具有特有的物质组成和形态特征，借助现代分析测试手段，在实验室对野外采集的土壤样品进行土壤物理、化学、生物、微形态等方面的化验分析，获取有关土壤物质组成、理化性状、土壤生物区系、土壤微形态等方面的定量信息，从土壤自身性质角度揭示土壤的发生发育规律。实验室化验分析在污染土壤的物质淋溶、迁移、富集以及污染物时空分布等方面的研究中发挥了极好的作用，同时为研究土壤形成过程、分类及其合理利用提供必要的基本数据。因此，实验室化验分析与实验模拟研究法是现代土壤地理学研究中不可缺少的重要环节。

5. 遥感和GIS技术应用方法 “3S”技术是现代土壤地理学研究的基本方法和技术手段。在大面积土壤资源调查与制图、土壤空间分异规律研究、土壤利用变化动态监测、土壤生产潜力评价、土壤退化过程监测与防治等方面有巨大的应用价值。通过多时相、多光谱、多种遥感信息源图像的综合，实现区域土壤遥感信息源的获取，将图像处理技术、计算机自动制图方法应用于土壤资源、土壤水分、水土保持以及区域土壤变化监测等研究领域。土壤退化遥感监测系统已经成为土壤地理学新的研究方向，同时，借助遥感技术有计划地开展区域土壤-地形数字化数据库(SOTER)工作。

6. 数理统计与S-GIS在土壤研究中应用 土壤诊断特性属于多指标、多变量的综合信息，需要应用多元数理统计的方法来研究成土条件、土壤性状与土壤类型之间的内在联系。用可计量的指标来刻画土壤发生过程，以土壤类型的边界概念替代中心概念，并在此基础上借助计算机硬件、软件、数据库等技术手段，创建区域土壤地理信息系统(S-GIS)，从而推进数字土壤或者区域土壤信息数据库的研究。

三、土壤地理学科体系

土壤学起源于生产实践，生产实践的需要促使人们去研究土壤，并发现土壤是一个独立的历史自然体，有其自身的发生发展规律。随着土壤地理学基础理论研究和应用研究的深入，土壤地理学也逐渐发展完善为独立的学科体系，并与其他相关学科相互交叉联系。土壤地理学科体系包含如下几个方面的内容。

1）土壤地理基础学科研究：土壤分类学、土壤发生学、土壤形态学、土壤分布规律、土被结构等。

2）土壤地理应用学科研究：土壤资源学、系统土壤学、环境土壤学、土壤调查与制图等。

3）土壤地理工程技术学科研究：土壤信息系统、土壤采样计划、土壤利用、水土保持与土壤改良等。

第三节 土壤地理学科的发展

土壤地理学是土壤科学的一个重要基础性分支学科，也是土壤科学中发展历史最为悠久的分支学科。纵观土壤地理学的发展历程，基本上可分为古代土壤地理学记载时期，或称萌芽时期(18世纪以前)、近代土壤地理学产生形成时期(18世纪～20世纪40年代)、现代土壤地理学发展时期，最早可追溯到人类农业活动的起始阶段。土壤作为重要的自然资源，人类在农耕之初就开始认识、利用和改造土壤，并逐渐归纳总结了有关区域土壤的知识与经验；随后土地所有者为了征收田地赋税的需要，在了解各地土壤肥力等级及其分布基础上而进行了土壤质量、土壤分类研究。例如，中国战国时期《尚书·禹贡》中按土壤颜色、土粒粗细等对土壤进行分类，古罗马学者加图(Cato，公元前234～前149)在《论农业》中建议不同土壤应该种植不同的作物等。近代土壤科学的发展始于18世纪的科学技术大发展时期。

一、国外土壤地理学的发展

(一) 俄国土壤地理发生学派

现代土壤地理学奠基人俄国科学家B. B. 道库恰耶夫19世纪末在广阔的俄罗斯大平原上进行了土壤调查，并于1883年发表了《俄国的黑钙土》，之后又发表了《论自然地带学说：水平和垂直土壤地带》、《近代土壤学在科学与生活中的地位和作用》等论著，均成为俄国乃至世界土壤地理学研究的经典之作。道库恰耶夫对土壤地理学的贡献主要表现为：① 首创并丰富了土壤野外调查与制图方法；② 创立了著名的成土因素学说理论，认为土壤是气候、生物、母质、地形和陆地年龄(时间)等五大成土因素综合作用的产物；③ 在进一步论述俄国黑钙土的特征及其空间分布的基础上，充分研究世界各地土壤类型的性质，创立了土壤地带性学说，也奠定了土壤发生分类学的基本理论。随后原苏联学者，如威廉斯、波雷诺夫、柯夫达等进一步继承和发展了土壤发生学理论，威廉斯提出了统一的土壤形成过程学说，并指出土壤的本质特性是土壤肥力，以及土壤形成过程是地表物质的生物小循环与地质大循环的对立统一过程，而生物因素及生物小循环在成土过程中起主导作用，即所谓的土壤生物发生学派。俄国土壤发生学派对土壤与环境之间发生关系的研究，从定性的相关分析开始并逐步趋向定量化。

从道库恰耶夫创立土壤发生学派和土壤地带性学说以来，已经得到了世界各国土壤学家的公认，并已成为现代土壤地理学和自然地理学的重要理论基础。至20世纪中期，一些新的重要研究成果已陆续发表，如《植被与土壤》、《气候与土壤》、《母岩、地形和土壤的关系》、《土壤学原理》等，这些成果也极大地推进了世界各国土壤地理学的发展。

(二) 西欧农业土壤学派

18世纪以后，在西欧逐渐形成了近代土壤地理学，其中对土壤科学的发展产生了巨大推动作用的是农业化学土壤学派、农业地质土壤学派、土壤形态发生学派。

以德国科学家李比希(1803～1873)为代表的农业化学土壤学派，提出了土壤中的矿质元素是植物的主要营养物质来源，土壤是植物生长的养料库，并指出土壤中能供植物利用的矿质元素是有限的，必须不断地增施矿质肥料予以补充，才能保证土壤肥力的稳定和植物产量。李比希同时将化学方法运用于土壤学研究之中，开辟了土壤化学过程、土壤植物化学过程研究的新领域。

以德国地质学家法鲁(1794～1877)为代表的农业地质土壤学派，则认为土壤为陆地近表层的一个淋溶层，是岩石经风化作用而形成的地表疏松层，土壤是由岩石转化而来的，也会逐渐形成新的岩石。法鲁等人在深入研究土壤矿物形成转化过程的基础上，提出了一些土壤改良、耕作和施肥的措施，这种土壤矿物转化过程和物质循环的观点对于现代深入研究土壤是地球表层系统物质循环和能量转换的媒介，以及研究当前碳、氮、水等的循环具有重要意义。

以奥地利土壤学家库比纳(Kubiena)为代表的土壤形态发生学派，则重视土壤微形态学的研究，利用显微观察方法来分析比较土壤薄片，通过研究土壤微构造与微垒结特征进一步鉴定与阐述土壤类型及其形成与发育特征。土壤微形态学方法目前被公认是诊断学研究的重要手段和方法，研究成果极大地丰富和促进了土壤科学与土壤地理学的发展。

（三）美国土壤诊断学派的发展

美国土壤学家 E. W. 希拉各德与马伯特是美国现代土壤科学的主要奠基人，前者与道库恰耶夫几乎同时发表了土壤形成概念，后者将俄国的土壤发生学派的主要理论引进美国，并以土壤剖面及其性状为研究核心，创建了美国第一个土壤分类系统，其确定的土壤基层分类单元土系在美国土壤科学界一直沿用至今。美国土壤学家詹尼(Hans Jenny，1899～1992)对道库恰耶夫和威廉斯的土壤形成因素学说进行了补充修正，并于 1941 年发表了《土壤形成因素》专著，认为在土壤形成过程中生物的主导作用并不到处都是一样的，不同地区、不同类型的土壤往往主导因素不同。

自 20 世纪中期以来，美国土壤学界将现代科学理论与技术运用于土壤调查制图、土壤分类，对土壤组成、形态和属性进行了定量化、标准化的系统研究。美国土壤分类专家史密斯认为，土壤是气候、地形、生物和人类活动在时间因素的配合下作用于母质的产物，相同的成土因素作用形成了相同的土壤类型和土壤性质。在土壤分类时更多地注重土壤本身的性质，发生理论作为选择土壤分类特性的参考，并在此基础建立了标准化、定量的土壤诊断表层、诊断表下层和诊断特性，形成土壤系统分类体系(soil taxonomy)。这一观点已被国际土壤学会(ISSS)、国际土壤参比中心(ISRIC)等国际组织和许多国家所采用。

二、中国土壤地理学的发展

中国悠久的农耕历史使得古代土壤知识很早就被人们所重视和记载，大约两千多年以前的《尚书 · 禹贡篇》中就记载了中国各地土壤的特征、生产性质、土壤等级等知识，为世界上最早的土壤地理文献。稍后的《管子 · 地员篇》更为详细的描述了土壤类型特征，如根据土壤颜色、质地和结构、土壤生产力等特征将土壤划分为上、中、下 3 等 18 类 90 种，即“九州之土凡九十物”，这一研究成为世界上最早的土壤地理分类文献，随后的古代文献中也多有关于土壤地理知识的记载。另外，中国自古代起在区域土壤开发利用、改良与培肥等方面也积累了极为丰富的经验，特别是在人为旱耕堆垫熟化形成的黑垆土、人为水耕熟化形成的水稻土、灌溉耕作下形成的灌淤土和肥熟旱耕下形成的菜园土研究等方面为世界土壤科学发展做出了重要贡献。

中国近代土壤地理学的发展历史较短且进展缓慢。1906 年在北京京师大学堂开始土壤学教学，之后开展了零星的土壤调查与研究。我国现代土壤学研究开始于 20 世纪 30 年代，美国土壤学家索普(J. Thorp)和彭德尔顿(R. L. Pendelton)在完成了对我国大部分地区的土壤考察后出版了《中国之土壤》，对我国土壤地理学研究的传播和发展起到了重要的作用。受欧美土壤学理论的影响，20 世纪 30 年代我国学者开展了较大范围的土壤调查研究，并编绘了全国性和地方性的土壤图、出版了土壤学研究专刊及专著。同时，我国土壤学家对水稻土进行了比较深入的研究之后，指出水稻土的形成过程不是灰化作用，纠正了一些错误的观点，是当时土壤发生学领域取得的一个重要成就(张甘霖等，2008)。

20 世纪 50 年代区域和全国性的土壤调查和综合考察奠定了我国土壤地理学的发展基础。道库恰耶夫及威廉斯的土壤发生学观点被我国土壤学界普遍接受，为农林牧区划与规划、流域综合治理、提高单产等社会经济建设需要，相继进行了土壤发生学分类、地理分布和土壤基本性状研究，以综合考察为主的区域土壤调查 (1950～1978)大规模展开，如华南、滇南橡胶宜林地的调查，黄河中游水土保持调查，黄河中、下游及长江流域土壤调查，东北土壤调查和黑龙江流域考察，华北平原土壤调查以及甘、新、青、藏综合考察，并进行了全国性的土壤普查，为土壤资源开发，红壤、盐碱土和沼泽土改良，风沙土及土壤风蚀沙化治理积累了大量土壤资料和分析数据，建立了中国土壤地理发生分类体系，并于 1978 年出版了《中国土壤》，是这一时期土壤地理学研究的总结性著作。

20 世纪 80 年代以来，随着全国第二次土壤普查的开始和科学研究恢复，土壤地理学重新复兴，土壤发生、土壤分类、土壤制图、土壤遥感等各个分支学科也得以迅速发展。这期间土壤地理学积极学习并消化吸收国际土壤学研究的新成果，开展了更为广泛详尽的第二次土壤普查工作，为中国土壤科学研究从定性走向定量化、标准化提供了必要的基础资料，使中国土壤科学的基础理论水平和专业化队伍的研究水平得以全面发展和迅速提高。土壤采样计划(土壤空间变异)、土壤形态学、土壤分类、土壤制图、土壤资源评价等所有土壤地理学领域都充分地发挥了自己的作用和贡献，特别是在土壤基层单元建立、小比例尺全国土壤制图等方面取得了明显的进展。与此同时，学科建设方面也得到了发展，由于遥感技术在土壤调查中广泛的应用前景，土壤遥感及其在土壤资源调查、土壤制图、水土保持、资源评价等的应用也得到长足的进步，为后来土壤遥感与信息系统的普及和发展奠定了坚实的基础。在全国土壤调查工作中，原有的地带性土壤分类的问题也更加突出，这为后来开展定量土壤分类研究提供了契机。

1984年开始的“中国土壤系统分类”研究贯穿了此后二十多年的发展历程并推动了相关学科的进步。1995年中国科学院南京土壤研究所组织撰写了《中国土壤系统分类》(修订方案)，2001年出版了《中国土壤系统分类检索》(第三版)，这标志着中国土壤学和土壤地理学研究走上了标准化、定量化和国际化的道路，同时也推动了土壤发生学、土壤形态学、土壤制图等分支学科的研究。这一时期中国学者在中国土壤分类及其区域分异规律，人类活动与土壤发育，人为耕种土壤、旱成土、高原土壤和热带土壤等方面研究成果颇丰，引起国际土壤学界的高度重视。

20世纪90年代以来，以“3S”技术为代表的新技术和新方法全面促进了土壤地理研究的现代化。随着全球变化问题的日益突出，人类对土壤资源利用与全球变化的互相关系研究逐渐得到重视，借助遥感、地理信息系统以及全球定位系统技术的迅速发展，土壤资源研究的手段和方法也越来越完善与科学化，定量化研究成为土壤系统分类、土壤资源调查和评价、土壤退化动态监测等理论与应用领域研究的发展方向。随着土壤资源数据库研究如“土壤与地体数据库”(SOTER)在全球范围内的兴起，在全国土壤普查获得的1∶100万土壤图的基础上，对该土壤图进行了数字化处理，初步建成了小比例尺土壤信息系统。在这一时期，伴随土壤质量概念的引进和传播，土壤质量演变与调查及制图也是我国土壤地理学研究的重要内容。

三、土壤地理学的发展趋势

随着社会经济不断发展和人口的快速增长，世界各地均遭受着资源、环境、人口、发展及粮食短缺问题的困扰。土壤作为人类赖以生存的重要自然资源和生态环境的核心要素之一，土壤资源的持续利用与全球土壤变化研究备受关注，土壤地理学的研究也具有以下几个方面的发展趋势。

1. 土壤地理学研究内容不断丰富，基础性理论研究不断加强 随着土壤地理学研究的深入以及与其他学科相互渗透，其研究内容不断丰富和深入，如土壤质量-食品安全-人群健康研究、古土壤与考古研究、土壤微形态学研究、土壤景观系统研究等。因此有必要对有关土壤(类型)的形成发育、分类、基本功能与特性、空间分布规律，以及土壤圈(或土被)的组成、结构、功能及其演变规律，土壤圈在全球变化中的作用和反馈机制等传统土壤地理学基础理论与基本规律进行进一步探索和综合性研究，全面提高土壤地理学的理论水平，更好地指导土壤地理学的发展。

2. 新技术推动土壤地理应用研究领域不断扩展

(1) *土壤圈物质循环及其全球土壤变化日益加强* 随着人类对全球变化问题的日益重视和研究深入，土壤圈物质循环与全球土壤变化成为近几十年来本领域研究的热点，利用现代遥感技术与新的测试技术，监测土壤圈物质的迁移转化过程，通过建模分析，探讨水分、CO_2、CH_4、N_2O、NH_4、NO_3、S、P在地球表层系统中的循环过程和机制，建立数学模型，揭示地表圈层之间物质能量交换过程、速率和机制及其相互影响，以达到预测和调控全球和区域地表系统目的。同时全球土壤变化是全球变化的重要组成部分，全球土壤变化的监测与预测，对于了解全球变化与人类活动的深层关系、人类应对全球变化带来的影响等方面的研究具有重要的指导意义。

(2) *土壤退化研究* 当今世界，土壤退化已经成为全球普遍存在的、日益严重的生态环境问题，实时监测土壤退化动态变化，深入研究土壤退化的机制、现状及发展趋势，寻找合理有效的防治对策已经成为人类必须要研究的课题。其重点研究领域包括：① 土壤退化的时空分异规律，土壤退化生态环境数据库的建立，土壤退化监测系统及预警系统的建设；② 土壤退化机制研究，土壤可蚀性研究，养分流失机制，土壤盐碱化发生条件及机制，土壤对酸雨的敏感性研究，污水灌溉对土壤-作物系统的影响评价等；③ 土壤退化综合评价和治理模式，土壤退化评价指标体系的创建，土壤退化治理决策系统研究，土壤退化的治理模式研究，以及被污染土壤的生物修复技术的开发等(李天杰等, 2006)。

(3) 土壤资源可持续利用研究 与上述土壤退化研究相应的是土壤资源的可持续开发利用对策研究受到了普遍的重视。联合国粮农组织(FAO)、教科文组织(UNESCO)以及国际人与生物圈计划(MAB)通过对世界陆地生物圈、世界土壤资源图及世界土壤宪章等项目的研究,规定了土壤资源开垦、保护与改善的国际政策等。我国土壤地理学界和相关学科关于土壤资源可持续利用也相继展开,并取得了部分成果。土壤地理学研究成果在土地利用、发展持续农业等方面均具有重要作用。

3. 土壤地理研究成果的国际交流与融合不断增强 这一方面的研究主要表现在世界土壤资源参比基础和土壤信息系统研究的迅速深入。土壤诊断层和诊断特性研究为世界各国的土壤地理研究成果的定量化提供了理论基础,也为创建统一的国际土壤分类、完成世界土壤资源参比提供了基础;遥感技术的应用和对土壤遥感信息及时准确的综合处理,为逐步建立区域土壤理化属性数据库、创建区域各尺度土壤-土地数字化数据库提供了技术支持条件;全球信息化产业和因特网的高速发展为展开土壤科学的国际交流、资料共享、信息联网提供了方便。因此,土壤地理研究成果的国际交流与融合在未来会不断增强。

总之,随着人类社会的进步,新思想和新技术的引领,土壤地理学研究的理论内容、方式、应用等领域发生了重大变化。面对全球土壤资源现状对生态环境和社会经济发展的制约作用越来越显著的现象,围绕全球土壤变化中的自然条件和强烈的人为干扰下土壤质量与功能的演变、以土系为主体的土壤基层分类体系、以信息技术和模型模拟相结合的土壤资源数字化表达与管理系统等理论研究,土壤资源的可持续管理、环境保护以及应对全球环境变化服务等应用研究,均会成为今后土壤地理研究的热点领域。

参考文献

陈健飞. 1997. 顺应学科发展趋势的《土壤地理学》新体系——评朱鹤健等主编《土壤地理学》教材. 土壤通报, 28(3): 144.

龚子同, 张甘霖. 2005. 新世纪的土壤地理学教程——评李天杰等著《土壤地理学(第三版)》. 土壤, 37(1): 109—112.

李天杰等. 2004. 土壤地理学. 第三版. 北京: 高等教育出版社.

潘根兴. 1986. 从系统论、控制论、信息论及耗散结构理论谈谈对土壤的认识(一). 土壤通报, 3: 125—129.

伍光和, 王乃昂等. 2008. 自然地理学. 第四版. 北京: 高等教育出版社.

张凤荣, 林培. 1995. 论土壤地理学学科发展的轨迹. 土壤通报, 26(5): 193—195.

张凤荣等. 2003. 土壤地理学. 北京: 农业出版社.

张甘霖, 史学正, 龚子同. 2008. 中国土壤地理学发展的回顾与展望. 土壤学报, 45(5): 793—801.

赵其国, 史学正, 张甘霖等. 2007. 土壤资源概论. 北京: 科学出版社.

朱鹤健等. 1992. 土壤地理学. 北京: 高等教育出版社.

第二章　土 壤 矿 物 质

土壤位于岩石圈的最上层，即风化层的表层。处于地球陆地表面的岩石、矿物经过一系列风化作用及外力搬运作用形成的疏松碎屑物，称之为土壤母质(parent material)，或成土母质，简称母质。土壤母质通过成土过程可发育为土壤，是形成土壤的基础，分为残积母质和运积母质。

与原来的岩石相比较，土壤母质经过风化作用具有一些新的特性。首先，风化作用使一些岩石矿物崩解为碎屑和较细的颗粒，使土壤母质初步具有对水分和空气的通透性。其次，在风化过程中，岩石矿物中的营养元素被释放出来，形成可溶性盐类，如钙、镁、钾、钠的碳酸盐和硫酸盐等。再次，岩石矿物经风化分解生成了黏粒，黏粒之间具有毛管孔隙，使母质产生蓄水性；同时增加了表面积，使之具有胶体的性质，如吸附性能出现，可保蓄风化所释放的可溶性盐基物质，为植物所需的矿质养分提供最初来源。土壤母质的这些性质，标志着肥力因素的发生和发展，为土壤的形成创造了条件。

第一节　土壤矿物质的形成与转化

岩石矿物经一系列风化作用和成土过程形成的大小不同的颗粒物质，统称为土壤矿物质(soil mineral)。土壤矿物质是土壤的主要组成物质，它不仅构成了土壤的"骨骼"，也是植物矿质营养的源泉。在大多数土壤中，矿物质约占土壤固相部分重量的95%～98%。固相的其余部分为有机质、土壤微生物体，占固相重量的5%以下。按容积计，矿物质和有机质等土壤固相约占50%，土壤液相、气相容积约占50%。

一、土壤的矿物组成

土壤矿物质主要来自成土母质，其中的大部分从母质中直接继承而来。按矿物的成因，土壤矿物质可分为原生矿物和次生矿物两大类。

(一) 原生矿物

土壤原生矿物是指那些经过不同程度的物理风化，其化学组成和结晶构造均未发生改变的原始成岩矿物。原生矿物来源于母岩，其中以岩浆岩为主。

土壤原生矿物的种类繁多，随母质的类型、风化强度和成土过程的不同而异。土壤中的粗粒部分，如砂粒和粉砂粒都是以原生矿物——石英为主。土壤中的原生矿物据其化学成分，可分为硅酸盐类、氧化物类、硫化物类和磷酸盐类矿物四大类。

1. 硅酸盐类、铝硅酸盐类矿物　一般为晶质矿物，是构成地壳的最主要的造岩矿物，约占地壳总重量的75%。也是主要的成土矿物，分布极广，包括长石、云母、闪石、辉石和橄榄石等类。

(1) *长石类*　长石类矿物是岩石中分布最广的一类矿物，约占地壳重量的50%，包括正长石($KAlSi_3O_8$)和斜长石($NaAlSi_3O_8-CaAl_2Si_2O_8$)。正长石又称钾长石，晶体为板状或短柱状，广泛分布在岩浆岩中，如花岗岩、正长岩和各种斑岩等。正长石对物理风化作用抵抗能力较弱，易崩解成碎块；在湿热条件下易发生化学风化，生成次生黏土矿物高岭石，并释放出植物生长需要的钾素。斜长石是钠长石($NaAlSi_3O_8$)和钙长石($CaAl_2Si_2O_8$)的类质同象混合物，细柱状或板状晶体。斜长石主要分布在中性及基性岩浆岩中，如闪长岩、辉长岩等。斜长石比正长石更易分化，常形成高岭石和水云母，风化物中富含盐基物质钙和钠等。

(2) *云母类*　云母类矿物分布广泛，占地壳重量的3.8%，常见的包括白云母[$KH_2Al_3(SiO_4)_3$]和黑云母[$KH_2(MgFe)_3Al(SiO_4)_3$]。其中白云母也称钾云母，晶体呈片状，集合体呈鳞片状，性质稳定，抗风化能力较强，常以细小薄片残留在土壤中。在强风化条件下，可风化形成水云母和高岭石等黏土矿物，并释放出钾素。黑云母较白云母易风化分解，生成次生黏土矿物，并释放出铁、镁等营养元素。云母类矿物是土壤钾素的主要来源。

(3) *角闪石、辉石类* 属偏硅酸盐类,颜色从绿到黑,是构成岩浆岩中暗色矿物的主要成分。角闪石和辉石统称为铁镁矿物,普通辉石和普通角闪石极相似,区别主要表现为晶形和分布不同:角闪石多为长柱状晶体(晶体横截面为六边形),中性及酸性火成岩中居多;而辉石多为短柱状晶体(晶体横截面为八边形),基性及超基性火成岩中居多。角闪石和辉石都属于易风化矿物,可形成绿泥石、方解石等次生矿物,并释放出铁、镁、钙等盐基物质。

(4) *橄榄石类* 化学通式是 $R_2(SiO_4)$,R 主要为二价阳离子镁、铁、锰,因常呈橄榄绿色而得名。包括铁橄榄石、锰橄榄石、钙镁橄榄石、硅镁石等,其中偏于富镁的镁铁橄榄石最常见,一般称为橄榄石。晶体为扁柱状,多呈粒状集合体。橄榄石是岩浆中早期结晶的矿物,作为主要造岩矿物常见于基性和超基性火成岩中。在地表条件下,由于亚铁氧化促使晶格破坏,橄榄石极易风化变成蛇纹石。

2. 氧化物类矿物 在地壳中分布较广,主要包括石英(SiO_2)、铁矿类矿物、红锌矿(ZnO_2)、刚玉(Al_2O_3)、金红石(TiO_2)、锆英石($ZrSiO_4$)、电气石等。其中,石英是土壤中分布最广的一种矿物,约占地壳重量的 12.6%,典型晶体为六棱柱状,化学性质稳定,抗风化能力强,是砂粒的主要成分。铁矿类矿物包括赤铁矿(Fe_2O_3)、钛铁矿(Fe_2TiO_3)、磁铁矿(Fe_3O_4)等,以赤铁矿最为常见,是热带、亚热带土壤中常见的矿物,使土壤呈红色。赤铁矿易水化生成含水氧化铁矿物,使土壤呈现黄、褐或棕色等色调。铁矿类矿物易风化,风化物中富含铁元素,是土壤中红、黄、棕色的主要来源。其他氧化物类矿物极稳定,很难风化,能长期存留于土壤之中,对植物的养分意义不大。

3. 硫化物类矿物 主要是黄铁矿和白铁矿,两者分子式同为 FeS_2,属同质异构物。在地表条件下,易风化为褐铁矿,是土壤中硫素的主要来源。

4. 磷酸盐类矿物 磷灰石是多种磷酸盐矿物的总称,包括氟磷灰石、氯磷灰石、羟磷灰石和碳磷灰石等。自然界以氟磷灰石[$Ca_5(PO_4)_3F$]最为常见,一般简称磷灰石,晶体多呈六方柱状。磷灰石加热后常会发出磷光,是土壤中无机磷的重要来源。

(二) 原生矿物的化学成分及相对稳定性

表 2-1 中列出了土壤中主要原生矿物的化学成分和它们的相对稳定性。从表中可以看出,土壤的原生矿物,既构成了土壤的大小颗粒,又是植物养分的重要来源。原生矿物中富含钾、钙、镁、钠、磷、硫等常量元素和多种微量元素,风化释放后,可为植物和微生物所吸收利用。另外,原生矿物的稳定性很大程度上决定了该种矿物在土壤中的含量多少。如石英是最稳定的矿物,抗风化能力强,是粗土粒的主要成分,在土壤中含量较高。长石类矿物和白云母比较稳定,具有一定的抗风化能力,在粗土粒中含量较多,而黑云母、角闪石、辉石等暗色矿物则易风化,在土壤中含量较少。

表 2-1 土壤中主要原生矿物的化学成分及相对稳定性

原生矿物	分子式	稳定性	常量元素	微量元素
橄榄石	$(Mg, Fe)_2SiO_4$	易风化	Mg, Fe, Si	Ni, Co, Mn, Li, Zn, Cu, Mo
角闪石	$Ca_2Na(Mg, Fe)_2(Al, Fe^{3+})(Si, Al)_4O_{11}(OH)_2$	↑	Mg, Fe, Ca, Al, Si	Ni, Co, Mn, Li, Se, V, Zn, Cu, Ga
辉石	$Ca(Mg, Fe, Al)(Si, Al)_2O_6$		Ca, Mg, Fe, Al, Si	Ni, Co, Mn, Li, Se, V, Pb, Cu, Ga
黑云母	$K(Mg, Fe)(Al, Si_3O_{10})(OH)_2$		K, Mg, Fe, Al, Si	Rb, Ba, Ni, Co, Se, Li, Mn, V, Zn, Cu
斜长石	$CaAl_2Si_2O_8$		Ca, Al, Si	Sr, Cu, Ga, Mo
钠长石	$NaAlSi_3O_8$		Na, Al, Si	Cu, Ga
石榴子石		较稳定	Cu, Mg, Fe, Al, Si	Mn, Cr, Ga
正长石	$KAlSi_3O_8$		K, Al, Si	Ra, Ba, Sr, Cu, Ga
白云母	$KAl_2(AlSi_3O_{10})(OH)_2$		K, Al, Si	F, Rb, Sr, Ga, V, Ba
钛铁矿	Fe_2TiO_3		Fe, Ti	Co, Ni, Cr, V
磁铁石	Fe_3O_4		Fe	Zn, Co, Ni, Cr, V
电气石		↓	Cu, Mg, Fe, Al, Si	Li, Ga
锆英石		极稳定	Si	Zn, Hg
石英	SiO_2		Si	

（三）次生矿物

次生矿物(secondary mineral)是原生矿物经风化后分解或重新形成的矿物，其化学组成、构造和性质都发生了改变。它是土壤物质中最细小的部分，颗粒直径大多小于 0.002 mm，在土壤中主要存在于黏粒部分。根据其化学组成、构造和性质可分为三类：简单盐类、次生氧化物类和次生铝硅酸盐类。

由于次生矿物形成于变动频繁的地表环境，因而具有颗粒纤细、结晶度低、化学成分复杂等特点，还具有表面积大、带电荷、吸附离子等胶体特性，所以也常称之为黏土矿物。由于次生矿物会影响土壤许多重要的物理、化学性质，如吸收性、膨胀收缩性、黏着性等，所以无论对于土壤发生学还是农业生产，都具有十分重要的意义。有关黏土矿物的构造及性质，将在下一节中详细描述。

二、土壤矿物质的转化

（一）土壤矿物质的风化作用

裸露在地表的岩石矿物，在大气、水、温度和生物等因素的综合作用下，逐渐发生崩裂和分解，同时矿物化学组成、性质也会发生变化，形成新的物质，这一复杂的过程通常称为风化作用或风化过程。按其作用因素和风化特点，可分为物理风化、化学风化和生物风化三种类型。它们在自然界中是相互联系、相互促进，同时同地进行，只是在不同条件下风化程度强度不同而已。岩石矿物经过风化破碎成疏松的堆积物，就形成了成土母质。

1. 物理风化 物理风化(physical weathering)又称机械崩解作用，指岩石矿物在物理因素作用下崩解破裂成碎块，只造成结构、构造的改变而不改变其化学成分的过程。这些物理因素以地球表面的温度变化为主，其次有水分冻结作用、碎石劈裂、风力和流水的磨蚀作用，冰川、雷电也是影响物理风化的因素。物理风化作用在温度变化剧烈的干旱地区表现比较突出。

物理风化的结果，虽然岩石的矿物组成和化学组成没有改变，但岩石机械破碎成为大小不等的石砾和碎屑，空隙和比表面积增加，成为疏松多孔的堆积物，产生了岩石所不具有的对水分和空气的通透性，为化学风化创造了条件。

2. 化学风化 化学风化(chemical weathering)又称为化学分解作用，指岩石和矿物在大气、水及生物的相互作用下发生的化学成分和矿物组成的变化。主要在水、二氧化碳和氧的参与下进行，其中以水的作用最为突出，包括溶解、水化、水解和氧化等作用。其特点是使岩石进一步破碎成胶体状微粒，原生矿物成分发生改变，产生在地表条件下比较稳定的次生矿物。

(1) 溶解作用 指岩石和矿物溶解于水的作用。一般矿物难溶于水，但在水分充足和温度较高的条件下，矿物的溶解度可增大。在漫长的地质年代中，水溶解矿物的规模是相当大的。加之地表水常常含有二氧化碳，产生的碳酸可增强水对岩石矿物的溶解作用。如经过碳酸作用，岩石矿物中含有的 $CaCO_3$ 生成溶解度较高的 $Ca(HCO_3)_2$。

$$CaCO_3 + H_2O + CO_2 \longrightarrow Ca(HCO_3)_2$$

(2) 水化作用 指水分子与矿物化合生成含水矿物的化学作用。这一作用往往使矿物失去光泽、膨胀变松、易松散，有利于矿物的进一步分解。

石膏水化 $CaSO_4 + 2H_2O \longrightarrow CaSO_4 \cdot 2H_2O$

赤铁矿水化 $2Fe_2O_3 + 3H_2O \longrightarrow 2Fe_2O_3 \cdot 3H_2O$(褐铁矿)

(3) 水解作用 是指水解电离出的 H^+ 对矿物的分解作用，是化学风化的最主要过程，可使矿物彻底分解。当水中含有二氧化碳和酸性物质时，解离的 H^+ 增多，可增强水解作用。

水解过程根据矿物的分解顺序可分为以下三个阶段。① 脱盐基作用：H^+ 交换出矿物中的盐基离子形成可溶性盐而被淋溶；② 脱硅作用：矿物中的硅以游离硅酸的形式被离析出来，并开始淋溶；③ 富铝化作用：矿物被彻底分解，硅酸继续淋溶，氢氧化铝相对富集。以正长石为例进行说明。

脱盐基作用 $K_2Al_2Si_6O_{16} + H_2O + CO_2 \longrightarrow KHAl_2Si_6O_{16} + KHCO_3$

（正长石） （酸性铝硅酸盐）

$KHAl_2Si_6O_{16} + H_2O + CO_2 \longrightarrow H_2Al_2Si_6O_{16} + KHCO_3$

（酸性铝硅酸盐） （游离铝硅酸）

脱硅作用 $H_2Al_2Si_6O_{16} + H_2CO_3 \longrightarrow H_2Al_2Si_2O_8 \cdot 2H_2O + 4SiO_2 + CO_2$

（游离铝硅酸） （高岭石）

富铝化作用 $H_2Al_2Si_2O_8 + 4H_2O \longrightarrow 2Al(OH)_3 + 2H_2SiO_3$

（高岭石）

上述过程实质上是 H^+ 代换盐基离子，生成可溶性盐的过程。这些过程虽有先后顺序性，但又非截然分开，在自然界往往是同时进行的。由于水解过程中形成易溶性盐类，所以水解过程也是矿物质养分有效化的过程。

（4）氧化作用 矿物质中的一些非氧化态矿物，容易发生氧化，生成新矿物。氧化作用一方面促使矿物的分解，另一方面活化了被氧化矿物，促进其发生迁移转化。在湿润条件下，富含变价元素铁、硫的矿物普遍进行着氧化过程。以黄铁矿为例进行说明。

$$4FeS_2 + 15O_2 + 14H_2O \longrightarrow 2(Fe_2O_3 \cdot 3H_2O) + 8H_2SO_4$$

（黄铁矿） （褐铁矿）

3. 生物风化 生物风化(biological weathering)指在生物及其分泌物或有机质分解产物的作用下，岩石矿物发生机械破碎和化学分解的过程。主要表现在两个方面：① 生物的生命活动引起的机械破碎作用，如植物根系对岩石的穿插作用，土壤中各种动物如鼠类、蚯蚓、昆虫等挖掘、翻动作用，促使岩石及其矿物进一步机械破碎；② 生物的化学分解作用，如植物根系分泌有机酸加速矿物的分解，硝化细菌等微生物以及藻类、地衣等在岩石表面生长，分泌出酸液分解岩石，并从中摄取所需的养分，从而使岩石矿物遭到分解和破坏。

生物既可以直接参与岩石矿物的分解破坏，也可以间接促进岩石矿物的物理和化学风化，更重要的是生物死亡后的有机残体增加了有机质存于无机风化物中，使岩石矿物向土壤转化完成了质的飞跃，这是物理和化学风化所不能达到的。

（二）矿物分解的阶段性与成土风化壳类型

矿物的风化分解过程虽然是一个连续的渐变过程，根据其代表性矿物可人为的划分为几个不同的阶段，并形成相对应的成土风化壳类型。

1. 碎屑(风化)阶段——碎屑风化壳 风化的最初阶段，以物理风化作用为主，岩石矿物主要发生机械粉碎，形成碎屑风化壳。风化壳质地粗而薄，细土粒很少，主要为粗大岩石碎块。岩石矿物的化学成分没有改变，也未发生迁移。多出现在年轻山区，特别是高山区和极地分布较普遍，同时广泛出现在干旱荒漠地区。在中国主要分布在青藏高原及各地山区。

2. 钙淀积(风化)阶段——钙淀积风化壳(碳酸盐风化壳) 化学风化和生物作用加强，原生矿物进一步分解，氯化物、硫酸盐及钠盐等易溶盐分解淋失，或被生物吸收，而钙、镁、钾等大部分保留，有些生成碳酸盐淀积，如 $CaCO_3$ 等，在土壤或风化壳中聚积，形成钙淀积风化壳，也称碳酸盐风化壳。土壤溶液呈中性到碱性，同时生成的次生黏土矿物，以蒙脱石、伊利石为主。钙淀积阶段主要出现在森林草原地区，分布在半荒漠、荒漠地区，多发育钙层土(黑、棕、灰钙土)。

3. 硅铝(风化)阶段——硅铝风化壳 在潮湿气候条件下，风化壳中的盐基大量分解淋溶，部分硅酸也淋失，残留在风化壳中的主要是高岭石、伊利石等次生黏土矿物。因风化过程中盐基大量淋失，并相对富积了由硅、铝、铁组成的次生黏土矿物，所以称为硅铝阶段或硅铝风化阶段，风化壳称为硅铝风化壳。根据淋溶程度可进一步分为两个阶段。

1）中性（饱和）硅铝风化阶段：初级阶段，岩矿中的钙、镁相当丰富，溶液呈中性，交换性阳离子主要是 Ca^{2+}，黏土矿物以 2∶1 型的伊利石、蛭石和蒙脱石为主，风化壳发育土壤有褐土、黑土、灰色森林土等。

2）酸性硅铝风化阶段：随着钙、镁的淋失，出现了交换性 H^+ 和 Al^{3+}，溶液呈酸性，故称酸性硅铝风化阶段，黏土矿物以蒙脱石、高岭石为主，发育土壤有棕壤、暗棕色森林土等。

硅铝风化阶段广泛发生在气候湿润地区，如中温带、暖温带和北亚热带。

4. 富铝化阶段——富铝风化壳 岩石风化的最后阶段。硅铝风化壳进一步受到高温多雨的风化淋溶，风化壳中的盐基彻底淋失，且铝硅酸盐分解出的硅酸也大量淋失，主要剩下 Al_2O_3、少量 Fe_2O_3、尚未分解的高岭石和部分胶质 SiO_2 残积在风化壳或土壤中，故称富铝化阶段。交换性阳离子以 H^+ 和 Al^{3+} 为主，溶液呈酸性。风化壳因氧化铁含量及水化程度不同而呈红、橙、黄等色，又称红色风化壳，发育土壤有砖红壤、红壤等。富铝风化壳很深厚，常达几十米，甚至几百米，黏土矿物主要是高岭石、水铝石和赤铁矿等。

富铝风化壳形成于高温多雨的热带和赤道带气候条件下，同时要经历长久的地质年代，如印度南部、刚果河、亚马孙河流域，以及我国雷州半岛、海南岛、云南南部。

（三）土壤矿物风化强度指标

土壤学中常采用土体中某些化学元素被淋溶的程度来定量刻画土壤矿物的风化强度。土壤矿物的风化分解程度愈高，矿物质中的化学元素迁移和淋溶作用也就愈强。常用的风化强度指标有硅铝铁率、迁移系数、风化指数和淋溶率。

1. 硅铝铁率 指风化壳、土体或土壤黏粒部分中的 SiO_2/R_2O_3 或 $SiO_2/(Al_2O_3+Fe_2O_3)$ 的摩尔数比率。比较土体与母岩或母质的硅铝铁率，如果土体的硅铝铁率明显小于母质的硅铝铁率，说明该土壤矿物风化具有较强脱硅富铁铝化过程，如红壤。黏粒部分的硅铝铁率，还可用来判断黏土矿物的组成特征及大体类型。

2. 迁移系数 是衡量元素在土壤剖面中淋溶迁移程度的指标，其计算公式为

$$K_{\mathrm{m}}^{x}=\frac{\text{任一土层或风化层的 } x/\mathrm{Al_2O_3}}{\text{母质层或母岩层的 } x/\mathrm{Al_2O_3}}$$

式中，x 代表土壤矿物任何一种化学元素，一般多用盐基离子钾、钠、钙、镁、硅、铝、铁等。

如果迁移系数 $K_{\mathrm{m}}^{x}<1$，表示元素 x 在土层或者风化层中有淋溶，数值愈小说明淋溶程度愈强。反之，如果 $K_{\mathrm{m}}^{x}>1$，则说明元素 x 在土层中有积累现象，迁移系数愈大说明富积程度愈强。

3. 风化指数 岩石与风化壳中残余的稳定和不稳定的风化物含量之比，可以确定风化程度的大小，而淋溶率则是用风化壳或土层中盐基总量与氧化铝的摩尔数比率来表明盐基的淋溶损失或累积状况。

第二节 土壤黏土矿物的性质

土壤黏土矿物大部分是属于次生的层状铝硅酸盐类，外部形态表现为极微细的结晶颗粒，内部有着特殊的结晶构造。黏土矿物的性质与其构造以及矿物的化学组成关系十分密切。

一、层状铝硅酸盐黏土矿物的构造特征

（一）基本结构单位

构成层状铝硅酸盐黏土矿物晶格的基本结构单位是硅氧四面体和铝氧八面体。

1. 硅氧四面体 由 4 个氧离子围绕 1 个硅离子，构成假想的四面体构造，硅离子位于中心。这种结构单位称为硅氧四面体，或简称四面体（图 2－1）。

2. 铝氧八面体 由 1 个铝离子和 6 个氧离子（或氢氧离子）所构成，形成假想的八面体，铝离子位于两层氧的中心孔穴内，这种单位称为铝氧八面体，简称八面体（图 2－2）。

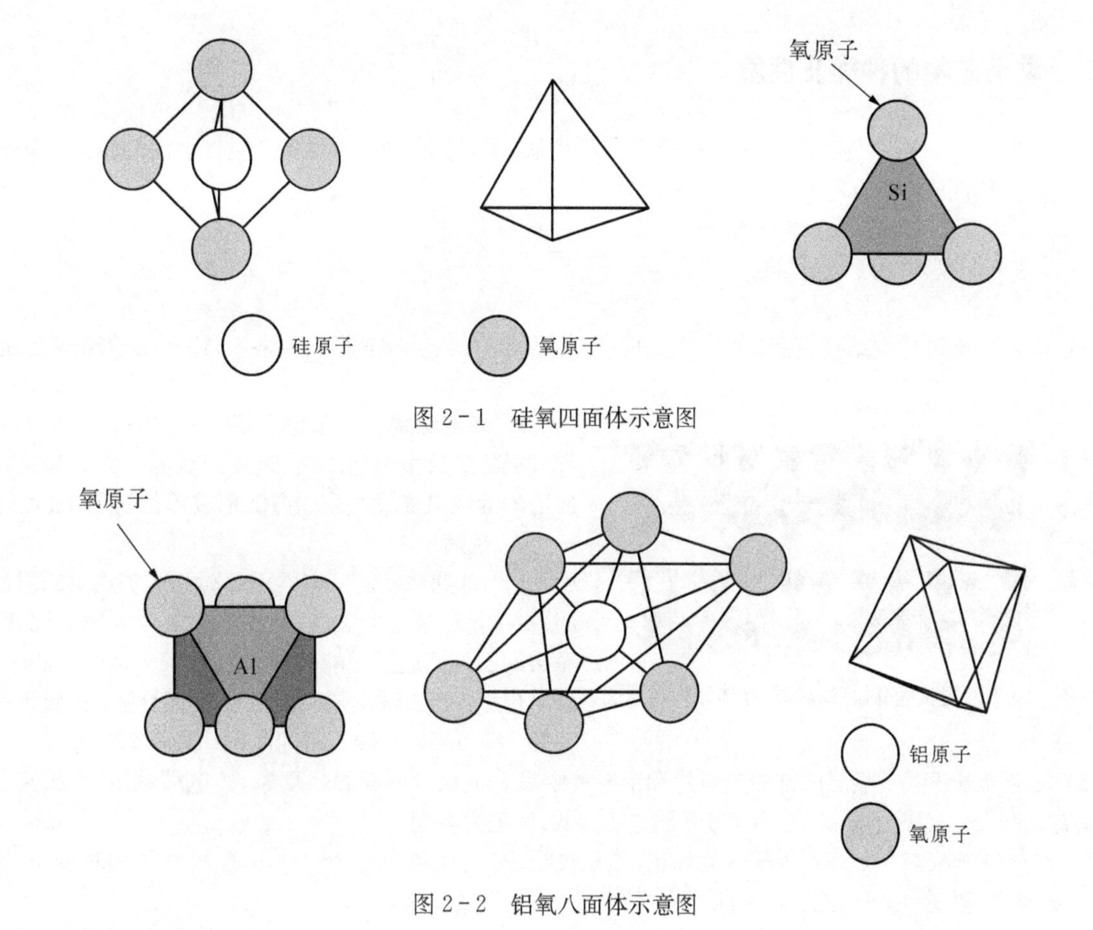

图 2-1　硅氧四面体示意图

图 2-2　铝氧八面体示意图

（二）单位晶片

硅氧四面体通过共用底部氧离子的方式在平面方向上无限延伸，排列成近似六边形蜂窝状的四面体片，简称硅氧片或硅片(图 2-3)。硅氧片顶端的氧带有负电荷。

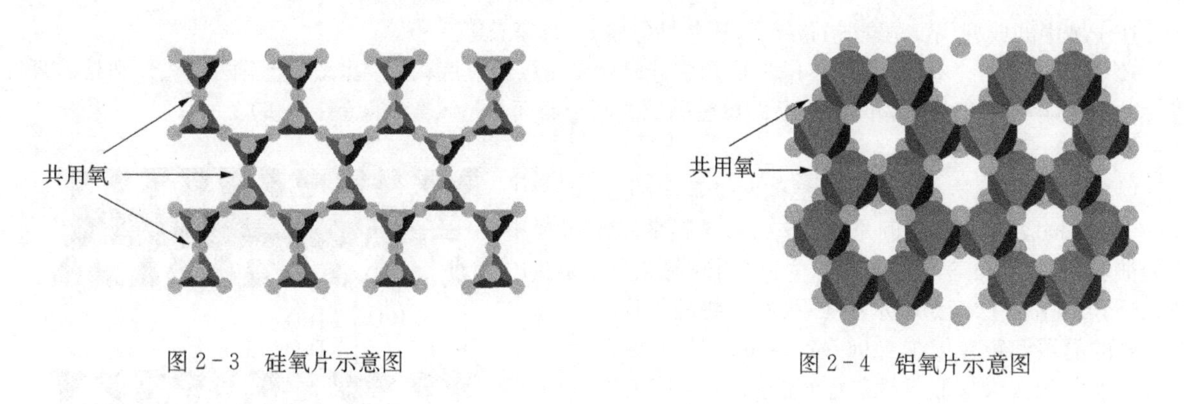

图 2-3　硅氧片示意图

图 2-4　铝氧片示意图

相邻的铝氧八面体通过共用两个氧离子的方式，在平面方向上无限延伸，排列成较疏松的八面体片，简称铝氧片或铝片(图 2-4)。铝氧片的两层氧都有剩余的负电荷。

（三）单位晶层

由于硅氧片和铝氧片都带有负电荷，不稳定，必须通过重叠化合才能形成稳定的化合物。硅氧片和铝氧片交互堆叠，根据配合比例不同，构成层状铝硅酸盐的单位晶层有 1∶1 型、2∶1 型和 2∶1∶1 型。

二、黏土矿物的种类及性质

土壤中黏土矿物的种类很多，根据其构造特点和性质，可以归纳为几个类组，同一组内的黏土矿物有相似的构造结构和性质。

（一）1∶1型矿物（高岭组）

是硅酸盐黏土矿物中结构最简单的一类，在土壤中的典型代表是高岭石、埃洛石，还包括珍珠陶土、迪恺石等。

图2-5 1∶1型层状硅酸盐（高岭石）晶体结构示意图

1. 晶层结构 单位晶层1∶1型，由一层硅氧片和一层铝氧片重叠而成，硅氧片顶端的活性氧与铝氧片底层的活性氧通过共用的方式形成单位晶层（图2-5）。

2. 性质

（1）非膨胀性 高岭石晶体中相邻晶层的层面不同，一个是硅氧片的氧面，一个是铝氧片的氢氧面，两个晶层的层面间通过键能较强的氢键紧密地联结起来，所以晶层之间的距离不变，黏粒湿时不易膨胀，膨胀系数一般小于5%。高岭石层间间距约为0.72 nm。

（2）电荷数量少 晶层内部的硅氧片和铝氧片中没有或极少同晶替代现象，负电荷数量少，阳离子交换量只有3～5 cmol(＋)/kg，因此吸附阳离子的能力低，保肥力较弱。

（3）胶体特性较弱 外形大部分为片状，颗粒较粗，有效直径为0.2～2 μm，总表面积相对较小，导致可塑性、黏结性、黏着性和吸湿性都较弱。

高岭石类次生矿物是南方热带和亚热土壤中普遍而大量存在的黏土矿物，在华北、西北、东北及西藏高原土壤中含量很少。埃洛石，又称多水高岭石，是高岭石的同分异构体，比高岭石易分解，也就是说，高岭石比埃洛石更稳定。

（二）2∶1型膨胀性矿物（蒙蛭组）

在土壤中的典型代表是蒙脱石、蛭石，还包括绿脱石、拜来石等。

1. 晶层结构 单位晶层2∶1型，由两层硅氧片夹一层铝氧片构成，铝氧片上下两层氧分别与硅氧片通过共用顶端氧的方式形成单位晶层，即单位晶层的两个层面都是氧离子面（图2-6）。

2. 性质

（1）胀缩性大 由于矿物晶层的两个基面都由Si—O面所构成，晶层相互间是通过氧键联结起来，结合力很弱，因此水分容易进入晶层之间，引起晶格膨胀，从而表现出晶层间距吸水扩张、失水收缩的性质。蒙脱石的晶层间距变化在0.96～2.14 nm，具有很强的吸湿能力和很大的胀缩性。蛭石的膨胀性比蒙脱石小。

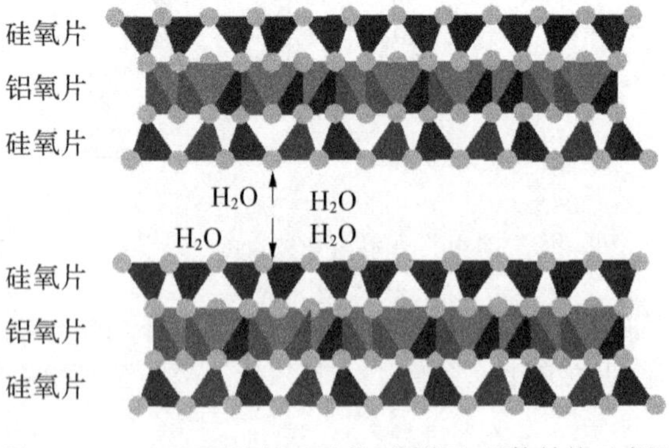

（2）电荷数量大 在晶层内同晶替代现象普遍，铝氧片中一般以Mg^{2+}代Al^{3+}，而硅氧片中一般以Al^{3+}代Si^{4+}，使得这组的黏土矿物都带有大量的负电荷，故具有较强的吸附阳离子的能力，保肥力也强。蒙脱石的阳离子交换量高达80～120 cmol(＋)/kg，而蛭石可高达150 cmol(＋)/kg。

硅氧片
铝氧片
硅氧片
H_2O H_2O
H_2O H_2O
硅氧片
铝氧片
硅氧片

图2-6 2∶1型膨胀性硅酸盐（蒙脱石）晶体结构示意图

（3）胶体特性突出 蒙脱石颗粒细微，呈片状，有效直径为0.01～1 μm；颗粒的总表面积大，远远超过高岭石的比表面。其可塑性、黏结性、黏着性和吸湿性都特别显著,对耕作不利。蒙脱石膨胀性很大,但吸收的水分,植物难以利用,因此富含蒙脱石的土壤,易造成植物水分缺乏;同时在干燥时土壤会发生剧烈收缩,形成干硬的土团,难以耕种。

蛭石是黑云母和伊利石等 2∶1 型层状硅酸盐经过脱钾作用而成,也可从蒙脱石或绿泥石转变而来。蛭石的颗粒比蒙脱石大,表面积则比蒙脱石小,膨胀性也比蒙脱石小得多。

蒙脱石在我国东北、华北和西北地区的土壤中分布较广。蛭石分布于风化作用不十分强烈的温带地带,褐土中含量较高

(三) 2∶1 型非膨胀性矿物(伊利组或水化云母组)

1. 晶层结构 单位晶层同样为 2∶1 型,结构与蒙脱石相似,由两层硅氧片夹一层铝氧片构成。土壤中的典型代表是伊利石。

2. 性质

(1) 非膨胀性 伊利石是云母风化时向蛭石或蒙脱石过渡的中间产物,虽然同为 2∶1 型晶层构造,但在伊利石晶层之间吸附有钾离子(图 2-7)。钾离子同时受相邻两个晶层负电荷的吸附,使相邻晶层紧密地相互结合,使晶层不易膨胀。伊利石的这种不易涨缩的特性,使它与蒙脱石类矿物有明显区别。

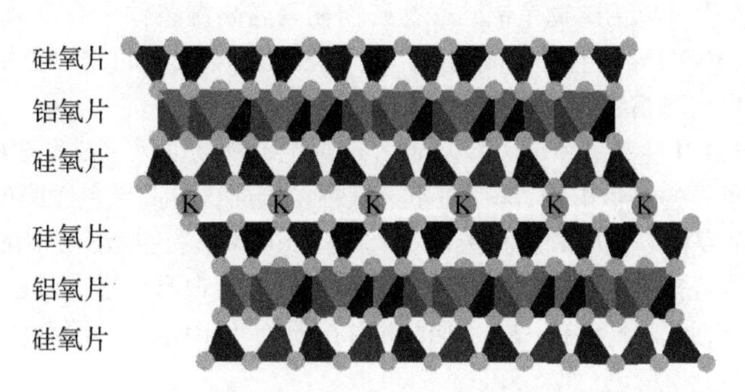

图 2-7 2∶1 型非膨胀性硅酸盐(伊利石)晶体结构示意图

(2) 电荷数量较大 同晶替代同样较普遍,阳离子交换量介于高岭石和蒙脱石之间,为 20～40 cmol(+)/kg。

(3) 胶体特性 颗粒大小介于高岭石和蒙脱石之间,0.1～2 μm,其可塑性、黏结性、黏着性和吸湿性也均介于高岭石和蒙脱石之间。

伊利石广泛分布于我国多种土壤中,尤其是西北、华北干旱地区的土壤中含量很高。富含伊利石的土壤富含钾素。

(四) 2∶1∶1 型矿物(绿泥石组)

以绿泥石为典型代表,是富含镁、铁及少量铬的硅酸盐黏土矿物。

1. 晶层结构 晶层结构为 2∶1∶1 型,是由滑石和水镁片交替重叠组成的。由于滑石属 2∶1 型矿物,与蒙脱石结构相似(只是铝氧片中的 Al^{3+} 为 Mg^{6+} 所替代),加上与之重叠的水镁片或水铝氧片也是八面体片,这样就形成了 2 个硅氧片、1 个铝氧片和 1 个镁片构成的单位晶层,所以绿泥石的晶层结构叫做 2∶1∶1型,有些文献则称之为 2∶2 型。

2. 性质 同晶替代也较普遍,阳离子交换量为 10～40 cmol(+)/kg。因晶层之间吸附水分较少,所以不易膨胀,交换量远低于蒙脱石和蛭石。

土壤的绿泥石大部分是由母质遗留下来,沉积物和河流冲积物中含较多的绿泥石。绿泥石易发生化学风化,随着风化和成土作用的加强,母质中原有的绿泥石将迅速消失。

(五)次生氧化物类

土壤的黏土矿物组成中,除层状硅酸盐外,还包含有非硅酸盐黏土矿物,主要是矿物结构比较简单、水化程度不等的铁、铝、锰和硅的次生氧化物及其水合物。氧化物矿物既可呈结晶质状态存在,也可以非晶质状态存在。

1. 氧化铁矿物 赤铁矿($\alpha - Fe_2O_3$),色赭红,是氧化铁的主要矿物形式,单晶体常呈菱面体和板状,集合体则形态多样。赤铁矿可承自母质,也可在温暖地带的土壤中由氢氧化铁沉淀而成,在高温、潮湿、风化程度很深的红色土壤中存在。干热地区,土壤通气性好,有利于赤铁矿生成。在有机质丰富的土壤中,母质中的赤铁矿易还原转变为针铁矿。

针铁矿($\alpha - FeOOH$),颜色由黄褐色到红色,在温带、亚热带与热带的土壤中大量存在,一般晶体都很小,常呈针状,故称为针铁矿。通常所见到的铁锈基本就是由针铁矿组成的。针铁矿可以脱水而形成赤铁矿或磁铁矿。

褐铁矿[$2FeO(OH) \cdot nH_2O$]是许多含水氧化铁和氢氧化铁等矿物(针铁矿、纤铁矿及杂质)集合体的总称,成分不纯,广泛分布于土壤和风化壳中,使土壤呈棕褐、橘红和红色。

赤铁矿和针铁矿在土壤中均可以以胶膜质包被在土壤颗粒的表面,在热带地区的土壤中可进一步转化为似岩石般坚硬的物质——铁磐。

2. 氧化铝矿物 次生氧化铝矿物是铝硅酸盐矿物在高温高湿条件下高度风化的产物,极为稳定。土壤中常见的是三水铝石[$Al(OH)_3$],主要分布在热带和亚热带高度风化的酸性土壤中,如砖红壤、赤红壤和黄壤,其含量可作为脱硅作用和富铝作用的指标。

3. 氧化锰矿物 土壤中主要是 MnO 和 MnO_2,是原生矿物高度风化或者在潴水条件下氧化还原反应过程的产物,也是土壤中重要的染色矿物,常存在于土壤颗粒表面,呈棕、黑色胶膜或呈结核状。

4. 次生氧化硅 主要指氧化硅凝胶和蛋白石($SiO_2 \cdot nH_2O$)。土壤溶液中溶解的 SiO_2 在酸性介质中可由单体聚合为凝胶,凝胶经部分脱水缩合为非晶质的蛋白石。蛋白石经进一步脱水结晶后可变为玉髓、石英、方英石和磷石英等变体,并常伴生在一起。纯的蛋白石无色,但因混入不同杂质而呈现彩色。

三、土壤黏土矿物的形成过程和地理分布

(一)黏土矿物的形成过程

黏土矿物是在岩石风化和成土过程中所形成的,它的形成过程比较复杂,受到多种因素的影响,既受母质的矿物组成的影响,又与风化作用、环境条件(气候、生物、地形等因素)关系密切。

许多黏土矿物是在原生矿物分解过程中产生的新产物,其晶体结构未完全破坏,如正长石吸水脱钾形成水化云母,继续脱钾变为蒙脱石,继而脱硅形成高岭石,最后彻底分解而形成含水的铁铝氧化物,可以简单归纳为原生矿物分解形成 2∶1 型黏土矿物,进一步分解形成 1∶1 型黏土矿物,最后形成稳定氧化物的过程。其具体的形成过程和产物极大地受到地理环境因素的影响(图 2-8)。

根据黏土矿物的风化沉淀学说(即自然合成学说),有些黏土矿物不是直接从原来的矿物变过来的,而是由化学风化所分解出来的简单产物在一定条件下重新组合沉淀而成。如风化所产生的硅、铁、铝的氧化物凝胶状或溶胶状物质,均带有电性,在新的条件下可重新中和沉淀形成新的次生黏土矿物。如非晶质水铝石类矿物的生成,随后可再生成晶形的次生黏土矿物高岭石、蒙脱石等。所生成黏土矿物种类,受到酸碱反应条件和各种盐基、金属离子的影响。例如,在偏碱的条件下,若溶液中有丰富的盐基离子,特别是有较多镁离子存在时,则有利于蒙脱石、蛭石等黏土矿物的形成,如果钾离子丰富,则形成的黏土矿物可能以伊利石为主;反之,如果盐基离子含量低时,则多形成高岭石型黏土矿物。在我国南方,土壤淋溶作用强烈,盐基离子很少,形成的黏土矿物主要为高岭石类矿物。这种情况多出现在高温湿润的亚热带区,在热带则形成铁、铝的氧化物和氢氧化物。一般干燥气候条件下的土壤中含有相当数量的伊利石和蒙脱石,湿热气候条件下的土壤中含有大量的高岭石和氧化物类黏土矿物。

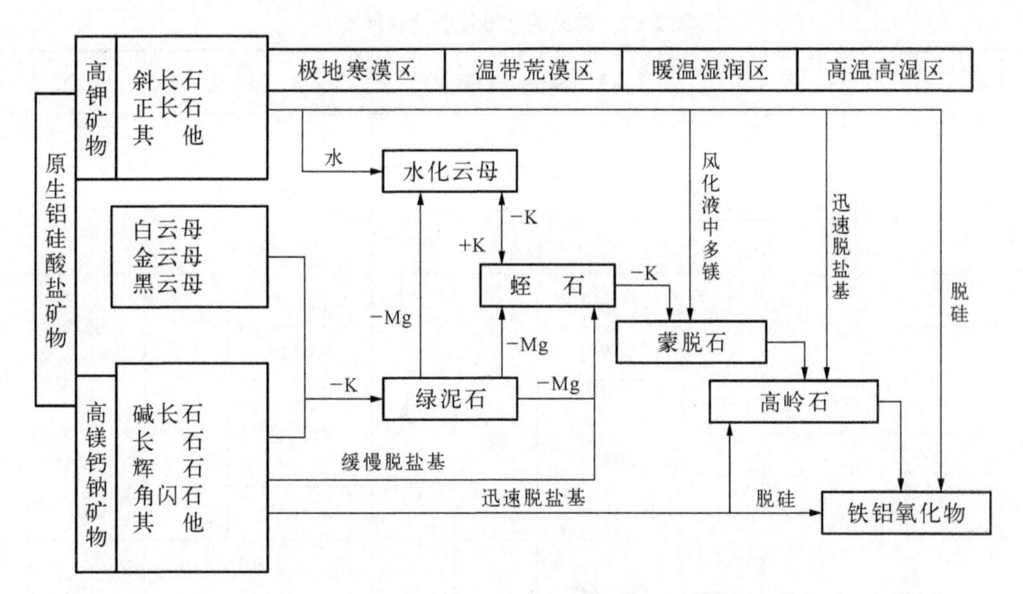

图 2-8 不同地理环境中黏土次生矿物形成的一般模式

另外,在沉积岩、冰碛物和黄土母质上发育的土壤,可以直接从母岩或母质中继承一部分黏土矿物。

(二) 土壤黏土矿物的地理分布

在热带和亚热带地区,化学风化强烈,土壤含有较多的高岭石、水铝石、氧化铁和氧化铝等次生黏土矿物。在干旱寒冷地区,物理风化为主,土壤的黏土矿物中伊利石、蒙脱石和蛭石比较普遍。例如,我国干旱地区的棕漠土、灰漠土中多伊利石、蒙脱石、蛭石,但无水铝石。温暖或温湿条件比较适中的地区,土壤黏土矿物也以伊利石为主,也会出现少量高岭石。

第三节 土壤的质地和结构

土壤的物理性质是多方面的,其中土壤质地和土壤结构被称为是土壤的基本物理性质,是非常重要的土壤性质。它们对土壤的其他物理、化学和生物性质有直接或间接的影响,不仅可影响土壤的透气性、排蓄水性能、土壤肥力等,还影响土壤的工程力学性质。

一、土壤粒级

(一) 概念

土壤中大小和形状不同而成分和性质迥异的各种固体颗粒,称为土壤颗粒,简称土粒。土粒按照粒径的大小和性质而划分为若干组别,称为土壤粒级(或粒组)。相同粒级的土粒,成分和性质基本一致,粒级间则有明显差别。通常讲的砂粒、粉粒和黏粒就是粒级的名称。

需要说明的是,土粒的形状多是不规则的,所以这里粒径是用当量粒径而不是土粒的真实直径。这是根据斯托克斯定律(Stokes' law),在测定不同粒径土粒在静水中的沉降速度时,把土粒看作光滑的实心圆球,取与此粒级沉降速率相同的圆球直径,作为土粒的当量粒径。

(二) 土壤粒级制

土壤粒级(soil separates)的分类目前尚无公认的标准,各国有不同的分级制,常见的四种土壤粒级制如表 2-2 所示。

表 2-2 常见的土壤粒级分级标准

<table>
<tr><th>粒径/mm</th><th colspan="2">国际制</th><th colspan="3">原苏联制(卡庆斯基制)</th><th colspan="2">美国制</th><th colspan="2">中国制</th></tr>
<tr><td></td><td rowspan="2" colspan="2">石砾</td><td colspan="3">石块</td><td colspan="2">石块</td><td colspan="2">石块</td></tr>
<tr><td>3</td><td rowspan="2" colspan="3">石砾</td><td colspan="2">粗砾</td><td rowspan="2" colspan="2">石砾</td></tr>
<tr><td>2</td><td rowspan="4">粗砂粒</td><td rowspan="7">砂粒</td><td colspan="2">极粗砂粒</td></tr>
<tr><td>1</td><td>粗砂粒</td><td rowspan="5">砂粒</td><td rowspan="7">物理性砂粒</td><td>粗砂粒</td><td rowspan="5">砂粒</td><td rowspan="2">粗砂粒</td><td rowspan="5">砂粒</td></tr>
<tr><td>0.5</td><td>中砂粒</td><td>中砂粒</td></tr>
<tr><td>0.25</td><td rowspan="3">细砂粒</td><td rowspan="2">细砂粒</td><td rowspan="3">细砂粒</td></tr>
<tr><td>0.2</td><td rowspan="3">细砂粒</td></tr>
<tr><td>0.1</td><td>极细砂粒</td></tr>
<tr><td>0.05</td><td rowspan="2">粗粉砂粒</td><td rowspan="5">粉砂粒</td><td rowspan="4" colspan="2">粉砂粒</td><td rowspan="2">粗粉粒</td><td rowspan="4">粉粒</td></tr>
<tr><td>0.02</td><td rowspan="3" colspan="2">粉砂粒</td></tr>
<tr><td>0.01</td><td>中粉砂粒</td><td rowspan="6">物理性黏粒</td><td>中粉粒</td></tr>
<tr><td>0.005</td><td rowspan="2">细粉砂粒</td><td>细粉粒</td></tr>
<tr><td>0.002</td><td rowspan="4" colspan="2">黏粒</td><td rowspan="4" colspan="2">黏粒</td><td>粗黏粒</td><td rowspan="4">黏粒</td></tr>
<tr><td>0.001</td><td>粗黏粒</td><td rowspan="3">黏粒</td><td rowspan="3">细黏粒</td></tr>
<tr><td>0.000 5</td><td>中黏粒</td></tr>
<tr><td>0.000 1</td><td>胶粒</td></tr>
</table>

由表 2-2 可见,尽管各国的具体标准不尽相同,但各种粒级制都将土粒分为石砾、砂粒、粉粒和黏粒四级,大同小异。

1. 国际制土粒分级 国际制原为瑞典土壤学家爱特伯所拟定,经 1930 年莫斯科第二届国际土壤学会大会采纳。分为 4 个基本粒组,特点是分级标准为十进位制,简明易记,曾广为采用。新中国成立前多采用国际制。

2. 卡庆斯基制土粒分级 原苏联土壤学家卡庆斯基拟订(1957 年),先以粒径 1 mm 为界分出粗骨和细土两部分,然后在细土中以 0.01 mm 为界分为“物理性砂粒”和“物理性黏粒”两大粒组。新中国成立后大多采用这种分类,曾通称“原苏联制”。

3. 美国制土粒分级 1951 年由美国农业部在土壤局制基础上修订,把黏粒上限从 0.005 mm 下降至 0.002 mm,这是依据当时对胶体的认识而定,而世界各国粒级分级标准均公认和采用了这一上限值。

4. 中国制土粒分级 中国科学院南京土壤研究所等单位根据中国的土壤情况,拟定了我国的土粒分级标准,在《中国土壤》(第二版)正式公布,应用时间较短。

二、土壤的机械组成与质地

(一) 概念

自然界的任何一种土壤,都不可能只由单一粒级的颗粒组成,而是由粒径不同的各级土粒以各种比例组成的。土壤中各粒级土粒含量的质量百分数,叫做土壤机械组成(soil mechanical composition),或称土壤颗粒组成(soil particle makeup)。土壤机械组成相近的土壤往往具有类似的肥力特征。

根据土壤机械组成而划分的土壤类别,称为土壤质地。土壤质地一般分为砂土、壤土和黏土三类。在同一类别中,又由于其机械组成均有一定的变化范围,砂黏程度有差异,因而可细分为若干种质地名称。在野外调查时，土壤的质地常可根据手指研磨土壤的感觉而近似地做出判断，准确地测定则要在室内用机械分析方法来进行。

土壤质地是土壤的一种十分稳定的自然属性，可反映母质来源、成土过程的某些特质以及土壤的肥力特征，因此在土壤鉴定、土壤利用与管理、土壤改良或工程施工时，必须考虑土壤的质地特点。

（二）土壤质地分类制

土壤质地分类制至今尚无各国和各行业公认的标准，世界各国标准不同。下面介绍国内外常用的几种质地分类标准：国际制、卡庆斯基制、美国制和中国制。它们均是与其土壤粒级分级标准相互配套的。这些质地分类制的共同之处在于都粗分为砂土、壤土和黏土。

1. 国际制　国际制土壤质地分类是一种三级分类法，即按砂粒、粉粒、黏粒三种粒级所占百分数划分为砂土、壤土、黏壤土、黏土 4 类 12 个质地名称。其划分是以黏粒含量为主要标准：黏粒含量＜15％为砂土类和壤土类，黏粒含量占 15％～25％为黏壤土类，黏粒含量＞25％则为黏土类。当土壤粉粒含量＞45％时，在各类质地的名称前均加之“粉质”；砂粒含量在 55％～85％时，则冠以“砂质”字样；砂粒含量＞85％，则称壤质砂土或砂土。新中国成立前多采用这种分类。

国际制土壤质地分类还可用三角图表示(图 2－9)，应用时根据土壤各粒级的质量百分数，可查出任意土壤质地名称。例如，某土壤含砂粒 40％、粉粒 20％及黏粒 40％，从该对应数据点开始画平行于底线的直线，可以从三角图查得这三个数据之线交叉于壤质黏土范围内，故该土壤质地属于“壤质黏土”。

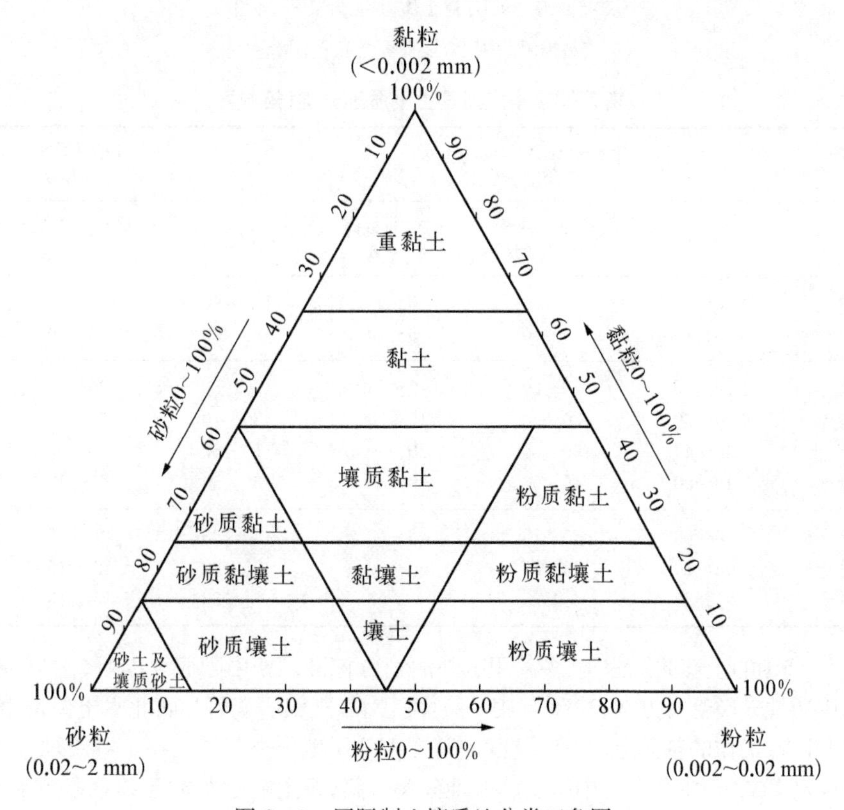

图 2－9　国际制土壤质地分类三角图

资料来源：中国农业百科全书·土壤卷

2. 美国制　由美国农业部制定，也是三级分类法，根据砂粒(2～0.05 mm)、粉粒(0.05～0.002 mm)、黏粒(＜0.002 mm)3 个粒级的比例，划分为 12 个质地名称，也常用三角图表示(图 2－10)。

3. 卡庆斯基制　也称原苏联制，有简制和详制两种，简制应用较广泛，是一种二级分类法，即根据物理性黏粒(粒径＜0.01 mm)或物理性砂粒(粒径＞0.01 mm)的含量，把土壤质地分为 3 类 9 种(表 2－3)。新中国成立后大多采用这种分类。

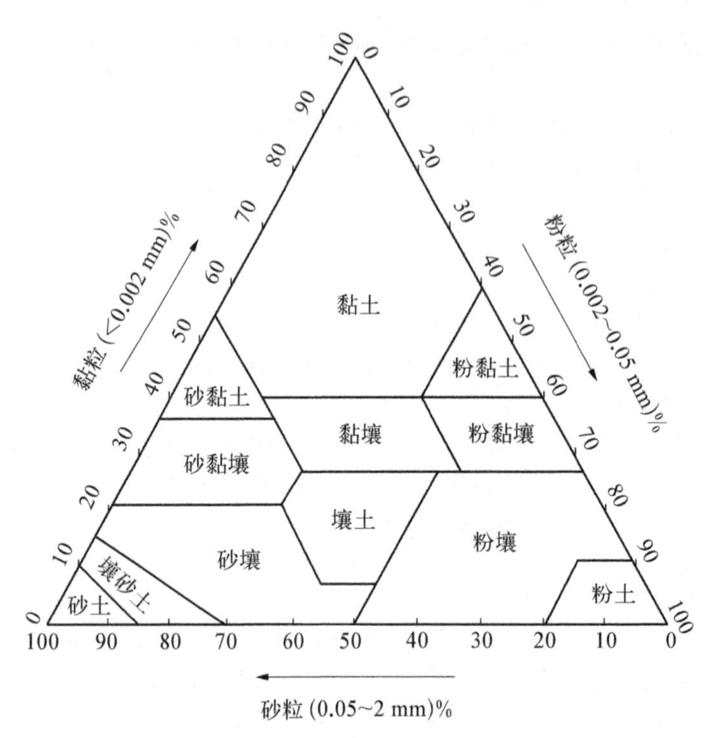

图 2-10 美国制土壤质地分类三角图

资料来源：中国农业百科全书·土壤卷

表 2-3 卡庆斯基土壤质地分类(简制)

质地分类		物理性黏粒(<0.01 mm)含量/%			物理性砂粒(>0.01 mm)含量/%		
类别	名称	灰化土类	草原土类及红黄壤类	碱化及强碱化土类	灰化土类	草原土类及红黄壤类	碱化及强碱化土类
砂土	松砂土	0~5	0~5	0~5	100~95	100~95	100~95
	紧砂土	5~10	5~10	5~10	95~90	95~90	95~90
壤土	砂壤土	10~20	10~20	10~15	90~80	90~80	90~85
	轻壤土	20~30	20~30	15~20	80~70	80~70	85~80
	中壤土	30~40	30~45	20~30	70~60	70~55	80~70
	重壤土	40~50	45~60	30~40	60~50	55~40	70~60
黏土	轻黏土	50~60	60~75	40~50	50~35	40~25	60~50
	中黏土	65~80	75~85	50~65	35~20	25~15	50~35
	重黏土	>80	>85	>65	<20	<15	<35

4. 中国制 我国的土壤质地分类，多采用国外的划分标准。新中国成立以后，在1958年的土壤普查中制定了一个土壤质地分类暂行方案；1978年中国科学院南京土壤研究所和西北水土保持生物土壤研究所，在总结群众经验和以往工作的基础上，制定了“我国暂拟土壤质地分类”方案，将土壤质地分为3组11种；经过修订，《中国土壤》(第二版)中公布的中国土壤质地分类方案，将土壤分为3组12种质地名称(表2-4)。

表 2-4 中国土壤质地分类方案

质地分类		颗粒组成/%		
类别	名称	砂粒(1~0.05 mm)	粗粉粒(0.05~0.01 mm)	细粉粒(<0.001 mm)
砂土	粗砂土	>70	—	<30
	细砂土	60~70	—	
	面砂土	50~60	—	

续 表

质地分类		颗粒组成/%		
类别	名称	砂粒(1～0.05 mm)	粗粉粒(0.05～0.01 mm)	细粉粒(＜0.001 mm)
壤土	砂粉土	＞20	＞40	
	粉土	＜20		
	砂壤土	＞20	＜40	
	壤土	＜20		
黏土	砂黏土	＞50	—	＞30
	粉黏土	—		30～35
	壤黏土	—		35～40
	黏土	—		40～60
	重黏土	—		＞60

资料来源：熊毅等(1987)。

三、不同质地土壤的肥力特点

土壤质地与土壤肥力关系密切，它对土壤肥力的影响是多方面的，是决定土壤通气性、透水性、蓄水性、保肥性、供肥性、保温性、导温性以及土壤耕性等性质的决定性因素。

砂质土的土壤颗粒以砂粒占优势，土壤中大孔隙多而毛管孔隙少，毛管作用微弱，通气性和透水性好，不易积聚还原性有害物质，但保水性差，抗旱力弱。土壤的矿物成分主要以石英为主，养分缺乏。由于通气性好，好气性微生物活动强烈，土壤有机质分解迅速而难以累积，肥力相对贫瘠。砂质土的土粒大，比表面小，加之缺乏黏粒和有机质，吸附、保持养分能力低，施肥后易随灌水和降雨而淋失，保肥性差。这类土壤含水量低，热容量较小，易增温也易降温，昼夜温差大，作物易受冷害，具有松散易耕的特点。

黏质土的土粒间孔隙小，多为极细毛管孔隙，通气、透水性差，易受渍害和积累还原性有毒物质。一般矿质养分丰富，特别是钾、钙、镁含量较多。黏粒有较强的吸附能力，养分不易淋失，保肥力强。由于黏质土通气性差，好气性微生物受到抑制，有机质分解较慢，易于积累腐殖质，故黏土中有机质含量一般比砂质土高。黏土保水性强，含水量大，热容量较大，升温慢降温也慢，昼夜温差小。这类土壤干时紧实坚硬，湿时泥烂，耕作费力，宜耕期短。

壤质土兼备砂土和黏土的优点，既有一定数量的大孔隙，又有相当多的毛管孔隙，故有较好的通气透水性，又有较强的保水保肥性能。它的含水量适宜，土温比较稳定，耕性较好，宜耕期较长，适宜种植各种作物，是农业生产上质地比较理想的土壤。

四、土壤结构

(一) 概念

土壤结构(soil structure)是指土粒(单粒和复粒)的排列、组合形式。土壤单粒是土壤充分分散后单个存在的颗粒，复粒则是土壤单粒通过各种作用而聚集在一起的颗粒群。在自然界的土壤中，土壤固体颗粒很少以单粒形式存在，一般都会胶结成大小、形状、性质不一的团聚体。土壤结构体就是土粒相互排列和团聚形成一定形状和大小的土块或土团，结构比较稳定，也称为结构单位。土壤结构的鉴别要根据土壤结构体的形态、大小、数量及其性质来进行。

(二) 土壤结构分类

土壤结构分类是根据形态、大小和特性等来区分结构体的类型。在野外土壤调查中观察土壤剖面，应用最广的是形态分类。最早是1927年由苏联学者扎哈洛夫(С. А. Захаров)提出,经不断补充修改,1951年美国农业部土壤调查局提出了一个较为完整的土壤结构形态分类制,至今仍广为应用。各种土壤结构类型示意图如图2-11所示。

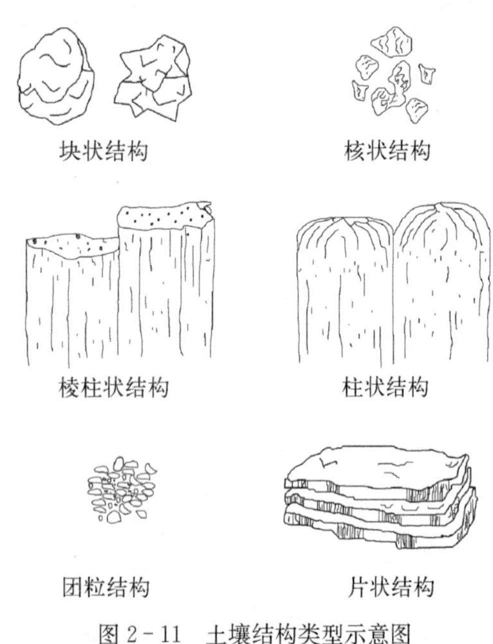

图2-11 土壤结构类型示意图

1. 块状结构和核状结构 这两种结构的土粒胶结成近似立方体,长、宽、高三轴大致相似,内部紧实。边角不明显的,称为块状结构,北方群众称为"坷垃"。可按大小分为块状结构(>5 cm)、碎块状结构(>0.5 cm)和碎屑状结构(<0.5 cm);而根据形状则可分为角块状结构(表面平滑,棱角明显)和团块状结构(表面平滑而浑圆,棱边不明显)。这类结构体在有机质缺乏而且耕性不良的黏质土壤中易形成。

较块状结构小且边角明显的称为核状结构,群众多称为"蒜瓣土",在黏重的底土层中常见。多由石灰质或氢氧化铁胶结而成,常具水稳性。例如,红壤下层由氢氧化铁胶结而成的核状结构,紧实而泡水不散。

2. 柱状结构和棱柱状结构 土粒胶结成柱状体,垂直轴发达。棱角明显、不具圆顶的,叫做棱柱状结构;棱角不明显、具圆顶的,叫做柱状结构。棱柱体结构常出现在黏质土壤的中层和底层,干湿交替有利于其形成,如水田的心土层(潴育层);柱状结构体常出现于半干旱地带土壤的心土和底土层中,碱土的碱化层中较典型。

3. 片状结构 结构体的水平轴特别发达,土粒排列成片状、板状、页状和鳞片状,往往由于流水沉积作用或某些机械压力造成,常出现于冲积性母质层和耕作土壤的犁底层,裂隙不发达,不利于通气透水和根系的生长。

4. 团粒结构 土粒胶结成近似球形的较疏松的多孔小土团,小米粒至蚕豆粒般大小,直径约为0.25～10 mm。直径<0.25 mm的则称为微团粒。这种结构体具有良好的物理性能,如水稳性(泡水后结构体不易分散)、力稳性(抵抗机械力的破坏)、生物稳定性(抵抗生物分解破碎的能力)和多孔性,常在有机质含量高的表土层中出现,是土壤肥沃的表征。我国东北地区的黑土和肥沃的菜园土壤表层中,团粒结构数量众多。农业生产中最理想的团粒结构直径为2～3 mm。

另外,从农学意义上,土壤结构分类强调耕层土壤团聚体的大小分类,团聚体直径>10 mm的称土块,0.25～10 mm的称团聚体,<0.25 mm的称微团聚体。以团聚体含量来判断结构的好坏,含量多的表示结构好,少的表示结构差,并以此来鉴别农业改良措施的效果。

在这里,还需强调一点,通常所说的土壤结构,除了上述所讲的"土壤结构体"外,还包含"土壤结构性",即由土壤结构体的种类、数量(尤其是团粒结构体的数量)及结构体内外的孔隙状况等产生的综合性质。土壤结构性良好,表现在具备良好的孔隙性,除了有较多的孔隙容量外(土壤总孔隙度大),大、小孔隙的分配和分布也适当,有利于土壤水、肥、气、热状况的调节和植物根系活动。另外,结构性良好的土壤,结构体要有一定的稳定性,才能使良好的孔隙状况得以保持,在雨水、灌溉、耕作等影响下不会迅速破坏。团粒结构土壤就是结构性良好的土壤,含有大量的团粒结构体,具有大小多级孔隙,是农业上最优的土壤,作物易获高产,而且耕作管理省力。改善土壤的结构性,主要就是要促进土壤中团粒结构的形成。

(三)土壤结构的形成

土壤结构的形成是土体长期经受物理、化学和生物作用的结果,其形成过程十分复杂。简单地讲,大体可以分为两个途径。

(1) 土粒的黏聚 土壤单粒经过土壤中阳离子的凝聚作用、无机胶体物质(主要有黏粒、铁铝氢氧化物、硅酸凝胶等)的凝聚作用和土壤有机胶体(包括土壤腐殖质、微生物的菌丝体和黏液等)的胶结作用,形成土壤复粒,并进一步胶结形成微团粒、团粒结构或团聚体等较大的结构体。

(2) **土壤结构的成型** 在土粒胶结的基础上,在生物作用(植物根系的割裂、胶结等作用)、干湿交替、冻融交替和耕作等外力推动作用下,促使形成土壤结构体。

这两种途径在自然界是无法截然分开的,是同时同地相互渗透进行的。

土壤结构的形成是普遍的,但在一定的条件下,良好的结构也会受到破坏以致消失,如雨水冲击作用、微生物对腐殖质的分解作用,以及耕地受到农具、牲畜的压力等。

参考文献

关连珠. 2001. 普通土壤学. 北京:中国农业大学出版社.
黄昌勇. 2000. 土壤学. 北京:中国农业出版社.
黄巧云. 2004. 土壤学. 北京:中国农业出版社.
李天杰,赵烨,张科利等. 2004. 土壤地理学. 第三版. 北京:高等教育出版社.
宋春青,张震春. 1996. 地质学基础. 第三版. 北京:高等教育出版社.
土壤学名词审定委员会. 1999. 土壤学名词. 北京:科学出版社.
吴礼树. 2004. 土壤肥料学. 北京:中国农业出版社.
席承藩. 1998. 中国土壤. 北京:中国农业出版社.
熊毅,李庆逵. 1987. 中国土壤. 第二版. 北京:科学出版社.
徐启刚,黄润华. 1990. 土壤地理学教程. 北京:高等教育出版社.
中国农业百科全书编务委员会. 1996. 中国农业百科全书·土壤卷. 北京:农业出版社.
朱鹤健,何宜庚. 1992. 土壤地理学. 北京:高等教育出版社.
朱祖祥. 1983. 土壤学. 北京:中国农业出版社.
B. A. 柯夫达. 1981. 土壤学原理. 陆宝树等译. 北京:科学出版社.
Brandy N C, Well R R. 1996. The Natural and Properties of Soils. 14th Edition. New York: John Wiley and Sons.
Mayhew S, Paine J, Mclean H. 1992. Environmental Geography. Australia: Macmillan PTY LTD.
Strahler A N, Strahler A H. 1989. Element of Physical Geography. 4th Edition. New York: New York Wiley.

第三章　土壤有机质

土壤有机质与矿质土粒共同组成了土壤的固相部分，尽管土壤有机质所占的分量远不及矿物质多，但它对土壤形成过程、土壤理化性状及土壤肥力等重要属性的形成却有着很大作用。土壤腐殖质被认为是土壤本质属性物质，其胶体特性对土壤的吸收性能、离子代换性能、与土壤中金属离子的络合性能，以及土壤缓冲性能等产生巨大的影响。有机质是植物氮、磷、硫等营养元素的给源，并且作为生理活性物质而影响植物的生长发育。更重要的是有机质特别是腐殖质还与土壤结构状况有着密切的关系，从而又影响到土壤水分渗透与保持、耕性、通气性、土温、微生物活性，以及植物根系的穿插难易等。总之，有机质对土壤肥力的形成与发展乃至土壤生态环境改善都有着十分重要的意义。

第一节　土壤有机质的来源、存在状态和组成

存在于土壤中的有机物质，统称为土壤有机质(soil organic matter)，由多种多样的物质组成，一般泛指以各种形态存在于土壤中的含碳有机化合物，其中包括动植物残体、微生物体和这些生物残体的不同分解阶段的产物，以及由分解产物再合成的腐殖质(humus)等。

一、土壤有机质来源和存在状态

土壤有机质主要来源于动植物、微生物残体，对于农业土壤而言有机肥料是土壤有机质的基本来源。自然土壤有机质主要来源是生长在土壤中的自然植被的残体(地上部的凋落物和地下部的死亡根系及其分泌物)，而耕作土壤则除了作物收获后留在地下部的根茬外，主要是人工施用的有机肥料、绿肥，以及还田的秸秆等。根据N. B. 米丘林统计，自然状态下每年进入土壤的动植物残体和微生物总量约为3 500 kg/hm^2，数量是有限的。显然，人类生产活动所增加的土壤有机物质的数量十分重要。进入土壤中的有机物质，在土壤微生物的作用下，将发生一系列的变化，并不断地与土壤矿物质发生反应，形成不同状态和化学组成的土壤有机质，与进入土壤前的有机残体在性质上就大不相同了。

土壤有机质大致上以下几种状态存在：生命体、新鲜有机质、半分解有机残余物和腐殖质。

土壤中的各种活体(如微生物)，既被看作是土壤中的一个独立成分，又被认为是土壤有机质的一部分。据估算，土壤中的生命体约占土壤有机质总量的0.56%～4.6%，平均为2.59%。这部分有机质主要附着在土壤矿物质或其他有机质的表面上。

新鲜的有机质主要是土壤中未分解的生物遗体，半分解有机质是新鲜有机质经微生物的分解作用已破坏了最初的结构而变成了分散的黑色小块。以上两种有机物质均可采用机械的方法从土壤中分离出来，一般占土壤有机质总量的10%～15%。它们是土壤有机质的基本组成部分，是植物养分的重要来源，同时亦是土壤微生物生命活动的能量和物质来源以及土壤腐殖质形成的原料。

腐殖质一般认为是有机质经微生物分解和再合成的一种褐色或暗褐色的大分子胶体物质，通常与矿质土粒紧密结合在一起，以有机-无机复合胶体的形式存在，很少以游离态存在，不能用机械的方法从土壤中分离。它是土壤有机质的主体，一般占土壤有机质总量的85%～90%，是土壤肥力的重要指标之一。

二、土壤有机质的组成和性质

土壤有机质可粗略地分为非腐殖质和腐殖质两大类。

1. 非腐殖物质　非腐殖物质与有机残体的化学组成相似，如糖、蛋白质、木质素等，从化学角度而论，主要有以下五类有机化合物。

(1) *糖类、有机酸、醛、醇、酮等化合物*　糖类包括单糖、双糖和多糖三大类，如葡萄糖($C_6H_{12}O_6$)、双糖

($C_{12}H_{22}O_{11}$)和淀粉等。酸类有葡萄糖酸($C_6H_{12}O_7$)、柠檬酸($C_6H_3O_7$)、酒石酸($C_4H_6O_6$)、草酸($C_2H_4O_4$)等。醛类(R—COH),如乙醛(CH_3COH)等。醇类(R·OH),如乙醇(CH_3CH_2OH)等。酮类(RCOR),如丙酮(CH_3COCH_3)等。

以上物质均可溶于水,当植物残体破坏时会溶于水而流失。这类物质是土壤有机质的一个重要组分。它既是土壤微生物的主要能源,又是形成土壤结构的良好胶结剂,因此,对土壤肥力水平有一定的影响。

(2) 纤维素和半纤维素　半纤维素在稀酸或稀碱溶液中即可水解,而纤维素在强酸或碱处理下才能水解。它们均能被微生物分解。

(3) 木质素　木质素结构复杂,比较稳定,不易被化学物质和细菌所分解,但可被土壤中的放线菌、真菌所分解。

(4) 树脂、脂肪、蜡质、单宁等　此类物质不溶于水,而溶于醇、醚等有机溶剂。在土壤中,除脂肪分解较快外,一般都分解慢且难以彻底分解。

(5) 蛋白质　生命体中最主要的含氮有机化合物,除含有碳、氢、氧、氮外,还含有硫、磷、铁等化学元素。含氮有机化合物一般易为微生物所分解。土壤中的有机氮化合物不仅是植物氮素的主要来源,而且是地球生物圈中氮素的一种十分重要的存在形式。

2. 腐殖质　腐殖质是土壤有机质的一个十分重要的组成成分。Kononova(1966)认为土壤有机质和土壤腐殖质是两个不同的概念,前者是泛指以各种形态存在于土壤中的有机碳化合物,而后者则是土壤中特殊的暗色无定形高分子化合物。腐殖质仅仅是土壤有机质中的一个组分。根据腐殖质在不同溶剂中的表现,可分为胡敏素(黑腐素)、胡敏酸(褐腐酸)和富里酸(黄腐酸)三组,其中以胡敏酸与富里酸为主。

土壤有机质基本组成元素是碳、氢、氧、氮,碳占52%~58%,氧占34%~39%,氢占3.3%~4.8%,氮占3.7%~4.1%,碳氮比为10~12。此外,土壤有机质中还含有一些灰分元素,如钙、镁、钾、钠、硅、磷、硫、铁、锰、铝等。

第二节 土壤有机质的转化过程

土壤有机质的转化过程主要是生物化学过程。在微生物的参与下,土壤有机质向两个方向转化,即矿质化作用和腐殖质化作用。前者是有机质的分解破坏过程,将复杂的有机化合物分解成简单无机化合物(CO_2和H_2O)并释放出矿质养分和热量,它可以为植物生长提供相当数量的有效态的矿质营养元素;后者是腐殖质的形成过程,将分解的中间产物合成更复杂稳定的胶状高分子聚合物,它可为土壤提供一定数量的腐殖质,以保持和提高土壤肥力水平。

一、土壤有机物质的矿化过程

土壤有机质的矿化过程是指有机质在土壤酶和微生物的作用下,分解成简单有机、无机化合物,并释放出热量的过程,其最终产物为二氧化碳和水,有机质中的氮、磷、硫等则以矿质盐类的方式释放出来,为植物的生长发育提供能量和养分,同时矿质化过程也为腐殖质的形成提供物质来源。

(一) 不含氮有机化合物的分解和转化

在碳水化合物中,简单的糖类(如葡萄糖)容易分解,多糖则较难分解,尤其是与黏土矿物结合在一起的多糖更难分解。脂肪、半纤维素、纤维素、蜡质等分解缓慢,木质素最难分解,但在真菌、放线菌的作用下,亦能缓慢分解,多糖的分解过程可用下式简略说明。

$$\underset{\text{淀粉、纤维素等}}{C_6H_{10}O_5} + H_2O \xrightarrow[\text{酶}]{\text{水解}} \underset{\text{单糖}}{C_6H_{12}O_6} \begin{cases} \xrightarrow{(\text{好气})O_2} CO_2+H_2O+\text{热能} \\ \xrightarrow{(\text{嫌气})H_2O} CO_2+CH_4+H_2O+\text{热能} \end{cases}$$

在微生物分泌的水解酶的作用下，不溶性的多糖转化为简单的可溶性的物质，如葡萄糖。有氧条件下，经过微生物体内解链酶的作用，使有机物质分解产生简单物质，如二氧化碳、水和无机盐类，并释放出能量；但在无氧条件下分解不彻底，产生许多有机酸类的中间产物，并产生还原性物质，如甲烷、氢气等，放出少量热量。

（二）含氮有机化物的分解和转化

土壤中含氮有机物质主要为蛋白质、腐殖质、生物碱、络合态氨基酸及氨基糖等，而植物吸收利用的主要是氮素的无机态化合物，如 NO_3^-、NH_4^+ 等。所以，含氮有机化合物只有分解转化为无机氮化合物后才能被植物吸收利用。土壤含氮有机物质的转化主要有水解、氨化、硝化和反硝化作用。

1. 水解作用 蛋白质在蛋白质水解酶的作用下，分解成简单的氨基酸一类含氮有机物质：蛋白质⟶水解蛋白质⟶消化蛋白质⟶多缩氨基酸（多肽）⟶氨基酸。

2. 氨化作用 水解作用生成的氨基酸，在土壤酶和微生物的作用下进一步分解成氨。这种氨从氨基酸中分离出来的作用，即酰氨态氮（NH_2—N）转化为氨态氮（NH_3—N）的过程，称为氨化作用。无论好气还是厌气条件，氨化作用均可进行。

3. 硝化作用 在好气条件下，氨态氮转化为硝态氮的过程称为硝化作用。氨态氮通过亚硝化细菌和硝化细菌的相继作用，逐步转化为亚硝态氮（NO_2^-—N）和硝态氮（NO_3^-—N）。氨态氮和硝态氮都是植物和微生物可以直接利用的氮素养分。

4. 反硝化作用 硝态氮转化为 N_2O、N_2 或 NO 的作用称为反硝化作用。反硝化作用发生于土壤通气不良，同时含有大量碳水化合物及适宜的酸碱度条件下，是土壤氮素损失的重要途径之一。

二、土壤有机质的腐殖质化过程

腐殖化作用是指进入土壤的有机质在土壤微生物作用下转变为腐殖质的过程。这是一个较为复杂的生物化学作用过程，但也可能有一些纯化学反应。关于这一过程的实质和细节迄今尚无一致的意见。目前多倾向于原苏联学者 Kononova 的看法，认为腐殖质的形成基本上分为两个阶段。第一阶段是在有机残体分解中形成了组成腐殖质分子的基本成分，如多元酚、含氮的有机化合物（氨基酸或肽）等。第二阶段是在各种微生物分泌的酚氧化酶作用下，将多元酚氧化为醌，醌再进一步与含氮有机化合物缩合，形成腐殖质；或来自植物的类木质素聚合形成高分子多聚化合物，即腐殖质。总之，腐殖质化作用是以微生物为主导的复杂的生物化学过程。腐殖质形成后很稳定，在不改变其形成的条件下，年矿化率只有 2%。但当形成条件改变后，土壤微生物群也会发生变化，新的微生物群会将原腐殖质分解，同时释放出植物生长发育所需的营养物质。所以，土壤腐殖质的形成和分解这两个对立的过程与土壤肥力都有密切的关系，协调和控制这两个作用对农业生产具有十分重要的意义。

三、影响土壤有机质转化的因素

土壤有机质的分解和合成受多种因素的影响，但主要的驱动力是土壤微生物和酶。因此，凡是影响微生物活动的因素都会影响土壤有机质的转化。

（一）有机残体的特性

有机物中碳素和氮素总量的摩尔数之比称为碳氮比（C /N）。微生物的生命活动需要碳素和氮素，一般来说，微生物同化 1 份氮和 5 份碳来构成身体，同时还需要 20 份碳作为能源，即微生物生命活动过程中，需要有机质的碳氮比约为 25 /1。当有机残体的碳氮比约为 25 /1 时，微生物活动最旺盛，有机质分解速度最快；如果碳氮比＜25 /1，有利于微生物的活动，有机质分解快，分解释放出的无机氮素除供微生物利用外，还有多余留存于土壤中，可被植物吸收利用；如果碳氮比＞25 /1，微生物会因缺乏氮素营养生长发育受到限制，有机物分解速率缓慢,微生物不仅会消耗掉分解释放出的全部氮素,而且会吸收土壤氮素,用来组成自身。在这种情况下,微生物与植物争夺养分,使植物处于暂时缺乏状态。因此,有机残体碳氮比的大小会影响它的分解速率和土壤氮素养分的有效性。一般禾本科植物根茬和茎秆的分解速率慢;而豆科植物碳氮比约为20 /1～30 /1,分解速率快。此外有机残体的幼嫩程度、细碎和紧实程度,也会影响其分解速率。

通常将单位质量有机残体经过一年分解后转化成土壤腐殖质的数量,称为腐殖化系数。不同植物,不同腐解条件,腐殖化系数有一定差异(表 3-1)。一般讲,水田腐殖化系数高于旱地;木质化程度高,特别是碳氮比大的枯老植物残体腐殖化系数也高。

表 3-1 植物物质腐殖化系数

植物种类	旱地	水田
稻草	0.20	0.31
紫云英+稻草	0.25	0.29
紫云英	0.29	0.26

资料来源:沈其荣(2001)。

(二)土壤通气、水分、温度状况

通气良好,好气性微生物活跃,有机质分解速率快,中间产物少,矿质养分多,有利于植物吸收利用,但不利于腐殖质的累积和保存。反之,通气不良时,嫌气性微生物占优势,有机物质分解速率慢且不彻底,积累许多中间产物,产生一些还原性物质(如 H_2S、CH_4、H_2 等),但却有利于腐殖质的合成和累积。

有机质的分解与土壤含水量和温度有关。土壤水、热状况直接影响着微生物生物学过程的强弱。一般规律是土壤温度30℃左右,水分含量为田间持水量的60%～80%时,有机质分解最快。土壤含水量和温度过高或过低都不利于有机质的分解。

(三)土壤酸碱度

不同微生物适宜的土壤酸碱度不同(表 3-2)。一般微生物适宜的土壤酸碱度为中性附近(pH 6.5～7.5),过酸(pH<4.5)或过碱(pH>8.5)时多数微生物的活动都会受到抑制。细菌在 pH 6～8 时活动旺盛,在适量水分和钙的作用下,易形成胡敏酸型腐殖质;放线菌在中性、碱性条件下生长良好;而真菌在各种条件下均可生存。

表 3-2 土壤微生物生长适宜 pH 范围

微生物种类		适宜 pH 范围		
		最低	最适	最高
细菌	腐败菌	4.5		9.0
	根瘤菌	4.3	6.0～8.0	10.0
	自生固氮菌	5.0	6.0～8.0	9.0
	硝化细菌	4.0	6.0～8.0	10.0
	硫细菌	3.0	7.8～8.0	10.0
真菌	霉菌	1.5	6.5～7.5	9.0
放线菌		5.0	7.0～8.5	9.0
原生动物		3.5	7.0	9.0

资料来源:沈其荣(2001)。

另外,土壤有机质的分解和累积在较大范围内受气候和植被支配,而局部范围内受土壤质地影响。一般说来,土壤黏粒含量与有机质有极显著正相关关系。腐殖质与黏土矿物结合形成有机-无机复合胶体,十分有利于腐殖质的保存。

第三节 土壤腐殖质

大多数土壤学家(Schnitzer et al. , 1972; Scheffer et al. , 1960; Kononova, 1964)研究土壤有机物质时都主张将其分为非腐殖物质和腐殖物质两大类。熊田恭一(1984)认为:“前者包括具有尚可识别的化学特征的有机化合物,碳水化物、蛋白质、缩氨酸(肽)、氨基酸、脂肪、蜡质、树脂、色素及其他低分子有机化合物均属此类。另一类腐殖物质为无定形、褐色乃至黑色、具有亲水性和酸性、分子量数千至数万的多分散系物质。腐殖物质可分为腐殖酸(胡敏酸)、富里酸、胡敏素。这些组分相互间的结构类似,但分子量、元素组成、官能团含量有所不同。”Kononova 认为:“腐殖物质是存在于土壤中的特殊化合物,是芳香族化合物(多酚型)和含氮化合物(多肽型)在少量还原性物质(多糖醛酸苷型)参与下缩合而成的高分子化合物系统的名称。”因此,有理由认为腐殖质是土壤特有的、组成结构极为复杂的一类高分子化合物,其主体是各种腐殖酸及其与金属离子相结合的盐类。

一、腐殖酸组分的分离

将腐殖酸从土壤中提取并分离出来是比较困难的。目前一般采用的方法是首先将土壤中未分解和半分解的动植物残体分离,然后根据腐殖酸在不同溶剂中的溶解性,将其分为胡敏素(黑腐素)、胡敏酸(褐腐酸)、黄腐酸(富里酸)三个组分(图 3-1)。

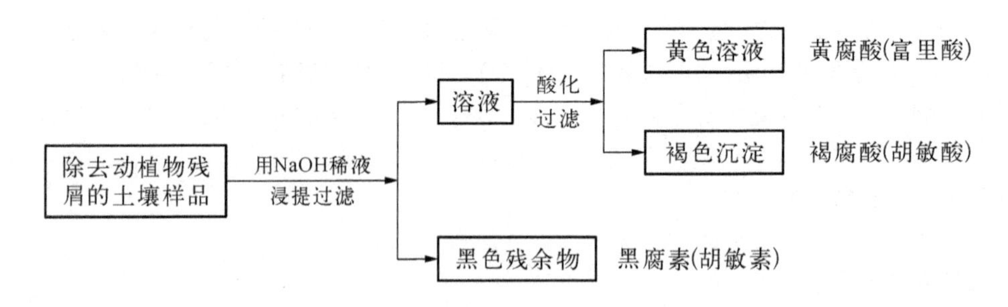

图 3-1 腐殖酸组分的分离

关于腐殖酸组分的分离质浸提剂一般采用稀碱(0.1 mol /L、0.5 mol /L 及 0.5%NaOH),含钙高的土壤可用稀盐酸或硫酸钠做预处理;也可用焦磷酸钠或焦磷酸与碱的混合液浸提。无论何种方法,在浸提和分离过程中,腐殖酸中用化学方法可以鉴别出来的有机物质部分(非腐殖质)照理说是可以分离出来的,但事实上将两者完全分离是不可能的,各组分都有许多混杂物。例如,黄腐酸中混有多糖类;褐腐酸中混有高度木质化的非腐殖物质;黑腐素是褐腐酸的异构体,且与矿质土粒紧密结合,以致失去碱溶性和水溶性,从化学属性看,它与褐腐酸并无本质区别。

腐殖酸的主要组成是褐腐酸和黄腐酸,两者通常占腐殖酸总量的 60%左右。一般土壤中,腐殖酸大部分以金属盐的形态存在,但在强酸性土壤中黄腐酸会以游离酸的形态存在。

二、腐殖酸的性质

(一) 元素组成

腐殖酸和其他有机化合物一样,由碳、氢、氧、氮、硫、磷等元素组成,此外还含有钙、镁、铁、硅等灰分元素。但不同的土壤类型和腐殖酸的组分不同,其元素组成会表现出某些差异。就腐殖酸整体而言,含碳约为 55%～60%(习惯上以 58%为其平均数,故计算土壤有机质含量时,通常以有机碳含量乘以 100 /58,即 1.724);含氮约为 3%～6%,平均为 5.6%。碳氮比值平均为 10 /1～12 /1。从我国主要土类中胡敏酸和富里酸的元素组成特点来看(表 3-3),前者的碳、氮含量高于后者,而后者的氧含量则高于前者。

表 3-3　我国主要土壤中腐殖酸的元素组成　（单位：%）

腐殖酸		C	H	O+S	N
胡敏酸	范围	43.9～59.6	3.1～7.0	31.3～41.8	2.8～5.9
n=48	平均	54.7	4.8	36.1	4.2
富里酸	范围	43.4～52.6	4.0～5.8	40.1～49.8	1.6～4.3
n=12	平均	46.5	4.8	45.9	2.8

资料来源：熊毅等(1987)。

（二）分子量和结构

腐殖酸的分子结构极为复杂，目前尚未完全为人们所熟知，但它们有若干共同点是可以肯定的。一般认为腐殖酸以芳香族化合物为主体，附以各种功能团。其中最主要的功能团为酚羟基(—⬡—OH)、羧基(—COOH)、甲氧基($—OCH_3$)，并含有含氮的杂环化合物等，这使腐殖酸分子具有多种活性，如吸附性、对金属离子的络合能力、氧化还原性及生理活性等。

腐殖酸的分子量因土壤类型而异，一般褐腐酸的分子量大于黄腐酸。据中国科学院南京土壤研究所报道，我国黑土褐腐酸的平均分子量为 2 000～2 500，黄腐酸为 680～1 450。关于腐殖酸的分子形状，研究者有多种推测，过去认为为网状多孔结构(图 3-2)，近来报道有棒状的、有球形的，也有两者兼有之。就整体结构而言，腐殖酸分子由于其内部的交联而表面极为疏松，表现为非晶质特征。

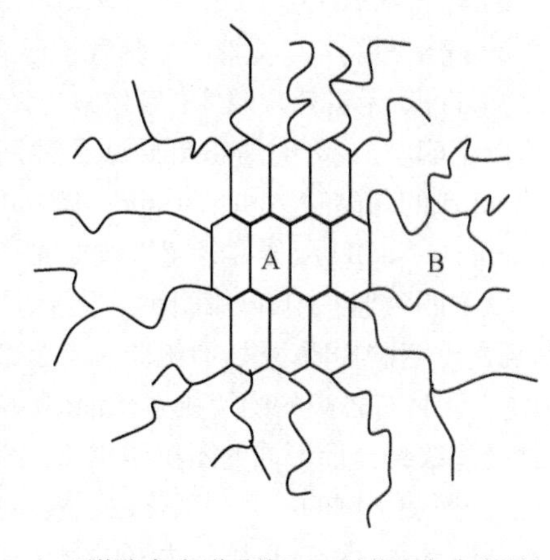

A. 环状聚合碳(芳香核)；B. 链状聚合碳(侧链)

图 3-2　腐殖酸结构模式图

资料来源：熊田恭一(1984)。

（三）电性

腐殖酸为两性胶体，其表面既有正电荷又有负电荷，而通常以带负电为主。电性的产生主要是分子表面的羧基、酚羟基的解离和胺基的质子化。

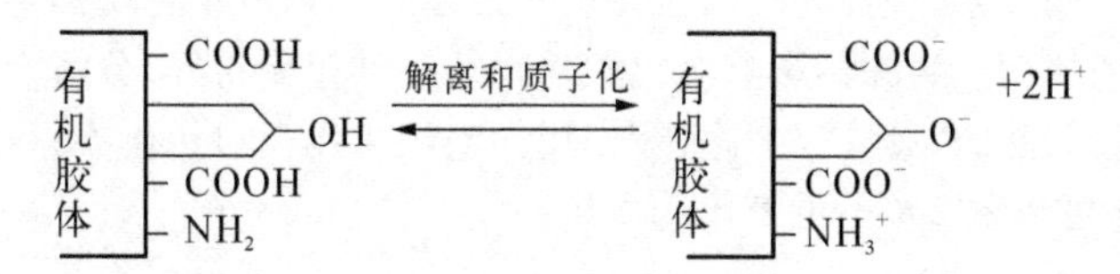

由于酚羟基、羧基的解离和胺的质子化与土壤 pH 有关，这些电荷的数量随着土壤 pH 的变化而变异，所以属可变电荷。

（四）溶解性

黄腐酸溶于水，溶液呈较强的酸性，它的一、二价金属盐也都溶于水。褐腐酸不溶于水，呈酸性，它与钾、钠、铵等形成的一价盐溶于水，而与钙、铁、镁、铝等高价盐离子形成的盐类的溶解度就大大降低了。

（五）凝聚作用

腐殖质是具电性的有机胶体，新形成的腐殖质胶粒在水溶液中为分散的溶胶状态，但改变分散相条件，如增加电解质浓度或高价离子，则其电性改变而发生凝聚，形成凝胶。凝聚过程中腐殖质胶体将土粒胶接起来，形成结构体。此外，腐殖质是一种亲水胶体，可通过干湿变化或冻融交替而脱水变性，这种变性是不可逆的，所以能促进土壤团粒结构的形成。

腐殖质中所含的功能团可与金属离子络合，从而形成了稳定的金属-有机复合体。这对土壤金属元素的活性与迁移性等方面，均产生积极的影响，因而在污染土壤的修复中具有重要的意义。此外，腐殖质也能与其他有机质发生反应，如腐殖质对有机农药等的吸附作用影响农药的持效性、迁移性和生物降解性等。

三、土壤腐殖酸的存在状态

土壤腐殖酸很少以游离状态存在，大多数情况下以盐或胶体的形态存在。主要存在方式大致上有以下四种。

1）游离腐殖酸：一般土壤中很少，常见于红壤等酸性土壤中。

2）与含水 R_2O_3，如 $Fe_2O_3 \cdot xH_2O$、$Al_2O_3 \cdot xH_2O$ 等作用形成复杂的凝胶体。

3）腐殖酸盐：与土壤中盐基离子形成稳定的盐类，主要为腐殖酸钙、镁，常见于北方地区土壤。

4）有机-无机复合胶体：腐殖酸与黏粒结合形成有机-无机复合胶体。根据所选用浸提剂和方法的不同分为以下四类。① 松结腐殖质或活性腐殖质（首先用 0.1 mol/L NaOH 浸提）；② 联结腐殖质（继续用 0.1 mol/L的焦磷酸钠和 0.1 mol/L NaOH 浸提）；③ 稳结腐殖质（再继续用 0.1 mol/L 的焦磷酸钠和 0.1 mol/L NaOH 浸提并经超声波处理）；④ 紧结腐殖质或残余腐殖质（最后剩余物）。

以上四种形态中，以第四种最重要，因为它占土壤腐殖质的大部分。实际上，土壤有机-无机复合体的状况，正是土壤矿物质、土壤有机质和土壤微生物等土壤组成成分对土壤特性影响的综合表现。其意义如下：① 复合体具有较高的团聚能力，所形成的土壤结构比较稳定，肥沃土壤的表层通常拥有由团聚度高的复合胶体经逐级结合而形成的团粒结构；② 团粒结构的产生，改善了土壤结构，从而使土壤容重降低，孔隙状况优化，进而使土壤的一系列理化性质发生重要的变化；③ 复合体具有集中和保蓄土壤水分和养分的作用，可增强土壤保水、保肥、供肥能力；④ 复合体还具有多种功能团，表现出两性胶体的特点，有着明显的缓冲作用，其对土壤微生物活动和土壤养分转化等方面均具有重要的意义。

第四节　土壤生物及土壤酶

一、土壤生物

生活于土壤中的巨大生物类群，统称为土壤生物。一方面它们依赖于土壤而生存，另一方面又对土壤的形成、发育、土壤结构和肥力状况产生深刻影响。土壤动物的活动起到粉碎、分解有机质和扰动土壤的作用，土壤微生物对土壤环境起着天然的“过滤”和“净化”作用。土壤生物在自然生态系统中扮演消费者和分解者的角色，对全球物质和能量的循环起着不可替代的作用。

（一）土壤生物的多样性

土壤生物包括土壤动物、植物和微生物，种类多，数量大，其生物总量通常可占土壤有机质总量的 1%～8%。土壤生物活性一般用单位体积或面积土壤中的数目、生物量或代谢活性来表征（表 3-4）。

表 3-4　土壤中常见的生物种类和数量

种　类	表土中数量		
	个/m^2	个/g	总量/(kg/hm^2)
原生动物	10^9～10^{10}	10^4～10^5	16.875～168.75
线　虫	10^6～10^7	10～10^2	11.25～112.5
蚯　蚓	30～300	—	112.5～1 125
其他动物	10^3～10^5	—	16.875～168.75

续 表

种 类	表土中数量		
	个/m^2	个/g	总量/(kg/hm^2)
藻 类	10^9～10^{10}	10^4～10^5	56.25～562.5
细 菌	10^{13}～10^{14}	10^8～10^9	450～4 500
放线菌	10^{12}～10^{13}	10^7～10^8	450～4 500
真 菌	10^{10}～10^{11}	10^9～10^{10}	562.5～5 625

（二）土壤微生物

土壤微生物是指土壤(包括枯落层)中肉眼无法辨认的微小有机体,包括细菌、真菌、放线菌、藻类和没有细胞结构的分子生物(如病毒),是土壤生物中最活跃的部分。据统计,每克土壤生物数量可达数亿甚至数十亿。土壤生物活性的80%都可归结于土壤生物,它对土壤有机质的分解、腐殖质的合成、养分的转化及推动土壤的形成和发育起着重要作用。

1. 细菌 细菌是土壤微生物中数量最多的一个类群,据统计,土壤中的细菌约有50属250种,占微生物总数量的70%～90%。细菌是单细胞生物,个体很小,较大个体长度很少超过5 μm,但它代谢强,繁殖快,与土壤接触的表面积大,每克土壤中细菌表面积达20 m^2。因此,它是土壤中最活跃的生物因素。

根据土壤细菌的营养方式不同,细菌可分为两类:① 异养型细菌,大多数属于此类型,它们所需的能量和碳源直接来自有机质。能够分解死亡的动植物残体获得营养和能量而生长发育的为腐生型细菌;必需寄生在活的有机体内才能生活,以活的蛋白质为营养而生长发育的是寄生型细菌,是使动植物发生病害的病原菌。② 自养型细菌,指不需现成的有机物,能直接利用自然界的二氧化碳或盐类而生存的细菌,如硝化细菌、亚硝化细菌、硫化细菌等均属于此类型。

根据土壤细菌对氧的需求不同,又可分为好氧、厌氧、兼性三类。好氧细菌必须在有游离氧的环境中才能生存;在生活中不需游离氧而能还原矿物质、有机质以获取氧的称为厌氧细菌;兼性细菌是指在有氧条件下进行有氧呼吸,在缺氧环境下进行无氧呼吸,这类细菌对环境的变化适应性较强。土壤中的细菌以杆菌为主,其次是球菌。常见的菌属有节杆菌属、芽孢杆菌属、假单包菌属、产碱杆菌属和黄杆菌属。土壤环境条件如通气性、温湿度、有机质pH等都影响着细菌的活性和数量,一般最适温度为20～40℃,最适pH为6.0～8.0。

2. 放线菌 放线菌占土壤微生物总数的5%～30%,仅次于细菌。大部分是链霉菌属(70%～90%),其次是诺卡氏菌属(10%～30%)、小单包菌属(1%)。土壤放线菌为好氧性微生物,适宜于中性偏碱土壤,除少数寄生型外,大多为腐生型,对新鲜的纤维素、淀粉、脂肪、木质素、蛋白质均有分解能力。

3. 真菌 土壤真菌在数量上少于细菌和放线菌。约有170属690余种,在潮湿、通气良好的土壤中生长旺盛,干旱条件下尽管会受到抑制,但仍表现出一定活力;适宜的土壤pH为3～6。真菌大多为腐生型,是土壤纤维素、木质素的主要分解力量。有的真菌侵入植物根部形成菌根,与高等植物共生。很多真菌成为植物的病原菌。

4. 藻类 土壤中的很多藻类含有叶绿素,生长于土壤表层,能进行光合作用,利用土壤中的无机盐,有利于其他植物的根部吸收,水稻田中的藻类在这一方面起着重要作用。不含叶绿素的藻类生长于土壤亚表层,其作用是分解土壤有机质。另外,有些藻类(如蓝藻)有固氮能力,硅藻则能分解高岭石。

土壤微生物大量集中生活于植物根系周围,与植物生活形成一种特殊的环境,称为"根际"。根际的形成是由于微生物在根系范围内能得到更好的生活条件,如能方便地获取根的分泌物、根毛、根冠细胞等各种有机养料。反之,根际微生物对植物的生长发育起着重要作用,直接影响着根系的营养和生长,如维生素的含量根际土壤远高于根外。

（三）土壤动物和植物

土壤动物和植物都是土壤的重要组成部分。土壤动物包括土壤原生动物和后生动物,它们共同构成了土壤微小动物区系和中型动物区系。土壤植物主要指高等植物的地下部分。

1. 原生动物 土壤中的原生动物大多数是根足虫类和鞭毛虫类,还有少数纤毛虫类,为单细胞真核生物,能够运动。原生动物个体差异很大,如根足虫类的变形虫一般的小型种为10~40 μm,大型种可达十分之几毫米。原生动物的运动只局限于含有水分的土壤大孔隙中,在干土中不能运动。有些原生动物还含有叶绿素(如鞭毛虫类的眼虫属),属自养型。但多数原生动物以有机物为食,有的也吞噬细小的藻类、酵母、细菌等。原生动物起着调节土壤细菌数量、增进土壤生物活性、分解植物残体的作用。

2. 后生动物 土壤后生动物群落主要由线虫、蠕虫、蚯蚓、蛞蝓、蜗牛、千足虫、蜈蚣、螨类、蚁类等组成。一方面它们以土壤中的枯枝落叶为食,并以微生物较易利用的形态排泄出来;另一方面它们穿洞打穴,扰动土壤,这些洞穴和通道有助于土壤通气和排水,从而对土壤产生影响。

3. 土壤植物 土壤植物是土壤的重要组成部分,就高等植物而言,主要包括植物的地下部分,如根系、地下块根块茎等。植物根系对土壤发育有重要作用。根系脱落或死亡后,可增加土壤有机物质,并促进土壤结构的形成。根系腐烂后,留下许多通道,改善了通气性并有利于地下水的上升。根系分泌物、根际微生物的活动也可以增加某些营养元素的有效性,改变土壤pH、促进矿物及岩石的风化。

(四)土壤生物对土壤的影响

1. 影响土壤结构的形成和土壤养分的循环 土壤生物通过对土壤动植物残体的分解将固结在其中的碳、氮、磷、硫等元素释放出来,成为有效养分,供植物吸收利用;土壤微生物的分泌物、有机残体分解的中间产物可以促进土壤腐殖质的合成和土壤团粒结构的形成。土壤动物的排泄物改变了微生物的微环境,反过来也会影响到土壤的肥力状况。土壤微生物对土壤中无机元素如磷、硫、铁、钾以及微量元素的循环也有着重要影响。

2. 生物固氮 自然界中有一小部分微生物能够将空气中分子态的氮转化为氮化合物,供植物吸收利用,这种作用是在生物体内固氮酶的参与下完成的,故称为生物固氮作用。固氮微生物主要有圆褐固氮菌、雀稗固氮菌、固氮红螺菌、根瘤菌等。据估计,全球生物固氮作用固定的氮素每年约有1.22×10^8 t,大大超过化肥氮量。所以,生物固氮对自然界氮素循环和农业生产具有重要作用。

3. 净化土壤环境 土壤微生物可以通过自身的代谢活动对土壤污染物,如重金属、有机农药、生活有机废弃物等进行代谢,从而降解、转化或钝化其毒性,消除或减弱污染物的毒效应,对土壤起着天然的净化作用。

有些土壤生物对植物的生长会造成严重的危害。例如,草原鼠害造成草被破坏;有些植物根系易遭受根结线虫危害;部分细菌、真菌为土传病害的病原菌等。

二、土壤酶

土壤中的各种生化反应除受微生物本身活动影响外,实际上是在各种酶的参与下完成的。土壤酶的活性反映了土壤中进行的各种生化反应的强度和方向,它是土壤的本质属性之一。因此,人们认为检测土壤酶的活性比检测土壤微生物的数量更能直接表达土壤的生物活性。

(一)土壤酶的种类和功能

土壤酶主要来自土壤微生物、动物和植物根系,土壤微小动物对土壤酶的贡献十分有限。植物根系和微生物能分泌胞外酶,据测定存在于生物体内的近2 000种酶中约有50~60余种在土壤中被检测到。目前,研究较多的土壤酶有氧化还原酶、转化酶和水解酶,其种类和酶促反应如下。

1. 氧化还原酶类 脱氢酶(dehydrogenases)促进有机物脱氢,起传氢的作用;葡萄糖氧化酶(glucose oxidase)氧化葡萄糖为葡萄糖酸;尿酸氧化酶(urafe oxidase)催化尿酸为尿囊素;抗坏血酸氧化酶(ascorbate oxidase)将抗坏血酸转化为脱氢抗坏血酸;过氧化氢酶(catalase)促H_2O_2生成O_2和H_2O;过氧化物酶(peroxidase)催化H_2O_2,氧化酚类、胺类为醌;硝酸盐还原酶(nitrate reductase)催化NO_3^-为NO_2^-;亚硝酸还原酶(nitrite)催化 NO_2^- 还原为 $NH_2(OH)$；硫酸还原酶(sulfate reductase)催化 SO_4^{2-} 为 SO_3^{2-}，再为硫化物；羟胺还原酶(hydramine reductase)促羟胺为氨。

2. 水解酶类 羧基酯酶(carboxylesterase)水解羧基，产羧酸和其他产物；酯酶(lipase)水解甘油三脂，产甘油和脂肪酸；磷酸酯酶(phosphatase)水解磷脂，产磷酸及其他；核酸酶(nuclease)水解核酸，产无机磷及其他；核苷酸酶(nucleotidase)促核苷酸脱磷酸；植素酶(plytase)水解植素，生成磷酸和肌醇；淀粉酶(amylase)水解淀粉，最终产物为葡萄糖；纤维素酶(cellulase)水解纤维素为纤维二糖；菊糖酶(inulase)水解菊糖，产果糖和低聚糖；木聚糖酶(xylanase)水解木聚糖，产木糖；葡聚糖酶(dexdextranase)水解葡聚糖，产葡萄糖；果聚醣酶(levonase)水解果聚糖，产果糖；蔗糖酶或转化酶(invertase)水解蔗糖，产葡萄糖和果糖；蛋白酶(proteinase)水解蛋白质，产肽和氨基酸；肽酶(peptidase)断肽链，产氨基酸；谷氨酰胺酶(glutaminase)水解谷氨酰胺酶，产谷氨酸和氨；脲酶(urease)水解尿素，产 CO_2 和 NH_3；无机焦磷酸盐酶(inorganie pyrophosphatase)水解焦磷酸盐，生成正磷酸盐；聚磷酸盐(polymetaphosphatase)水解聚磷酸，生成正磷酸盐；三磷酸腺苷酶水解三磷酸腺苷(adenosine triphosphatase, ATP)，生成二磷酸腺苷(adenosine diphosphate, ADP)。

3. 转移酶类 葡聚糖蔗糖酶(dextransucrase)进行糖基转移；果聚糖蔗糖酶(levan sucrase)进行糖基转移；氨基转移酶(anminotransferase)进行氨基转移；硫氰酸酶(rhodanase)进行硫氰酸根转移(CNS^-)。

4. 裂解酶类 天冬氨酸脱羧酶(aspartate decarboxylase)裂解天冬氨酸为β⁻丙氨酸和 CO_2；谷氨酸脱羧酶(glutamate decarboxylase)裂解谷氨酸为γ⁻丙氨酸和 CO_2；芳香族氨基酸脱羧酶(aromatic amino and decarboxylase)裂解芳香族氨基酸，如色氨酸脱羧酶裂解色氨酸，生成色胺。

(二) 土壤酶的存在状态

土壤中的酶包括胞内酶和胞外酶。胞外酶主要指结合在细胞壁外表面上，自其来源处进入土壤溶液中的酶和暂时地或长久地结合于土壤固体组分上的酶；胞内酶是存在于土壤生物活细胞和死细胞中的酶。土壤酶较少游离于土壤溶液中，主要是吸附在土壤有机和无机胶体上，并以复合状态存在。土壤有机胶体吸附能量大于无机胶体，土壤微团聚体中酶含量高于大团聚体，土壤细粒部分吸附的酶比粗粒部分多。酶与土壤胶体结合，固然对酶的动力学性质有影响，但它也因此受到保护，稳定性增强，防止被蛋白酶或钝化剂降解。

(三) 环境条件对土壤酶活性的影响

1. 土壤物理性质的影响 土壤物理性质主要从以下四方面影响土壤酶活性。① 土壤质地：土壤黏粒含量与土壤酶活性呈正相关，即土壤质地越黏重，土壤酶活性越强；② 土壤结构：小团聚体土壤酶活性较大团聚体强，土壤颗粒粒径越大，水解酶活性越弱；③ 土壤水分：渍水条件下转移酶活性降低，但能提高脱氢酶活性；④ 温度：适宜温度范围内，土壤酶活性随温度的升高而升高。

2. 土壤化学性质的影响 土壤化学性质主要通过以下三个方面影响土壤酶活性。① 土壤有机质的含量和组成：有机无机复合胶体的组成和特性决定着土壤酶的稳定性。土壤磷酸酶的活性与土壤有机磷含量呈正相关，有机氮含量高则蛋白酶活性强，有机硫含量也会影响硫酸酶活性。② 土壤 pH：脲酶一般在中性土壤中活性最强，脱氢酶在碱性土壤中活性最强。③ 某些化学物质的抑制作用：许多重金属、非金属离子、有机化合物(如杀虫剂、杀菌剂等)对土壤酶的活性有抑制作用。

3. 耕作管理 耕翻通常会降低上层土壤的酶活性，进行长期耕翻和不耕翻表土中，磷酸酶和脱氢酶活性与有机碳、氮和含水量呈正相关，不耕翻土壤表层酶活性较耕翻土壤强。但也有例外，如白浆土的白浆层，深耕翻结合施用有机肥，脲酶和蔗糖酶活性比未深耕的提高3～6倍。一般来说，施用无机肥可提高土壤酶活性，但也因土壤质地、温度和肥料种类而有所差异，如硝酸铵的施用会降低土壤过氧化氢酶、天冬酰胺酶和脲酶的活性，而硝酸钾能提高天冬酰胺酶的活性。有机物对土壤酶活性也有明显影响，并随有机物料的种类和施用方式不同而有差异。杜孟庸(1994)等研究发现，对蔗糖酶活性影响依次是麦秸＞马粪＞牛粪。马志勤(1992)等发现有机物料施用方式对土壤脲酶、碱性磷酸酶活性影响的次序是深施＞浅施＞表施。关连珠(1993)等研究表明，有机无机肥配施可以增加土壤中与碳、氮磷转化有关的几种主要酶类的活性。

第五节 土壤有机质的生态环境功能

一、土壤有机质是自然界中碳循环过程中的重要物质

碳在土壤-生物(动植物、微生物)生态系统中以各种不同的形式存在,并以很快的速度转化,进行生物小循环,然后进入缓慢的地质大循环。自然界中碳素循环,包括二氧化碳固定和再生。含叶绿素的植物通过光合作用利用二氧化碳作为它们的唯一碳源而合成有机物质,以其加工的有机碳素供给动物界。在植物、动物死亡后以不同的形式最终归还土壤,成为土壤有机质。在循环顺序中微生物的代谢作用承担着主要作用。死亡组织进行分解并被转化为微生物细胞和大量的、含碳有机化合物的异质体——土壤腐殖质。随着腐殖质和腐烂组织的最终分解产生二氧化碳,就完成了使碳素变为可供植物利用形态的循环(图 3-3)。在这个循环过程中,土壤有机部分——土壤有机质和土壤生物起着关键作用。

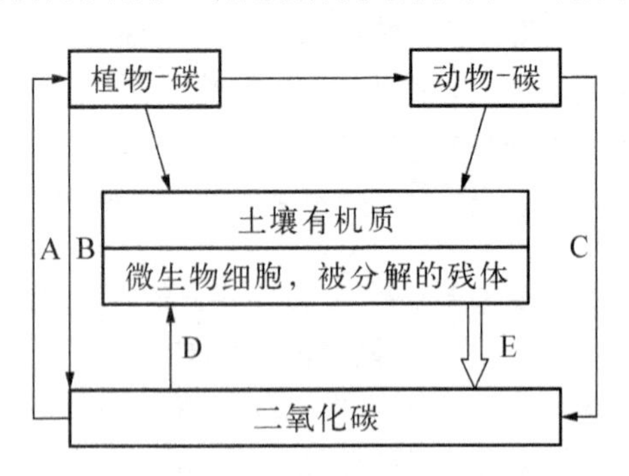

A. 光合作用;B. 植物呼吸作用;C. 动物呼吸作用;D. 自养型微生物;E. 微生物呼吸作用

图 3-3 碳素循环

二、土壤有机质对土壤肥力的影响

土壤有机质在土壤肥力上的作用是多方面的,它的含量是土壤肥力水平的一项重要指标。

(一) 提供植物需要的养分

如前所述,土壤有机质中含有植物所需的氮、磷、硫、钾、钙、镁、微量元素等各种营养元素。资料表明,我国主要土壤表土中大约 80%以上的氮、20%~76%的磷以有机形态存在。石灰性土壤中,有机硫占全硫的 75%~95%以上。在土壤微生物和酶的作用下,有机质逐步分解、转化,这些养分以一定的速率不断地释放出来,变成植物可以吸收利用的形态。

(二) 改善土壤肥力特性

有机质通过影响土壤物理、化学和生物学性质来改善土壤的肥力特性。

1. 物理性质 土壤有机质,尤其是腐殖质和多糖在土壤团聚体的形成和稳定性方面起着重要作用。土壤有机质能改变砂土的分散无结构状态和黏土的坚韧大块结构,使土壤的透水性、蓄水性、通气性以及根系生长环境得以改善,导致水的入渗率加快,减少水土流失。腐殖质有巨大的比表面和亲水基团,吸水量是黏土矿物的五倍,能改善土壤有效持水量,使更多的水分能为植物所利用。对于农业土壤而言,耕性变好,翻耕省力,耕作质量相应提高。

2. 化学性质 土壤腐殖质为两性胶体,既可吸附阳离子,又可吸附阴离子,但所带电荷以负电为主,吸附的离子主要是阳离子,如 K^+、NH_4^+、Ca^{2+}、Mg^{2+} 等。这些离子一旦被吸附,就可以被保存下来而避免随水流失,而且可以被根周围的 H^+ 和其他阳离子交换出来被植物吸收利用。就吸附阳离子的有效性而言,黏土矿物与腐殖质的作用相同,但单位质量腐殖质吸附阳离子的能力比无机胶体大 20~30 倍。因此,农业土壤增施有机肥以提高腐殖质含量,不仅增加了养分含量,改善了土壤理化性状,而且还提高了土壤保肥能力。酸性土壤中,腐殖质能有效减轻铝的毒害效应。有机质对增加土壤养分的有效性、提高土壤的缓冲性能均有明显的作用。

3. 生物性质 土壤有机质是微生物生命活动物质和能量的主要来源,缺乏它,土壤中的所有生物化学过程都难以进行。土壤微生物与有机质含量呈极显著相关关系。农业土壤有机质含量高,土壤肥力平稳而持久,不易产生猛发和脱肥现象。土壤有机质也是土壤动物的食物来源,如蚯蚓就以表层土壤中的有机残

体为食源而进行活动,蚯蚓通过穿洞、消化有机物、排泄粪便等直接改善土壤微生物和植物的生存环境。土壤有机质通过刺激土壤动物和微生物的活动还能增加土壤酶活性,从而直接影响土壤养分的转化等生物化学过程。

三、土壤有机质在生态环境中的作用

(一) 有机质与重金属离子的作用

腐殖质分子含有许多功能团,这些功能团对金属离子具有较强的络合和富集能力。土壤有机质对金属离子的络合作用对土壤和水体中重金属离子的固定和迁移有极其重要的影响。土壤腐殖质的氧化还原和络合作用还会影响到金属离子的存在形态,如胡敏素可作为还原剂将 Cr^{6+} 还原为 Cr^{3+},作为 Lewis 硬酸,Cr^{3+} 与胡敏酸上的羧基形成稳定的复合体而可限制动植物对其吸收。

(二) 有机质对农药等有机污染物的固定作用

土壤有机质对农药等有机污染物有强烈的亲和能力,对有机污染物在土壤中的生物活性残留、生物降解、迁移和蒸发等过程有重要影响。土壤有机质是农药固定的最重要组分,其对农药的固定作用与腐殖质功能团种类、数量和空间排列密切相关,也与农药的性质有关。一般认为,极性有机污染物可以通过离子交换和质子化、氢键、范得华力、配位体交换、阳离子桥和水桥等各种不同机制与土壤有机质结合。对于非极性分子污染物可以通过分离(partitioning)机制与之结合。可溶性腐殖质能促进农药向地下水的迁移,富里酸有较低的分子量和较高酸度,比胡敏素更可溶,能更有效迁移农药和其他有机物质。腐殖质作为还原剂而改变农药的结构,使有毒有机化合物的毒性消失或降低。

(三) 土壤有机质对全球碳平衡的影响

土壤有机质是全球碳平衡过程中的重要碳库。据估计全球土壤有机质的总碳量在 $14\times10^{17}\sim15\times10^{17}$ g,大约是陆地生物总碳量(5.6×10^{17} g)的 2.5～3 倍。每年因土壤有机质生物降解而释放到大气中的总碳量为 6.8×10^{16} g,全球因燃烧释放到大气的总碳量仅为 6×10^{15} g,是土壤呼吸所释放碳的 8%～9%。可见,土壤有机质的损失对地球自然环境具有重大影响。从全球来看,土壤有机碳水平不断下降对全球气候变化的影响不亚于人类活动对大气的影响。

四、土壤有机质管理

自然土壤中,有机质的含量反映了不同生物气候带下植物枯枝落叶、根系等有机质的加入量与分解损失量之间的动态平衡。自然土壤变为农业土壤后,这种动态平衡被打破。一方面,农田除作物根茬和根系分泌物外,其余的生物量有相当大的部分被作为农产品而收获取走,进入土壤中的有机物残体比自然土壤少;另一方面,耕作等农业措施经常扰动表土层,土壤通气性增加,灌溉又使土壤干湿交替频率和强度增加,导致土壤有机质分解速度加快。适宜的土壤水分和养分状况也促使微生物更为活跃。此外,不合理的耕作导致水土流失、土层变薄,也是土壤有机质减少的原因。

原有有机质含量较高的自然土壤经耕种以后,一般随耕种时间的递增,土壤有机质含量降低。我国黑龙江省土壤调查资料表明,开垦 20 年土壤有机质含量减少 1/4～1/3,开垦后 20～40 年又会在原来的基础上减少 1/4～1/3,60 年后土壤有机质含量只有原来的 1/2。国外资料也报道了耕作的影响,土壤有机质含量可以损失 20%～30%,耕作初期土壤有机质损失很快,大约 20 年后土壤有机质损失变慢,30～40 年后基本达到平衡,这时土壤有机质含量稳定在一个较低水平。土壤有机质含量降低导致土壤肥力水平下降已成为世界各国关注的问题。但对于有机质含量较低的荒地土壤,耕种后由于生物归还量的增加,有机质含量将逐步提高。

对于农业土壤而言，增加土壤有机质的途径主要有：

（1）*增施有机肥* 土壤有机质含量水平取决于年生成量和矿化量的相对大小。两者相当时，土壤有机质水平稳定。生成量大于矿化量，有机质增加；反之，则减少。我国耕地土壤现状是有机质含量偏低，必需添加有机质尤其是活性有机质才能使土壤有机质保持在适宜水平。

（2）*有机、无机肥配合施用* 有机、无机肥配合施用，不仅能提高肥料利用率，增加产量，而且能提高土壤有机质含量。由于土壤氮与有机质紧密结合，因此适当施用氮肥也是将土壤有机质维持于一定水平的一项措施。据研究，有机无机肥料配合施用，3～6 年内可使我国南方红壤土壤有机碳含量由 0.4%～0.77% 提高到 1.3%，并提高土壤盐基饱和度、有效养分含量、pH 等。

（3）*合理轮作* 与单一连作相比，合理轮作特别是与绿肥或牧草轮作可显著提高土壤有机质含量。据全国绿肥试验网在 16 个省（区）定位试验表明，连续 5 年翻压绿肥，土壤有机质均有明显提高，其增加量平均为 1～2 g/kg。

（4）*保护性耕作* 保护性耕作是相对于传统耕作而言的一种新型耕作技术。它的定义是“对农田实行少耕、免耕，并用作物残茬覆盖地表，以减少风蚀、水蚀，提高土壤肥力和抗旱能力的先进农业耕作技术”。研究表明，免耕可以明显提高土壤微生物量，并使土壤有机质水平表现出提高趋势。据山西临汾保护性耕作冬小麦试验示范区资料，保护性耕作 11 年后，土壤有机质由 1992 年的 8.95 g/kg 增加到 2003 年的 16.30 g/kg，增加了 7.35 g/kg。

参考文献

黄昌勇. 2000. 土壤学. 北京：中国农业出版社.
李阜棣. 1996. 土壤微生物学. 北京：中国农业出版社.
沈其荣. 2001. 土壤肥料学通论. 北京：高等教育出版社.
熊田恭一. 1984. 土壤有机质的化学. 李庆荣等译. 北京：科学出版社.
熊毅，李庆逵. 1987. 中国土壤. 第二版. 北京：科学出版社.
徐启刚，黄润华. 1997. 土壤地理学教程. 北京：高等教育出版社.
M. 亚历山大. 1987. 土壤微生物学导论. 北京：科学出版社.

第四章　土壤流体组合及其特征

第一节　土壤空气及其运动

土壤空气存在于未被水占据的土壤孔隙之中，是土壤的重要组成成分之一。土壤空气的数量、组成及其变化直接影响土壤肥力，对作物的生长发育尤其是根系的生长与吸收功能起着举足轻重的作用。除此以外，土壤的通气状况对土壤微生物活动和土壤中各元素的存在状态与转化也具有十分重要的影响，这对如何提高营养元素的有效性及如何降低污染元素的毒害作用都具有重要的意义。

一、土壤空气的来源及组成特点

土壤空气主要来源于近地大气层，如土壤中的氧气、氮气等。除此以外，还有部分土壤空气来源于土壤中生物的生命活动，如生物呼吸所产生的二氧化碳及在通气不良条件下生成的一些还原性气体。

表 4－1　土壤空气与大气组成的差异

气体种类	氧气/%	氮气/%	二氧化碳/%	其他气体/%	水汽饱和情况
近地面大气	20.94	78.05	0.03	0.98	一般不饱和
土壤空气	18～20.03	78.8～80.24	0.15～0.65	0.98	饱和

土壤空气与近地表大气组成的差别主要有以下几点：

1）土壤空气中的二氧化碳的分压高于大气：由表 4－1 可以看出，土壤空气中二氧化碳含量可以高出大气几倍甚至几十倍，其主要原因是由于土壤中生物的生命活动及有机质的分解产生了大量的 CO_2。

2）土壤空气中的氧气的分压低于大气：其主要原因在于微生物和植物根系的呼吸作用必须消耗氧气，土壤中生物的活动越旺盛，则氧气被消耗的愈多，土壤空气中氧的含量也就愈低。因此，在作物生长旺季或土壤中施入了大量有机肥时，土壤空气中氧气的含量一般都较低。

3）土壤空气的水汽的质量分数总是多于大气：除了干燥的土壤表层外，其余部位的土壤空气一般都处于水汽饱和状态，而大气的相对湿度通常只有 50%～90%。

4）土壤空气中还原性气体高于大气：土壤通气不良，如淹水等情况下，土壤有机质进行厌气性分解，会产生如 CH_4、H_2S 等还原性气体，这不仅会对作物产生直接毒害，还会影响土壤养分的转化和供应。

5）土壤空气成分随时间和空间而变化：大气的成分相对较稳定，而土壤空气成分随时间、空间而不断变化。一般影响土壤空气变化的因素有土壤水分、植物根系呼吸、土壤生物活动、土壤深度、土壤温度及农业措施等。一般情况下随着土壤深度的增加，土壤空气中氧气的含量减小而二氧化碳的含量增加。

二、土壤空气运动变化

土壤是一个开放的耗散体系，时时刻刻与外界进行着物质和能量的交换。土壤空气并不是静止的，它在土体内部不停地运动，并不断地与大气进行交换。土壤空气的运动变化包括浊化和更新两个方面。土壤空气的浊化是指土壤空气中二氧化碳增多而氧气减少的过程，它是土壤中生物活动的必然结果。土壤空气的更新则是指土壤空气与大气之间的交换过程。土壤空气与大气的交换机制有对流和扩散两种。

1. 对流　土壤空气与大气之间由总压力梯度驱动气体的整体流动，其流向总是由高压区流向低压区。土壤空气在温度、气压、风、降雨或灌水等因素的作用下整体排出土壤，同时大气也整体进入土壤。因此，对流也叫整体交换。土壤空气更新的整体交换过程速度较快。例如，降雨或灌溉时，土壤孔隙中水来气走，土壤空气排出土体;反之,土壤水蒸发或渗漏后,水走气来,大气进入土壤孔隙,导致土壤空气与大气对流交换。

2. 扩散 指土壤空气与大气之间气体分子由浓度高(气压大)向浓度低(气压小)处移动的过程。土壤空气更新的扩散过程速度较慢,但气体扩散是土壤空气更新的主要方式。由于土壤中生物活动的存在,土壤中氧气的分压总是低于大气,而二氧化碳的分压总是高于大气。所以氧气是从大气向土壤扩散,而二氧化碳则是从土壤向大气扩散,正如生物不断呼出二氧化碳和吸进氧气一样。因此,土壤气体交换被称为“土壤呼吸”。

三、土壤的通气性

土壤通气性指土壤空气与大气进行交换以及土体允许通气的能力。通气性良好的土壤通过与大气的交流,不断更新其空气组成,并使土体各部分空气组成趋向一致。如果土壤通气性差,土壤中的氧气在短时间内可能被全部耗竭,而二氧化碳的含量随之升高,最终妨碍作物根系的呼吸及生物的生命活动。

土壤通气性的影响因素主要是影响土壤的通气孔隙多少及其连通情况的因素,如土壤质地、土壤结构、土体构型、土壤含水量等。衡量土壤通气好坏的指标主要有以下四个。

1) 土壤孔隙度:理想土壤总孔隙度为50%～55%,通气孔度为15%～20%。一般可将通气孔隙不低于10%作为土壤通气良好的指标,这样可以使土壤既有一定保水能力又可透水通气。

2) 土壤呼吸强度:指单位时间通过单位断面(或单位土重)的氧气数量。土壤呼吸强度不仅可作为土壤通气指标,而且是反映土壤肥力状况的一个综合指标。

3) 土壤透水性:水田土壤适当的透水性可反映土壤透水通气状况。

4) 土壤氧化还原电位:土壤通气状况在很大程度上决定着土壤氧化还原电位,因此氧化还原电位可作为土壤通气性的指标。通气良好的土壤氧化还原电位可高过600～700 mV,通气不良的土壤氧化还原电位可低于200 mV。

四、土壤空气状况的调节

1. 耕作 土壤耕作不仅可以蓄水保墒,而且可以改善土壤的通气性和热量状况,有利于土壤肥力的调节。

2. 轮作 合理轮作,巧妙地利用不同茬口的土壤水分条件,对提高作物产量和减轻旱害有重要的意义。例如,小麦生长前期需水量多,遇干旱极易受害,应安排在底墒较好的茬口上(如玉米、马铃薯、大豆等作物上),有利于农田的水分平衡。

3. 排水 在平原的低洼地区,由于地下水位高或地表积水形成内涝,造成通气不良,土温降低。此时,应挖沟排水以提高地温,也有利于调节通气状况。

第二节 土壤水分能量状态

土壤水是土壤最重要的组成部分之一。它在土壤形成过程中起着极其重要的作用,因为形成土壤剖面的土层内各种物质的运移,主要是以溶液形式进行的。同时,土壤水在很大程度上参与了土壤内进行的许多物质转化过程,如矿物质风化、有机化合物的合成和分解等。

不仅如此,土壤水还是植物吸水的最主要来源,也是自然界水循环的一个重要环节,处于不断的变化和运动中,势必影响到植物的生长和土壤中许多化学、物理和生物学过程。

土壤水不是纯水,而是一种溶无机、有机和胶状颗粒悬浮物等多种物质的极稀薄的溶液。植物在吸水的过程中,同时也摄取了各种矿物质养分。

一、土壤水的形态及性质

土壤水的类型划分与土壤水的研究方法有关。土壤学科中土壤水的研究方法主要有两种,即数量法和能量法。数量法是按照土壤水受不同力的作用来研究水分的形态、数量、变化和有效性,着眼于土壤水的形态和数量,在一般农田条件下容易被应用,具有很强的实用价值。能量法主要根据土壤水受各种力作用后自由能的变化,研究土壤水的能态和运动、变化规律,能精确定量土壤水的能态,一般在研究分层土壤中的水分运动、不同介质中水分转化(如地表蒸发等)以及在土壤-植物-大气连续体(SPAC)中水分的运行等过程中用此法。

我国早期土壤学研究沿袭原苏联的原理和方法,土壤水的研究长期以来也一直沿用数量法。它根据土壤水分的受力作用把土壤水分类型分为如下三类:① 吸附水,或称束缚水,可分为吸湿水和膜状水;② 毛管水;③ 重力水。上述三种水分类型,彼此密切交错联结,很难严格划分。

(一) 吸湿水

干燥土粒从空气中吸收气态水,附着于土粒表面,即为吸湿水。

由于吸湿水是土粒表面分子吸附水汽分子的结果,土壤吸湿水实际上是土壤自然风干时所保持的水量,其大小主要决定于土壤的比表面积和大气的相对湿度。土粒愈细,比表面积愈大,大气相对湿度愈高,则土壤吸湿水含量愈大。凡是影响比表面积的因素,如质地、有机质含量、胶体的种类和数量、盐类组成等,均会影响土壤吸湿水的含量。当大气相对湿度达到饱和时,土壤的吸湿水达到最大量,这时吸湿水占土壤干重的百分数称为土壤最大吸湿量或土壤吸湿系数,它是土壤水分常数之一。土壤的最大吸湿量因质地不同而异,一般而言,黏土>壤土>沙土。

吸湿水具有与纯自由水不同的特点。首先,在于它所受土粒表面的吸附力很强,具有固态水的性质,不能流动,无溶解能力。其次,它的密度为 1.2～2.4 g /cm^3,明显地高于常态水。因为吸湿水所受的吸力远大于植物根的吸水力,植物无法吸收利用,属于土壤水中的无效水。

(二) 膜状水

当土壤含水量达到最大吸湿量时,土粒表面还有剩余的吸附力,虽不能再吸收水汽,但可以吸附液态水,这部分水被吸附在吸湿水的外层,定向排列为水膜,称为膜状水。膜状水达到最大时的土壤含水量,称为最大分子持水量。膜状水比吸湿水所受的吸附力小得多,具有液态水的性质,可以移动,但因黏滞度较大,其移动速率非常慢,一般是由水膜厚处向水膜薄处移动。

膜状水的内层所受吸力大于根的吸水力,植物根无法吸收利用,为无效水,而它的外层所受吸力小于根的吸水力,植物可以吸收利用,但数量极为有限。当植物因根无法吸水而发生永久萎蔫时的土壤含水量,称为萎蔫系数或萎蔫点,是植物可以利用的土壤有效水含量的下限。萎蔫系数因土壤质地、作物和气候等不同而不同,一般土壤质地愈黏重,萎蔫系数愈大。

(三) 毛管水

土壤中粗细不同的毛管孔隙连通在一起形成复杂的毛管体系。当土壤含水量逐渐增大,超过最大分子持水量的那部分水,在毛管力的作用下,保持在土壤的毛管孔隙中,不受重力作用的支配,这种靠毛管力保持在土壤毛管孔隙中的水就称为毛管水。

毛管水是土壤中最宝贵的水。它不受重力支配而流失,比植物根的吸水力小得多,是植物所需水分的主要给源。毛管水移动性大,能较迅速地运动,一般向消耗点移动,如向根系吸水点和表土蒸发而移动,它也是土壤养分的溶剂和输送者。

根据毛管水在土体中的分布,又可将它分为毛管悬着水和毛管上升水。

1. 毛管悬着水　指在地下水位较深的情况下,降水或灌溉水等地面水进入土壤,借助毛管力保持在上层土壤毛管孔隙中的水分。它与来自地下水上升的毛管水并不相连,故称之为毛管悬着水。在数量上它包括吸湿水、膜状水和毛管悬着水。

土壤毛管悬着水达到最多时的含水量称为田间持水量。田间持水量对于每一种具体土壤而言,可以看作是一个常数,其大小主要受质地、有机质含量、结构、松紧状况等的影响。旱地作物生长的土壤适宜水量,一般占田间持水量的 60%～80%。

2. 毛管上升水 指借助毛管力由地下水上升进入上层土体的水。毛管上升水的最大含量称为毛管持水量。

从地下水面到毛管上升水所能到达的绝对高度叫毛管水上升高度。毛管水上升的高度和速度与土壤孔隙的粗细有关。在一定的孔径范围内,孔径愈粗,上升的速度愈快,但上升高度低;反之,孔径愈细,上升速度愈慢,上升高度则愈高。不过孔径过细的土壤,不但上升速度极慢,上升的高度也有限。沙土的孔径粗,毛管上升水上升快,高度低;无结构的黏土,孔径细,非活性孔多,上升速度慢,高度也有限;而壤土的上升速度较快,高度最高。

(四) 重力水

如果进入土壤的水超过田间持水量,则多余的水便在重力作用下,沿大孔隙即通气孔向下流动,湿润下层土壤或渗漏出土体,甚至进入地下水,成为地下水补充给源。这一部分不被土壤保持而受重力支配向下流动的水,称为重力水。土壤全部孔隙都充满水时的土壤含水量称为全持水量或饱和持水量。

上述各种水分类型,彼此密切交错联结,很难严格划分。在不同的土壤中,其存在的形态也不尽相同。如粗沙土中毛管水只存在于沙粒与沙粒之间的触点上,称为触点水,彼此呈孤立状态,不能形成连续的毛管运动,含水量较少。在无结构的黏质土中,非活性孔多,无效水含量高。而在沙黏适中的壤质土和有良好结构的黏质土中,孔隙分布适宜,水、气比例协调,毛管水含量高,有效水也多。

二、土壤水分含量的表示方法

(一) 质量含水量

质量重量含水量是指土壤水分的重量占烘干土的百分比。

$$\theta_m=\frac{w_1-w_2}{w_2}\cdot 100$$

式中,θ_m 为土壤质量含水量,单位为%;w_1 为湿土质量,单位为 g;w_2 为烘干土的质量,单位为 g。

(二) 体积含水量

土壤体积含水量是指单位土壤总容积中水分所占的体积百分数。

$$\theta_v=\theta_m\cdot\rho$$

式中,θ_v 为土壤体积含水量,单位为%;θ_m 为土壤质量含水量,单位为%;ρ 为土壤容重,单位为 g/cm^3。

意义:可反映土壤孔隙的充水程度,计算土壤的固、液、气相的三相比。如土壤含水量(质量)20%,容重 1.2g/cm^3,土壤平均比重 2.65g/cm^3。

土壤体积含水量%:20%×1.2=24.0%

土壤总孔隙度%:1-1.2/2.65=55%

空气所占体积%:55%-24%=31%

固相体积%:100%-55%=45%

(三) 水层厚度

水层厚度是指单位面积上一定土层厚度内含有的水层厚度,可与降雨量相比。

$$H=h_s\cdot\theta_m\cdot\rho\cdot 10$$

式中,H 为水层厚度,单位为 mm;h_s 为土层厚度,单位为 cm;θ_m、ρ 含义同上。

（四）土壤蓄水量

土壤蓄水量是指一定面积一定厚度土壤中所含水量的体积。

$$V = A \cdot h \cdot \theta_m \cdot \rho$$

式中，V 为土壤蓄水量，单位为 m^3；A 为土体面积，单位为 m^2；h 为土层厚度，单位为 m；θ_m、ρ 含义同上。

实例：如土壤田间持水量为 25%（质量含水量），容重 1.1g/cm^3。测得土壤实际质量含水量为 10%，现将每亩 1m 深的土层内含水量提高到田间持水量水平，问应灌多少水？

应灌水量＝666.7×1×1.1×(25%－10%)＝110m^3。

三、土壤水的能态

20 世纪初白金汉(E. Buckimgham，1907)提出用能态的方法来研究土壤水的问题。土壤水能态主要指土壤水在受各种力的作用后其自由能的变化，用来表示土壤水能态的主要方法有土水势和土壤水吸力。

（一）土水势及其分势

土壤中水分的保持和运动、被植物根系吸收、转移以及在大气中散发都是与能量有关的现象。在经典物理学中，把能量分为两种基本形式，即动能和势能。由于土壤水的运动速率很慢，因而它的动能一般忽略不计。由于位置或内部状况所产生的势能在决定土壤水分的状态和运动方面则是非常重要的。

在土水势的研究和计算中，一般要选取一定的参考标准。土壤水在各种力如吸附力、毛管力、重力等的作用下，与同样温度、高度和大气压等条件的纯自由水相比（即以自由水作为参比标准，假定其势值为零），其自由能必然不同，这个自由能的差用势能来表示即为土水势（Ψ）。

由于引起土水势变化的原因或动力不同，所以土水势包括若干分势，如基质势、压力势、溶质势、重力势等。

1. 基质势（Ψ_m） 在不饱和的情况下，土壤水受土壤吸附力和毛管力的制约，其水势自然低于纯自由水参比标准的水势。假定纯水的势能为零，则土水势是负值。这种由吸附力和毛管力所制约的土水势称为基质势。土壤含水量愈低，基质势也就愈低；反之，土壤含水量愈高，则基质势愈高。至土壤水完全饱和，基质势达最大值，与参比标准相等，即等于零。

2. 压力势（Ψ_p） 在土壤水饱和的情况下，由于受压力而产生土水势变化。在不饱和土壤中的土壤水的压力势一般与参比标准相同，等于零。但在饱和的土壤中孔隙都充满水，并连续成水柱。在土表的土壤水与大气接触，仅受大气压力，压力势为零。而在土体内部的土壤水除承受大气压外，还要承受其上部水柱的静水压力，其压力势大于参比标准为正值。在饱和土壤愈深层的土壤水，所受的压力愈高，正值愈大。

3. 溶质势（Ψ_s） 指由土壤水中溶解的溶质而引起土水势的变化，也称渗透势，一般为负值。溶质势只有在土壤水运动或传输过程中存在半透膜时才起作用，在一般土壤中不存在半透膜，所以溶质势对土壤水运动影响不大，但对植物吸水却有重要影响，因为根系表皮细胞可视作半透膜。溶质势的大小等于土壤溶液的渗透压，但符号相反。

4. 重力势（Ψ_g） 指由重力作用而引起的土水势变化。所有土壤水都受重力作用，与参比标准的高度相比，高于参比标准的土壤水，其所受重力作用大于参比标准，故重力势为正值。高度愈高则重力势的正值愈大，反之亦然。

5. 总水势（Ψ_t） 以上各分势之和，称总水势。

$$\Psi_t = \Psi_m + \Psi_s + \Psi_p + \Psi_g$$

（二）土壤水吸力

土壤水吸力是指土壤水在承受一定吸力的情况下所处的能态，简称吸力，但并不是指土壤对水的吸力。

上面讨论的基质势和溶质势一般为负值,在使用中不太方便,所以将其相反数(正数)定义为吸力,也可分别称之为基质吸力和溶质吸力。

(三) 土壤水能态的定量表示方法

土水势的定量表示是以单位数量土壤水的势能值为准。单位数量可以是单位质量、单位容积或单位重量,最常用的是单位容积和单位重量。

单位容积土壤水的势能值用压力单位,标准单位为帕(Pa),也可用千帕(kPa)和兆帕(MPa),习惯上也曾用巴(bar,1 bar=10^5 Pa)和大气压(atm,1 atm=1.013 25×10^5 Pa)表示。

土水势的范围很宽,由零到上万个大气压(或巴),使用十分不便,有人建议用土水势的水柱高度厘米数(负值)的对数表示,称为 pF。例如,土水势为-1 000 cm 水柱,则 pF=3;土水势为-10 000 cm 水柱,则 pF=4。这样可以用简单的数字表示很宽的土水势范围。

(四) 土水势的测定

土水势的测定方法很多,主要有张力计法、压力膜法、冰点下降法、水气压法等。它们或测定不饱和土壤的总土水势,或测定基质势。

第三节 土壤热量状况

土壤热量主要来源于太阳辐射,而土壤与大气之间又时刻进行着热量交换。同时,土壤温度与土壤热量也密切相关,土壤温度又影响着土壤中的物理、化学和生物过程。由于土壤中所进行的一系列过程都要在一定温度范围内进行,所以土壤温度不仅影响作物生理过程,而且影响土壤中的各种化学反应、土壤有机质和氮素的积累,以及水、气的运动。因此,研究土壤热量状况具有重要的意义。

一、土壤热量来源与平衡

(一) 土壤热量的来源

土壤热量来自太阳辐射、生物热和地球的内热。其中,太阳辐射是土壤热量来源的最主要方式,称为基本热源。土壤微生物分解有机物释放的能量,以及地球内热这部分所占比重甚小,其数量比起太阳辐射能小得多,所以把太阳辐射能称为基本热源,而其他热源则称为一时性热源,但是在某些特殊情况下生物热和地球的内热也会对土壤的热量状况产生影响。

1. 太阳的辐射 太阳是一个高温炽热的巨大辐射体,表面温度约 6 000 K,内部达几万开,它不停地向四周空间辐射巨大的能量。当太阳辐射通过地球大气层时一部分热量被大气吸收和散射,一部分被云层和地面反射,而一部分热量被土壤吸收。辐射是指所有物体在其温度高于 0 K 时(绝对零度),以电磁波形式放射出的能量。通常,物体会因各种原因发出辐射能,故将因热的原因发出辐射能的现象称为热辐射。一些研究结果表明,物体辐射能与温度有关,同一温度下不同物体的辐射与吸收能力也不尽相同。能吸收发射到其表面上的所有热辐射能的物体被称为绝对黑体(简称黑体)。当地球与太阳为日地平均距离时,在地球大气圈顶部测得的太阳辐射的强度(垂直于太阳光下 1 cm^2 的黑体表面在 1 min 内吸收的辐射能常数)称为太阳常数,一般为 1.9 K /(cm^2 · min)。其中 99%的太阳能包含在 0.3~0.4 μm 波长范围内,这一范围的波长通常称为短波辐射,太阳所发射的大多数短波辐射进入大气层时,大气对其吸收、散射和反射,透过大气到达地面的太阳辐射能量被减弱。因此,太阳辐射一部分被大气中的云层和较大颗粒的尘埃反射到宇宙空间,一部分被大气中的水蒸气、氧气、臭氧和二氧化碳吸收,一部分被大气中的分子和微粒散射,而散射的一部分将会到达地球表面,剩余的辐射通过大气直接到达地球表面。因此,地球表面所接受的太阳总辐射是直接辐射和散射之和。所以,任何表面所吸收的净辐射是到达该表面的总辐射减去反射的短波辐射和发射的长波辐射,这样净辐射可表示为

$$R_n = (1-\alpha) \cdot R_s + R_{nl}$$

式中，R_n 为太阳总辐射；α 为地面对辐射的反射率；R_s 为到达地面总辐射，即直接辐射和散射辐射之后；R_{nl} 为净长波热能辐射，其公式为

$$R_{nl} = R_k - R_E$$

式中，R_k 为土壤和植被冠层散射的热能；R_E 为被地球表面反射到太空中的热能。

2. 生物热 微生物分解有机质的过程是放热过程，释放出的热量，一部分被生物用来作为进行同化作用的能源，而大部分用来提高土温。一般来说细菌对于热量的利用系数(指微生物同化的能量占有机物质转化总能量的百分数)很少超过 50%，无机营养型的细菌则更低。可见，微生物分解有机物在提高土温上有一定的作用，但是，土壤的有机质含量一般不多，故其作用有限。

3. 地球内热 由于地壳导热能力很差，每平方厘米地面全年从地球内部获得的热量总共也不过54 cal (约 226 J)，比太阳常数小十余万倍。从地层的 20 m 深处往下，深入 20～40 m (平均为 33 m)，温度才能增加1℃，所以与太阳辐射能相比，地球内热对土壤温度的影响极小。但是，在地热异常地区，如温泉附近、火山口附近，这一因素对土壤温度的影响则不可忽视。

（二）土壤热量的平衡

土壤热量平衡主要包括土壤热量的来源和土壤热量的散失。土壤热量来源主要包括太阳总辐射、大气逆辐射、大气凝结潜热、夜间暖空气以乱流形式传给冷地面的热量、下层土壤以分子传导形式传向地表面的热量。土壤热量的支出主要包括长波辐射损失的热量、加热空气所消耗的热量(地面和近地面气层通过乱流的交换方式交换的热量)、地面水分蒸发所消耗的热量、地表以分子热传导形式向下层土壤传导的热量。太阳辐射到达地表后，一部分能量被反射回大气层，加热近地面空气，大部分能量则被土壤吸收，从而使表土温度升高。当表土温度高于下层土温时，热量将逐渐传入深层，称之为正值交换；而当地表接受不到或接受很少太阳辐射时(如夜间或冬季)，因地表土壤水分蒸发以及表土加热近地面大气，表土温度低于下层土温，热量将由深层传向地表，称之为负值交换。这就是土壤中的热量交换或热流，它事实上就是土壤热量的收支平衡，决定着土壤热状况。土壤热量收支平衡的公式为

$$S = Q \pm P \pm L_E + R$$

式中，S 为土壤在单位时间内实际获得或失掉的热量；Q 为辐射平衡；L_E 为水分蒸发、蒸腾或水汽凝结而造成的热量损失或增加的量；P 为土壤与大气层之间的湍流交换量；R 为土面与土壤下层之间的热交换量。各符号之间的正、负双重号表示在不同情况下有增温或冷却的不同方向。一般情况下，白天热量平衡方程计算出的 S 为正值，即土壤温度升高；夜晚 S 为负值，土表层不断向外辐射损失热量，温度降低。

二、土壤热性质

（一）土壤热容量

土壤热容量依据单位土壤的计量形式(容积或质量)不同，分为容积热容量和质量热容量。土壤热容量是单位容积(1 cm^3)或单位质量(1 g)的土壤温度升高(或降低)1℃时所需要(或放出)的热量。一般用 C_o 代表质量热容量，单位为 J /(g · ℃)；用 C_v 代表容积热容量，单位为 J /(cm^3 · ℃)。

对于均质均相的物质而言，C_o 与 C_v 的换算关系为

$$C_v = C_o \cdot \rho$$

式中，ρ 表示某物质的密度(g /cm^3)。

由于土壤组成分的差异，土壤的 C_o 和 C_v 有很大的差异。一般矿质土粒的 C_o 为 0.71 J /(g · ℃)，密度为 2.7 g /cm^2，则矿质土粒的 C_v 是 1.9 J /(cm^3 · ℃)。有机质的 C_o 为 1.9 J /(g · ℃)，密度为 1.3 g /cm^2，则

有机质的 C_v 是 2.5 J /(cm³ · ℃)。土壤水的 C_0 和 C_v 的数值相同，都为 4.2。土壤空气的 C_v 是 1.26×10^{-3} J /(cm³ · ℃)。土壤不同组分的热容量如表 4-2 所示。

表 4-2 土壤不同组分的热容量

土壤组成物质	质量热容量 /[J /(g · ℃)]	容积热容量 /[J /(cm³ · ℃)]
粗石英砂	0.745	2.163
高 岭 石	0.975	2.410
石 灰	0.895	2.435
氧 化 铁	0.682	—
氧 化 铝	0.908	—
腐 殖 质	1.996	2.515
土壤空气	1.004	1.255×10^{-3}
土壤水分	4.184	4.184

由于不同土壤的物质组成比例是不同的，所以土壤的容积热量 C_v 可以表示为

$$C_v = mC_v \cdot V_m + oC_v \cdot V_o + wC_v \cdot V_w + aC_v \cdot V_a$$

式中，mC_v，oC_v，wC_v，aC_v 分别是土壤矿物质、土壤有机质、土壤水和土壤空气的容积热容量；V_m，V_o，V_w，V_a 分别为四种组分在单位体积土壤中所占的体积比。由于土壤空气的热容量很小，可以忽略不计，所以土壤容积热容量可简化为

$$C_v = 1.9V_m + 2.5V_o + 4.2V_w$$

在自然土壤的组成成分中，土壤水的容积热容量最大，气体热容量最小，矿物质和有机质热容量介于两者之间。由于在土壤的固相组成物质中，腐殖质热容量大于矿物质，而矿物质的热容量差异较小，因此土壤容积热容量主要取决于土壤水分与腐殖质的含量。土壤中腐殖质是相对稳定的组分，短期内难以发生较大的变化，因而它对土壤热容量的影响是相对稳定的；但土壤水分是变动的组分，并且在短时间内可能有较大的变化(如降雨或灌溉)，因此土壤水分对土壤热容量的影响起了决定性的作用。农业生产上常通过水分管理来调节土壤温度，如低洼易积水地区在早春采取排水措施促使土壤增温以利种子发芽等。

(二) 土壤导热率

土壤导热率指单位厚度(1 cm)的土层，温差为 1℃时，每秒钟单位断面(1 cm²)通过的热量，其单位为 J /(cm² · s · ℃)。热量的传导是由高温处到低温处，可设土壤两端的温度分别为 t_1、t_2，土壤的厚度为 d，单位传热面积为 A，在一定时间 t 内流动的热量为 Q，则一定时间内单位面积上流过的热量为 $Q/(A \cdot t)$，土壤两端的温度梯度为 $(t_1 - t_2)/d$，因此导热率 λ 可表示为

$$\lambda = \frac{Qd}{At(t_1 - t_2)}$$

土壤不同组分的导热率如表 4-3 所示。由表 4-3 可知，土壤空气导热率最小，固体物质中矿物质导热率最大，土壤水介于两者之间。土壤固相物质中的矿物质，虽然导热率最大，但它是相对稳定而不易变化的；而土壤中的水，气是处于变动状态，因此土壤导热率大小主要取决于土壤孔隙的大小和含水量的多少。当土壤干燥缺水时，土壤的孔隙充满空气，导热率就小；当土壤湿润时，土壤的孔隙充满水分，导热率就大。

表 4-3 土壤不同组分的导热率

土 壤 组 分	导热率 /[J /(cm² · s · ℃)]
石 英	4.427×10^{-2}
湿 砂 粒	1.674×10^{-2}
干 砂 粒	1.674×10^{-3}
泥 浆	6.276×10^{-4}
腐 殖 质	1.255×10^{-2}
土 壤 水	5.021×10^{-3}
土壤空气	2.092×10^{-4}

由于增加土壤湿度可以提高土壤的导热率，所以自然条件下，白天干燥的表土层温度比湿润表土温度高。湿润的表土层因导热性强，白天吸收的热量易于传导到下层土壤，使表层土壤温度不易升高；夜间下层土壤传递热量以补充上层热量的散失，使表层温度下降不致过低。因此，湿润的土壤的昼夜温差较小。农业生产中通过灌水增加土壤含水量以防霜冻是依据土壤导热率这一性质而来的。

（三）土壤热扩散率

土壤热扩散率指在标准状况下，给特定的土壤施加一定的热量，并通过热扩散将热量传送至土壤的其他部分，所引起的土壤温度随时间的变化速率。其大小等于土壤导热率与容积热容量之比值，公式为

$$D=\frac{\lambda}{C_{\mathrm{v}}}$$

式中，λ 为土壤导热率；C_{v} 为土壤容积热容量；D 为土壤热扩散率($\mathrm{cm^2/s}$)。

由土壤热扩散率公式，计算得出土壤水的热扩散率为 $1.200\times10^{-3}\ \mathrm{cm^2/s}$，土壤空气的热扩散率为 $0.166\ \mathrm{cm^2/s}$，土壤有机质的热扩散率为 $4.990\times10^{-3}\ \mathrm{cm^2/s}$。一定土壤中，其固相物质较为稳定，土壤的热扩散率主要取决于土壤水与空气。当土壤水分含量增加时，土壤热扩散率因其导热率增加而变大，直到达到最大值；但当含水量继续增加时，土壤的热扩散率开始减小。这是由于此时土壤的导热率可能还在变大，而土壤的容积热容量也急剧增大，结果导致了土壤热扩散率的降低。因此，在农业生产过程中，适量的增加灌溉量使得土壤水分含量适中，这有利于土壤温度的提高，从而提高农业的生产能力。

三、土壤温度

土壤温度指地面以下土壤中的温度，是太阳辐射平衡、土壤热量平衡和土壤热学性质共同作用的结果。

（一）土壤温度变化

1. 土壤温度的年(季节)变化　对一般土壤来说，太阳辐射能是其热量的主要来源。随着太阳辐射的季节变化，地表温度亦随之发生周期性变化。在温度变化周期里，各出现一个最高值与最低值，两者之差称为年较差(年温差或年变幅)。年温差受到纬度和天气的影响。纬度高、天气好，变幅大；反之，变幅小。在北半球中、高纬度地区，土壤表面月平均最高温度，一般出现在 7～8 月，月平均最低温度出现在 1～2 月。一般来说，0～15 cm 表土层的平均温度高于年平均气温。与同期的气温相比较，心土层和表土层温度在秋冬高于气温，而在春夏季低于气温(图 4-1)。

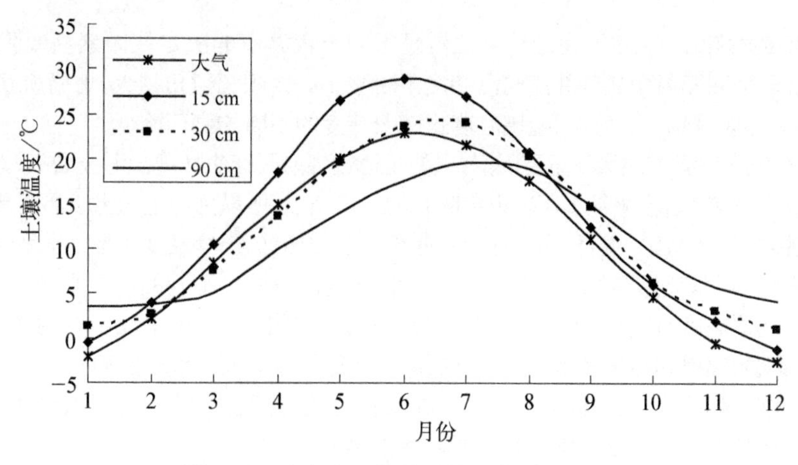

图 4-1　大气和土壤月平均温度的变化

此外,土壤表面温度的年较差随纬度的增高而增大,如广州(23°08′N)土壤表面温度年较差为15.9℃;北京(39°57′N)为34.7℃;齐齐哈尔(47°20′N)为47.8℃。

2. 土壤温度的日变化 土壤温度在一昼夜间随时间的连续变化,称为土壤温度的日变化。一天中土壤温度有一个最高值和一个最低值,两者之差称为日较差。一般土壤表面的最高温度出现在13时左右,最低温度出现在将近日出时(图4-2)。因为正午以后,虽然太阳辐射逐渐减弱,但土壤表面吸收的太阳辐射能仍大于其由长波辐射、分子传导、蒸发等方式所支出的热量,即土壤表面的热量收支差额仍为正值,所以温度仍继续上升,直到13时左右,热量收支达到平衡,热量累积达到最大,呈现出最高温度。此后,土壤表面得热少于失热,温度逐渐下降,至次日将近日出时,热量收支再次达到平衡,热量累积值最小,出现一日中最低温度。

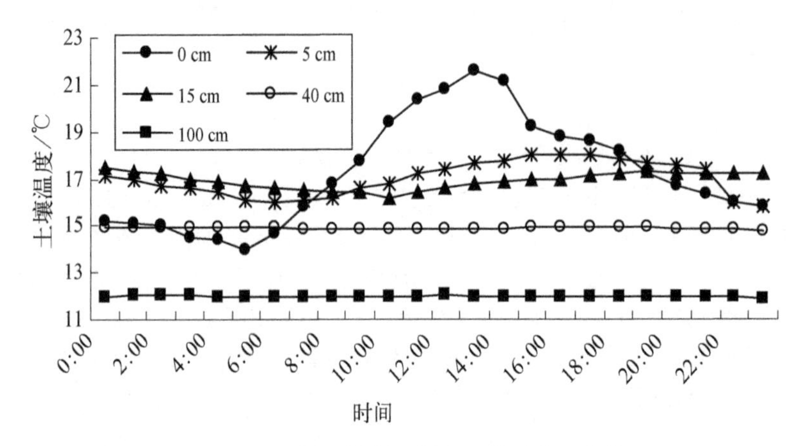

图4-2 不同土壤剖面深度土壤温度日变化

土壤表面温度日较差受到太阳高度角、导热率、土壤热容量、云量、地形、土壤颜色等因子的综合影响。

3. 土壤温度的垂直分布 由于土壤中各层热量不断进行交换,使土壤温度的垂直分布呈现出三种类型,即日射型、辐射型、过渡型。

(1) 日射型 土壤温度随深度增加而降低的类型。一般出现在白天和夏季,当土壤表面获得太阳辐射后首先增温,热量由地表向下层传递。

(2) 辐射型 土壤温度随深度增加而增加的类型。一般出现在夜间和冬季,是由土壤表面首先辐射冷却造成的,热量由下层向地表传递。

(3) 过渡型 土壤上、下层温度的垂直分布分别具有日射型和辐射型的特征。一般出现于昼与夜(或冬与夏)的过渡时期。

(二) 影响土壤温度的因素

1. 纬度与海拔高度 土壤所在的纬度位置是影响土壤温度的决定性因素。太阳直接辐射强度随着纬度的增加而减弱,太阳辐射角从低纬度向高纬度不断减小。太阳辐射角越大,地面所获得的太阳辐射量越多;反之,获得太阳辐射量越少。所以,土壤温度也随着纬度的不断增高而降低。

海拔高度是影响土壤温度的另一重要因素,主要是通过辐射平衡来体现。海拔增高,大气层的密度逐渐稀薄,透明度不断增加,散热快,土壤从太阳辐射中吸收的热量增多,所以高山上的土壤温度比气温高。当地面裸露时,地面辐射增强,由于高山气温低,所以在山地随着高度的增加,土壤温度还是比平地的土壤温度低。

2. 坡向与坡度 坡地接受的太阳辐射因坡向和坡度而不同。不同的坡向和坡度上,土壤蒸发强度不一样,土壤水和植物覆盖度有差异,土温高低及变幅也就迥然不同。大体上北半球的南坡为阳坡,太阳光的入射角大,接受的太阳辐射和热量较多,蒸发也较强,土壤较干燥,致使南坡土壤的温度比平地要高。北坡是阴坡,情况与南坡刚好相反,所以土温较平地低。在农业上选择适当的坡地进行农作物、果树和林木的种植与育苗极为重要,南坡的土壤温度和水分状况可以促进早发、早熟。

3. 土壤的组成和性质 土壤的结构、质地、松紧度、孔性、含水量等会影响土壤的热容量和导热率以及土壤水蒸发所消耗的热量。土壤颜色深的,吸收的辐射热量多,红色、黄色的土壤次之,浅色的土壤吸收的辐射热量少而反射率较高。在极端情况下,土壤颜色的差异可以使不同土壤在同一时间的土表温度相差2～4℃,园艺栽培中或农作物的苗床中,有的在表面覆盖一层炉渣、草木灰或土杂肥等深色物质以提高土温。

(三)土壤温度对农业生产的影响

土壤温度不仅影响自身的发生和发育,也对农业生产有着直接的影响。例如,玉米发芽至少需要7～10℃的土温,而在25～30℃左右时玉米产量最高。作物的生长对土壤温度要求有一定的范围,土壤温度超过了作物所忍耐的最高限和最低限时,作物生长就会受阻。例如,小麦、大麦和燕麦种子萌芽都需要1～2℃的土壤温度,而棉花则需要12～14℃。在农业生产中,一般采用施用有机肥、塑料地膜、温室栽培、风障、喷洒土面增温剂等措施来提高土壤温度,而松地、镇压、灌溉等常用措施用来调节土壤温度,保证农业生产。

第四节　土壤化学性质

一、土壤胶体

(一)土壤胶体的概念

在胶体化学中,一般根据颗粒大小把分散系分为三类:① 颗粒直径小于1 nm的为分子分散系;② 颗粒直径在1～100 nm的为胶体分散系;③ 颗粒直径大子100 nm的为粗分散系。胶体微粒能通过普通滤纸,不扩散,不渗析,在超显微镜下能看到布朗运动。土壤胶体的颗粒直径上限比一般胶体物质上限大10倍,也就是将1～1 000 nm范围具有胶体性质的颗粒称为土壤胶体。

土壤胶体是土壤中最活跃的部分,对土壤的物理性质、化学性质和土壤发生过程都有重要的影响,如对土壤保肥能力、土壤缓冲能力、土壤自净能力、养分循环等都有影响,土壤化学性质也深刻影响着土壤的形成与发育过程。

(二)土壤胶体的种类

土壤胶体物质是土壤形成过程中的产物。按照其特点,土壤胶体可分为无机胶体、有机胶体与矿质有机胶体复合体三种。

土壤无机胶体为极微小的土壤黏粒,也称为土壤矿质胶体。其分散质颗粒包括成分较为简单的次生含水氧化铁、含水氧化铝、含水氧化硅等胶体物质以及成分较为复杂的各种次生铝硅酸盐类的黏土矿物,如蒙脱石、蛭石、伊利石和高岭石。

土壤有机胶体主要是指土壤中具有明显胶体特性的高分子有机化合物。分散质包括各种土壤腐殖质、有机酸、蛋白质及其衍生物等高分子有机化合物。因为它能分解,所以不大稳定。

在土壤中,很少有单纯存在的无机胶体或有机胶体,它们绝大部分都是通过表面分子缩聚、阳离子桥接及氢键合等作用连接在一起成为复合胶体,称为有机-无机胶体复合体。这主要是因为新生腐殖质具有高度活泼性和胶体性质,能与水化铁、铝氧化物胶体形成有机-无机胶体复合体;它还能通过钙、镁、铁、铝而附着于黏土矿物表面,或与蒙脱石类和水化云母类等黏土矿物相互作用、相互渗透产生一系列错综复杂的物理、化学变化过程,从而形成有机-无机胶体复合体。

有机-无机复合胶体是土壤团聚体形成的基本单元,通过有机-无机复合体的不断复合可以形成不同大小的微团聚体。许多微团聚体在植物根系和微生物体黏结作用下形成大团聚体。对改善土壤物理性质、增加土壤养分具有重要的作用。

不同的地理环境条件下,土壤中胶体的种类与数量差异很大,如在温带半湿润地区,其土壤胶体为有机胶体、蒙脱石胶体,以及它们通过钙离子桥结合而形成的有机-无机复合胶体;而在热带亚热带地区,其土壤胶体则为高岭石、铁铝氧化物胶体及其与活性较强的腐殖质形成的有机-无机复合胶体。

（三）土壤胶体的构造

在土壤液-固体分散系中，分散相是胶体微粒，分散介质是胶体微粒之间的溶液。一个胶体微粒的内造如图 4-3 所示。

1. 微粒核 微粒核是胶体微粒的中心部分，是固相物质。它的组成可以是有机物，也可以是无机物。

2. 双电层 双电层位于微粒核的外面，是由一个带某种电荷的离子层和一个带相反电荷的离子层所组成。分别称为内层和外层，它们的电荷性质相反，但电荷量相等，两者处于对立平衡状态，整体电性是中性的。

（1）*内层* 也称决定电位离子层。这个电位是胶体微粒核与微粒间液体之间的电位差，称为完全电位或热力学电位，通常以 e 表示。胶体对外显何种电性，决定于这一层离子带电性。如带负电荷，则胶体显负电性；反之，则显正电性。内层离子直接连在微粒核上。它们体积较大，其化学性质也与微粒核相近似。内层与微粒核合称微粒团（粒团）。

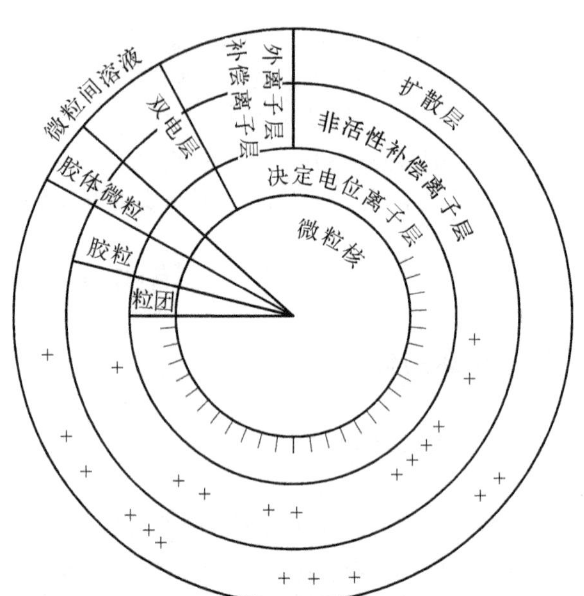

图 4-3 胶体微粒内部构造图

资料来源：熊顺贵(2001)

（2）*外层* 又称补偿离子层或外离子层。是位于双电层内靠外边带相反电荷的离子层，根据性质差异，该层又可分为两层。

1) 非活性补偿离子层（简称非活性层）：是指双电层外层中里面的一层。该层离子因接近双电层内层，受其相反电荷的强大吸引力，不能自由活动，称非活性层。微粒团与非活性层合称胶粒。

2) 扩散层：指双电层外层中外面的一层。该层离子距离双电层内层较远，所受的吸引力较小，可以有一定程度的自由活动，离子的分布情况是愈向外愈少。这一层的离子也容易被分散介质中的其他离子所代换。胶粒与扩散层合称胶体微粒。在这一层的外边为微粒间溶液，即分散介质。

（四）土壤胶体的性质

一个胶体体系具有很多性质，有表面性质、电学性质、光学性质以及动力性质等，其中以表面性质和电学性质对土壤吸收性能影响最大，也是胶体性质中重要而基本的特性。

1. 胶体表面性质

（1）*胶体的比表面* 所谓比表面是指单位质量物质的表面积总和。比表面积与单位质量物质颗粒大小成反比。土壤胶体如黏粒、腐殖酸分子等都相当细微，土壤胶体的表面积很大，加之黏粒矿物的层状结构和腐殖质的网状多孔结构还有很大的内表面积，可以吸附大量的离子。

不同土壤的胶体组成不同，土壤比表面积也不同（表 4-4）。土壤中有机质含量高，2∶1 型黏粒矿物多，则比表面积较大，如黑土。如果有机质含量低，1∶1 型黏粒矿物较多，则其比表面积就较小，如红壤、砖红壤。

表 4-4 土壤各种类型胶体的比表面积

胶 体 类 型	比表面积 /(m^2/g)
腐殖质	800～900
蛭 石	400～800
蒙脱石	600～850

续 表

胶体类型	比表面积/(m^2/g)
伊利石	50～200
水铝英石	70～300
高龄石	1～40

(2) *土壤胶体的表面能* 随着土壤胶体比表面积的增加,其表面能也发生很大的变化。表面能是指界面上的物质分子(表面分子)所具有的多余的不饱和能量。在胶体与液体或气体接触的界面上,由于液体分子或气体分子对它的引力小于胶体内部分子的引力,使胶体表面分子产生多余的不饱和能量。按照热力学定律,多余的能量消耗在与外界其他分子的作用上,从而达到稳定状态。土壤的物理吸附作用就是表面能作用的结果。一般表面能的大小与比表面呈正相关。比表面积愈大,表面能就越高,产生的物理吸附作用就愈强。因此,一般土壤质地愈黏,其物理吸附作用愈强。随着表面积和表面能的增加,土壤胶体的性质如胀缩性、可塑性、黏性等明显增强。

2. 土壤胶体的带电性 土壤胶体带电的事实,可以通过电泳现象观察到,当直流电通过土壤胶体溶液时,胶粒大多向阳极聚集,而所吸附的离子却向阴极聚集。这一现象说明土壤胶体在总体上是带电的。从电性来看,土壤胶体可以有正电荷也可以有负电荷,只是在一般情况下,土壤胶体的电荷根据其稳定性可分为永久电荷和可变电荷。永久电荷不随土壤 pH 的变化而变化,而可变电荷则随介质 pH 的变化而变化。土壤电荷的来源是由土壤胶体本身的构造决定的,主要有以下三种情况。

(1) *同晶置换* 这种作用产生于黏粒矿物形成时,其硅氧片中的 Si^{4+} 有时可被大小与其相近而电性相同的其他离子(一般为 Al^{3+})所代换,而水铝片中的铝则可被 Mg^{2+}、Fe^{2+}、Fe^{3+} 等代换。置换作用使得黏粒矿物晶层内产生多余的电荷,由于土壤中多数的同晶置换是以低价代换高价的阳离子,故产生的主要是负电荷,但有时也会产生正电荷。由同晶置换所产生的电荷是由于晶体结构本身的变化所引起的,一般不随介质 pH 的变化而变化,属永久电荷或内电荷,一般 2∶1 型黏粒矿物如蒙脱石类、伊利石类的同晶置换产生的永久负电荷较多,而 1∶1 型的高岭石类则较少。

(2) *矿物晶格断键* 矿物在风化破碎的过程中,其晶格边缘的离子有一部分未被中和,这就产生了剩余价键,它以负电荷居多。以这种方式产生的电荷,高岭石>伊利石>蒙脱石。

(3) *表面分子的解离* 黏粒矿物晶格表面的 OH 基、腐殖酸分子的酸性含氧官能团(如羟基、酚羟基)和黏粒中的无定形胶体(如硅酸胶体、氧化铁、铝等),在介质 pH 发生变化时就有不同程度的解离,从而使胶粒带电。例如,高岭石在 pH<5 时,它表面的 OH 基就解离出,使高岭石胶粒带负电;而三氧化二物(R_2O_3)在酸性条件下(pH<5),则成为带正电荷的胶体。

通常自然土壤的 pH 在 5～9,而土壤胶体的大部分,特别是腐殖酸的等电点远远低于这个范围,所以大部分土壤胶体都带负电荷。只有两性胶体的可变电荷和少量的同晶代换可产生一定正电。但是,从整体来看,土壤胶体以带负电荷为主。但 pH<5 的土壤则可能带有较多的正电荷,甚至比负电荷还多。

一般情况下,土壤胶体整体上显负电性,使土壤胶体以静电引力把土壤溶液中的阳离子吸附在土壤胶体的表面,而不致随水流失,使土壤具有保肥性。

3. 土壤胶体的凝聚和分散 胶体有两种存在状态。一种是分散相均匀地分散在介质中,称溶胶;另一种是分散相在外因的作用下,相互凝结聚合在一起,称为凝胶。溶胶和凝胶并不是永久不变的,在一定条件下可以相互转化。由溶胶变成凝胶的过程称为胶体的凝聚;反之,由凝胶转化为溶胶的过程,称为胶体的分散。土壤胶体在大多数情况下都是凝聚状态,凝聚态的土壤胶体可以用一价的阳离子分散。

土壤胶体存在状态主要受两种力的作用,分别为静电斥力和分子引力。如果静电斥力大于分子引力,则胶体呈分散的溶胶状;反之,若静电斥力小于分子引力则胶体呈凝胶状。这两种力的大小都与胶粒之间的距离有关。在胶粒电荷和胶粒大小一定的情况下,随着胶粒间距离的减小,引力可能超过斥力,使胶粒相互团聚。影响胶粒静电斥力大小的另一主要因素是胶粒静电荷的数量,它受补偿作用的控制。不同阳离子的补偿作用不同。如果土壤胶体所吸附的是二价以上的阳离子(如 Ca^{2+}),其水化半径较小,对土壤胶体所带的负电荷的补偿作用大,这样胶粒的剩余电荷就较少,在胶粒间的静电斥力大大减小,此时分散的胶粒之间的距离可达到分子引力作用的范围之内,使胶粒相互团聚凝结起来。如果土壤胶体所吸附的主要是一价阳离子(如 K^+),其水化半径较大,对胶体所带的负电荷的补偿作用较小,静电斥力就相当高,同时扩散层的厚度较大,分子引力较小,因而胶体不能凝聚,而呈分散状态。

土壤中常见的阳离子按其对胶体的凝聚力的大小,可排成如下顺序:$Fe^{3+} > Al^{3+} > H^+ > Ca^{2+} > Mg^{2+} > NH_4^+ > K^+ > Na^+$。

由此可见,阳离子价数高的凝聚力大于价数低的,一般三价阳离子的凝聚力是二价阳离子的 4~6 倍,而二价阳离子的凝聚力比一价阳离子高 20~25 倍。一种离子凝聚力的大小取决于其所带相反电荷的数量和水化半径的大小。离子的价数越高,离子的电荷也越多,对胶体本身的电荷的中和能力越强。而离子的水化半径越小,或离子的水膜越薄,则使胶体的扩散层越薄,使胶体粒之间的距离更近,有利于胶粒的相互凝聚。对于价数相同的离子,水化半径小的,其凝聚力大于水化半径大的。离子的水化度越高,其水膜越厚,则其凝聚力越低。H^+ 的情况很特殊,作为单纯的质子,其电场强度很大,而半径又极小,故其凝聚力很强。在土壤中,一般二价以上的阳离子和 H^+ 一般起凝聚作用,而一价(H^+ 除外)离子经常起分散作用。

此外,溶液中的离子浓度对胶体的分散和凝聚的影响也是很大的。即使凝聚力很强的三价阳离子,如果其浓度很低,也不能使分散的胶体凝聚下来。相反,当溶液中的一价阳离子的浓度很高时,由于每个阳离子都没有充分水化,水膜很薄,其凝聚能力较强,同样也可使溶胶变成凝胶。如在盐渍化土壤中,含钠、钾盐较高,其表层有凝聚很好的假团聚体柱状或团粒结构。但当盐分淋失后,这些结构体就不复存在了,土壤的通透性立刻就变得很糟,其他的物理性状也随之恶化。对于土壤胶体,由一价阳离子形成的凝胶,当稀释时又可转化为溶胶。但是由二价以上的阳离子形成的土壤凝胶一般是不可逆的,即不能再分散成溶胶。因为高价的阳离子被土壤胶体吸附得很紧,不易被代替出来。所以,由二价或三价阳离子形成的凝胶可以进一步形成稳定性较高的结构体,对土壤的其他理化性质都有较好的影响。

土壤中的电解质浓度是经常变化的,如干湿交替、冻融作用以及施肥、灌水、中耕、烤田等技术措施都可使土壤溶液中的电解质浓度发生变化,从而使胶体的状态发生变化,或凝聚或分散,如施用石灰可显著增加土壤中的浓度,从而促进土壤胶体凝聚,形成良好的结构。又如集中施用化肥,显著提高局部土壤溶液的电解质浓度,也可改变局部土壤胶体的状态。

4. 土壤胶体的离子交换作用 土壤胶体表面吸收的离子与土壤液相中电荷符号相同的离子相互交换,称为土壤胶体的离子交换吸收作用。根据土壤胶体吸收与交换的离子不同,可分为阳离子的吸收和交换作用与阴离子的吸收和交换作用,简称土壤的离子交换,其中主要是土壤阳离子的交换。

(1) 土壤阳离子交换作用 一般土壤胶体静电吸附的阳离子可以被溶液中其他阳离子交换而从胶体表面解吸。对这种能相互交换的阳离子叫做交换性阳离子,而把发生在土壤胶体表面的交换反应称为阳离子交换作用。例如,某种土壤胶体原来吸附着 H^+、K^+、Na^+、Mg^{2+} 等,当施用含钙肥料后,产生大量 Ca^{2+} 与胶体表面吸附的阳离子部分交换出来。离子从土壤溶液转移至胶体表面的过程为离子的吸附,而原来吸附在胶体上的离子迁移至溶液中的过程为离子的解吸,两者构成一个完整的阳离子交换反应。

阳离子交换作用有以下四个特点。

1) 反应可逆并能迅速达到平衡。

$$[\text{土壤胶粒}]^{mCa^{2+}} + nKCl \Leftrightarrow [\text{土壤胶粒}]_{2xK^+}^{(m-x)Ca^{2+}} + (n-2x)KCl + xCaCl_2$$

当反应达到平衡后,如果溶液中的离子组成或浓度改变则胶体上的交换性离子就要和溶液中的离子产生逆向交换或新的交换。如上述反应平衡式,若再加入 $CaCl_2$,则交换反应发生逆转,Ca^{2+} 重新把胶粒上吸附的一部分 K^+ 交换出来。

2) 土壤中含有多种阳离子,不同阳离子的代换能力是不同的。阳离子的代换能力具有一定的规律:① 阳离子代换能力随着价态增加而增大,价态高的阳离子电荷量大,带电性强,所以代换能力也大,如 $Al^{3+} > Ca^{2+} > Na^+$。② 当粒子价态相同时,原子序数大的离子交换量大,如 $NH_4^+ > K^+ > Na^+$。原因是原子序数愈小的离子的半径也愈小,离子表面电荷的密度愈大,因而离子的水化度大,水膜厚,则离子交换能力愈小。当然也可以说等价离子的交换能力随水化度的增加而减小。③ 离子运动速度愈大,交换力愈强。H^+ 的半径小,水化度弱,运动速度快,因而代换力强,它不仅大于一价阳离子,而且大于 Ca^{2+} 和 Mg^{2+} 二价阳离子。④ 阳离子代换能力受质量作用定律的支配,即离子浓度愈大,交换能力愈强。例如,施硫酸铵肥料于土壤中,其中 NH_4^+ 可以代换土壤胶体中的 Ca^{2+},从而吸附在胶体表面,不致随水流失,达到保土壤养分氮含量的目的。土壤中几种最普通的阳离子的交换能力大小顺序如下：$Fe^{3+}>Al^{3+}>H^{+}>Ca^{2+}>Mg^{2+}>K^{+}>Na^{+}$。

3）阳离子交换按当量关系进行，即离子间的相互交换以离子价为依据作等价交换。例如，二价钙离子去交换一价钠离子时，一个Ca^{2+}可交换两个Na^{+}。也就是1 mol的钙可以交换2 mol的钠。pH＝7时每千克胶体或干土中所含全部交换性阳离子总量，称为阳离子交换量，或称交换性阳离子总量，简称CEC，以厘摩尔每千克土(cmol /kg)表示。

4）不同胶体类型，其交换量也不同，一般有机胶体＞黏土矿物胶体＞含水氧化物胶体。在黏土矿物胶体中，蒙脱石胶体＞伊利石胶体＞高岭石胶体。有机胶体的交换量可高达150～700 cmol /kg，因此腐殖质含量高的土壤交换量远高于黏土矿物。我国北方土壤含有机及无机胶体一般较多，且所含黏土矿物以蒙脱石及伊利石为主，所以阳离子交换量大。例如，黑龙江黑钙土，其阳离子交换量可达50 cmol /kg。南方土壤含有机胶体一般较少，且所含黏土矿物以高岭石及含水氧化铁铝等为主，所以阳离子交换量小。例如，广西红壤的阳离子交换量最小的只有2.7 cmol /kg。一部分滨海及滨湖的土壤所含黏土矿物以伊利石为主，所以其阳离子交换量介于南方与北方土壤之间。

阳离子交换量的大小与土壤肥力有很大关系，因为土壤中速效养分的保存，一部分要靠阳离子交换作用。因此，采取措施(如增施有机肥料)提高耕地的土壤阳离子交换量在农业上是重要的。

(2) **土壤阴离子交换作用**　土壤带正电的胶粒所吸附的阴离子与溶液中的阴离子发生交换，称为阴离子交换作用。例如，在一定的酸性条件下，土壤中的氢氧化铁与氢氧化铝胶粒可带正电荷。这时它们所吸附的阴离子就可能与溶液中的阴离子发生交换，但是阴离子代换作用往往与化学吸收作用同时发生，两者难于区分。因此，阴离子代换作用不像阳离子代换作用具有明显的当量关系。

土壤中阴离子代换过程比较复杂，常见的阴离子代换有以下四种情况。

1）阴离子可与胶体微粒和溶液中的阳离子(Ca^{2+}、Al^{3+}、Fe^{3+})或水化三氧化物形成难溶性沉淀而被强烈地吸收，如磷酸离子和某些有机酸阴离子就属于这一类。磷酸离子有三种价态形式，都可以存在土壤中，它们分别可与钙离子形成易溶性$Ca(H_2PO_4)_2 \cdot H_2O$、较难溶的$CaHPO_4 \cdot 2H_2O$和最难溶的$Ca_3(PO_4)_2$。PO_4^{3-}还可与铝、铁离子形成难溶的$AlPO_4$和$FePO_4$。磷酸阴离子就是通过这种方式进行交换。土壤吸收力的大小视形成的物质的溶解度而定，溶解度小，则吸收力大。

2）存在极少交换或不交换吸收的阴离子(Cl^{-}、NO_2^{-}、NO_3^{-})。因为这类离子和溶液中的阳离子不能形成不溶性盐类，而且氯离子只有在极酸性的反应下才能被代换吸收。

3）阴离子吸收与阴离子价数大小有一定关系，一般价数愈大，代换性能越好。土壤中常见阴离子的吸收力顺序为：$OH^{-}>PO_4^{3-}>SO_4^{2-}>Cl^{-}>NO_3^{-}$。这里除$OH^{-}$外，其他阴离子呈现出离子价数大，吸收能力强的规律，可能由于其所形成的化合物离解作用较小，反应向形成离解小的化合物方向进行。OH^{-}的代换力强是一个特殊情况，它虽然为一价离子，但是由于其离子半径很小，代换能力还是较强。它还能与带正电荷胶核的双电层中的铁、铝离于结合成离解很弱的化合物，所以代换性能好、吸收力强。

(3) **土壤的其他吸附作用**　除了土壤胶体的离子交换吸收(又称物理化学吸收)外，土壤还具有机械吸收、物理吸附、化学吸附和生物吸附作用。

1）土壤的机械吸收作用：指疏松多孔的土壤对进入其中的固体颗粒的阻滞截留作用，如土壤中黏土颗粒在心土层的聚积就与土壤的机械吸收密切相关。

2）土壤的物理吸附作用：指土壤颗粒借助于其表面能从溶液中吸收并保持一些分子态物质的作用。土壤的细粒部分具有巨大的表面积和表面能，要降低土壤颗粒的表面能，只有靠降低其表面张力来完成。当土壤细粒吸附表面张力较小的物质分子以后就可以降低其表面能，这就是物理吸附的机制。土壤物理吸附强弱主要受质地和胶体类型的影响，物理吸附的强弱与土壤的比表面积大小呈正比。土壤质地越细，其物理吸附越强烈。

3）土壤的化学吸附作用：指进入土壤溶液的某些成分经过化学作用，生成难溶性化合物或沉淀，因而保存于土壤中的现象。这种吸附是以化学反应为基础的，故称为化学吸附或化学吸收。在土壤中易发生化学吸收的部分主要是土壤溶液中的阴离子，如磷酸根离子在酸性土壤中与钙离子发生化学反应生成磷酸三钙沉淀并保留在土壤中；磷酸根离子还能与Fe^{3+}、Al^{3+}形成磷酸盐沉淀。土壤对磷的固定，使其养分有效性降低。在农业生产上，要尽量减少养分的化学吸附。

4）土壤的生物吸附作用：指生物对土壤中的元素尤其是养分元素的吸收过程。其特点是使得被吸收的元素由分散到集中、由深层到表层、由无机到有机。

二、土壤氧化还原作用

土壤是一个复杂的氧化还原体系，存在着多种氧化、还原物质。土壤氧化还原作用是土壤溶液的又一个重要的化学性质。氧化还原反应存在于整个土壤形成发育过程中，对物质在土壤剖面中的移动和剖面分异、养分的生物有效性、污染物质的缓冲等均有深刻影响。

（一）土壤氧化还原体系

土壤中的氧化反应与还原反应是同时进行的，氧化剂和还原剂构成了氧化还原体系。氧化剂是电子供体，还原剂是电子受体。一种物质失去电子被氧化，必定有另一种物质同时得到电子而还原。土壤中含有多种氧化还原物质。主要的氧化剂是大气中的氧，它进入土壤与土壤中的化合物作用，得到电子被还原为 O^{2-}，土壤的生物化学过程的方向与强度在很大程度上决定土壤气相和液相中氧的含量。在土壤中 O^{2-} 被消耗的过程中，NO^{3-}、Fe^{3+}、Mn^{4+}、SO_4^{2-} 离子依次被还原，这种现象称为顺序还原作用。土壤中的主要还原性物质是有机质，尤其是新鲜未分解的有机质，它们在适宜的环境条件下还原能力极强。根据物质类型的不同，可将土壤氧化还原体系分为有机体系和无机体系两大类，无机体系主要包括氧（O_2，H_2O）体系、铁（Fe^{3+}，Fe^{2+}）体系、锰（MnO_2，Mn^{2+}）体系、氮（NO^{3-}，NO^{2-}，NH^{3+}）体系、硫（SO_4^{2-}，S^{2-}）体系等。有机体系包括不同分解程度的有机化合物、微生物的细胞体及其代谢产物，如有机酸、酚、醛类和糖类等化合物。

（二）土壤氧化还原电位

土壤氧化还原电位指土壤中的氧化态物质和还原态物质在氧化还原电极（铂电极）上达到平衡时的电极电位。它是反映土壤氧化还原状况的重要指标，其表示符号为 Eh，用伏(V)或毫伏(mV)表示。

$$Eh = E_0 + \frac{RT}{nF}\ln\frac{[Ox]}{[Red]} = E_0 + \frac{0.059}{n}\lg\frac{[Ox]}{[Red]}$$

式中，E_0 为标准氧化还原电位；$\frac{[Ox]}{[Red]}$ 表示氧化剂与还原剂的活度比；n 为反应中的电子转移数目；气体常数 $R=8.313$ J；T 为绝对温度；F 为法拉第常数，$F=96\,500$ C。

不同的体系标准氧化还原电位不同，但是每个体系中标准氧化还原电位都是一个固定值，它是在体系中氧化剂还原剂活度比值为 1 时的氧化还原电位值。例如，铁体系的标准氧化还原电位为 −120 mV，锰体系的标准氧化还原电位为 430 mV。对于给定的氧化还原体系，标准氧化还原电位和反应中的电子转移数目为常数，所以氧化还原电位由氧化剂和还原剂的活度比决定。比值愈大，该体系的氧化强度愈大，则氧化还原电位值愈高，因而可以把氧化还原电位作为该体系的氧化强度的一个指标。知道一个体系中的氧化剂和还原剂的浓度，可以计算出它的氧化还原电位。当土壤溶液中存在两个不同的氧化还原体系时，则标准氧化还原电位高的体系氧化标准氧化还原电位低的体系，并且体系之间的标准氧化还原电位差值愈大，反应越容易进行。

土壤氧化还原体系是决定土壤氧化还原电位的重要物质。一般情况下氧化还原电位为 100～800 mV，水稻土和沼泽土的氧化还原电位可低于 300 mV。土壤的氧化还原电位大致以 300 mV 为界，大于 300 mV 的土壤氧化反应占优势；小于 300 mV 的土壤则以还原反应为主，小于 200 mV 时土壤则发生强烈的还原反应。

土壤是一个不均匀的多相体系，即使同一田块不同点位都有一定的变异，测氧化还原电位时，要选择代表性土样，最好多点测定求平均值。

土壤氧化还原条件不仅包括纯化学反应，而且很大程度上是在生物(微生物、植物根系分泌物等)参与下完成的。土壤氧化还原反应条件受季节变化和人为措施(如稻田的灌水和落干)而经常变化。在我国自然条件下，一般认为氧化还原电位低于 300 mV 时为还原状态，淹灌水田的氧化还原电位可降至负值。土壤氧化还原电位一般在 200～700 mV 时，养分供应正常。土壤中某些变价的重金属污染物，其价态变化、迁移能力和生物毒性等与土壤氧化还原状况有密切的关系，如土壤中的亚砷酸(H_3AsO_3)比砷酸(H_3AsO_4)毒性大数倍。当土壤处于氧化状态时，砷的危害较轻，而土壤处于还原状态时，随着氧化还原电位下降，土壤中砷酸还原为亚砷酸就会加重砷对作物的危害。

(三) 影响土壤氧化还原的因素

1. 土壤通气性　土壤通气状况决定土壤空气中的氧浓度，通气孔隙度大的土壤与大气间气体交换迅速，土壤氧浓度较高，氧化还原电位较高。相反，通气孔隙度小的土壤通气性差，与大气交换缓慢，氧浓度低，氧化还原电位较低。因此，氧化还原电位可作为土壤通气性的指标。

2. 微生物活动　大多数微生物活动需要氧，微生物活动愈强烈，耗氧愈多，使土壤溶液中的氧压减低，进而使土壤中氧化态化合物中的氧含量降低，本身被还原成还原态的化合物，氧化态物质浓度与还原态物质浓度的比值下降，氧化还原电位降低。

3. 有机质的含量　有机质的分解主要是耗氧过程，在一定的通气条件下，土壤易分解的有机质愈多，耗氧愈多，氧化还原电位较低。易分解的有机质主要指植物组成中的糖类、淀粉、纤维素、蛋白质等以及微生物本身的某些中间分解产物和代谢产物，如有机酸、醇类、醛类等。新鲜有机物质含易分解有机物质较多。

4. 植物根系的代谢作用　植物根系分泌多种有机酸，造成特殊的根际微生物的活动条件，有一部分分泌物能直接参与根际土壤的氧化还原反应，直接或间接影响根际土壤氧化还原电位。水稻根系分泌氧，使根际土壤的氧化还原电位较根外土壤高。根系分泌物虽然主要限于根域范围内，但它对改善水稻根际的土壤营养环境有重要作用。

5. 土壤的酸度　土壤酸度与氧化还原电位的关系比较复杂，目前没有一个量化的关系式得到公认，但是，土壤氧化还原电位随着 pH 的升高而下降是不可否认的事实。

三、土壤酸碱性

土壤酸碱性又称为土壤酸碱反应，是指土壤溶液中 H^+ 浓度和 OH^- 浓度比例不同而表现出来的酸碱性质，是土壤的重要化学性质。它对土壤生产功能有多方面的影响，我国土壤的 pH 大多数为 4～9，在地理分布上具有一定的规律性，一般由北向南，pH 逐渐减小。大致可以长江为界(33°N)，长江以南的土壤多为酸性或强酸性，长江以北的土壤多为中性或碱件。

(一) 土壤酸性

酸性土壤是指土壤溶液中 H^+ 浓度大于 OH^- 浓度的土壤。土壤酸度反映了土壤中致酸离子的数量。根据致酸离子在土壤中的存在形态与表现，可以将土壤酸度分为活性酸度和潜性酸度两种类型。土壤活性酸度是指平衡状态下土壤溶液中的 H^+ 离子表现出的酸度。土壤潜性酸度指吸附在土壤胶体表面的交换性致酸离子(H^+ 和 Al^{3+})表现出的酸度，这些交换性离子只有将氢离子置换到溶液中才会显示酸性，统称潜性酸。土壤潜性酸是活性酸的主要来源，两者之间始终处于动态平衡之中。

不同类型的土壤酸度有不同的表示方法，土壤潜性酸一般用代换性 H^+ 和 Al^{3+} 的毫克摩尔数的多少来反映；土壤活性酸代表土壤酸性的强弱，一般用 pH 表示，常根据土壤的 pH，将土壤的酸碱性分为若干级(表 4-5)。

表 4-5 一般土壤酸碱度分级

土壤 pH	<4.4	4.5～4.9	5.0～6.4	6.5～7.5	7.6～8.5	8.6～9.5	>9.6
级 别	极强酸性	强酸性	酸性	中性	微碱性	强碱性	极强碱性

（二）土壤碱性

土壤溶液中 OH^- 浓度超过 H^+ 浓度时表现为碱性，当土壤 pH 大于 7 时，pH 愈高，碱性愈强。土壤碱性及碱性土壤形成是自然成土条件和土壤内在因素综合作用的结果。

土壤碱性的强弱除了用土壤 pH 表示外，还可以用总碱度和碱化度指标来表示碱性程度。总碱度是指土壤溶液中或灌溉水中碳酸根和重碳酸根的总量；碱化度是指土壤胶体上吸附的 Na^+ 占土壤阳离子交换量的百分数。土壤碱化度常被用来作为碱土分类及碱化土壤改良利用的指标和依据。当碱化层的碱化度>30%、表层含盐量<0.5%及 pH>9 时为碱土；当碱化度在 5%～10%为轻度碱化土壤；10%～15%时为中度碱化土壤；15%～20%时为强碱化土壤。

（三）土壤酸碱性的调节

高等植物和土壤微生物对土壤酸碱度都有一定的要求。大多数作物生长发育适宜的土壤 pH 为 5.5～8.5。在强酸性的土壤溶液中，可溶性铝和锰的浓度能达到对生物有毒害的程度，并导致土壤微生物活动急剧减弱；在强碱性土壤中，除了硼、氯化物和钼之外，其他微量营养元素的活性会降低，并且铁、锌、铜、锰和大量磷的有效性也会降低，多数植物将生长受阻，甚至死亡。一些碱性土因其胶体上大量充斥着 Na^+，使土壤的物理性质恶化，如通透性差，水、气、热不协调，黏性强、塑性大，耕性不良。农民形容碱土为“干时硬邦邦，湿时水汪汪”，生产力低下，“十年九荒”。

1. 土壤酸性调节 土壤酸性主要由胶体吸附的交换性 H^+ 和 Al^{3+} 控制。生产上通常是用石灰来改良土壤酸性，即用钙离子(Ca^{2+})和镁离子(Mg^{2+})把土壤胶体上致酸离子 H^+ 和 Al^{3+} 代换下来，并进一步中和。

$$[\text{土壤胶体}]^{H^+}_{Al^{3+}} + 2Ca(OH)_2 \Leftrightarrow [\text{土壤胶体}]^{2Ca^{2+}} + H_2O + Al(OH)_3$$

石灰的用量计算公式为

$$\text{石灰用量} = \text{土壤质量} \times \text{潜在酸量} = \text{土壤质量} \times CEC \times (1 - \text{盐基饱和度})$$

2. 土壤碱性的调节 调节土壤碱性的方法主要有施用有机肥料、施用生理酸性肥料、施用硫磺/硫化铁及废硫酸或绿矾等。对碱化土、碱土，也可施用石膏、硅酸钙，以钙将胶体上的 Na^+ 代换下来，并通过浇灌排出土体，从而降低土壤 pH 并改善土壤的物理性状。

四、土壤缓冲性

土壤是一个包含固、液、气三相组成的多组分、开放的生物地球化学系统，也是一个巨大、复杂的缓冲体系，具有抗衡外界环境变化的能力，包括酸碱变化、富营养化、抗污染、抗氧化还原等。土壤具有的这种能力就是土壤缓冲性。

（一）土壤缓冲性的概念

狭义的土壤缓冲性是指将酸性或碱性物质施入土壤后，在一定限度内，土壤具有抵抗酸碱性改变、保持酸碱环境的能力。广义上的缓冲性还包括土壤对营养元素、污染物质、氧化还原电位的缓冲性。

（二）土壤缓冲作用的机制

土壤对酸、碱物质的缓冲作用机制主要有土壤溶液中的弱酸及其盐类的缓冲作用和土壤胶体固液界面上的离子交换机制。

在溶液中，当弱酸及弱酸盐或弱碱及弱碱盐共存时，则该溶液具有对酸或碱的缓冲作用。土壤溶液中含有碳酸、醋酸、磷酸、腐殖酸以及其他有机酸及其盐类构成一个良好的缓冲体系，故对酸、碱具有缓冲作用。

其平衡关系式为

$$HAc \Leftrightarrow H^{+} + Ac^{-} \qquad NaAc + HCl \Leftrightarrow HAc + NaCl$$

阳离子交换的缓冲机制是土壤产生缓冲作用的主要机制。当土壤溶液中氢离子增加时，胶体表面的交换性盐基离子与溶液中的氢离子交换，使土壤溶液中氢离子浓度基本上无变化或变化很小；而当溶液中氢氧根离子增加时，胶体表面的氢离子与碱液中阳离子交换产生水，从而缓解酸碱度变化。

$$[\text{土壤胶粒}]M^{+}\ H^{+} \Leftrightarrow [\text{土壤胶粒}]H^{+} + M^{+}$$

$$[\text{土壤胶粒}]H^{+} + MOH \Leftrightarrow [\text{土壤胶粒}]M^{+} + H_2O$$

式中，M 表示盐基离子，如 Ca^{2+}、Mg^{2+} 等。

土壤缓冲能力的大小和它的阳离子交换量相关。交换量愈大，缓冲性愈强。所以，黏质土及有机质含量高的土壤比砂质土及有机质含量低的土壤缓冲性强。

不同的盐基饱和度表现出的对酸碱的缓冲能力是不同的。如两种土壤的阳离子交换量相同，则盐基饱和度愈大的，对酸的缓冲能力愈强，而对碱的缓冲能力愈小。

第五节　土壤养分循环

植物生长需要从环境中吸收养分，除了碳、氢、氧来自空气和水以外，其他的养分都来自土壤。可以说土壤中所包含的元素都能在植物体内有所体现，但是这些元素并不都是植物生长所必需的。所谓必需元素是指植物正常生长发育所必需而不能用其他元素代替的植物营养元素。必需的营养元素必须是完成植物生活周期不可缺少的，必须对植物起直接的营养作用，缺少时呈现专一的缺素症状。1840 年德国的J. von Liebig(1803～1873)建立了矿质营养学说以来，目前已经发现了 17 种营养元素。其中，碳、氢、氧、氮、磷、钾、钙、镁和硫被称为大量元素，它通常占植物体干重的 0.1%以上；铁、锰、锌、铜、硼、钼、镍和氯被称为微量元素，其含量通常占植物体干重的 0.1%以下。

土壤中的营养元素在土壤中存在的形态不同，按照对植物的有效性分为有效养分和无效养分，其中可以在作物生长季节内，能够直接、迅速被植物吸收利用的土壤养分被称为速效养分。土壤的有效养分和无效养分可以在一定的条件下相互转化，互为补充，这就是养分的循环和转化。图 4-4 描述了土壤养分循环和转化的一般模式，土壤矿物质的矿化分解与固定、土壤胶体吸附与解吸附、植物对养分的吸收和植物残体的归还与分解构成了自然土壤的养分循环。农业土壤在自然土壤的循环系统中，又加入了人为的干预，对农业土壤施肥使自然土壤的养分循环系统开放，形成了新的循环模式。土壤养分状况就是指土壤养分的含量、组成、形态分布和有效性的高低，是对养分循环的一个描述。

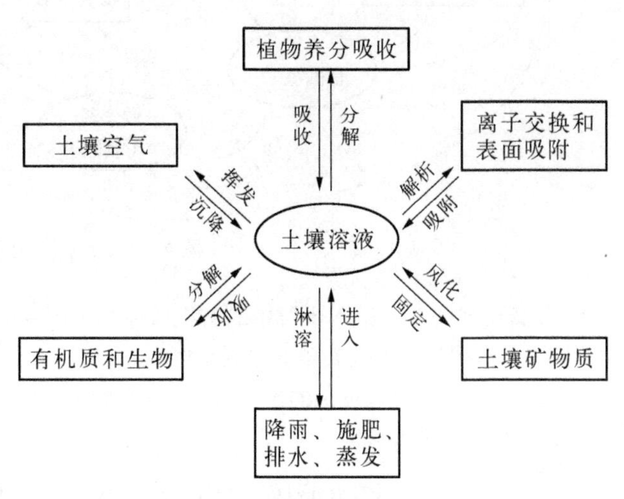

图 4-4　土壤养分的循环过程

一、氮素的循环

土壤氮素含量一般都很低，除了东北的黑土、部分棕壤和褐土、南方黄壤、高山土壤及草甸沼泽型土壤类型以外，一般土壤的氮素含量在0.2%以下，很多土壤不足0.1%。氮素是植物吸收最多的元素，农业生产上常常依靠施用氮肥来提高土壤氮素供给，它是农作物产量提高的基本措施之一。

土壤氮素分为有机氮和无机氮。土壤中氮素主要依靠生物的残体归还到土壤中，所以土壤的有机氮占土壤全氮的95%以上。按照其溶解度的大小和水溶性的难易土壤中的有机态氮可以分为水溶性有机氮、水解性有机氮和非水解性有机氮三类。① 水溶性有机氮主要为游离的氨基酸等，含量很低，约占全氮的5%以下；② 水解性有机氮主要是可以被酸、碱或者酶水解为简单的易溶性或者直接生成铵化合物的一类有机氮化合物，占全氮总量的50%～70%，主要是蛋白质及多肽类、核蛋白类、糖蛋白类；③ 非水解性有机氮占土壤全氮的30%，甚至高达50%，主要是一类复杂的含氮杂环化合物以及糖类和铵类的缩合物。土壤无机氮含量很低，一般耕作土壤的无机氮占全氮的1%，最多的也不超过5%～8%，主要为铵态氮和硝态氮。铵态氮呈阳离子，可以被黏土矿物吸附，以离子交换的形式被植物吸收，不易流失。硝态氮为阴离子，主要在土壤溶液中，易于流失。这两种形式的氮素是植物直接吸收的速效养分。由于铵离子半径与钾离子相近，所以有一部分铵离子进入到黏土矿物的晶格中被固定，不易被植物吸收利用。

土壤中有机氮和无机氮之间的转化存在动态平衡。氮素的循环如图4-5所示，主要包括以下两个方面。

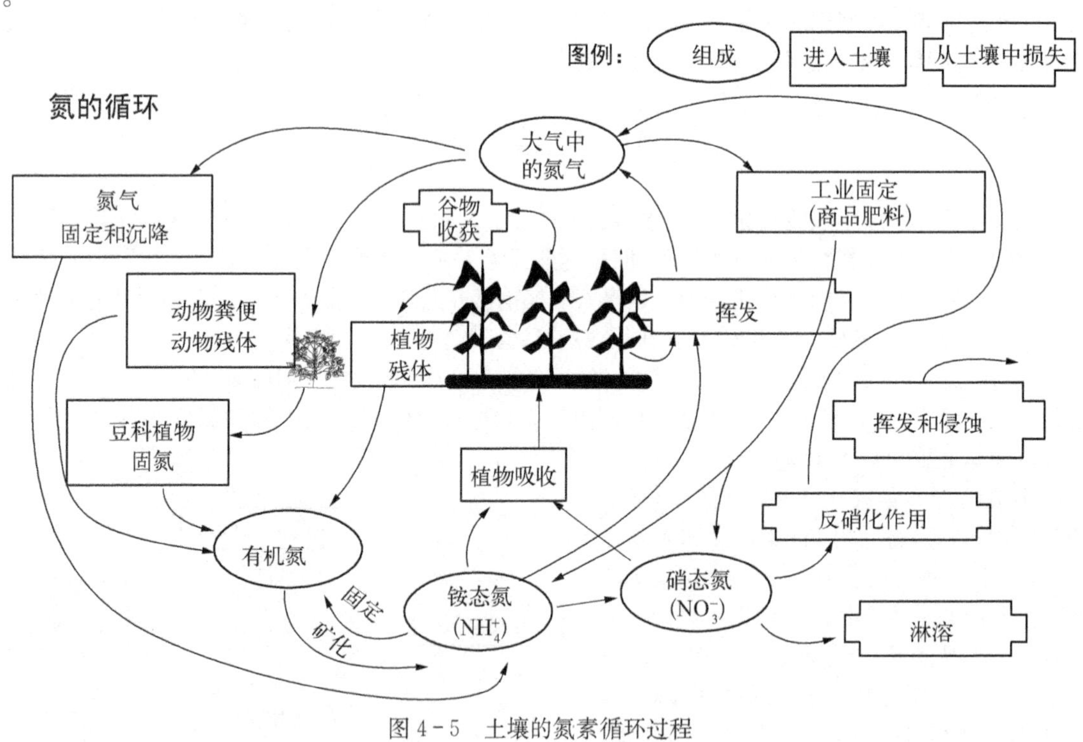

图4-5 土壤的氮素循环过程

1. 氮素的矿化 进入土壤中的有机残体和土壤中的生物固氮产物都是以有机形态存在的，经过氨基化作用、铵化作用将氮以铵离子释放到土壤中。

（1）氨基化作用 复杂的含氮有机化合物经过微生物酶的一系列作用转化为含氨基的简单有机化合物。其氨基化的一般步骤为

$$蛋白质 \longrightarrow RHCHNHCOOH + CO_2 + 其他产物 + 能量$$

（2）铵化作用 这是矿化作用的第二阶段，是在微生物作用下，将各种简单的氨基化合物分解为铵的过程。铵化过程中，微生物可以是细菌、真菌和放线菌。由于环境的条件不同，可以产生有机酸、醇、醛等有

机产物和氨气，反应式一般可以表述为

$$氨基酸或酰胺 \longrightarrow 有机酸或醛或醇 + NH_3 + CO_2 + 能量$$

2. 硝化作用 就是把矿化作用的氨，甚至酰胺和胺等经过微生物的作用转化为硝态氮化合物的过程。它需要亚硝化和硝化两个过程。

(1) 亚硝化作用 这个过程是在亚硝化微生物(以 *Nitrosomonas* 为主)的作用下转化为亚硝态氮的过程。

$$2NH_4^+ + 3O_2 \longrightarrow 2NO_2^- + 2H_2O + 4H^+ + 能量$$

(2) 硝化作用 就是把亚硝态氮在微生物作用下(以 *Nitrobacter* 为主)转化为硝态氮的过程。

$$2NO_2^- + O_2 \longrightarrow 2NO_3^- + 能量$$

微生物的硝化过程，除了上述两类细菌以外，也包括多种细菌、真菌和放线菌。土壤的硝化作用比亚硝化作用快，而亚硝化作用又比铵化作用快，因此正常的土壤中很少有亚硝态氮和铵态氮的积累。

3. 生物脱氮过程 在嫌气条件下，有多种微生物对硝态氮产生的一系列还原过程。它包括反硝化作用和生物脱氮作用。

(1) 反硝化作用 即在微生物作用下将硝态氮还原为亚硝态氮的过程。

$$2HNO_3 + 4H^+ - 2H_2O_2 \longrightarrow HNO_2 - 2H_2O + 4H^+ \longrightarrow H_2N_2O_2(次亚硝酸)$$

(2) 生物脱氮作用 即亚硝酸分解为氮气挥发到大气中的过程。

$$H_2N_2O_2 \xrightarrow[-2H_2O]{+2H} N_2$$

$$H_2N_2O_2 \xrightarrow{-H_2O} N_2O \longrightarrow 2NO$$

$$N_2O \xrightarrow[-H_2O]{+2H^+} N_2$$

生物的脱氮过程是以反硝化作用为基础的，它的首要条件是需要较严格的土壤嫌气环境。试验表明，当氧浓度减少到5%以下时反硝化才明显加强。这对土壤来说，已经处于淹水的状态了。

4. 化学脱氮过程 指土壤中的含氮化合物经过纯化学反应生成气态氮的过程。这种方式的脱氮一般是在酸性土壤环境条件(pH 5～6.5)下才有可能发生，并且酸度越大，分解越快。

5. 铵离子的晶格固定 铵离子的离子半径与黏土矿物的硅氧四面体的六角形晶格半径相似，它可以陷入晶格成为固定态的铵，暂时失去对植物的有效性。这种固定作用以2∶1型黏土矿物蛭石、半风化的伊利石和蒙脱石等黏粒为主的土壤尤为突出。干湿交替利于铵离子的晶格固定和释放，这取决于固定的铵离子数量以及与其交换的离子种类和数量。

6. 氮的生物同化作用 指土壤中的铵态氮、硝态氮和简单的氨基酸、酰胺等被植物和微生物吸收转化为有机态氮的过程。

7. 硝酸盐的淋洗 指硝酸盐随着降雨或者灌溉将硝态氮淋溶到土壤深层中去的过程，这也是氮素损失的一个途径。

在以上转化过程中，土壤氮素的矿化和硝态氮的转化是氮素变为有效氮的过程；生物和化学脱氮、硝态氮的淋溶是有效氮遭受损失的过程，使土壤中的有效氮减少；铵离子的晶格固定是氮转化为无效或者迟效氮的过程，其结果是对生物失去暂时的有效性。只有植物和微生物对土壤氮素的吸收同化作用才是土壤氮素发挥营养功能作用的过程。在转化过程中，土壤地表植被决定了土壤中有机质的含量和质量，也决定了土壤氮素的种类及有效性。气候条件也影响土壤氮素的转化，湿度大的土壤有机质分解速度减慢，减少了土壤氮素的矿化；温度高，土壤的有机质分解速度加快，土壤的氮素矿化速度加快。土壤质地对土壤氮素含量亦产生影响，研究表明土壤黏粒含量越高，土壤的含氮量越高。地形通过影响土壤水分的分布、植被的生长以及土壤质地的分配，间接地影响了土壤氮素的含量和转化。土壤中有机质的碳氮比影响微生物的繁殖速度，进而影响了土壤氮素的转化，一般碳氮比为15～30时土壤矿化释放氮量和同化氮量处于平衡状态。在有机质处于刚分解的阶段时，土壤中的碳氮比大于30，由于矿化氮不足,土壤中微生物与植物的争氮,造成植物缺氮。这种现象一般发生在农田土壤在农作物收获后的秸秆还田,它影响了后季作物的生长,农业上采用配合氮肥降低土壤的碳氮比,一般培肥土壤的适宜碳氮比是 40～50。

二、磷素的循环

自然土壤一般全磷在 0.01%～0.12%,变幅相当大。就全国主要土类而言,南岭以南的砖红壤类型上的全磷含量为最低,其次是华中地区的红壤,而东北地区和由黄土母质发育的土壤则含磷量一般较高,超过0.12%的为数不少。至于耕地土壤的全磷含量,则变幅更大,除主要受其原来土壤类型的影响外,还受耕作制度和施肥情况的影响,近年来随着农业用地磷肥使用量的增多,农田土壤全磷含量普遍增高。

土壤中磷的含量有两种表示方法,一种是以磷酐(P_2O_5)表示,一种是以磷(P)表示,两者之间的换算系数是 2.29。影响土壤全磷含量的因素有很多,主要有以下四方面。① 土壤母质中的矿物成分:一般来说,基性岩磷含量大于酸性岩;碱性沉积岩磷含量大于酸性沉积岩;② 土壤质地的差别:土壤质地越细,含磷量越高,这主要是次生磷酸盐包裹在黏粒表面的缘故;③ 剖面层次的关系:地表层次的磷含量高于下层,这是植物根系吸收和枯枝落叶归还的生物富集作用,磷的迁移率低以及土壤表面风化母质颗粒较细等因素的结果;④ 耕作制度与施肥:由于施入土壤的磷肥很快与土壤中的成分结合固定下来,并且很难淋溶,所以使土壤的磷含量增高。

土壤中的磷的形态可以分为有机磷和无机磷。有机态磷的含量约占全磷的 10%～20%,土壤有机质含量高的土壤,有机态磷含量也高。主要是植素(肌醇六磷酸)或植酸类、核蛋白或核酸以及磷类化合物。土壤无机磷主要是指磷酸盐类化合物。

1) 磷酸钙(镁)类化合物(简称 Ca-P):土壤中的钙离子浓度大于镁离子浓度,所以磷酸钙盐数量多于磷酸镁盐。在磷酸钙盐中,溶解度最小的是磷灰石类,如氟磷灰石[$Ca_5(PO_4)_3F$]、羟基磷灰石[$Ca_5(PO_4)_3OH$],它们的钙磷比是 5/3,溶解度极低,对植物是无效的。进入土壤的可溶性磷酸盐在土壤中可以形成一系列的钙磷酸盐,如磷酸一钙[$Ca(H_2PO_4)_2$]、磷酸二钙($CaHPO_4$)、磷酸三钙[$Ca_3(PO_4)_2$]及磷酸八钙[$Ca_4H(PO_4)_3$]等。随着化合物的钙磷比的增加,磷酸盐在土壤中的溶解度下降,稳定性增加,对植物的有效性降低。

2) 磷酸铁和磷酸铝类化合物(简称 Fe-P 和 Al-P):在酸性土壤上主要是磷酸铁和磷酸铝类化合物。此类化合物有凝胶态的沉淀,也有晶体状态的沉淀,凝胶态的随着老化逐渐形成结晶态的。常见的是粉红磷铁矿[$Fe(OH)_2H_2PO_4$]和磷铝石[$Al(OH)_2H_2PO_4$],在沼泽性积水土壤中还有蓝铁矿[$Fe_3(PO_4)_2 8H_2O$]。在南方土壤 Fe-P 比 Al-P 多,而在北方土壤 Al-P 比 Fe-P 多,但是都比 Ca-P 少得多。

3) 闭蓄态磷(简称 O-P):指被氧化铁胶膜包被的磷酸盐,南方强酸性土壤中 O-P 往往超过 50%,而在石灰性土壤上也可以达到 15%～30%。

4) 磷酸铁铝与碱金属、碱土金属形成的复杂的磷酸盐类:这部分磷往往是施肥后磷酸与土壤的复杂反应,自然土壤中含量不多。不同的土壤各个形态的磷的分布不同,风化度高的南方的红壤和砖红壤主要是 O-P,最多可以达到 90%以上,其次是 Fe-P,而 Ca-P 和 Al-P 含量很低。在石灰性土壤中,Ca-P 约占 60%,其次是 O-P,而 Al-P 和 Fe-P 很少,F-P 含量不到 1%。

土壤的有效磷是指可溶性的磷酸盐,主要为 PO_4^{3-}、HPO_4^{2-} 和 $H_2PO_4^-$,可以直接被植物吸收,所以称为有效磷。有效磷的存在形态和土壤的酸度有很大关系,在 pH 5～9 的范围内,主要是以 HPO_4^{2-} 和 $H_2PO_4^-$ 存在,随 pH 增加 HPO_4^{2-} 的比例增加。

土壤磷素的循环如图 4-6 所示,土壤中磷的来源主要是土壤母质和生物归还,农田土壤施肥也是很重要的一部分。土壤磷移动性很小,不存在淋溶,随着水土流失,表土的磷可以一起带走。土壤中磷的循环主要是磷的矿化和磷的固定作用,土壤中物质的成分和环境条件影响了磷的转化。影响磷转化的因素如下。

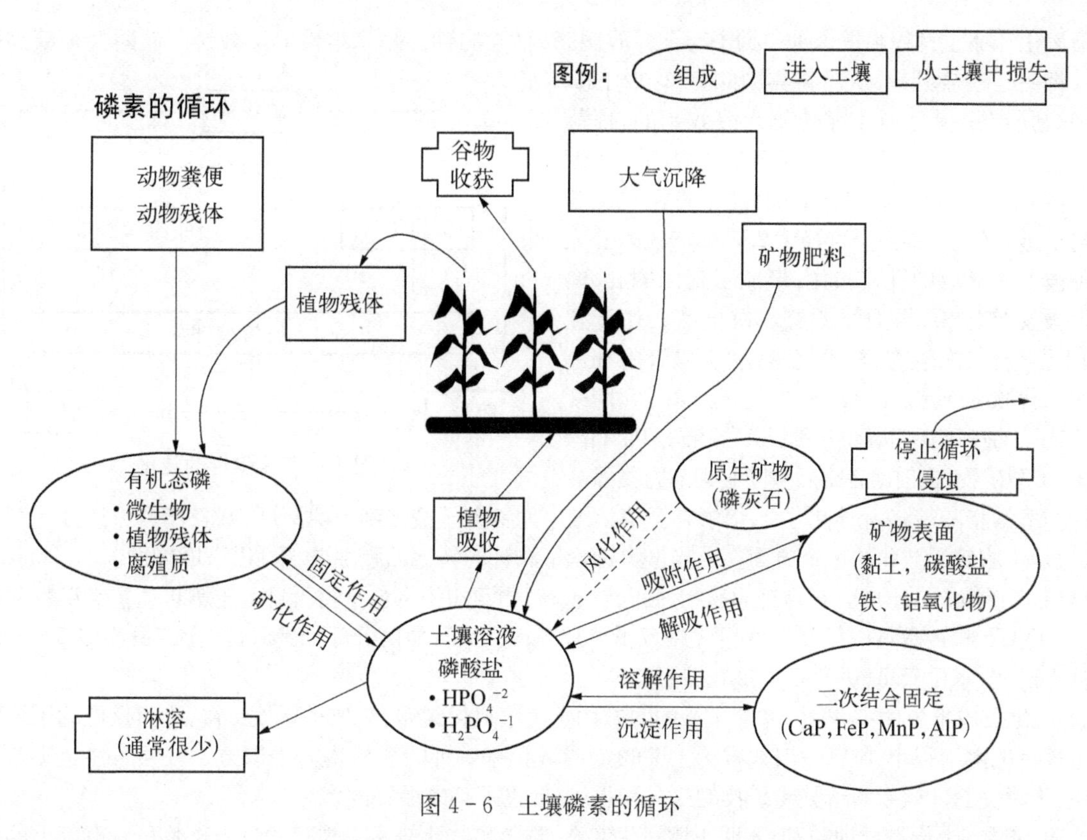

图 4-6　土壤磷素的循环

(1) **土壤有机质的含量**　土壤有机质含量越高，土壤中的有机磷比例就越大，有机磷在微生物的作用下，可以分解为有效磷，对植物是有效的。有机阴离子与磷酸根离子竞争固相表面专性吸附点位，从而减少了土壤对磷的吸附。有机物分解产生的有机酸等起到螯合剂的作用，将部分固定态磷酸盐释放为可溶态。腐殖质可在铁、铝氧化物等胶体表面形成保护膜，减少对磷酸根离子的吸附。有机质分解产生的二氧化碳，溶于水形成碳酸，增加钙、镁磷酸盐的溶解度。

(2) **土壤的酸碱度**　土壤 pH 在 6.5～6.8 的范围内，磷的有效性最大，以 HPO_4^{2-} 和 $H_2PO_4^-$ 存在的有效磷含量最高。pH 降低土壤有效磷往往被土壤游离的铁铝氧化物固定，形成 O-P、Fe-P 和 Al-P；pH 升高，土壤中钙离子又可以将有效磷固定为 Ca-P。

(3) **土壤的氧化还原特性**　一般旱地土壤处于氧化状态，不利于磷的有效化转化。在淹水条件下，酸性土壤促使铁、铝形成氢氧化物沉淀，减少了它们对磷的固定；碱性土壤能增加磷酸钙的溶解度。反之，若淹水土壤落干，则导致土壤磷的有效性下降。土壤氧化还原电位下降，三价铁还原成二价铁，磷酸低价铁的溶解度较高，增加了磷的有效性。被包于磷酸表面铁质胶膜还原，提高了闭蓄态磷的有效性。

三、钾的循环

土壤钾主要来源于土壤母质，土壤全钾一般在 0.5%～2.5%，平均 1%。地壳中钾的含量远比氮、磷丰富，平均含量约 2.45%。按照对植物的有效性，土壤中的钾被划分为矿物钾、非交换态钾、交换态钾和水溶态钾。矿物态钾就是土壤矿物中的钾，一般称为结构钾，占全钾量的 92%～98%。含有钾的矿物主要是钾长石 ($KAlSi_3O_8$) 含钾 7.5%～12.5%，微斜长石 ($Ca \cdot Na \cdot KAlSi_3O_8$) 含钾 7.0%～11.5%，白云母 [$KAl_2(AlSi_3O_{10})(OH)_2$] 含钾量 6.5%～9.0%。非交换态钾指存在于膨胀性黏土矿物层间和边缘上的一部分钾，占全钾量的 2%～8%，又称缓效钾。交换态钾指吸附在土壤胶体表面的钾离子，在土壤中的含量一般为 40～600 mg /kg，占土壤全钾量的 1%～2%。水溶性钾(溶液钾)指以离子形态存在于土壤溶液中的钾，浓度一般为 2～5 mg /L。交换态钾和水溶态钾可以被植物直接利用，在农业上又称为速效钾。

如图 4-7 所示，土壤钾的转化指矿物态钾的有效化和有效态钾的被固定。土壤钾的有效化指含钾矿物在土壤风化和成土过程中把含钾矿物中的钾释放出来，释放的钾都是水溶性的速效钾。硅酸盐细菌等微生物可以将铝硅酸盐分解，从而将其中的钾释放出来。

土壤钾的固定是指交换性钾转化为缓效钾的过程。2∶1型黏土矿物的表面的硅氧四面体构成的六角形孔穴直径为2.8 Å (1 Å=0.1 nm)，这个直径可以容纳钾离子进入(脱水钾离子直径为2.7 Å)。进入孔穴中的钾被上一晶层的孔穴扣住，形成了封闭的孔穴，很难再被交换出来，形成缓效钾。在土壤条件变化时，如干湿交替、冻融交替、灼烧等，被土壤吸附在晶层表面的代换性钾就会掉进晶穴里，当晶层间距变小，钾离子便被封闭在里面，伊利石、拜来石、蒙脱石等都属2∶1型矿物，但前两者比后者固定钾能力更强。

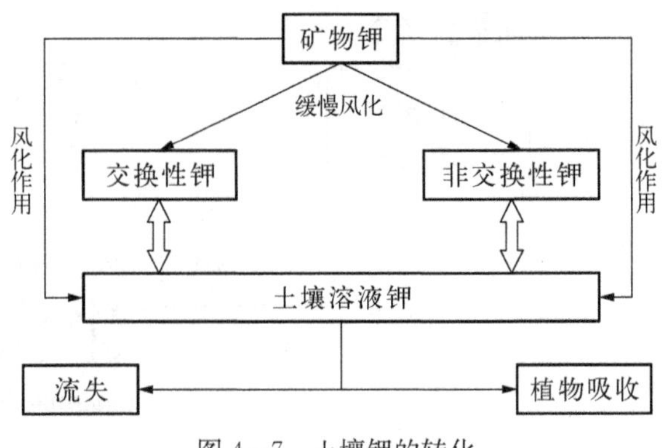

图4-7 土壤钾的转化

钾的淋溶指随着降雨或者灌溉，溶解在土壤溶液中的钾离子被带到土壤深层，并且随侧流离开土壤的过程，这也是土壤钾无效化的一个方面。影响土壤钾含量和钾的转化因素主要包括以下四方面。

1) 土壤矿物质：土壤含有富钾的矿物，则含钾量高，如四川的紫色土富含钾。土壤母质富钾矿物包括长石类，如正长石和钾微斜长石等，含钾量约在7%～12%；云母类，如白云母和黑云母，含钾量约在5%～9%；次生黏土矿物，水化云母(伊利石类)和绿泥石等。

2) 风化及成土条件：在气候寒冷干燥的北方由于土壤风化缓慢，钾离子释放缓慢，降雨量低的干燥的气候使土壤钾的淋溶很小，所以一般北方的土壤的全钾量和有效钾的含量均大于南方。气候条件也影响了钾的转化，干湿交替的气候利于黏土矿物的膨胀和收缩，促进了钾的晶格固定。

3) 土壤质地：土壤质地越细，表明土壤风化完全，黏土矿物比较多。较多的黏土矿物可以有巨大的表面积，吸附较多的钾，避免钾的淋溶。一般越细越黏的土壤富含交换态的钾；相反，较粗质地的土壤，含有较多的原生矿物，土壤的全钾量高，但是土壤的有效态钾的含量较低。

4) 土壤有机质：土壤有机质作为有机胶体，可以吸附钾，免于淋溶并利于钾的固定。由于植物的枯枝落叶对土壤归还的作用，可以使钾在表层土壤富集。另外，土壤有机质对微生物提供了能源，加速了矿质态钾的风化和释放。

四、硫的循环

自然土壤的硫主要来自土壤母质和大气沉降，农业上土壤的硫还来源于肥料和灌溉。土壤的硫含量一般为0.01%～0.05%，主要包括有机质中的硫，如有机残体中蛋白质中的硫和腐殖质中的硫；无机态的硫，主要分布在原生矿物、黏土矿物和土壤溶液中，又分为矿物态、吸附态和水溶液中的硫。

土壤硫的循环，主要是有机硫和无机硫的矿化分解、可溶态的硫的固定以及硫的挥发和淋溶，硫的形态的转化等。

1. 有机态硫的矿化和固定 植物残体中的硫主要存在于蛋白质中，能分解含硫有机物的土壤微生物很多，一般能分解含氮有机物的氨化细菌都能分解有机硫化物，产生硫化氢，这个过程就是有机态的硫的矿化过程。相反，植物吸收土壤中的可溶态硫(SO_4^{2-}、S^{2-})，形成含硫氨基酸，进一步转化为蛋白质等有机含硫化合物，这个过程就是硫的生物固定。其反应为

$$\text{蛋白质}\underset{\text{固定}}{\overset{\text{矿化}}{\rightleftharpoons}}\text{含硫氨基酸}\underset{\text{吸收}}{\overset{\text{分解}}{\rightleftharpoons}}H_2S$$

在这个过程中，土壤有机质的多寡决定了硫的矿化与固定。有机质的碳硫比小于300～400，则有利于有机硫的矿化；而碳硫比大于300～400，则就有可能产生生物固硫。

2. 矿物质中硫的矿化、吸附和解吸 封闭在矿物中的难溶性硫酸盐和硫化物随着矿物的风化释放出来成为游离的SO_4^{2-}和S^{2-}。在富含铁、铝氧化物和水化氧化物、水铝英石及1∶1型黏粒矿物为主的土壤中，由于土壤胶体带有正电荷，硫酸根(SO_4^{2-})有可能被带正电荷的土壤胶体所吸附，但吸附的SO_4^{2-}容易被

其他阴离子交换。

3. 硫化物和元素硫的氧化 土壤中的硫化物和元素硫的氧化是以微生物的作用促成的，以 FeS_2 为例，整个反应过程的反应式为

$$FeS_2 \longrightarrow FeS + S$$

$$2FeS_2 + 2H_2O + 7O_2 \longrightarrow 2FeSO_4 + 2H_2SO_4$$

$$2S + 3O_2 + 2H_2O \longrightarrow 2H_2SO_4$$

$$S^{2-} + 2O_2 \longrightarrow SO_4^{2-}$$

影响硫化物盐类氧化的因素是氧化还原电位和土壤 pH。在土壤的氧化还原电位大于零的状态下，硫化物的氧化就可以发生。排水不良和强酸性土壤不利于土壤硫化物的氧化。值得注意的是，无论硫化物还是元素硫氧化的结果都是形成硫酸，使土壤酸化。

4. 土壤中的硫酸盐的溶解、淋溶和挥发 旱地土壤含有的石膏($CaSO_4 \cdot 2H_2O$)、内陆土壤中含有的硫酸盐(Na_2SO_4)以及化肥中含有的硫酸根，都可以溶解在土壤溶液中，并且由于土壤对阴离子的吸附力量较弱，被降雨和灌溉淋溶到土壤深层。在通气不良的淹水土壤中，硫酸根又可以被还原为硫化氢，挥发到大气中，这是土壤硫脱离土壤硫循环的途径。

五、微量营养元素的循环

土壤中的微量元素主要来源于土壤的矿物质。微量元素按照对植物的有效性以及和土壤中矿物质的结合状态可以分为(图 4－8)：矿物态(即矿物晶格中)、铁锰铝氧化物结合态(即与氧化铁、氧化锰和氧化铝结合)、有机结合态(存在于土壤有机质中和有机质吸附)、专性吸附态(胶体共价键结合吸附，不能被其他离子

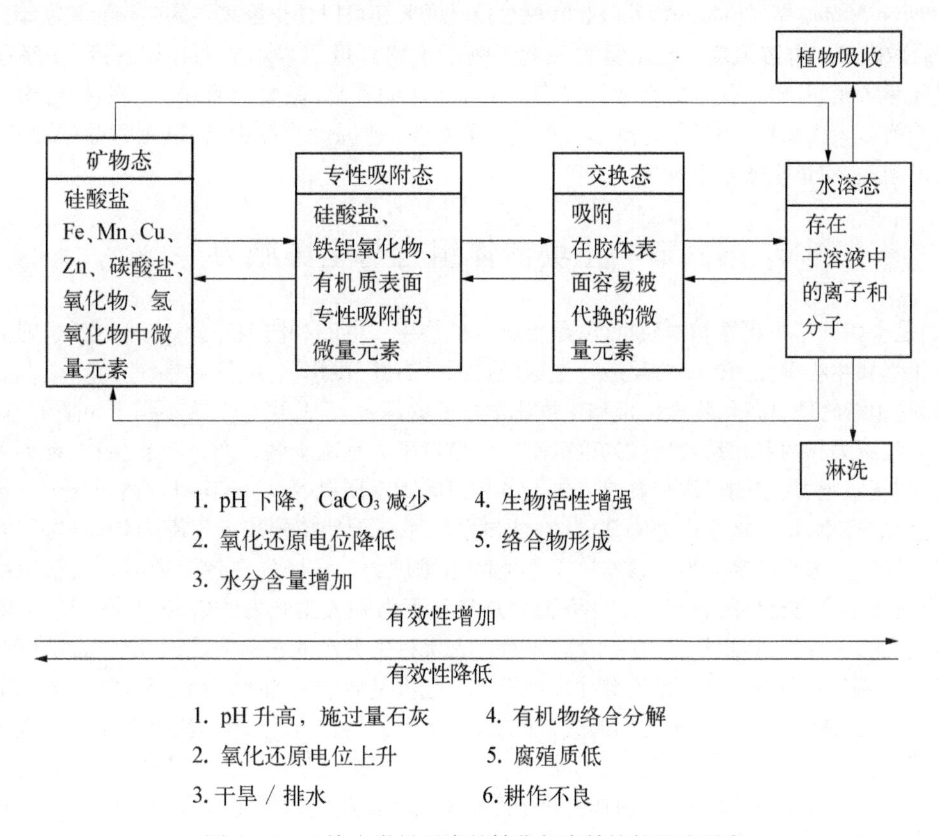

图 4－8 土壤中微量元素的转化与有效性的影响因素

交换)、交换态和土壤溶液中的微量元素。土壤中微量元素的循环主要是土壤微量元素的释放(有效化)和微量元素的固定(无效化)，一般认为土壤溶液中的微量元素和交换态的微量元素被认为是对植物有效的，其他

结合状态是无效的。土壤各个结合状态的微量元素之间存在着动态平衡,在一定条件下可以相互转化。土壤中的微量元素的形态与含量受多个因素影响。

1. 土壤母质 不同的土壤母质,土壤中的微量元素的含量有所差异(表 4-6),根据地球化学资料,铁、锰、锌和铜主要来源于橄榄石、角闪石、辉石和黑云母等铁镁硅酸盐矿物,因此含有此类矿物的基性岩的土壤母质中,这些微量元素较为丰富,而含石英、长石和白云母等酸性岩的土壤母质中此类微量元素含量较少。在沉积岩中,上述微量元素的含量页岩中含量较高,石灰岩和砂岩含量较低。硼则相反,在沉积岩中含量高于岩浆岩,这是因为海水中含有较多的硼。

表 4-6 土壤微量元素含量范围及主要来源

元　素	中国含量 /(mg /kg)		土壤中主要矿物质来源	主要有效形态
	范　围	平　均		
Fe	变幅很大	—	氧化物、硫化物、铁镁硅酸盐类	Fe^{3+}、Fe^{2+}和它们的水解离子
Mn	42～3 000	710	氧化物、硫酸盐、硅酸盐	Mn^{2+}及其水解离子
Zn	<3～790	105	硫化物、氧化物、硅酸盐	Zn^{2+}
Cu	3～300	22	硫化物、碳酸盐	Cu^{2+}、Cu^{+}、$Cu(OH)^{+}$
B	0～500	64	含硼硅酸盐、硼酸盐	$B(OH)_4$ 和 $H_2BO_3^-$ 的水和离子
Mo	0.1～6	1.7	硫化物、钼酸盐	MoO_4^{2-}、$HMoO_4^-$

2. 土壤质地和有机质含量 土壤中风化释放出的微量元素,一些以同晶替代的方式占据矿物的晶格,一些以吸附代换的方式与黏土矿物结合,所以土壤质地越细,黏土矿物含量越高,吸附的微量元素也越高。相反,质地粗的土壤,原生矿物较多,不利于微量元素的吸附,微量元素含量较低。土壤有机质以有机胶体的方式吸附结合微量元素,并且也阻碍了微量元素被土壤黏土矿物的固定,因此有机质含量高的土壤,微量元素特别是有效态微量元素含量较高。植物的根系吸收和枯枝落叶的归还可以使土壤表层的微量元素富集。

3. 土壤的酸碱度和淋溶强度 土壤酸碱度影响了土壤微量元素的形态和溶解度,一般在中性范围内,利于微量元素的溶解,微量元素的有效性最高。随着 pH 的升高,微量元素铁、锌、铜和锰均以氢氧化物的形式存在,溶解度大为降低,不易引起淋溶。但是钼则相反,在碱性土壤中,钼以钼酸盐的形式存在,溶解度增强,容易淋溶,总储量比酸性土壤少。

第六节 土壤流体组合与土壤肥力

土壤肥力是土壤的基本属性和本质特征,是土壤为植物生长供应和协调养分、水分、空气和热量的能力,是土壤物理、化学和生物学性质的综合反应。土壤肥力因素有养分、水分、空气、热量。

土壤肥力是土壤物理、化学、物理化学和生物化学特性的综合表现,也是土壤不同于母质的本质特性,包括自然肥力、人工肥力和两者相结合形成的经济肥力。自然肥力是由土壤母质、气候、生物、地形等自然因素的作用下形成的土壤肥力,它的形成和发展取决于各种自然因素质量、数量及其组合适当与否。自然肥力是自然再生产过程的产物,是土地生产力的基础,它能自发地生长天然植被。人工肥力指通过人类生产活动,如耕作、施肥、灌溉、土壤改良等人为因素作用下形成的土壤肥力。土壤的自然肥力与人工肥力结合形成的经济肥力能为人类生产出充裕的农产品。经济肥力是自然肥力和人工肥力的统一,是在同一土壤上两种肥力相结合而形成的。仅仅具有自然肥力的土壤,不存在人类过去劳动的任何痕迹。而具有经济肥力的土壤,由于其中包括人工肥力,则凝结有人类的劳动。由于人工肥力是凭借人的生产活动形成的,人们就可以利用一切自然条件和社会条件促使人工肥力的形成,并加快潜在肥力转化,使土地尽快投入生产。人类的生产活动是创造人工肥力,充分发挥自然肥力作用的动力。土壤肥力经常处于动态变化之中,土壤肥力变好变坏既受自然气候等条件影响,也受栽培作物、耕作管理、灌溉施肥等农业技术措施以及社会经济制度和科学技术水平的制约。农业生产上,能为植物或农作物及时利用的自然肥力和人工肥力叫有效肥力,不能及时利用的叫潜在肥力。潜在肥力在一定条件下可转化为有效肥力。

依据拟定的土壤肥力指标,对土壤肥力水平评定的等级称为土壤肥力分级。分级的目的是掌握不同土壤的增产潜力,揭示出它们的优点和存在的缺陷,为施肥、改良土壤提供科学依据。土壤水、肥、气、热等肥力因子，随着气候、水文等自然环境条件的变化以及农业生产活动的影响，不断地产生变化。掌握土壤肥力因子的动态变化，及时预测和调控，可使土壤肥力的发展与作物的需求经常处于协调状态，以取得作物高产稳产的效果。

一、土壤空气状况与土壤肥力

土壤的通气状况指土壤气体的含量和组成，受土壤孔隙度和大小孔隙比例以及农业生产措施(耕作、中耕除草等)的影响，进而影响土壤的肥力。主要为以下三方面。

1. 影响种子萌发、植物根系的生长和吸收功能 植物在通气良好的土壤中，根系长、颜色浅、根毛多，发挥正常的吸水和吸肥的功能。据报道，当土壤空气中氧的含量在10%时，植物根系的发育受到影响；当土壤空气的氧含量低于5%时，根系生长停滞，养分的吸收也会大大减少。并且，通气不良的土壤中植物种子的萌发会受到影响，通气不良的土壤产生的过多的有机酸、有机醛类物质抑制种子的萌发。在土壤空气中，氧气与二氧化碳的比例大于85%，利于旱地作物的生长。

2. 影响养分状况 土壤空气的数量以及氧气的比例影响土壤微生物的活性。氧气充足时，土壤有机质矿化速度快，释放的氮素迅速硝化成为硝态氮，利于作物吸收；而缺氧的土壤会造成亚硝态氮的积累，并会引起反硝化作用，造成对作物的伤害以及氮的损失。在通气不良的条件下，土壤二氧化碳的含量增高，利于土壤中的钙、镁、磷、钾离子的释放，还原状态利于铁离子的有效化，但是由于通气不良，植物根系吸收养分的作用也受到抑制，不能增加植物对养分的吸收。

3. 影响植物的抗病性 在氧气不足的土壤空气状况下，土壤会产生很多有毒的气体，如硫化氢。当硫化氢气体达到0.07 mg /kg时，水稻的根系会变黑，水稻变枯黄。另外，通气不良，适于真菌发育，植物病害会增多。

二、土壤水分状况与土壤肥力

土壤水分状况就是指一年中土壤水的含量与土壤水分的有效性，它是土壤肥力的一个重要指标。土壤水分对土壤肥力的影响如下。

1. 土壤水分直接影响植物的生长 植物生长所需要的水分直接来源于土壤，土壤水分含量的多少决定了生态植被的种类和丰度。它也是土壤划分的一个指标，在辽东半岛，由于降雨量在700～1 000 mm，土类为棕壤，而同一纬度的华北、山西，则由于降雨量为500～600 mm，土类则为褐土。

2. 影响土壤养分和盐分的运动 适宜的土壤水分可以将土壤养分溶解在土壤水中，依靠质流供给作物。但是土壤水分过少时，土壤水中的盐分随着地表蒸发和作物蒸腾将盐分带到地表，造成土壤表面盐分积累，对植物产生危害。我国的华北平原，由于降雨量不足，土壤水分匮缺，形成了较多的盐碱地。相反，当土壤中还有较多的重力水时，溶解在土壤中的养分等会随着土壤水的向下移动，将养分从大部分根系所在的表层移出，造成养分的淋溶。我国的大部分南方地区，由于土壤水分含量过多，造成土壤中钾、钙、镁等离子的淋失，使土壤养分不足。

3. 影响土壤养分的转化 土壤水和土壤空气共同构成了土壤孔隙，土壤水、气的互为消长影响了土壤的通气性和土壤的氧化还原电位，进而影响土壤中有机质的矿化和土壤养分的释放和转化。适宜的土壤水分利于土壤养分处于植物可以吸收利用的状态，同时又减少了土壤中有害物质，如硫化氢等。

4. 影响水土流失 当土壤水分过多时，土体就会因为水饱和而流动性增加，引起表层的土壤流失和土体的崩塌，造成了土壤表层的破坏和灾害的发生。

三、土壤热量状况与土壤肥力

土壤热量状况就是土壤对太阳辐射的热量的收支平衡、土壤温度的评价。土壤热量状况影响着土壤肥力的变化。

1. 土温影响种子的萌发与根系的生长 植物生长需要适宜的温度，并且随着土壤温度的提高，发芽速度加快。例如，小麦、燕麦等麦类作物在1～2℃时，发芽要0～15天；在5～6℃时，发芽要6～7天；在9～10℃时，发芽只要2～3天。土壤温度也会影响根系的生长，在2～4℃时根系有微弱的生长，10℃时根系生长迅速，在30～35℃时根系的生长受到抑制。不同的作物根系的最适土壤温度不同，小麦是12～16℃，玉米则是24℃。土壤温度是通过呼吸作用等生理生化的反应而影响根系的生长和生理作用的，过高的温度会使根系呼吸加快，木质化至根尖；寒冷会影响根系细胞的流动性，因细胞结冰等造成细胞损坏。

2. 土温影响土壤中的各种化学反应 在一般情况下，土壤温度影响化学反应的速度，进而影响矿物的风化。在多雨的热带，矿物的化学风化比温带强十倍。在海拔相同的山地的阴坡和阳坡，由于接受的热量不同，往往阳坡风化剧烈，加之阳坡接受的热量多，影响土壤水分的蒸发量大，造成植被稀疏矮小，易发生水土流失，而阴坡则相反。

3. 土温影响土壤有机质和氮素的积累 土温对微生物活动的影响极为明显，一般微生物要求土壤温度为15～45℃，过高或过低的土温都影响微生物的活性，从而影响土壤有机质的矿化和氮素的释放，影响了其他土壤养分的转化，如氨化细菌和硝化细菌的最适温度是28～30℃。随着土壤温度的提高，土壤有机质的矿化速度加快，利于氮素的分解和转化，但不利于腐殖质的形成和氮素的积累。南方土壤温度较高，调控土壤有机质偏重于土壤有机质的积累；北方土壤温度较低，则多重于土壤有机质的矿化和养分的释放。

4. 土壤温度影响土壤水、气的运动 适宜的土壤温度范围内，随着土壤温度的提高，土壤水的黏滞性降低，土壤水分的运动速度加快，利于土壤水分的蒸发，土壤中气态水的比例增加；土壤空气的移动也频繁，空气的组成比例易变化。但是过高的温度，由于植被的蒸腾作用，不利于土壤保水，过低的温度土壤水冻结，水气运动停止。

四、土壤化学性质与土壤肥力

土壤的化学性质主要包括土壤的酸碱性、土壤的吸附特性以及土壤的氧化还原特性等。它们直接影响了土壤肥力的高低，主要有以下两方面。

1. 土壤养分的保持与供给 不同土壤的土壤胶体含量不同，土壤的吸附性能差别很大。一般土壤越黏，土壤的吸附性能越强，土壤的阳离子交换量越高，越利于土壤养分的保持；反之，则不利于养分保持。提高土壤肥力，就要对土壤的吸附性能进行调控，一般壤土最为适中，过沙的土壤，保肥性能较差，而黏土则供肥能力不足。

2. 土壤的养分的有效性 土壤养分的有效性受土壤的酸碱度和土壤的氧化还原特性的影响。一般在pH 6.5左右，土壤养分的有效性最高，随着pH的升高，土壤中的磷和微量元素的有效性降低，而pH降低，也会影响磷的有效性。氧化还原电位影响养分的状态，进而影响植物的吸收，在淹水还原的状态下，土壤中的三价铁离子被还原为二价铁离子，利于植物的吸收。

总之，土壤肥力是土壤各种理化性质共同作用的结果，土壤流体组合的各个因素构成了土壤肥力因子。水、肥、气和热四个因子不仅有其独立的作用，而且各因子之间相互作用，共同制约土壤肥力。对水、肥、气和热的调控，往往要考虑其相互作用，共同采取对策。

参考文献

南京大学地理系，北京师范大学地理系，华东师范大学地理系. 1980. 土壤学基础与土壤地理学. 北京：人民教育出版社.
黄昌勇. 2000. 土壤学. 北京：中国农业出版社.
李天杰. 2004. 土壤地理学. 北京：高等教育出版社.
吕贻忠，李保国. 2006. 土壤学. 北京：中国农业出版社.
邵明安，王全九，黄明斌. 2006. 土壤物理学. 北京：高等教育出版社.
伍光和等. 2008. 自然地理学. 第四版. 北京：高等教育出版社.
熊顺贵. 2001. 基础土壤学. 北京：中国农业大学出版社.
徐启刚，黄润华. 1991. 土壤地理学教程. 北京：高等教育出版社.
朱鹤健，何宜庚. 1992. 土壤地理学. 北京：高等教育出版社.

第五章　土壤形成因素

第一节　成土因素学说

土壤是一个独立的历史自然体，也是一个运动开放的系统。土壤的形成、发展与大气圈、水圈、生物圈和岩石圈处于经常的相互作用之中。成土因素学说就是研究各种外在环境因素在土壤形成过程中所起的作用，也就是研究土壤与外在环境条件之间发生关系的学说。19世纪末，俄国土壤科学家道库恰耶夫首先提出：土壤和成土条件之间的关系不是偶然的，而是有规律的。道库恰耶夫提出的五大成土因素（气候、地形、母质、生物和年龄）学说，最早分析了土壤与外界环境的发生学联系。随着土壤研究工作的深入和新研究结果的不断涌现，土壤形成因素学说还会不断地发展。

一、道库恰耶夫与成土因素学说

道库恰耶夫是成土因素学说的创始人。19世纪80年代，他利用土壤地理比较法，对地处温带草甸、草原区的俄国别尔哥罗德州、波尔塔瓦州土壤进行了调查研究。在此基础上，于1883年发表了著名专题论文《俄国黑钙土》，首创"黑钙土"一词，并且确立了将土壤作为一系列成土因素作用于母质而形成的独立自然体。道库恰耶夫指出，土壤有它自己本身的起源，始终是母岩、活的和死的有机体、气候、陆地年龄和地形综合作用的结果，土壤与成土因素之间的发生关系式为

$$\Pi = f(K,\ O,\ \Gamma,\ P)T$$

式中，Π 为土壤；K 为气候；O 为生物；Γ 为岩石；P 为地形；T 为时间。

该式明确表示了以下三个方面：① 土壤是母质、气候、生物、地形和时间等五种自然成土因素综合作用的产物。② 所有的成土因素始终是同时同地、不可分割地影响着土壤的发生和发育，它们同等重要和不可替代地参与了土壤的形成过程。各个因素的"同等性"绝不意味着每一个因素始终处处都在同样地影响着土壤形成过程。对于某个具体土壤形成过程而言，每个成土因素在土壤中所表现出的特点或个别因素的相互作用，都有本质上的差别，其中必然是某个成土因素属主导因素。③ 土壤是永远发展变化的，即随着成土因素的变化土壤也在不断地形成和演化。土壤有时进化，有时退化以至消亡，是一个动态的自然体，是一个有生有灭的自然体。成土因素有地理分布规律和规律性变化，随着时间与空间的不同，成土因素及其组合方式会有所改变，因而土壤也跟着不断地发生变化。

二、成土因素学说的发展

在成土因素学说的发展过程中，许多土壤学家从不同角度深化了成土因素学说的内容。1895年西比尔采夫将道库恰耶夫所发现的成土因素深化为土壤地带性概念，将一定的土壤种类与一定的气候植被或地理区域相联系。他的土壤地带性概念对以后的土壤学研究起到了广泛的影响，如1938年美国农业部颁布的土壤分类中直接引用了"显域土"、"隐域土"、"泛域土"的概念。至今，地带性概念或理论仍是许多分类体系的思想基础。

俄国土壤学家威廉斯提出了土壤统一形成过程学说。在这个学说中，强调了土壤形成中生物因素的主导作用和人类生产活动对土壤产生的重大影响。在土壤统一形成过程学说中，威廉斯将"进化论"的观点引入土壤发生学，提出了土壤年龄和土壤个体发育与演替的概念。威廉斯认为，土壤形成过程的发展密切地联系着土壤形成全部条件的发展，特别是作为土壤形成主导因子的植被的发展。形成条件的发展变化引起土壤性质的变化，使土壤不断进化，并可能产生"质"的突变。同时，土壤的发展对植被的发展起反作用。威廉

斯的观点对于理解“生物小循环”,对于土壤发生,特别是对于土壤有机质生成和矿质元素的富集方面的积极作用是很明显的。但他的学说也存在很大的片面性,因为一个土壤个体可以在比较短的时间内发育形成,也可以受到各种不同的影响而改变,甚至由于侵蚀或其他作用而被消灭,并不仅仅与植被的进化相关。

美国著名土壤学家詹尼在广泛考察的基础上,对土壤与成土因素进行了深入研究,使得土壤成土因素学说得到了进一步充实和发展。1941年詹尼在他著名的论著 *Factors of Soil Formation* 中,提出了与道库恰耶夫相似的函数公式,以表示土壤和最主要的成土因素之间的关系,公式为

$$S = f(Cl, O, R, P, T, \cdots)$$

式中,S 代表土壤;Cl 代表气候;O 代表生物;R 代表地形;P 代表母质; T 代表时间;…代表不确定的其他因素。

该式简称“clorpt”函数,成为土壤形成的通用公式。詹尼对威廉斯的土壤形成过程中的生物因素起主导作用的学说也做了补充修正。他认为,生物主导作用并不是到处都一样的,不同地区、不同类型的土壤往往是某一成土因素占优势。

根据各种成土因素的地区性组合,以及某一因素在土壤形成中所起的主导作用,詹尼将“clorpt”函数式稍作修改,提出下列各种函数式。

气候主导因素 $S = f(Cl, O, R, P, T, \cdots)$

生物主导因素 $S = f(O, Cl, R, P, T, \cdots)$

地形主导因素 $S = f(R, Cl, O, P, T, \cdots)$

母岩主导因素 $S = f(P, Cl, O, R, T, \cdots)$

时间主导因素 $S = f(T, Cl, O, R, P, \cdots)$

由于研究者对各个成土因素的作用有不同的理解,所以对各种因素的位置和摆法不一样。例如,原苏联格林卡认为,母岩特性十分重要;而涅乌斯特鲁耶夫强调地形的作用;威廉斯则认为生物活动为主导因素。

詹尼在上述函数式中试图将土壤性质与状态因子融合于概念体系之中,并对状态因子进行重新定义,使其成为独立变量,以使上述函数式组成为可解方程组,但未有明显进展。后来的研究表明土壤形成因素学说原理可用数学方程式来表达,但这种方程事实上应看做是概念模型。因为在自然环境系统中,每一个成土因素都是极其复杂多变的,它们不仅不是独立的,而且在时空上也是可变的,因子之间及因子与土壤之间时刻都处在作用-反馈之中。在一定程度上,反映了现代土壤发生学研究向定量化发展的趋势。

后来詹尼又对函数式进行了修正,使其更适用于现代生态系统的概念。将土壤作为生态系统的组成部分,成土因素看作生态状态因子。系统特性与状态因子关系的函数式为

$$l, s, v, a = f(L_0, P_x, t)$$

式中,l 代表生态系统的任一特性;s 代表系统土壤特性;v 和 a 代表系统植被和动物特性;L_0 代表系统的起始状态(系指母质与地形);P_x 代表系统的物质通量(系指气候与生物物质通量);t 代表系统的时间。

1959年 Sinwnson 提出更广义的土壤形成模型,公式为

$$S = f(A, T, T_1, T_2)$$

式中,A 代表物质输入;R 代表物质输出;T_1 代表物质转化;T_2 代表物质迁移。

1973年柯夫达提出了地球深部因素对土壤形成作用的学说。他认为地球深部因素,如火山喷发、地震、地质构造运动、深层地下水及其他地球化学过程等地球内生性地质现象,以及矿体和石油矿床局部地质地貌变化都会影响土壤的形成发育方向和分布。正如1994年我国土壤地质学家陆景冈研究指出的,土壤形成虽以五大成土因素等外力作用为特征,但却受以新构造运动为代表的内力作用所控制,是内力与外力共同作用的结果。

1995年 Haggett 通过对地球表层圈层系统的深入研究,提出了“brash”函数式,公式为

$$ds/dt = f(b, r, a, s, h) + z$$

式中,b 为生物圈;r 为岩石圈表层;a 为大气圈;h 为水圈;z 为来源于宇宙的驱动力;s 为土壤圈。

由于圈层之间的相互作用，任一圈层内部的变化都有可能引起全部圈层状态的改变。依据“brash”函数式，当地圈中任一圈层发生变化时，土壤圈则会随之发生变化。Haggett强调该函数式基本上属于“clorpt”函数式的衍生物。但是需要强调的是圈层系统作为一个整体，土壤系统仅是该圈层系统的组成部分之一，如果孤立地研究其中某个状态变量，就有可能得出错误的结果。1995年Paton等针对“brash”函数式提出了稍微不同的观点，强调岩石圈的物质风化作用及其风化物类型对土壤物质组成、性质有重要的影响，地形因素通过改变地面侵蚀与堆积过程对地表水分与热量再分配而对生物群落和土壤圈施加影响。

土壤形成因素学说就是研究各种外在环境因素在土壤形成过程中所起作用的学说，即研究土壤与外在环境条件之间发生学关系的学说。它的形成有一定的历史背景条件。因此，随着时代的发展，随着人们对土壤研究工作的深入和新研究结果的不断涌现，土壤形成因素学说还会不断地发展。

第二节 土壤形成的气候因素

气候是土壤形成的能量源泉。气候因素直接影响土壤的水热状况，而土壤的水热状况又直接或间接地影响矿物质的风化与淋溶淀积、植物的生长、微生物活动，以及有机质的合成、分解、转换及其产物的迁移过程等。可以说，土壤的水热状况决定了土壤中所有的物理、化学和生物的变化作用，影响土壤形成过程的方向和强度。在一定的气候条件下，产生一定性质和类型的土壤，因此，气候是影响土壤地理分布的基本因素。

一、气候与土壤水热状况的关系

土壤和大气之间经常进行着水分和热量的交换，气候直接影响着土壤的水热状况。在土壤与气候的关系研究中，水热条件常被看作为一般的气候指标。例如，在美国土壤系统分类中，把土壤温度和湿度作为诊断分类的一项重要指标。

（一）气温与土壤温度状况

土壤表面获得的太阳短波辐射和大气逆辐射是土壤增温的重要热源。土壤的热状况取决于土壤的地理位置，不同的纬度地带，土壤热状况不同；同一纬度带，从沿海向内陆，土壤的年变幅和日变幅相应增加。土壤热状况可分三个类型：① 受热型，土壤表层的年均温较土层深层高，在干燥的温带或热带较显著；② 冷却型，土壤表层的年均温较下层低，即土壤温度随深度增加而增加，如寒带，尤其是积雪地区更为显著；③ 热平均分配型，在中纬度降水丰沛的湿润地区，土壤表层和较深层的温度相差不大。

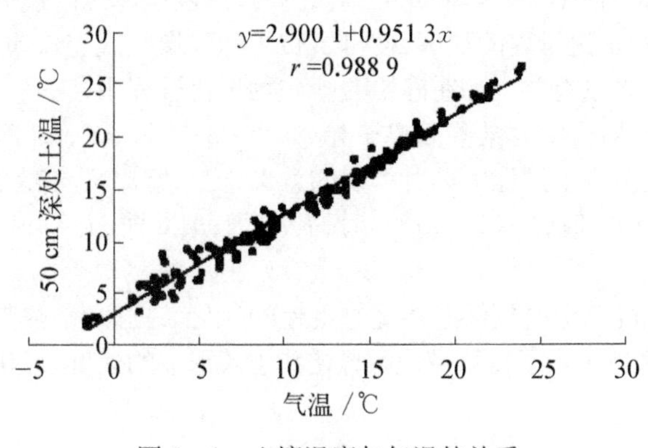

图5-1 土壤温度与气温的关系

资料来源：冯学民等(2004)

土壤表面时刻不停地以长波辐射、土壤水分蒸发，以及土壤与大气的湍流交换而向近地大气层传送热能，而只有小部分为生物所消耗，极小部分通过热传导进入土壤底部。由此可见，土壤与近地大气层之间存在着频繁的热量交换过程，土壤温度状况与近地大气层温度有着直接的依赖关系。图5-1分析了土壤50 cm深处的年均温度与大气平均温度之间的相互关系，两者之间存在显著的正相关关系。

（二）气候湿润状况与土壤水分状况

土壤水分状况是现代土壤科学、土壤地理学研究的重要内容，也是进行土壤分类的主要定量指标。对于正地形表面的土壤而言，土壤水分的收入项是大气降水，其水的支出项是表土蒸发与蒸腾，以及向地下水的补给(图5-2)。由于气候湿润状况决定着大气降水量、表土蒸发量及植物蒸腾量，因此，气候湿润状况是决定土壤水分状况的重要外部因子。按照美国土壤系统分类的标准,土壤水分状况划分为潮湿、湿润、干润、夏干、干旱五个基本类型。除了潮湿的土壤水分状况与负地形,特别是湿润气候区的负地形密切相关之外,其他的土壤水分状况均决定于气候的湿润状况。气候的水分因素即干湿度,同时取决于降水和水分蒸发,后者又与温度有关。Gerrard 等(2000)指出湿润的土壤水分状况通常出现在排水良好的湿润气候区,干润的土壤水分状况通常出现在半湿润气候区及热带、亚热带的季风气候区,夏干的土壤水分状况仅出现在地中海气候区,干旱的土壤水分状况仅出现在温带干旱荒漠气候区和亚热带干旱荒漠气候区。

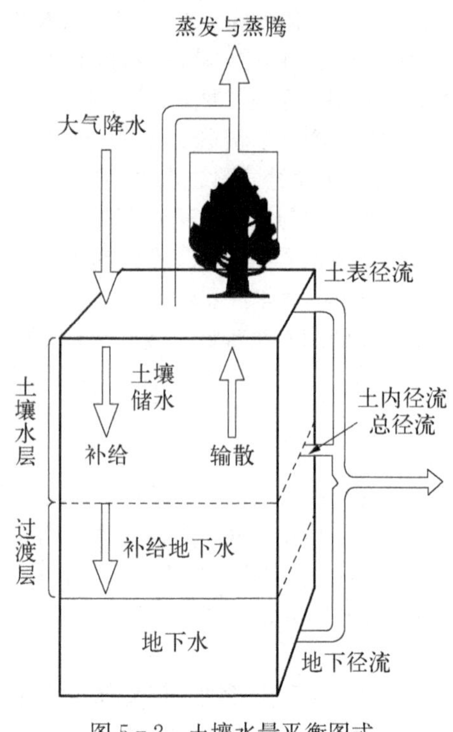

图 5-2 土壤水量平衡图式

资料来源:Gerrard (2000)

二、气候对土壤形成的作用

气候对土壤形成的作用,主要是气温、大气降水、风等因子综合作用的结果。气温及其变化对土壤矿物体的物理崩解、土壤有机物与无机物的化学反应速率具有明显的作用;对土壤水分的蒸散、土壤矿物的淋溶与沉淀、有机质的分解与腐殖质的合成都有重要的影响,从而制约土壤中元素迁移转化的能力和方式。大气降水对矿物风化和土壤形成过程具有重要的影响,水分是许多矿物风化过程与成土过程的媒介与载体。风对成土过程的影响是巨大的,也是多种多样的。风力导致土壤表层粉粒大量流失,即土壤风蚀沙化;风力堆积作用常造成土壤物质组成的变化,如在中国温带地区,多数成土母质是第四纪风力堆积的黄土。

(一) 气候影响岩石矿物的风化

矿物的风化有物理作用和化学作用,其速率与温度有关。温度对土壤化学反应的影响可用凡特-霍夫(Van't-Hoff)法则予以说明,即化学反应体系的温度每升高 10℃,其化学反应速率将增加 2~3 倍。温度的快速剧烈变化会导致母岩中不同矿物晶体热胀冷缩的差异,并使相邻晶体彼此分离。另外,温度在冰点附近的频繁变化也会引起母岩裂隙中水-冰相互转化,即冰劈作用加速母岩的崩解,使母岩转化为碎屑状成土母质。同时说明水分的存在可加快风化速度,即风化速度也与降水量有关。如在硅铝酸盐矿物风化过程中,正是由于水及其中溶解阳离子的参与使原矿物的晶格遭到破坏、晶格中的某些阳离子如 Na^+、Ca^{2+}、Mg^{2+}、K^+ 等进入水体。拉曼(1911)研究认为,水的解离度在矿物风化及成土过程中具有重要的意义,但水解离又与温度密切相关,即假定在 0℃时,水相对解离度 $J=1$;那么在 10℃时,$J=1.7$;18℃时,$J=2.4$;34℃时,$J=4.5$;50℃时,$J=8.0$。

总之,水热条件总是共同影响着岩石矿物的风化。高温高湿的气候条件促进迅速的风化。据研究,热带的风化强度比寒带高十倍,比温带约高三倍(表 5-1)。这也说明了在热带地区风化和土壤形成的速度、风化壳与土壤厚度比温带和寒带地区要大得多的原因。

表 5-1 温度和风化强度的关系

自然带	平均土温/℃	水的相对离解度	风化日数	风化系数	
				绝对	相对
寒带	10	1.7	100	170	1
温带	18	2.4	200	480	2.8
热带	34	4.5	360	1620	9.5

资料来源:Jenny(1978)。

（二）气候对次生矿物的影响

气候对次生矿物形成的影响，一般情况是降水量增加，土壤黏粒含量增多；土温高，岩石矿物风化作用加强。因此，不同气候带的土壤中，具有不同的次生矿物(图5-3)。干冷地区的土壤，风化程度低，处于脱盐基初级阶段，只有微弱的脱钾作用，多形成水云母次生矿物；在温暖湿润或半湿润气候条件下，脱盐基作用加强，多形成蒙脱石和蛭石；在湿热地区，除脱钾作用外，还有脱硅作用，多形成高岭石类次生矿物；高度温热地区，则因强烈脱硅作用而含有较多的铁、铝氧化物。例如，我国从青藏高原及外围山地高寒区、华北平原及长江中下游地区至华南中亚热带和南亚热带地区，土壤风化逐渐增强，次生矿物依次变化(表5-2)。

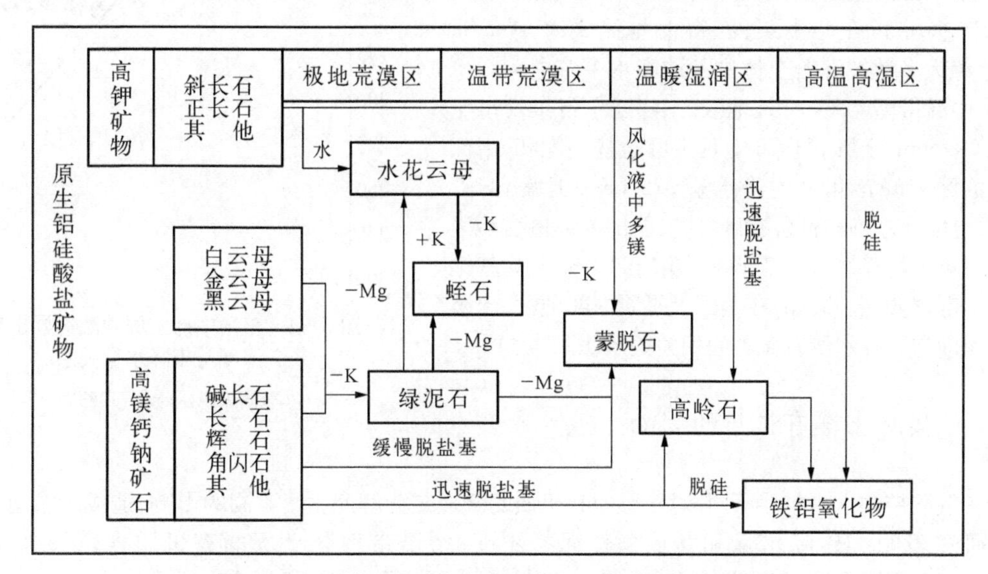

图5-3　不同地理环境中黏土次生矿物形成的一般模式

表5-2　中国不同温度带地表风化程度及相应次生矿物

温　度　带	土壤表层各组分含量	矿物风化阶段	主要次生矿物
青藏高原及外围山地高寒区	砾石10%，砂粒>50%	物理风化和脱盐基	易溶盐类
华北平原及长江中下游地区	粉粒+黏粒>50%	饱和铝硅	蛭石、伊利石、高岭石
华南中亚热带和南亚热带地区	粉粒+黏粒>60%	脱硅富铝化	高岭石、三水铝石等

资料来源：李天杰等(2004)。

（三）气候对土壤化学性质的影响

随着降水量的增加，土壤阳离子交换量呈增加的趋势。这是因为土壤阳离子交换量直接与有机质含量和黏粒含量有关，而降水一般关系到有机质含量和黏粒含量的增加。但此规律只发生在温带地区，不能外推到热带。热带地区由于黏土矿物是以三、二氧化物为主，土壤阳离子交换量并不高。

在年降水量少而蒸发迅速的地区，通过土壤的下行水量很少，不足以淋洗掉土壤胶体上的代换性盐基，土壤盐基饱和度大多是饱和的，土壤呈中性或偏碱性，这是我国中部和北部地区的一般情况。在较湿润的地区，土壤中下行水量较大，淋洗掉了土壤胶体上的部分代换性盐基，其位置被 H^+ 所代换，导致盐基饱和度的降低和土壤酸度的增加，这是我国东南地区土壤的一般情况。

一般说，土壤中物质的迁移是随着水分和热量的增加而增加的。我国自西北向华北逐渐过渡，土壤中的 $CaCO_3$、$MgCO_3$、$Ca(HCO_3)_2$、$Mg(HCO_3)_2$、$CaSO_4$、Na_2SO_4、Na_2CO_3、KCl、$MgSO_4$、NaCl、$MgCl_2$ 及 $CaCl_2$ 等盐类的迁移能力不断加强，在剖面中的分异也愈明显。在西北荒漠和荒漠草原地区只有极易溶解的盐类，如 NaCl、$MgSO_4$ 等有相当明显的淋溶，或淀积于土壤下层，或被淋到低洼的地方；$CaSO_4$ 的淋溶较弱，在剖面不深处就可见到；而 $CaCO_3$ 则未受到淋溶，所以剖面中往往没有明显的钙积层。往东到内蒙古及华北的草原、森林草原地区，土壤中的碱金属盐类大部分淋失，碱土金属盐类在土壤中有明显的分异，大部分土壤都具有明显的钙积层。至华北东部的温带森林地带，碳酸盐也大多淋失。从华北向东北过渡，除钾、钠、钙、镁等盐基淋失外，铁、铝也自土壤表层下移。再向华南过渡，不但盐基物质淋失，硅也遭到淋溶，而铁、铝等在土壤中相对积累。

年降水量及其季节分配还决定着土壤中淋溶-淀积过程。在干旱地区的土壤中 Na^{+}、Ca^{2+}、Mg^{2+}、K^{+} 淋失很少；在半干旱半湿润地区，土体中大部分 Na^{+} 已被淋失，而 Ca^{2+}、Mg^{2+} 多淀积在心土层；在湿润地区 Na^{+}、Ca^{2+}、Mg^{2+}、K^{+} 绝大多数被淋出土体进入地表水系统之中。例如，在我国中温带即 42°N 沿线地区，东部辽宁省集安市年均降水量 589 mm，土壤 pH＜6.5 且土壤盐基不饱和；中部内蒙古自治区赤峰市年平均降水量 372 mm，土壤 pH＜7.5～8.0，土壤盐基饱和且含有碳酸钙；西部内蒙古自治区二连浩特市年平均降水量 142 mm，土壤 pH＞8.0，盐基饱和且含有丰富碳酸钙。又如，在美国大平原中部地区，土壤中钙淀积深度与年降水量有显著的相关关系(图 5-4)。

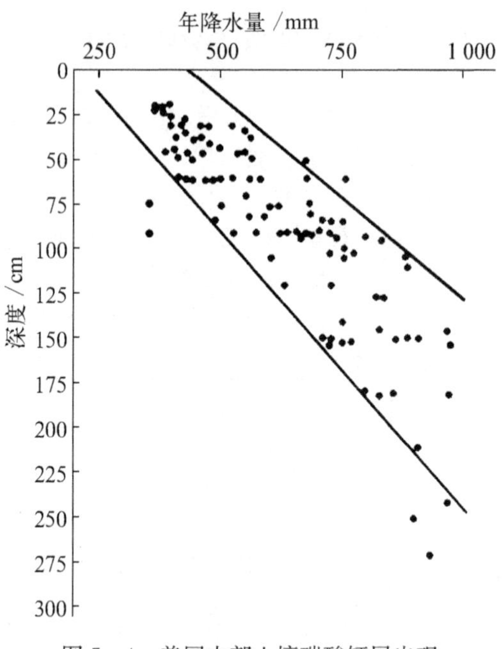

图 5-4 美国中部土壤碳酸钙层出现深度与年降水量关系

资料来源：Jenny(1983)

(四) 气候对土壤有机质的影响

由于各气候带的水热条件不同，对土壤中有机质的合成与分解产生了不同的影响，造成土壤有机质含量的不同。研究表明：① 降水量和其他条件保持不变时，温带地区土壤的有机质含量随着温度的增加而减少。如我国温带地区，自北而南，漂灰土—暗棕壤—褐土，土壤有机质含量逐渐减少。② 当温度保持不变，其他条件类似的情况下，随着降水量的增加，有机质含量增加。如我国中温带地区自西向东，栗钙土—黑钙土—黑土，有机质含量增加。

过度湿润和长期冰冻有利于有机质的积累，而干旱和高温，好气微生物比较活跃，有机质易于矿化，不利于有机质的积累。例如，黑土地区冷湿，腐殖质含量高；栗钙土地区干旱，腐殖质含量低。在腐殖质组成上，不同生物气候条件下的土壤也有所不同。黑土的腐殖质以胡敏酸为主，胡敏酸与富里酸之比约为 2，胡敏酸分子量和芳构化程度高，大部分与土壤矿物质紧密结合，活性胡敏酸含量在 25%以下。由黑土经栗钙土到灰钙土，随着气候逐渐干燥，胡敏酸含量逐渐降低，芳构化程度依次变小。灰钙土胡敏酸与富里酸的比值只有 0.6～0.8，活性胡敏酸逐渐减少，甚至没有。由黑钙土经棕壤、黄棕壤到红壤、砖红壤，气候逐渐转向暖湿，胡敏酸含量逐渐减少，胡敏酸分子量和芳构化程度也逐渐降低，活性胡敏酸则急剧增高。胡敏酸与富里酸的比值黄棕壤为 0.4～0.6，砖红壤则小于 0.4，腐殖质成分中以富里酸为主。

(五) 气候对土壤微生物的影响

不同气候带土壤中微生物的种类和数量也不相同。草甸土中微生物数量最多，黑土中微生物数量每克土可达数千万个，干旱和半干旱地区的栗钙土、棕钙土、灰钙土中微生物数量达数百万到数千万个，湿润地区的红壤、砖红壤中微生物数量减少，但某些砖红壤中也可达两千万个左右。微生物类群中，以细菌数量最多，每克土约 10^{6}～10^{7} 个；放线菌次之，10^{5}～10^{6} 个；真菌最少，只有 10^{3}～10^{5} 个。湿润地区有机质含量多的中性或微碱性土壤中，含细菌最多，干旱地区的中性偏碱性土壤中含放线菌较多，真菌则多分布于酸性的森林土壤中。

(六) 气候对土壤分布规律的影响

气候影响土壤分布规律，尤其是地带性分布规律。不同气候带分布着不同的地带性土壤类型，如寒温带分布着灰化土，温带分布着暗棕壤，暖温带分布着棕壤，亚热带和热带分布着红壤、砖红壤等。同时由于气候干湿程度的差异，也分布有相应的土壤类型，如温带湿润气候区分布有淋溶土，温带半湿润半干旱区分布有弱淋溶土和钙积土，温带干旱区分布有荒漠土。由于垂直海拔高度起伏等因素，土壤在垂直方向上也成规律的分布。

第三节　土壤形成的母质因素

一、成土母质

母质是土壤形成的物质基础，在生物、气候等作用下，母质表面逐渐转变成土壤。通常把与土壤直接发生联系的母岩风化物或堆积物称为母质。母质在土壤形成过程中不仅仅是被改造的材料，而且具有一定的积极作用，这种作用愈是在土壤形成的初期愈加显著。

母质的类型很多，按其形成原因常分为残积母质和运积母质两大类。残积母质是指岩石风化后，基本上未经动力搬运而残留在原地的风化物。运积母质是指在水、风、冰川和地心引力等作用下迁移到其他地区的母质。母质类型简单表示如下。

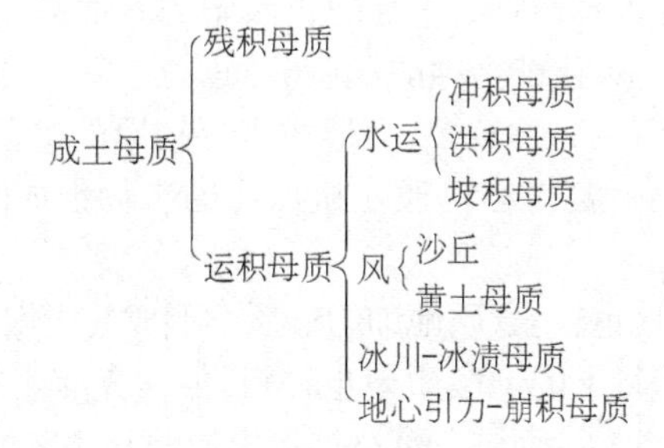

此外，第四纪(距今约200万～300万年)以来的各种风化物以松散状态堆积至今的母质称第四纪母质。

二、成土母质与土壤

成土母质对土壤形成发育和土壤特性的影响，是在母质被风化、侵蚀、搬运和堆积的过程中对成土过程施加影响的。由此可见，母质对成土过程的影响属于钝性的。Birkeland(1984)强调母岩与母质影响的程度在成土过程初级阶段最大。而随着时间因素的增加，其他成土因素(如气候、生物)的影响必将超过母质的影响。许多土壤调查结果表明，不同成土母质在其他因素相同的条件下可以形成相同或相近的土壤。

(一) 不同母质对土壤的影响

不同种类的母岩对土壤的影响各有特点，有些还呈现出一定的规律。从酸性岩母质到基性岩母质，随着硅含量的减少，铁、锰、镁、钙含量显著增加。不同母岩发育的红壤，其化学组成不同，富铝化强度也有差异。一般说来由玄武岩、石灰岩等基性母岩发育的红壤，其淋滤系数、分解系数、铝化系数和铁化系数的相对值均高于由花岗岩等酸性母质所发育的红壤。如果母质层具有不同质地层次，也会影响到土壤中物质迁移转化的过程，非均质母质对土壤形成、性状、肥力的影响较均质母质更为复杂，影响土体中物质迁移转化的不均一性。例如，上轻下黏的母质，形成“蒙金土”，降水迅速透过上部质地较轻的土层，而吸收保蓄在质地较重的心土层中。相反，质地上黏下砂的母质体，形成“漏风土”，一方面不利于水分下渗造成地表积水洪涝；另一方面，下渗水缓慢的透过黏土层时，只在砂粒界面上作短暂的滞留，然后便迅速地渗漏。另外，剖面中夹黏土层的土壤不易于积盐，但土壤已盐化后，又不易于洗盐。

土壤次生矿物的形成取决于土壤母质类型。斜长石和基性岩母质发育的土壤含有多量的三水铝矿，酸性岩中的钾长石发育的土壤则以高岭石为多。冰渍物和黄土中，含水云母和绿泥石较多；下蜀黄土以水云母为主；页岩和河流冲积物富含水云母；紫色页岩、湖积物和淤积物多蒙脱石和水云母；蒙脱型黏性母质易于发育成变性土。

不同母质所形成的土壤，其养分情况也不相同。钾长石风化后所形成的土壤有较多的钾；而斜长石风化后所形成的土壤有较多的钙；灰石和角闪石风化后所形成的土壤有较多的铁、镁、钙等元素；含磷量多的石灰岩母质，在成土过程中虽然石灰质遭到淋失，但土壤磷含量仍很高。

不同母质所发育的土壤质地不一。黄土母质上发育的土壤，由于黄土质地以粉壤质为主，所以土壤质地也以粉土、粉壤土为主。南方的红壤、黄壤、砖红壤的质地，在石灰岩、玄武岩和红色风化壳上发育的土壤质地较黏重。在花岗岩及砂页岩上发育的土壤质地居中，在砂岩、片岩及砂质沉积物上发育的土壤质地最轻。粗质母质易发育成淋溶土，细质母质易发育成潜育土。

不同母质对土壤发育速度的影响不一。不含游离石灰的花岗岩类、辉长岩类等火成岩类的风化产物与富含石灰的沉积岩类的风化产物相比较，前者土壤发育较后者迅速。由各种矿物成分组成的母质与由单一矿物组成的母质相比，前者的土壤发育较后者迅速。一些碎屑类和黏土类的沉积岩，如我国西南地区广泛分布的紫色砂岩和页(泥)岩抗风化、冲蚀的能力弱，主要通过物理风化形成土壤物质，一方面在地表侵蚀过程中不断地流失，另一方面又被母岩风化物较快地补充。这种地表物质频繁更新的过程，阻碍了土壤中的化学风化淋溶和生物积累作用，使土壤长久地停留在幼年发育阶段，形成初育性的紫色土。

母质中的一些性质，如机械性质、坚实度、渗透性、矿物组成和化学特性都直接影响成土过程的速度和方向。母质中的磷、钾、钙、硫和其他元素也影响着土壤的自然肥力。许多土壤的属性继承了母质的性质。酸性岩母质含石英、正长石、白云母等抗风化能力强的浅色矿物较多，多形成酸性的粗质土；基性岩母质含角闪石、灰石、黑云母等抗风化能力弱的深色矿物较多，多形成土层较厚的黏质土壤。母质的质地对非成熟土壤的土壤(如冲积土)质地有直接的影响，甚至当母质由抗风化的矿物组成时，其质地对成熟土壤或老年土壤(绝对年龄)的质地也有直接的影响。

质地粗的母质上形成的土壤质地也较粗，质地细的母质上形成的土壤质地也较细。例如，发育在残积物上的土壤中含石块较多；发育在坡积物上的土壤质地也较粗，但常夹有带棱角的石块；发育在洪积物及淤积物上的土壤，其上下层土壤质地变化较大，而同一沉积层次上质地却比较均一。一般细质地母质上发育来的土壤比那些从粗质地母质上形成的土壤有机质含量高，其原因可能是较细的质地保水能力强，通过提供较多的水分和养分促进植物生长，从而使每年有较多的有机质追加到土壤中；同时，细质地母质也引起通气不好和具有较低的土壤温度，从而阻碍有机质的分解，有助于有机质的积累。此外，黏粒对于有机化合物的吸附，也阻碍了土壤有机质的分解。

母质质地会影响渗透性、淋洗速度和胶体的迁移。在湿润地区，如质地适中并渗透性好，则进入土壤的降水就多，淋洗强度大，盐基离子易于淋失，土壤趋于酸性，随之而来的是胶体被迁移到土体下部。如果母质质地非常粗或者是砾质的，渗透迅速，土壤保蓄不住水分，常处于干燥状态，则阻碍土壤发育。细质地的母质趋向于阻碍淋洗和胶体的迁移，这使得土体发育较浅。发育在粗质地或透性好的母质上的土壤比起细质地或中等质地的母质上发育的土壤，土体较为深厚，但剖面中发生学土层分异程度低。在坡地上，细质地的母质由于渗透性差，而产生较多的径流，下行淋洗水分少加上流水侵蚀作用的双重影响，产生浅薄的土壤。

（二）母质对成土过程的影响

在一些土壤形成过程中，母质因素起着重要的作用。在富含碳酸盐母质上发育的土壤，因其盐基含量丰富从而保持较高的土壤酸碱度，同时也抑制了土壤中铁、铝的迁移转化。在其他成土因素相同或类似的情况下，母岩或母质起主导作用形成的土壤称为岩成土壤或岩成土系列。例如，在热带、亚热带，石灰岩上形成发育的钙质湿润雏形土、淋溶土和富铁土(或具有石灰性、中性和酸性的红色石灰土)；紫色砂页岩上发育的紫色湿润雏形土和新成土；以及在火山沉降物(火山灰)上发育的土壤，它们拥有自身特有的土纲，即火山灰土纲。其中，石灰土和紫色土在颜色、质地、化学性质上均保持了母质所特有的某些特性，被称为初育土。

如果说在大范围的宏观地理研究方面，注重气候因素对土壤产生的影响；那么，在一定的气候条件下，则应将注意力集中到研究母质对土壤产生的影响上。在一定的地理区域内，其他成土条件相似的情况下，土壤发生和土壤性状与母质有着紧密的发生学关系，土壤类型的不同主要是母质不同造成的。做区域土壤调查时，应给予母质充分的注意。

第四节 土壤形成的生物因素

生物不仅是土壤有机物质的物质来源，也为土壤形成过程提供能量。生物因素是土壤形成过程中最活跃的因素。由于生物的作用，才把大量的太阳能引入进了成土过程的轨迹，才有可能使分散在岩石圈、水圈和大气圈的营养元素向土壤聚积产生腐殖质，形成良好的土壤结构，改造原始土壤的物理性质，从而创造仅为土壤所固有的各种特殊的生化环境。所以，在一定意义上说，没有生物的作用，就没有土壤的形成过程。土壤形成的生物因素包括植物、动物和土壤中的微生物，它们是土壤有机质的制造者，同时又是土壤有机质的分解者。

一、植物

植物在土壤形成中最重要的作用是土壤与植物间的物质和能量交换。绿色植物对分散在大气圈、水圈和岩石圈的营养元素有选择的吸收，利用太阳能进行光合作用，制造有机质，再以分散的有机残体和土壤腐殖质的形态存在于土壤中，丰富了母质表层的营养物质。据统计，陆地上植物每年生成的生物量约有 5.3×10^{10} t，相当于 8.92×10^{20} J 的热能(表 5-3)，从而推动了土壤的形成与演化。

表 5-3 每年合成的植物体的可能数量

自然区域	面 积 /10^6km^2	占陆地面积 /%	有 机 质		能 量 /10^{20} J
			t /(hm^2 · a)	总量 /(10^{10} t /a)	
森 林	40.6	28	7	2.84	4.77
耕 地	14.5	10	6	0.87	1.47
草原、草甸	26.0	17	4	1.04	1.76
荒 漠	54.2	36	1	0.54	0.92
极 地	12.7	9	0	0	0
总 计	148.0	100		5.29	8.92

资料来源：Duvigneaud (1967)。

不同植被类型发育有不同的土壤类型。植被类型能直接影响土壤形成方向，不同植被类型的养分归还量与归还形式的差异是导致土壤有机质含量高低的根本原因。不同植物类型每年吸收和释放的各种矿物不同，冰沼地、森林冰沼地的针叶林灰分含量最低，盐生植被最高。进入土壤的有机质残体的性质和数量也因不同的植被类型而异。一般来说，亚热带常绿阔叶林多于温带夏绿阔叶林，温带夏绿阔叶林又多于寒带针叶林，草甸多于草甸草原，草甸草原多于干草原，干草原多于半荒漠和荒漠(图 5-5)。一般在干旱的荒漠地带，植被稀少，土壤腐殖质层浅薄，仅 20～30 cm，有机质含量一般在 0.15%～0.5%；栗钙土，腐殖质层厚度为 30～80 cm，有机质含量达 1.5%～3.8%；黑钙土的腐殖质层一般厚度为 30～50 cm，表层有机质含量达 3%～4%，多的可达 6%～10%；黑土腐殖质层厚 70 cm，甚至达到 100 cm，表层有机质含量达 3%～6%，多的可达 15%。其他如草甸土、沼泽土以及白浆土等，腐殖质层也较厚，表层有机质含量仍很高。东部森林植被下的土壤的成土过程中，生物累积也十分活跃，

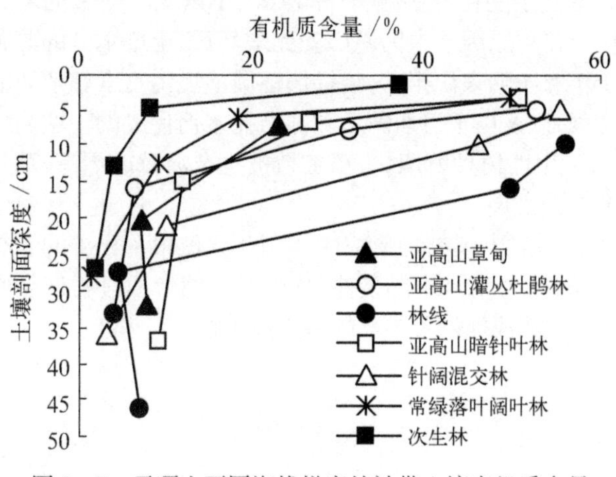

图 5-5 贡嘎山不同海拔梯度植被带土壤有机质含量

资料来源：王琳等(2004)

土壤有机质含量也很高，棕壤的有机质含量平均在5%～6%，其中最大的可达到10%以上；黄壤表层一般可达到5%～10%，甚至更高(表5-4)。因此，受进入土壤的有机质含量的性质和数量的影响，地带性土壤有其特定的植被类型：寒带针叶林和以真菌为主的微生物相结合的群系下发育成灰化土，寒带干草原植被及好气细菌为主的微生物相结合的群系下发育为栗钙土。

表5-4 不同植被的有机体数量 (单位：kg/hm²)

类型	植物量	年生长量	年凋落量
山地热带森林(巴西)	1 724 100	—	—
湿润热带森林(平均值)	500 000	32 500	25 000
亚热带森林(平均值)	410 000	24 500	21 000
栎树群落	500 000	9 000	6 500
山毛榉群落	370 000	13 000	9 000
南部泰加群落云杉林	330 000	8 500	5 500
南部泰加群落松树林	280 000	6 100	4 700
萨瓦纳群落(加纳)	66 000	12 000	11 500
干萨瓦纳群落(印度)	26 800	7 300	7 200
草甸草原(原苏联)	25 000	13 700	13 700
干草原	10 000	4 200	4 200
半小灌木荒漠	4 300	1 220	1 200
北极冰沼	5 000	1 000	1 000
荒漠藻类龟裂土	110	110	1 100

资料来源：朱鹤健等(1992)。

木本植物(乔木、灌木、藤本)的枝叶以凋落物的形式堆积于土壤表层，因而剖面中腐殖质是自表层向下急剧减少；而草本植物(茎内木质部不发达的植物)的根系占很大比例，因而剖面中腐殖质自表层向下逐渐减少。尽管草本植物每年进入土壤的有机残体绝对数量虽不如木本植物多，但其年凋落物占生长量的比例及灰分含量则超过木本植物，草本植物有机残体的有效性更好。从干旱的荒漠向湿润的草甸过渡，草本植物的灰分含量有规律地减少。半荒漠和荒漠的猪毛菜为200～300 g/kg，干草原为120～200 g/kg，草甸草原为50～120 g/kg，草甸为20～40 g/kg。在比较干旱的气候条件下，草本植物残体分解后，形成中性或微碱性环境，钙质丰富，有利于腐殖质的形成和积累，加之草本植被有很发达的须根穿插、挤压和胡敏酸钙为主的胶结作用，有利于形成团粒结构。木本植物中针叶林的针叶灰分含量为30～70 g/kg，阔叶林的阔叶灰分含量为90～100 g/kg。针叶枯枝落叶所形成的土壤腐殖质以富里酸为主，呈酸性或强酸性，使土壤产生强烈的酸性淋溶；阔叶林因其灰分含量比针叶林多，其枯枝落叶所形成腐殖质以胡敏酸为主，酸度较低，淋溶较弱，盐基饱和度高。

与此同时，随着土壤性质的变化，又能促使植被类型发生变化。例如，分布在大、小兴安岭一带的暗棕壤，是在针叶-落叶阔叶混交林下形成的，但是当森林由于自然原因或人为原因受到破坏后，土壤水分的蒸腾量大为减少，土壤由干变湿，促进了草甸植被的发展，土壤有机质来源丰富，暗棕壤逐渐演变为富含腐殖质的黑土。但是，此后随着腐殖质大量积累和蓄水性不断加强，以及由于母质黏重和冻层托水而促成的土壤内排水不畅，土壤逐渐沼泽化，使残存的、稀疏的旱生树种为湿生性树种所取代，草甸植被也渐演替成沼泽-草甸或沼泽植被，从而又促进土壤向沼泽化黑土或沼泽土的方向发展。

此外，植物在土壤形成中的作用还表现在：① 植物根系对土壤结构形成的作用和凭借根系分泌的有机酸分解原生矿物，并使之有效化；② 植物可以改变环境条件，特别是水热条件，从而对土壤形成过程产生影响；③ 植物的根劈作用加速了土壤母岩的风化过程，为土壤形成提供了丰富的母岩风化物。

二、动物

土壤动物是土壤生态系统中的重要组成成分，是生态系统中物质与能量交换的枢纽。一般地说，在阔叶植被落叶层和土壤中动物最多，丛林地与草原次之，荒地与旱地最少。耕种熟化土的动物比生荒地动物可多几十倍到几百倍。因此,土壤动物种群的组成和数量,在一定程度上是土壤类型和土壤性质的标志,并可作为肥力指标(表 5-5)。

表 5-5 热带土壤中动物区系和性质的关系

农 林 土 壤	生物数/(个/m²)	有机质/(g/kg)	土壤孔隙度/%	容重/(g/cm³)
各种热带森林	79 000	100	65～80	0.4～0.8
牧场、灌木林	66 000	90～100	57～65	0.9～1.0
咖啡种植场、新撂荒地	45 000	40～80	53～57	1.1～1.2
熟 荒 地	48 000	30	53	1.4～1.8

资料来源:南京大学、中山大学等(1980)。

土壤动物在分解生物残体、改变土壤理化性质、促进土壤物质循环和能量转化过程中起着重要作用;同时,土壤生态因子也决定了土壤动物的生存与活动。土壤动物的种类、数量繁多,影响土壤形成的动物主要有蚯蚓、啮齿类动物、土栖昆虫等。这些动物通过与土壤之间的物质和能量交换,参与了土壤中的物质和能量转化过程,从而影响土壤形成过程。例如,每公顷土壤中蚯蚓数量可由 25 万到 100 万条以上,一年内平均翻动土壤约 20 t/hm^2,并通过它们的消化系统,使土壤中一些复杂的有机质转变为简单而有效的营养物质。据调查,蚯蚓粪中含氮、磷、钾分别为 1.4%、1%、1%,含腐殖酸 46%,含 23 种氨基酸;每克蚯蚓粪有 8×10^5 个有益微生物(老化土壤只有 10^5～10^6 个)。这些含有丰富营养物质的粪便排泄到土壤中,改善了土壤结构,提高了肥力。除此之外,蚯蚓还能降解、疏散土壤中的污染物。由于污水灌溉,污染尘埃的沉降,加上滥用农药、化肥,造成了土壤污染,而蚯蚓能在栖息的环境中吸收分解污染物质,如有机农药、重金属、放射性物质等。

此外,动物对土壤的组成、形态特征也有很大作用。动物除以排泄物、分泌物和残体的形式为土壤提供有机质,并通过啃食和搬运促进有机残体的转化外,有些动物如蚯蚓、白蚁还可通过对土体的搅动,一方面机械地混合了土壤的物质组成;另一方面造成地表微地貌地形的改变,从而使土壤中的水、汽、热力状况和物质的转化都受到影响,进而影响土壤的组成和性质。

三、微生物

土壤微生物在成土过程中的作用也是很重要的,并且是多方面的。它最主要的作用是分解动植物有机残体,使其中潜藏着的能量和养分释放出来,供生物再吸收利用,使生物能世代延续下去。土壤物质的生物循环不断反复进行,土壤肥力也不断地演化和发展。微生物在分解有机质的同时,还参与土壤腐殖质的形成。此外,某些特种微生物(如固氮菌)能增加土壤氮素养分,以及各种自养性细菌对矿物质的分解等都对土壤形成和发展起一定的作用。

土壤中的微生物种类繁多,数量极大,每克肥沃的土壤中通常含有几亿到几十亿个微生物,贫瘠土壤每克也含有几百万至几千万个微生物。一般说来,土壤越肥沃,微生物种类和数量越多。另外,土壤表层或耕作层中及植物根附近微生物数量也较多。微生物在成土过程中的主要功能是有机残体的分解、转化和腐殖质的合成,是土壤物质生物循环的重要一环,改造了母质,促进了土壤肥力不断发展,推动了成土过程(图 5-6)。

图 5-6 南极洲基岩表面地衣着生与土壤的发生景观

1. 增加土壤有机质 植物的残根败叶和施入土壤中的有机肥料,只有经过土壤微生物的作用,才能腐烂分解,释放出营养元素,供植物利用,并且形成腐殖质,改善土壤的理化性质。此外,土壤中有一类叫做固氮菌的微生物,能固定空气中的氮,成为自身的蛋白质。当这些细菌死亡和分解后,其氮素即可被植物吸收利用,并使土壤中积累很多氮素。

2. 促进营养物质的转化 在土壤温度高、水分适当、通气良好的条件下,土壤中的好气性微生物活动旺盛,腐殖质分解,释放出其中的养分供植物吸收利用。硝化细菌能把有机肥料分解产生的氨转变为对植物有效的硝酸盐类。磷细菌分解磷矿石和骨粉,钾细菌分解钾矿石,把植物不能直接利用的磷和钾转化为能被植物利用的形式。土壤中的原生动物吞食土壤中的细菌、单细胞藻类、真菌孢子和有机物残片等,对土壤中有机物的分解起着明显的作用,并促进了物质的转化。

土壤中的微生物除了上述的几个作用外,还有一些其他的有益之处。例如,土壤中的真菌有许多能分解纤维素、木质素和果胶等,对自然界物质循环起重要作用;真菌菌丝的积累能使土壤的物理结构得到改善;放线菌能产生抗生素,我国使用的"5406"就是由泾阳链霉菌制成的。总之,土壤中的微生物对增加土壤肥力、改善土壤结构、促进自然界的物质循环具有重要作用。

总之,生物圈内的动物、植物和微生物与土壤相互依赖、相互作用,为土壤创造特殊的生化环境,成为影响土壤发生、发育最活跃的因素(图 5-7)。

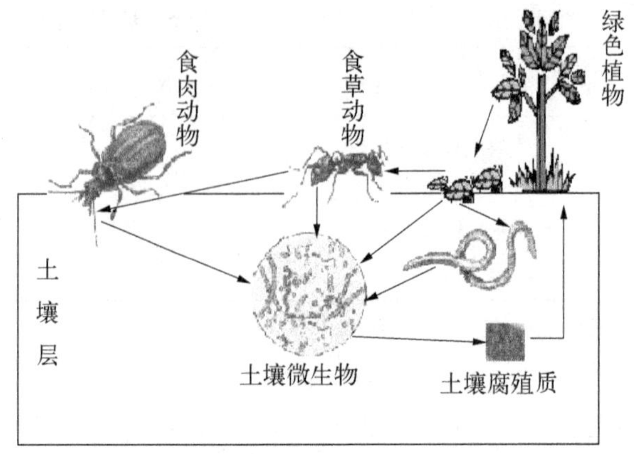

图 5-7 生物群落及其对成土过程的作用图示

第五节 土壤形成的地形因素

地形作为土壤形成发育的一个空间条件,在成土过程中深刻地影响着土壤和环境之间进行物质、能量交换的过程,是土壤形成过程中重要的影响因素之一。

地形对成土过程的作用与母质、气候、生物等不同,最重要的差异在于地形因素与土壤之间并没有物质(不提供任何新的物质)与能量的交换,其主要通过影响其他成土因素对土壤形成起作用,即地形只是引起地表物质与能量的再分配,从而间接影响土壤形成发育过程的方向和强度。毫无疑问,地形与土壤之间相互作用的界面是土壤发生过程的一个重要"地带"。地形的作用主要表现在大、中、小不同尺度的地形,以及海拔高度、坡向、坡长、位置、地表形态和地形演变对土壤发育的影响。

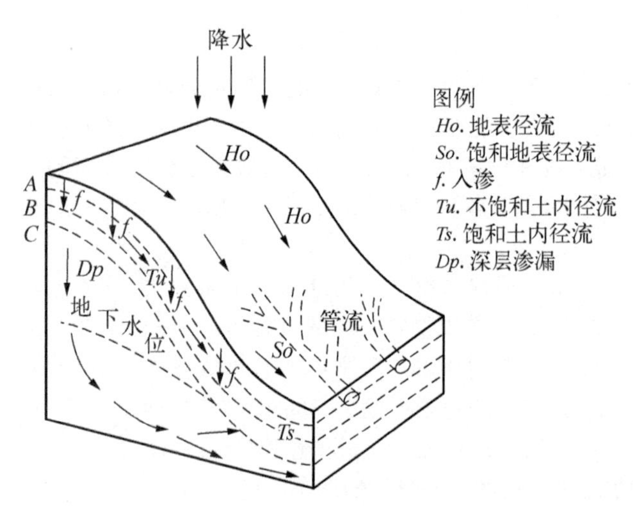

图 5-8 地形对水分运动的影响

资料来源:Gerrard (2000)

一、地形决定土壤水热状况

(一) 地形决定着土壤水分状况

地形支配着地表径流、土内径流、排水情况,因而在不同的地形部位(上部、中部和较低处)会有着不同的土壤水分状况类型(图 5-8)。

降水落到山坡或山脊上易产生径流,径流汇集在坡麓或山谷中的低平地上,从而引起降水在两者间产生再分配。前者土壤的淋洗程度低于后者,后者土壤的水分状况好于前者。结果是山坡或斜坡排水快,土壤物质易遭淋溶,常见砾质薄层土壤;在山谷或低洼处,易积水,细土粒和腐殖质易积累,土色较暗,土层深厚。高地和低地之间表现为共轭关系,而且大气降水渗入土壤中转化为地下径流后,也是由前者流入后者,造成它们所发育的土壤的地下水供给条件不同。另外,坡面的形态是光滑还是粗糙、是凹面还是凸面,对水分状况影响很大。凸坡和光滑的坡面不易保存水分,而凹坡与粗糙坡面水分较充足。因此地形不仅控制着近地表的土壤形成过程(侵蚀与堆积过程),而且还影响着成土作用(如淋溶作用)的强度和土壤特性(图 5-9),以及成土过程的方向(自型土、半自型土)和土链(catena)的形成与发育。

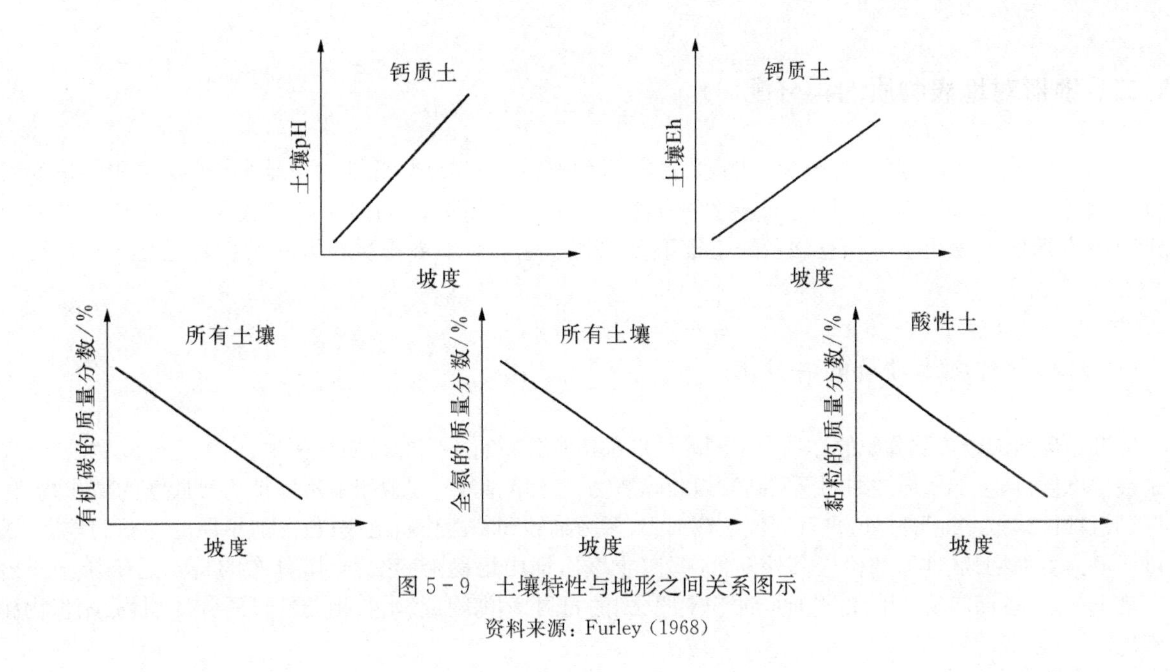

图 5-9 土壤特性与地形之间关系图示

资料来源：Furley (1968)

(二) 地形影响着土壤温度状况

不同的地势高度、坡度和坡向会影响到地表接收的太阳辐射能的不同，也造成土壤温度的差别。在这一过程中水分条件通常会伴随着热量条件的变化而发生相应的变化。

1. 土壤热量条件的高度与坡度变化 在高原山地，随着海拔的升高，温度递减，水分蒸发减弱，并在一定高度范围内降水量逐渐增加，因而湿度逐渐增大，温度和湿度的变化引起自然植被随之变化，从而在不同的高度范围内形成不同的土壤类型，出现土壤的垂直分异现象。坡度对土壤热量条件有重要影响主要是因为不同起伏形势的地形其太阳高度角度的不同，这就导致不同土壤表层单位面积的热量收支情况各异，而这种变化最终会使不同坡度的地形形成水热状况明显各异的土壤类型与土壤发育阶段。

2. 土壤热量条件的坡向变化 在丘陵山地，水热条件因坡向而变化，可有以下两种情况。

(1) 阴、阳坡的变化 在北半球的南坡即阳坡，接受太阳辐射的时间较长，温度较高，水分蒸发量大，土壤湿度较小，而北坡则为温度低于南坡和相对湿润的阴坡。阴、阳坡水热条件的差异就导致了土壤发育和性质的坡向变化。

(2) 迎风坡和背风坡的变化 在季风区，暖湿气流顺迎风坡的抬升而形成地形雨，使其成为相对低温的湿润坡；而对应的背风坡则为雨影区，即为相对高温的干燥坡。在相对高低悬殊的山地，往往由此而产生土壤的明显坡向分异(图 5-10)。研究结果表明，土壤温度受到微地貌的显著影响。

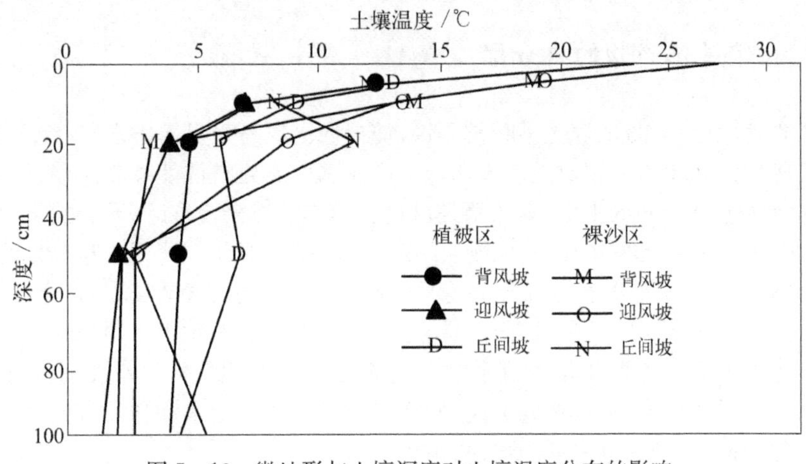

图 5-10 微地形与土壤深度对土壤温度分布的影响

资料来源：王新平等(2002)

二、地形对地表物质的再分配

地形可分为正、负地形。高地为正地形，是物质和能量的分散地；低地为负地形，是物质和能量的聚积地。因此，在一定地区内，高地与低地之间存在着物质和能量分配的某种共轭关系，而在其间的中等地形范围内形成了发生上有相互联系的土壤组合系列。地形对地表物质的再分配主要通过水分运行来完成。

（一）地形对成土母质的再分配

地形对母质起着重新分配的作用。不同的地形部位常分布有不同的母质。例如，山地上部或台地上，主要是残积母质，从上部质地较细的土层到较粗的碎屑物，过渡到基岩；坡地和山麓地带的母质多为坡积物，粗碎屑和粗颗粒分布在地形高处，愈远则颗粒愈细小，多由细砂和黏性物质组成；在山前平原的冲积扇地区，成土母质多为洪积物，从地形部位较高处向低平处，土壤质地由粗逐渐变黏，土壤分布的特点是砾质土→砂土→壤土→黏土；而河流阶地、泛滥地和冲积平原、湖泊周围、滨海附近地区，相应的母质为冲积物、湖积物和海积物。

概括而言，高地(如丘陵、山地)的坡面分布残积母质，由于地面侵蚀，一般具有粗而薄的特点，上坡比下坡更甚，陡坡比缓坡更甚。在强烈侵蚀地段，土壤发育进程常被中断而停留在幼年土阶段。低地(如平原洼地)分布洪积物、冲积物、湖积物等堆积母质，一般具有细而厚的特点，但有变化，如河流泛滥平原，距河床由近而远，沉积物则由粗而细。其间也存在过渡类型，山丘坡积裙和山前洪积扇虽为堆积母质，但堆积中又有侵蚀，且从裙顶、扇顶到边缘，沉积物由粗变细(图 5-11)。

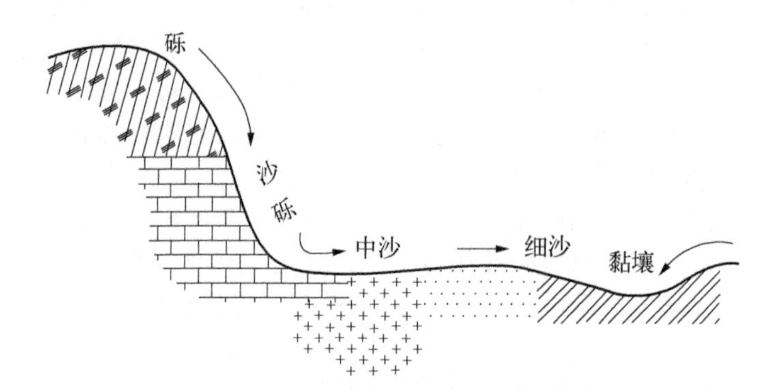

图 5-11 微地貌影响成土母质的地表分异

资料来源：李天杰(1979)

（二）地形对化学风化产物的再分配

高地为物质淋溶型。山区上部的表土不断被剥蚀，使得底土层总是暴露出来，延缓了土壤的发育，矿物化学风化的产物按其溶解度的大小，依次随地表和地下径流水由高处向低处淋洗迁移，气候愈湿润，淋溶作用愈甚。因此，高地残积母质发育的土壤，土体薄、有机质含量低、养分较贫乏，易于酸化，土层发育不明显。在高地土壤的形成中，虽有生物的富集作用，但物质的总平衡为负。低地汇聚了来自高处的径流水和随水迁移的可溶性物质，也阻碍了土壤发育，产生了土体深厚、整个土体有机质含量较高、养分富集，但发生土层分异也不明显的土壤。在内陆干旱、半干旱区，由于易溶性盐分在堆积物和地下水中逐渐聚积而生成含盐风化壳，形成不同的盐化土壤和盐土类型，因此低地物质总平衡为正，是积累型。此外，在平原或河谷已脱离地下水影响的高阶地，虽然母质为堆积物，但在成土过程中只有地表水的下渗淋滤作用，仍属物质淋溶型，其土壤仍如丘陵山地一样向地带性土壤方向发展演化(图 5-12)。

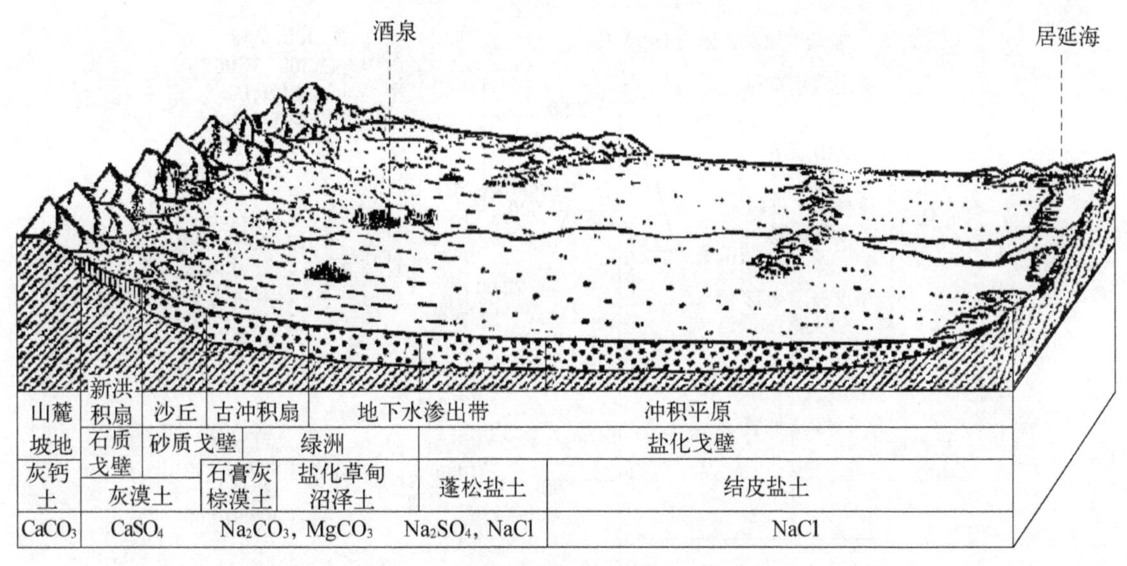

图 5-12 祁连山、居延海间含盐风化壳的盐分地球化学分异示意

资料来源：熊毅(1986)

三、地形发育与土壤演变

土壤的发育受到纬度分布、经度分布与垂直分布的影响，呈现出全球性的地带性与非地带性分布。但是，在小尺度上土壤的发育也不尽相同，这主要是由于其还受到小尺度上各种成土因素的影响。其中，地形的发育对土壤发育就是非常重要的影响因素之一，其主要通过成土过程对土壤发育产生影响。由于新构造运动造成的地壳的上升或者下降，或由于局部侵蚀基准面的变化，不但会影响土壤侵蚀与堆积过程和地表年龄，还会引起地表水文状况及植物等一系列自然因素的变化，从而使土壤形成过程逐渐转向，使土壤类型依次发生演变。例如，在河流阶地的形成与演化过程中(图 5-13)，首先，在河漫滩上形成了水成土壤(前水位较高)；其次，随着河漫滩发育为高河漫滩，其土壤也演变为半水成土壤(土壤仍受潜水的一定影响)；最后，随着河漫滩发育为河流阶地，半水成土壤也逐渐发育成地带性土壤(不受潜水影响)。新构造运动是影响地貌变化和土壤形成发育方向演变最为活跃和积极的因素。新构造运动上升地区，把原来海拔较低的土壤抬升到较高的地方，随着成土环境的改变，土壤发育方向也随之改变，如华南地区在低丘上形成的富铁土，上升至高海拔的地区，便开始向山地铝质湿润淋溶土(黄壤)演变。而在新构造运动下沉地区，可以使原土壤类型变为埋藏土。

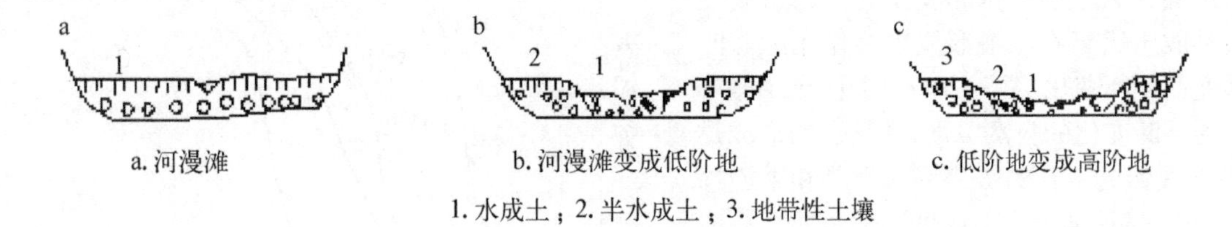

a. 河漫滩　b. 河漫滩变成低阶地　c. 低阶地变成高阶地

1. 水成土；2. 半水成土；3. 地带性土壤

图 5-13 河谷地形发育对土壤形成、演化的影响示意

资料来源：李天杰(1983)

总之，微地形通过作用在水热条件与物质能量的再分配过程，对土壤的形成过程也产生深刻的影响，导致在同一地区不同的地形条件下产生不同的成土过程(图 5-14)。

北坡山上至山下出现带状分布，形成了草甸土—暗棕壤—棕壤—淋溶褐土—耕作土壤演替序列，而南坡也不尽相同，形成了草甸土—暗棕壤—棕壤—黄棕壤—碳酸盐耕地土壤序列。由此，体现了土壤发育程度受地形发育的影响，也表明了地形对物质能量的再分配起到了深刻的作用。

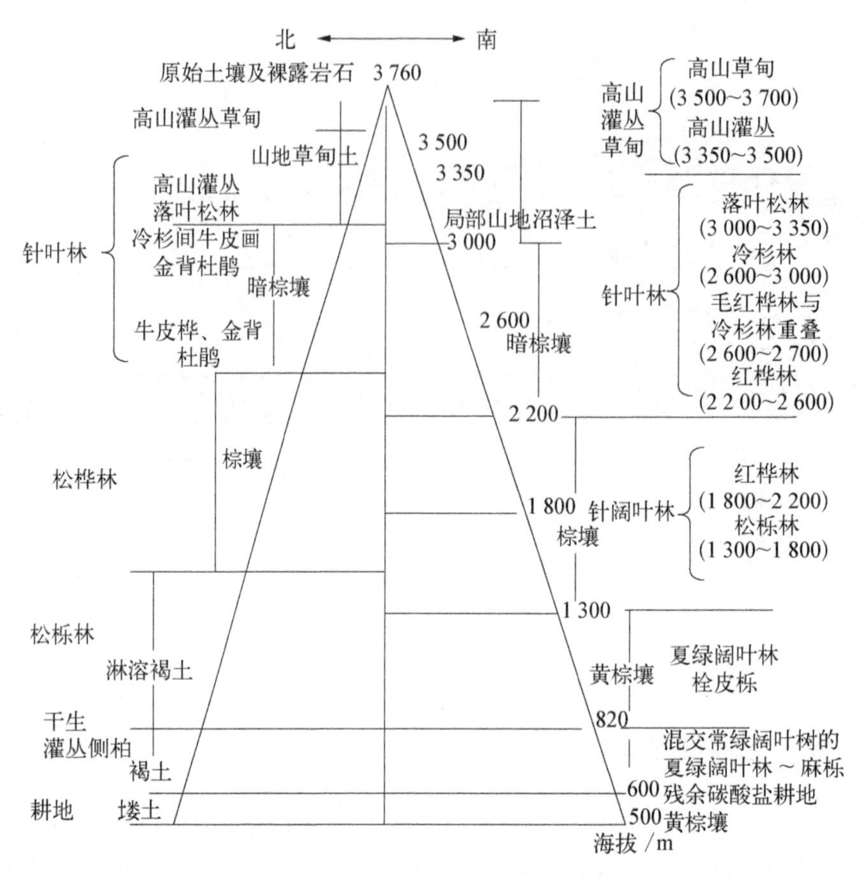

图 5－14　秦岭南北坡土壤垂直谱比较

资料来源：熊毅(1986)

第六节　土壤形成的时间因素

各种成土因素中，母质和地貌是比较稳定的影响因素，气候和生物则是比较活跃的影响因素，时间因素是有别于其他成土因素的一类特殊因素，实际上它就是成土过程的历史背景，在成土过程中作为一个强度因子，反映出土壤在各成土条件的共同作用下所经历的阶段和效果。任何事物的发生发展都离不开具体的时间、地点和条件。考虑成土过程的时间因素可促使人们从动态的发生观点去研究土壤。各种成土因素在土壤形成中的作用随着时间的演变而不断变化(图 5－15)。因此，土壤是一个经历着不断变化的自然实体，并且它的形成过程是相当缓慢的。在酷热、严寒、干旱和洪涝等极端环境中，坚硬岩石上形成的残积母质上可能需要数千年的时间才能形成土壤发生层。例如，在沙丘土中，特别是在林下，典型灰壤的发育需要 1 000～1 500 年。但在变化比较缓和的环境条件中，以及利于成土过程进行的疏松成土母质上，土壤剖面的发育要快得多。

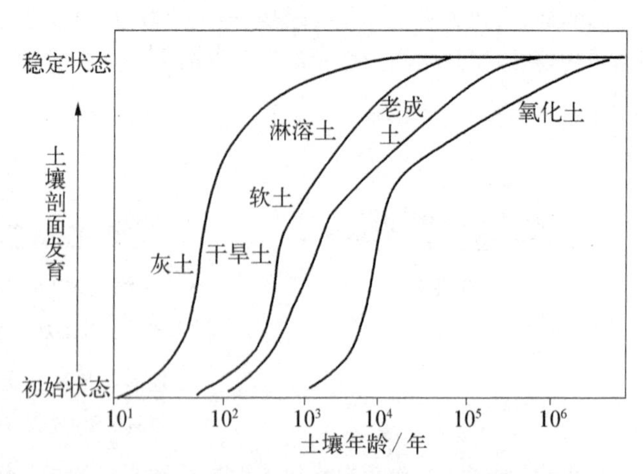

图 5－15　不同地带土壤剖面发育与成土年龄的相关示意

资料来源：Gerrard (2000)

具有不同年龄、不同发育历史的土壤，应归入不同的土壤类别，并表现出不同的土壤属性。土壤发育时间的长短称为土壤年龄。B. P. 威廉斯提出了土壤的绝对年龄和相对年龄的概念。就一个具体土壤，从该土壤由新鲜风化层或新母质上开始发育的时候算起，直到目前为止的年数称为绝对年龄。例如，北半球现存的土壤大多是在第四纪冰川退却后形成和发育的。高纬地区冰碛物上的土壤绝对年龄一般不超过一万年,低纬未受冰川作用地区的土壤绝对年龄可能达到数十万年至百万年,其起源可追溯到第三纪。由土壤的发育阶段和发育程度所决定的土壤年龄称为相对年龄,可作为成土过程的强度及发育阶段更替速度的指标。所以,土壤相对年龄不仅取决于土壤存在的持续时间,而且也取决于各成土因素和土壤本身性质的改变情况。一般地说,发育程度高的土壤,所经历的时间大多比发育程度低的土壤长。但是,有些土壤所经历的时间很长,然而由于某种原因,其发育程度仍然停留在比较低的阶段。在适宜的条件下,成土母质首先在生物的作用下进入幼年土壤发育阶段,这一阶段的特点是土体很薄,有机质在表土积累,化学-生物风化作用与淋溶作用很弱,剖面分化为腐殖质层(A)和母质层(C),土壤的性质在很大程度上还保留着母质的特征。随着淀积层(B)的形成和发育,土壤进入成熟阶段,这一阶段有机质积累旺盛,易风化的矿物质强烈分解,在淀积层中黏粒大量积聚,土壤肥力和自然生产力均达到最高水平。经过相当长的时间以后,成熟土壤出现强烈的剖面分化,出现淋溶层(E),并使A层和B层的特征发生显著差异,有机质累积过程减弱,矿物质分解进入最后阶段,只有抗风化最强的矿物残留在土体中,淀积层中黏粒积聚形成黏盘,土壤进入老年阶段,这一阶段土壤的肥力和自然生产力都明显降低(图5-16)。

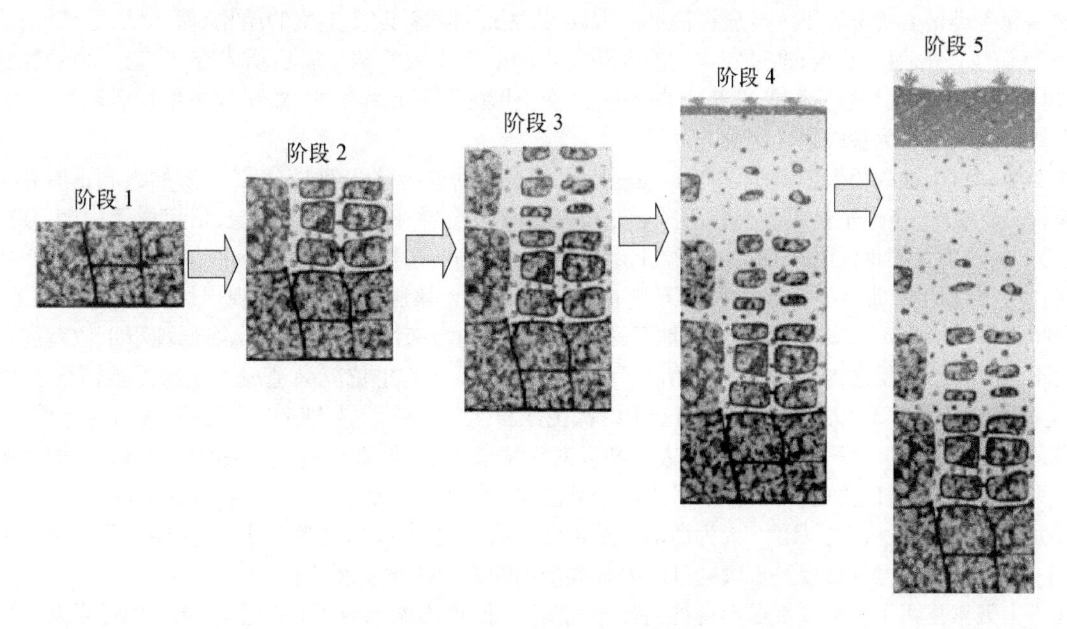

图5-16　在稳定条件下土壤发育的时间序列示意

资料来源：Gerrard (2000)

表示土壤个体发育的相对年龄可用常见的一些实例来说明,如同一个地方其生物气候条件和土壤发育方向相同,因母岩的风化程度不同(如砂岩和页岩)而引起剖面发育的差异;又如同类土壤中,有的植被受人为破坏而引起表土的剥蚀流失,在后来次生植物群落下进行新的成土作用,皆发育着较年轻的土壤。在耕作土中,由于人为措施不同而导致土壤熟化程度的差异,其相对年龄也不同。土壤的阶段发育是反映土壤的性质和类型随着时间的推移而发生的演变。例如,珠江三角洲地区随着海滩的向前发展,土壤经过脱盐化和脱沼泽化过程,从滨海盐土变为沼泽土再成为草甸土,其中演变程度的差异就是相对年龄的差异。绝对年龄相同而相对年龄可以不同。

土壤发育过程中,不仅是各成土因素对土壤形成起作用,事实上各种成土因素之间也是相互作用、相互影响的。正是由于这种相互作用的关系,土壤的发育条件更趋于多样性和复杂性,使一些大的土壤类别产生了某些重要属性的分异,形成各式各样的土壤。各成土因素的相互作用及其影响是普遍而长期存在的。成土因素中任何一个因素发生了变化,势必引起其他因素也发生相应的变化,土壤的发生及其类型也会相应变化。不同成土因素不仅对土壤形成具有同等重要性,而且作为一个成土因素,它不可能在相同的水平上作用于土壤,与其他因素之间是呈动态平衡的。不仅如此,成土因素和土壤形成的关系是各个动态因素作用的总和,也就是成土因素综合作用的结果。

第七节 土壤形成的人为因素

自从有了人类文明史，人们就开始干预土壤的发生发展。随着生产力水平的提高，人们对土壤的干扰程度越来越大。自然土壤开辟为耕作土壤是普遍的情况。有些干扰程度之大，以致改变了原来土壤的基本性状，产生了新的土壤类型。我国土壤工作者早在20世纪30年代就指出了水稻土的形成和灰化过程的本质区别，并在我国土壤分类系统中列出了“人工土”的分类单元，说明人类活动在土壤形成中扮演着相当重要的角色。相比土壤自然演化漫长的历史而言，人类活动对土壤的作用仅仅在距今十几万年前才出现，但是已经带给土壤演化带来了前所未有的巨大影响。人类从出现之日起就通过直接和间接的方式对土壤发生作用，改变着成土过程。

人类活动对土壤形成的影响主要表现在通过不同的土地利用方式改变成土因素作用于土壤的形成与演化。在各种土地利用方式中，以改变地表生物状况的影响最为突出，典型例子是农业生产活动，以稻、麦、玉米、大豆等一年生草本农作物代替天然植被。这种人工栽培的植物群落结构单一，必须在大量额外的物质、能量输入和人类精心的护理下才能获得高产。因此，人类通过耕耘改变土壤的结构、保水性、通气性；通过灌溉改变土壤的水分、温度状况；通过农作物的收获将本应归还土壤的部分有机质剥夺，改变土壤的养分循环状况；再通过施用化肥和有机肥补充养分的损失，改变土壤的营养元素组成、数量和微生物活动等。最终，人类将自然土壤改造成为各种耕作土壤。

人类活动对土壤的积极影响是培育出一些肥沃、高产的耕作土壤。例如，长江下游的太湖平原和中游的云梦泽，在自然状态下原来是草甸土和沼泽土分布的区域，经过人们几千年的改造，培育成了稳产、高产的水稻土。又如，陕西关中地区原来在黄土母质上形成的褐土，由于在长期农业生产活动中施用土粪的结果，熟化的耕作层不断加厚，形成了塿土。人为干预措施得当，符合土壤肥力发展的客观规律，便产生有益的效果，否则产生有害的后果。例如，在盐化土壤地区，采取引水洗盐与深沟排水相配合，降低地下水位就能有效地改良盐土，消除盐害；反之，如灌溉不当，抬高了高矿化度地下水的水位就会造成土壤次生盐渍化。20世纪50年代我国的引黄灌溉，就曾导致大面积土壤的次生盐渍化。当前世界人口迅速增长，人口与土地、环境的矛盾日益突出，要特别注意一些非理性的人为活动对土壤发生、发展造成的消极影响。例如，陡坡垦殖加速水土流失，滥垦草地导致快速沙化，掠夺式生产经营造成土壤肥力衰退，大量使用农药和排放城市工矿废物、废气、污水造成土壤污染等。因此，人为活动必须符合土壤发生、发展的客观规律，尽可能避开对土壤的不利影响，采取一切有效的措施，促进土壤向高肥力和高产出的方向持续发展。

在人为因素作用下土壤属性虽然可得到强烈的变化，但也不能不看到自然土壤及其相互联系的成土因素还继续发生影响，某些自然土壤的属性也只能在人为因素的作用下逐渐地发生改变。这种自然烙印不会在顷刻之间得以消失，甚至是很难改变和消除的。所以，在指出人为因素的影响时，也不可能忽视各自然成土因素在不同程度上的持续作用，人为的措施也必须适应自然规律的变化和发展，才能达到预期的目的。例如，我国南方丘陵坡地上的红壤(图5-17)，经人工开垦改良后可发育成为水稻土(图5-18)。它在各种水耕型措施的影响下，许多性状皆发生了明显的改变。如原来颜色浅红、层次构造较简单的荒地红壤剖面，耕种后变为颜色灰褐、具有水稻土特有的层次构造，即表土层成为结构良好、肥力较高的耕作层，此层之下形成了坚实的犁底层，再往下，在特殊水分状况影响下出现了斑纹层(半熟化层)。此外，由原来的酸性变为微酸至中性反应，养分含量也显著提高。

人为因素与其他自然因素之间虽然有密切关系，但就影响土壤形成过程来说，人为因素与自然因素有着本质上的区别。这种区别主要表现在：① 人为活动对土壤的影响是有意识、有目的的定向干预。在逐渐认识土壤发生、演变客观规律的基础上，通过利用和改良培肥土壤，实现土壤自然肥力向经济肥力、潜在肥力向有效肥力的转变，以适应人类社会生产发展的需要。② 人为因素对土壤(特别是耕种土壤)的影响十分强烈而快速，往往是自然成土因素所不及的。人为活动既可直接改变土壤的性状，也可通过部分改变环境条件而促使土壤性状发生变化。在耕地土壤上，人们用栽培植被取代自然植被，通过耕作、施肥、堆垫、灌溉、灌淤等措施，改变土壤的物质和能量交换过程乃至土壤发育方向，有的土壤随之产生新的发生层次和土体构型，演变成为显著区别于原来土壤的“人为土”，如水稻土、灌漠土、灌淤土等。自然成土过程一般是渐进的，而人为活动可以迅速改变土壤长期历史积累形成的某些性状。如长期自然形成的酸性土、盐土、碱土和黏重土壤

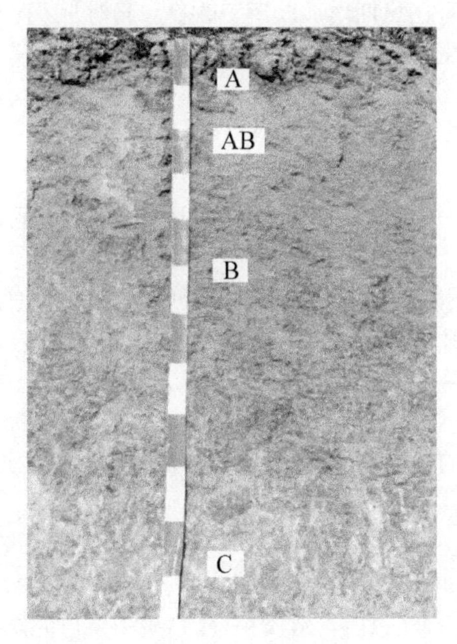

图 5-17 红壤

图 5-18 水稻土

现代农业机械对土壤的影响

现代农业耕作土壤景观

中国传统农耕施用农家肥的土壤景观

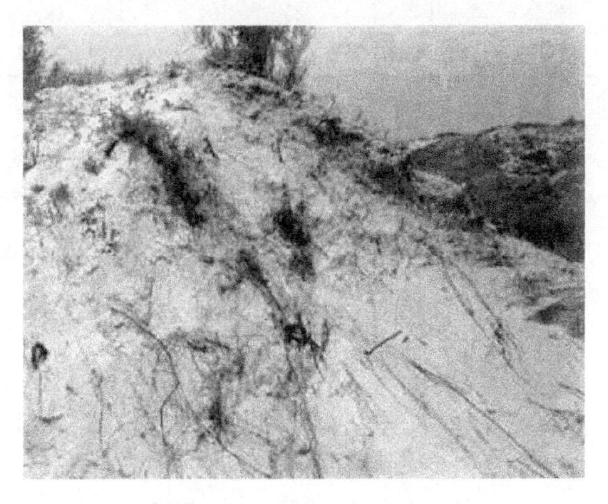

人类砍伐林木引起土壤侵蚀的景观

图 5-19 人为因素对土壤的影响

等,通过施用石灰、引水洗盐、施用石膏或客土掺沙等措施,可在短期内加以矫正改良。同时,由于人类活动具有社会性,在不同的社会制度和生产力水平下,人为活动对土壤的影响及其效果有很大的不同。

第八节 土壤形成的水文因素

水分是自然地理环境中物质迁移转化的重要介质,以水分为介质或载体的物质迁移转化过程是土壤发生发育的重要组成部分。

地形支配着地表径流、土内径流、排水情况。在地形高、排水好的部位,形成能反映当地生物气候条件的地带性土壤;而地形低的部位,由于地下水位较高甚至地面积水,形成非地带性的半水成土和水成土,如果地下水含盐类较多,还可以形成盐渍化土壤。在干旱地区,龟裂层、片状土层的形成,以及碱积盐成土中柱状结构土层的形成均和其土壤水分状况的剧烈变化有关。例如,龟裂土处于干旱、漠境地区,土壤的形成完全与地下水失去联系,降水稀少并多以暴雨形式出现,造成突然的地表径流,这种地表水流对龟裂土的形成起着相当重要的作用。

潮土、草甸土、砂姜黑土与沼泽土、泥炭土分别为半水成土和水成土,都受地下潜水的影响,后者还在一定程度上受地表水的影响。由于这种特殊的土壤水文状况,产生了似铁、锰的氧化还原为特征的潴育化或潜育化过程,伴随这种土壤水文状况,在土体中形成了有机质积聚(包括腐殖质积聚、腐泥积聚与泥炭积聚)和碳酸钙移动等特征,形成了这些即所谓非地带性的隐域土(表 5-6)。

潮土是我国黄淮海平原、长江中下游平原,以及山间盆地等河流冲积母质土发育的,受地下潜水毛管影响的半水成土,主要进行着潴育化过程和以耕作熟化为主的腐殖质积累过程,具有腐殖质层、氧化还原层及母质层等剖面层次,沉积层理明显。

草甸土是直接受地下毛管水影响,在草甸植被下发育而成的一种半水成土壤,进行着腐殖质积累和潴育化过程,形成了腐殖质层(A)及锈色斑纹层(BCg 或 Cg)两个基本发生层。

表 5-6 蚀变度与还原度

土壤	土层	深度/cm	pH(水浸)	黏粒/(g/kg)	游离铁/(g/kg)	全铁/(g/kg)	铁的蚀变度/%	Fe^{2+}量/(g/kg)	铁的还原度/%
潴育性土	A	0~15	4.2	150	850	107	79	13	15
	Bg	15~35	4.4	170	208	210	79	23	11
	G	35~70	4.8	270	192	246	78	14	7
	0~70 平均		—	216	174	206	78.5	16	9.9
潜育性土	A	0~10	6.4	160	229	410	56	80	35
	G1	10~25	6.2	160	225	410	55	101	45
	G2	25~70	5.3	200	415	580	72	191	46
	0~70 平均		—	186	348	519	66.1	156	442

资料来源:Duchaufour(1969)。

沼泽土和泥炭土大都分布在低洼地区,具有季节性或长年的停滞性积水,地下水位都在 1 m 以上,并具有沼生植物的生长和有机质的嫌气分解而形成潜育化过程的生物化学过程。停滞性的高地下水位,一般是由于地势低平而滞水,但也有是由于永冻层渍水,或森林采伐后林水蒸发减少而滞水者。它包括了潜育化过程、腐泥化过程或泥炭化过程。

盐土的形成是地下潜水中的盐分通过土体毛管蒸发而在地表积聚的一个物理过程。外部条件是气候比较干燥,蒸发大于降水。含盐的地下水,借土壤毛管作用上升至土壤表层,水分蒸发后盐分便积聚起来,这是土壤盐碱化很普遍的过程。而地下水位高低、地下水矿化度的大小与土壤盐碱化有着密切的关系。地下水位越高,含盐地下水越易通过毛管上升至地表,水分蒸发后,盐分便遗留在土壤表层,引起土壤盐渍化。同样,地下水矿化度越大,土壤积盐程度越严重。

水文因素对成土过程的影响绝不是单向的,地表水文过程与土壤形成过程相互作用、相互影响。例如,在中国东南沿海湿润地区,土壤及其母质因遭受强烈的淋溶过程,导致土壤中的矿质元素的大量流失,使土壤呈现酸性或强酸性，同时其地表水中的矿质元素含量也很少，即河水矿化度值低于 56 mg /L；而在中国西北干旱区，因干旱少雨土壤及其母质未遭受明显的淋溶过程，故在土壤及母质中有大量的易溶性盐积累，使土壤呈现碱性甚至转变为盐碱土，同时其仅有的少量地下水中也富含易溶性盐分，在荒漠区下游的河水矿化度高达 1 000 mg /L 以上。

参考文献

北京林学院. 1962. 土壤学(上册). 北京：中国农业出版社.
冯学民，蔡德利. 2004. 土壤温度与气温及纬度和海拔关系的研究，41(3)：489—491.
黄昌勇. 2000. 土壤学. 北京：中国农业出版社.
柯夫达. 1960. 中国之土壤与自然条件概论. 陈恩健等译. 北京：科学出版社.
李天杰等. 2004. 土壤地理学. 第三版. 北京：高等教育出版社.
李天杰，郑应顺，王云. 1979. 土壤地理学. 北京：人民教育出版社.
李天杰，郑应顺，王云. 1983. 土壤地理学. 北京：高等教育出版社.
梁成华. 2002. 地质与地貌学. 北京：农业出版社.
南京大学，中山大学，北京大学等. 1980. 土壤地理学基础与土壤地理学. 北京：人民教育出版社.
王琳，欧阳华，周才平等. 2004. 贡嘎山东坡土壤有机质及氮素分布特征. 地理学报，59(6)：1012—1019.
王新平，李新荣等. 2002. 沙漠地区人工固沙植被对土壤温度与土壤导温率的影响. 中国沙漠，(22)4：346.
熊毅，李庆逵. 1982. 中国土壤. 北京：科学出版社.
张凤荣. 2001. 土壤地理学. 北京：中国农业出版社.
张甘霖，史学正，龚子同. 2008. 中国土壤地理学发展的回顾与展望. 土壤学报，(5)：792—801.
中国土壤信息系统. http：//www. issas. ac. cn/ztwz/200910/t20091015_2551708. html.
朱鹤健，何宜庚. 2003. 土壤地理学. 北京：高等教育出版社.
朱祖祥. 1996. 中国农业百科全书·土壤卷. 北京：中国农业出版社.

第六章　土壤形成过程

第一节　地质大循环与生物小循环

物质的地质大循环过程与生物小循环过程是土壤形成的基本规律，两者是矛盾的统一体。

一、地质大循环过程

物质的地质大循环指大陆和海洋之间进行的物质循环过程。位于地壳深处、地幔上部的炽热的岩浆，在巨大的压力下，沿着地壳薄弱地带侵入地壳上部或喷出地表，冷凝后形成了岩浆岩。这些最初形成的岩石暴露于地表，受到流水、风、冰川、海浪的风化、侵蚀、搬运和堆积作用，变成细碎颗粒，并释放出可溶性物质，部分碎粒和可溶性物质，经降水冲刷和淋溶，随流水最终流入海洋，沉积至洋底，形成各种沉积岩。这些已经形成的岩浆岩和沉积岩，由于地壳运动和岩浆活动的影响，在高温和高压下发生变质作用，形成变质岩。在漫长地质年代里，由于地壳运动和海陆变迁，海洋底层的岩石又上升为陆地，由岩浆到形成各种岩石，由岩石再到新岩浆的变化过程。物质的地质大循环是生物小循环的基础，但它形成的仅仅是成土母质(图 6－1)。

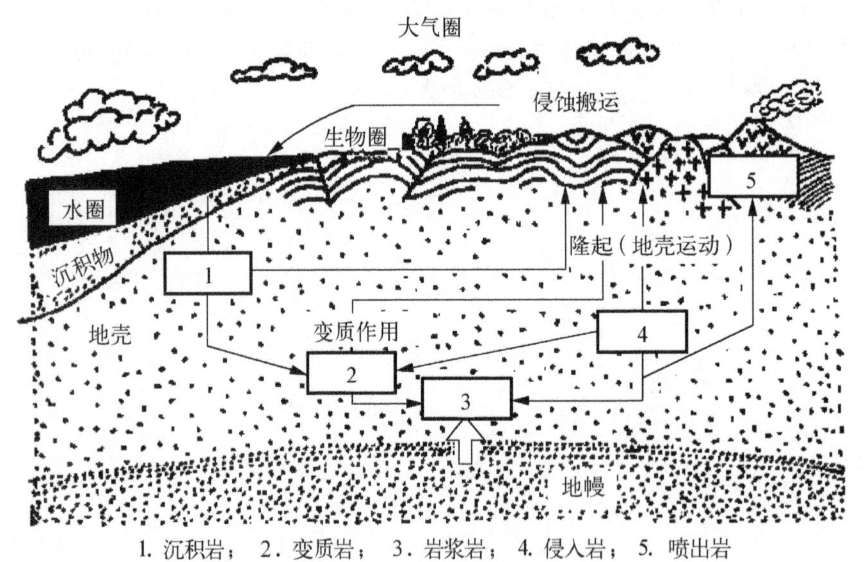

1. 沉积岩；　2. 变质岩；　3. 岩浆岩；　4. 侵入岩；　5. 喷出岩

图 6－1　地质循环示意图

资料来源：李天杰(1979)

二、生物小循环过程

生物小循环才是真正的土壤形成过程。物质的生物小循环过程是有机质合成与分解对立的统一过程。它从地球上出现生物有机体时起就存在于自然界。岩石矿物风化结果形成了疏松多孔的成土母质，为植物生长提供了基础。最初生长在母质上的是对肥力要求不高的低等生物。例如，类似能自养性细菌的微生物，它们利用大气中的二氧化碳为碳素营养来源，从母质中吸取数量不多的磷、钾、钙、硫等元素，从氧化母质的无机物中取得合成有机质的能量生长繁殖，经过漫长岁月的富集，使母质上积累了有机质和养分元素，特别是固氮细菌的发育，使土壤中氮素进一步积累，肥力水平继续提高，生物群落也相应地交替和发展，随后出现的是地衣、苔藓，直到高等绿色植物出现，大大促进了土壤的形成。生物能利用太阳能把二氧化碳和水合成大量有机质，使土壤有机质空前丰富起来，它们具有强大的根系(特别是木本植物)，能把深层分散的养分吸进植物体，植物死亡后以有机残体状态积累在土壤表层，在微生物作用下，一部分进行分解，将保留于有机物中的化学能和养分转化为热能和矿质养分，供植物生长繁衍再利用，另一部分有机质转化为特殊的腐殖质。腐殖质比较稳定，使土壤保留了植物所需的营养元素。可见，通过生物小循环过程不仅控制了自然界养料物质无限制的淋失，同时也使自然界有限的营养元素得到无限的利用，丰富了自然界物质与能量的转移、聚积和转化的内容，根本地改变了母质的面貌，使母质转化成土壤，并促进土壤从简单到复杂、由低级到高级不停地运动和向前发展着(图 6-2)。

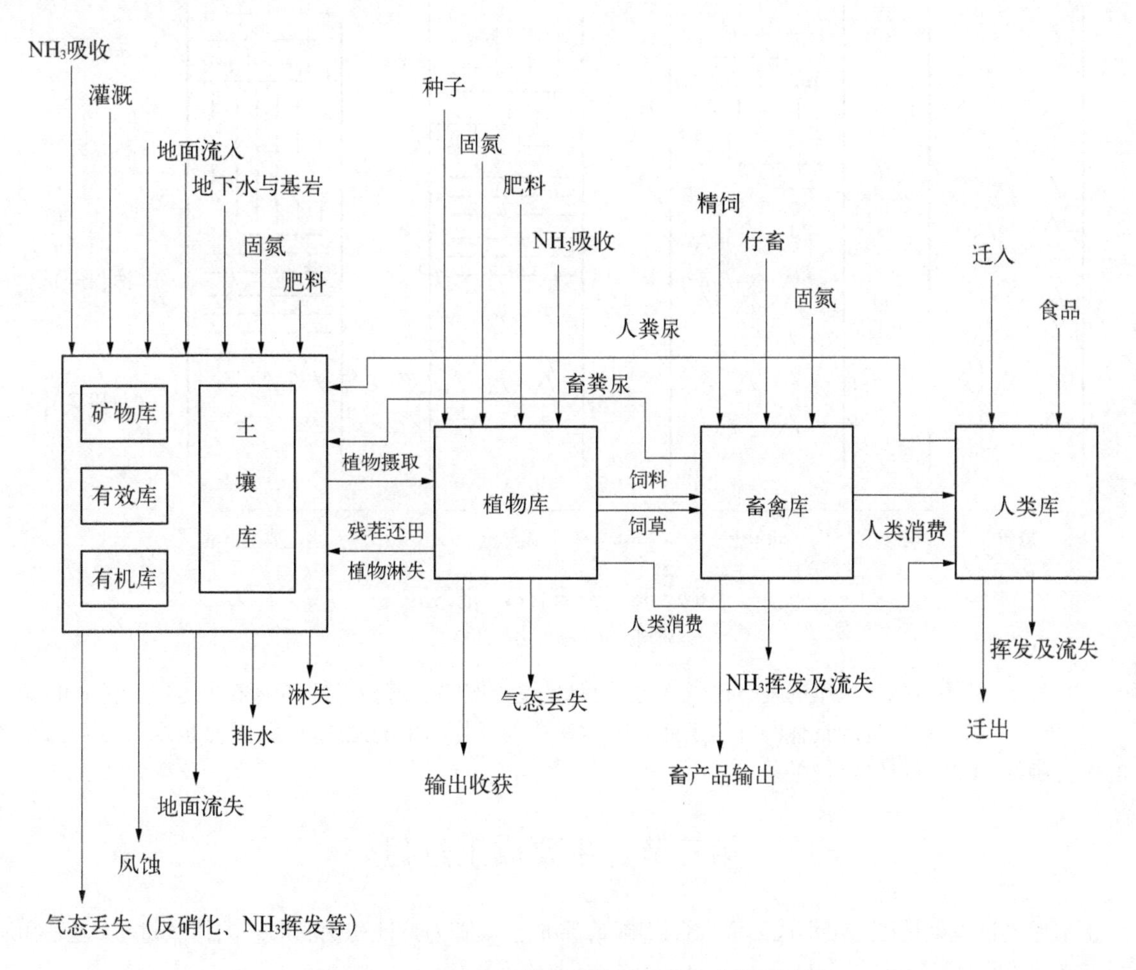

图 6-2 农田生态系统营养物质的生物小循环过程

三、地质大循环与生物小循环的关系

生物小循环是在地质大循环的基础上发展的，没有地质大循环，就没有生物小循环，没有生物小循环，就没有土壤。两者同时并存、互相联系、互相作用，推动土壤的运动和发展。地质大循环的总趋势是植物养分元素的释放、淋失过程，而生物小循环则是植物养分元素的积累过程，它使养分元素纳入无穷利用的途径。地质大循环具有初步的通透性和一定的保蓄性，但未能创造符合植物生长所需要的良好的水、肥、热条件；生物小循环可以积累一系列生物所必需的养料元素，发生并形成土壤的肥力，最终形成土壤。

第二节 土壤个体发育过程

威廉斯总结了土壤形成的基本规律，提出土壤统一形成过程学说。土壤统一形成过程实质上是土壤与环境因素，特别是与生物因素统一发生和发展的过程或与生物进化、协同演化的过程。土壤与环境的统一，不仅表现在漫长地质历史时期中环境的深化与土壤的更替,而且还表现在现代具体土壤的发育和演化过程之中。土壤形成学说为研究土壤的个体发育、系统发育和演替提供了理论基础。

土壤的个体发育指土壤从岩石风化产物或其他新的母质上开始发育的时候起,直到目前状态的真实土壤的具体历史。它只涉及土壤"个体"(即某个具体的土壤),此土壤个体在不受加速侵蚀或其他破坏作用的情况下,向着具有与当地成土条件组合相适应的土壤类型的方向发展,经过若干时间,即由所谓幼年或者发育微弱的土壤达到成熟土壤,最后进入当地典型土壤行列(图 6-3)。

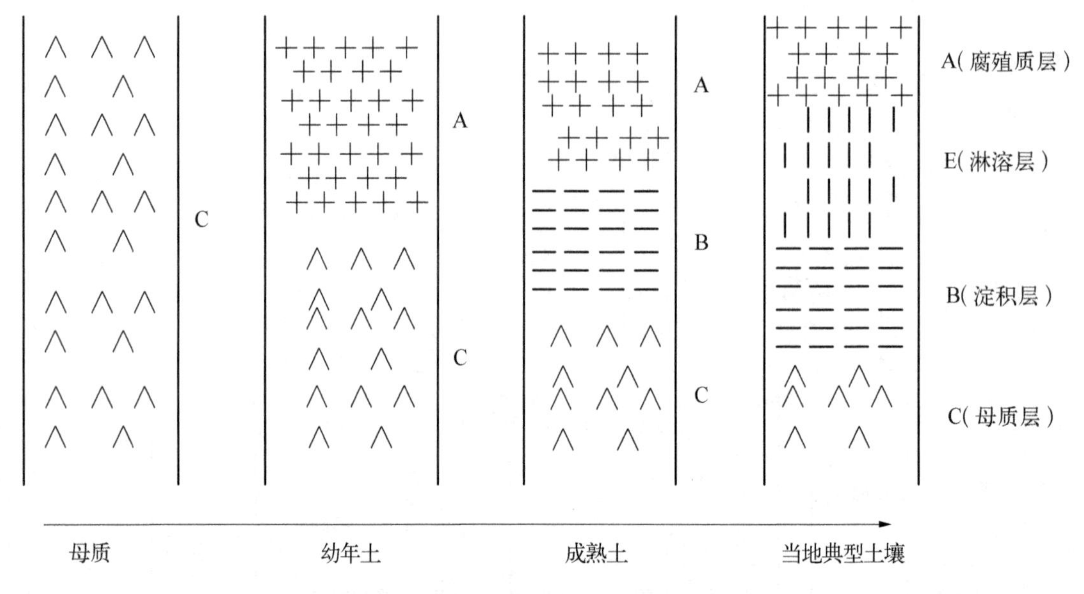

图 6-3 个体发育的一般图示

资料来源:李天杰(1983)

到此为止,并不意味着土壤的发育已告终止,而只是说土壤的发育与当地环境条件达到了暂时的动态平衡,但具体的土壤个体与当地具体的环境条件之间常保持着互为因果的发生联系,因而也永远是互为在条件下的相互制约、不断发展的辩证关系。

第三节 主要成土过程

土壤形成过程就是在土壤形成因素综合影响下,形成土壤肥力特征和剖面形态的持续过程,也是物质和能量的转化过程(图 6-4)。

一、基本成土过程

1. 淋溶与淀积过程 淋溶与淀积作用是一个问题的两个方面。各种盐分在土壤中的迁移淀积都是以溶解在水中的形式的淋溶淀积过程,如脱钙与钙积过程、脱盐与盐化过程等。

2. 淋洗过程 "淋洗"与"淋溶"这两个词相似,但内涵不同。淋洗是许多土壤中胶体迁移的先决条件,因为只有那些作为胶体絮凝剂的盐分被淋洗掉,胶体才可能被分散迁移。

3. 富集过程 富集一般指整个土壤由于处在景观中的低洼部位,而从周围获得物质。在温暖湿润的气候下,处于低洼部位只受到轻微淋洗的年轻土壤是典型的富集了植物营养物质的土壤,由于水分从周围侧流进入该区,那里的土壤也富集碳酸盐,如中国江汉平原上的土壤。但在没有石灰性物质和其他盐基物质且高度淋洗的地区,低洼区土壤不是典型富集的,反而是整个景观中淋洗最强、最酸的土壤,如广东省东江流域的低湿洼地。

4. 枯枝落叶堆积过程 指植物残体在矿质土表面累积的过程。它往往发生在森林植被条件下,形成一个枯枝落叶层。这些有机物质累积的原因,并非因积水缺氧,而是因为通风干燥缺水而难以分解。

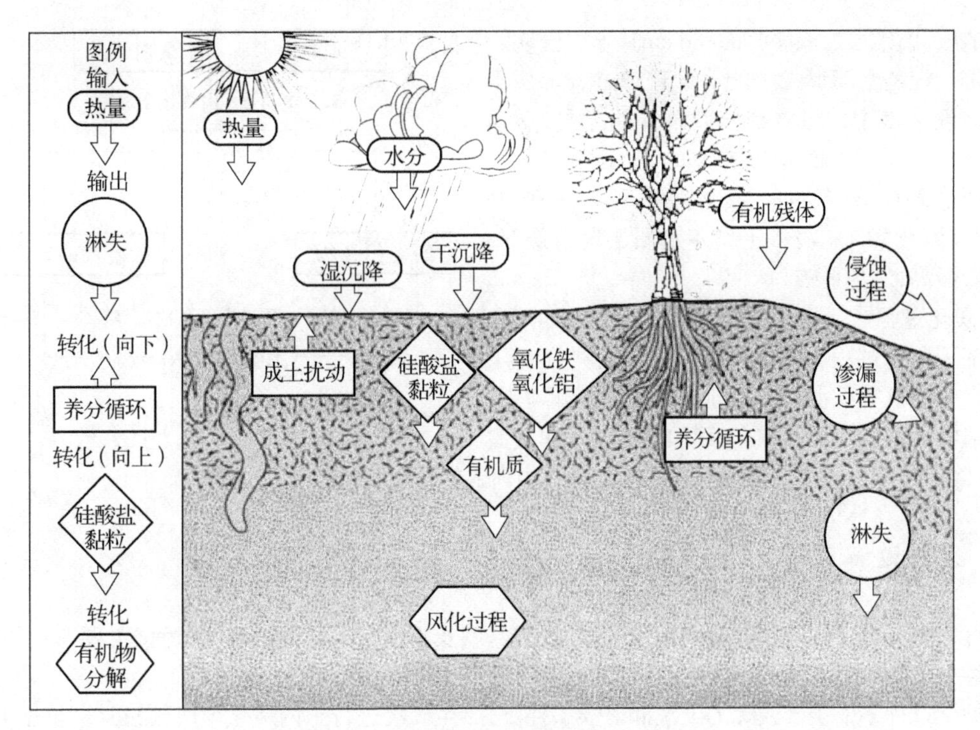

图 6-4 成土过程中物质迁移转化图示

资料来源：Gerrard (2000)

5. 分解与合成过程 分解和合成指土壤中矿物质和有机质的分解过程以及新矿物和新有机物的合成过程。例如，原生铝硅酸盐矿物分解与次生黏土矿物的合成，粗有机质分解转化为腐殖质的过程。

6. 疏松与紧实过程 土壤中存在的空隙增加和减少的过程，分别称之为疏松过程和紧实过程。耕作土壤使耕层土壤变得疏松，而使犁底层的土壤变得坚实。

二、形成土壤发生层的成土过程

根据成土过程中物质、能量的交换、迁移、转化、累积的特点，土壤形成有如下主要成土过程。

（一）原始成土过程

在裸露的岩石表面或薄层的岩石风化物上着生低等植物，如地衣、苔藓及真菌、细菌等微生物。在低等植物和微生物的作用下，开始累积有机质，并为高等植物的生长发育创造了条件。这是土壤发育的最初阶段，即原始土壤的形成。

本过程基本可分三个阶段：① 出现自养型微生物的“岩漆”阶段；② 出现各种异养型微生物，如由细菌、黏液菌、真菌、地衣共同组成的原始植物群落，着生于岩石表面与细小孔隙中，通过生命活动使矿物进一步分解，使细土和有机质不断增加，即所谓“地衣阶段”；③ 苔藓阶段，生物风化与成土过程的速度大大加快，为高等绿色植物的生长准备了肥沃的基质。

（二）有机质积聚过程

有机质在土体中的积聚是生物因素在土壤形成过程中的具体表现，但生物创造有机质及其分解与积累又常受到气候与其他成土因素的综合影响。

1. 腐殖化过程 主要表现在草原土壤系列，即半干旱与半湿润的温带草原、草甸或森林草原等生物气候条件下，每年的有机质量在土体积累较大，有明显的“死冬”季节使有机质停止分解，加以土壤的水分状况促使其土壤微生物进行适量的好气与嫌气分解，土体中的饱和程度也较高，因而形成较高的黑色胡敏酸的钙饱和腐殖质,腐殖质层深厚(如>30 cm),土层松软。

腐殖化过程是土壤形成中的一个普遍过程。由于不同自然地理环境中的植被与气候条件的差异,腐殖化的程度有强有弱,影响的深度有大有小。因此各地土壤的腐殖质层的厚薄、颜色的深浅各有不同。一般来说,冷湿的草原及草甸植被下土壤腐殖质层发育最厚,腐殖质含量最高,颜色最暗。

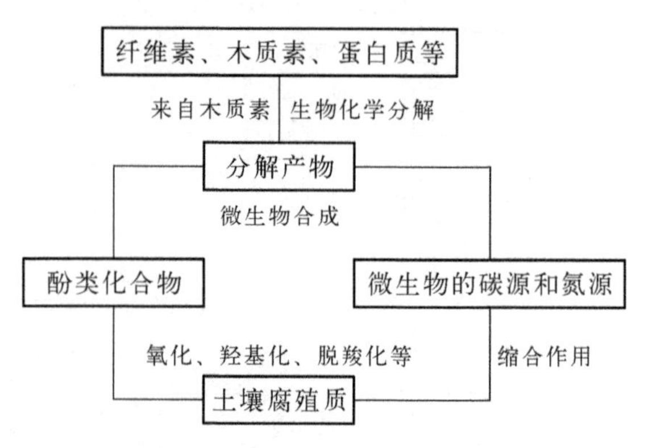

图 6-5 土壤腐殖质化过程示意图

2. 泥炭化过程 指有机质主要以植物残体形式在土体上部积聚的过程。泥炭化过程主要发生在地下水水位很高或地表有积水的沼泽地带。在积水环境下,大量湿生植物的残体因缺乏氧气而不能彻底分解或完全腐殖化,逐渐堆积形成泥炭层(H)。有时泥炭层中尚能保留植物体的组织原状。

(三) 黏化过程

黏化过程指土体中的矿质颗粒由粗变细而成黏粒,以及黏粒在剖面中积聚的过程,主要有残积黏化和淀积黏化两种。

残积黏化过程多发生于温暖的半湿润气候条件下,原生矿物进行土内风化形成黏粒并聚集于 B 层,形成黏化层。淀积黏化多发生于半湿润、湿润地带,土体上层风化的黏粒分散于土壤水中形成悬液,随渗漏水活动而在土体内迁移,这种黏粒移动到一定土体深度,由于物理(如土壤质地较细的阻滞层)或化学(如 Ca^{2+} 的絮凝作用)作用而淀积。

(四) 钙化过程

钙化过程指土壤形成过程中碳酸盐的淋溶、淀积过程,主要包括淋溶脱钙过程及积钙过程。干旱气候条件下,碳酸氢钙不会完全排出土体,而是由腐殖质层(A)或腐殖质层 /淀积层(B)向下淋溶到一定深度,这时土壤孔隙中的二氧化碳分压或水分含量降低,则碳酸氢钙变成碳酸钙沉积出来。沉积的形状及沉积的层位高低,均与生物气候条件有关。例如,湿草原和草甸草原,其碳酸钙可能在淀积层、母质层(C)以假菌丝体或眼状斑出现;干草原和荒漠草原,则碳酸钙可能在淀积层,以至在腐殖质层沉积出来,其形状多为石灰结核。

(五) 盐渍化过程

盐渍化过程指易溶性盐类在土体上部的聚积过程。这是干旱少雨气候带及高山寒漠带常见的现象,特别是在暖温带漠境,土壤盐类积聚最为严重。成土母质中的易溶性盐类,富集在排水不畅的低平地区或凹地,在蒸发作用下,使盐分向土体表层聚集,形成盐化层。其中硫酸盐和氯化物是突出的盐类,硝酸盐和硼盐出现很少。

(六) 碱化过程

碱化和盐化是有密切联系,但有本质区别。土壤碱化是指土壤吸收复合体上钠的饱和度很高,即交换性钠占阳离子交换量的 20%以上,水解后,释出碱质,其 pH 可高达 9 以上,呈强碱性反应,并引起土壤物理性质恶化的过程。碱土的表层就会积滞碱性反应的水分,使土壤腐殖质扩散于碱液而被淋溶,并在下层形成柱状的不透水的碱化层。

(七) 灰化过程

在寒温带、寒带纯针叶林植被和充沛的降水条件下,疏松多孔的残落物和充沛的降水为淋洗提供可能。

针叶林残落物富含单宁、树脂等多酚物质，而母质中盐基含量又较少，残落物经微生物作用后产生酸性很强的富里酸及其他有机酸。这些酸类物质作为有机络合剂，不仅能使表层土壤中的矿物蚀变分解并与析出金属离子结合成络合物，使钙、镁、铁、铝、锰等在下渗水参与发生强烈的络合淋溶作用而形成淀积层(B)，使表土只剩下极耐酸的硅酸，脱水呈灰白色的硅粉，故土壤剖面中出现了灰白色的淋溶层(E)和棕褐色的淀积层(B)。

在半湿润地区的冷凉山地，灰化过程进行得较弱，土体上部由酸性淋溶过程而产生的灰白色硅粉依附于结构体或石块的表面、缝隙之中，特别是集中于结构体或石块下方，但没有明显E层和B层，称之为隐灰化过程或准灰化过程。热带和亚热带山地的凉湿气候下，产生了酸性淋溶，并使表土的矿物受到酸性蚀变破坏，但土体质地比较黏重，易产生上层滞水，由酸性蚀变而释出的铁锰被还原，并随着侧渗水被带出土体，而出现灰白色土层(E层)，称之为漂灰过程。

（八）白浆化过程

白浆化过程指土体中出现还原离铁、离锰作用而使某一土层漂白的过程。在较冷凉湿润地区，由于质地黏重、冻层顶托等原因，易使大气降水或融冻水在土壤表层阻滞，造成上层土壤还原条件。在有机质这个强还原剂的参与下，使铁、锰还原并随下渗水而漂洗出上层土体，这样，土壤表层逐渐脱色，形成一个白色土层——白浆层。因此，白浆化过程也可以说成是还原性漂白过程。白浆层盐基、铁、锰严重漂失，土粒团聚作用削弱，形成板结和无结构状态。

（九）富铁铝化过程

富铁铝化过程指在湿热的生物气候条件下进行的脱硅作用和铁铝相对富集的作用，也称为富铝化作用。

在湿热条件下，硅铝酸盐矿物发生强烈的水解，释放出盐基，使风化液呈中性或微碱性。这样，一方面是盐基离子不断自风化液中流失；另一方面是分解产物中的硅酸在碱性风化液中扩散而随盐基一同流失。风化淋溶作用强烈，首先是铝(铁)硅酸盐矿物遭到分解，除石英外，岩石中的矿物大部分形成各种氧化物。由于钾、钠、钙、镁等的氧化物存在而使土壤溶液呈微碱性至中性，所以硅酸开始移动。由于各种风化物随水向下淋溶，土壤上部的pH就逐渐降低，含水氧化铁、铝则开始溶解，并具流动性。

在这种强烈的脱盐基与脱硅过程中，铝、铁、锰、钛等元素在碱性风化液中发生沉淀而相对富集于原来的土层中。所以，这种铁、铝等的富集与含量增加与硅酸含量的大量淋失是相对而言的，这与灰化B层的铁、铝、锰的淀积有着本质的区别。

富铁铝化过程可进一步划分为以下三个过程。

1. 富铁化的富铁铝化过程 所谓富铁化指土壤中的可溶盐和碳酸盐彻底淋失，交换性盐基中度淋失，部分二氧化碳释放并被淋溶，氧化铁经释放、沉淀、脱水而形成褐铁矿包膜或结核的作用。由于这种作用的结果使土壤呈红色，故又称红化作用。富铁化是土壤处于中度至高度的化学风化阶段，表现在其土壤的黏粒矿物中，除主要为高岭石和不同数量的氧化铁外，还有相当数量的伊利石或蒙脱石，但没有或极少有三水铝石，故曾有人称这一阶段为铁铝硅化。

2. 砖红壤式的富铁铝化过程 指土壤中可溶盐和碳酸盐彻底淋失，交换性盐基强度淋失，大部分二氧化硅及少量铁、铝氧化物淋溶，大部分铁铝氧化物形成结晶态针铁矿、赤铁矿及三水铝石而被高度富集的作用。在这种富铁铝化的土壤中，黏粒矿物以高岭石和铁铝氧化物为主，极少或没有伊利石和蒙脱石。实际上，除石英、白云母等抗风化的矿物外，所有可风化的矿物均已被彻底分解，而处于强度化学风化阶段，在极强度富铁铝化的土壤中，高岭石也可被分解形成三水铝石，游离态铁、铝、钛、锰、钴、铬、镍、钒等金属氧化物总含量占土重的一半以上(不包括含石英等抗风化的矿物)。

3. 聚铁网纹化过程 一般发育于砖红壤性土壤的下层，与潴育作用有关，即该土层曾一度受地下潜水的影响。在潜水位曾周期变动时，处于高水位期间，铁、锰被还原而淋失，出现了局部白色斑纹；而当潜水位下降时，局部土壤裂隙又处于氧化状态，铁、锰被氧化而淀积，形成坚实的含铁丰富的暗红色至紫红色的条斑。

（十）潜育化过程

指终年积水的土壤发生的还原过程。由于土层长期被水浸润，空气缺乏，处于缺氧状态，由嫌气微生物进行分解有机质的同时，高价铁、锰被还原为低价铁、锰。一方面，由于铁、锰还原的脱色作用，使上层颜色变为蓝灰色或青灰色，这个过程称为潜育化作用，这个还原层称为潜育层或青泥层。另一方面，低价铁、锰流动性强，极易流失，即发生所谓“潜水离铁作用”，使潜育层黏粒部分的硅铝率和硅铁率都较高。

（十一）潴育化过程

潴育化过程（也称假潜育过程）指土壤形成中的氧化-还原过程。潴育化过程和潜育化过程共同点是它们都是渍水影响下发生的。但潴育化的渍水经常处于移动状况下，即水分直渗及上下升降和侧向流动，同时有一定的干湿交替过程，从而使土壤的铁、锰处于还原和氧化的交替过程。因此，在渍水中铁、锰被还原迁移；土体内水位下降时，铁、锰又被氧化而产生淀积。在这种干湿交替下，土体中形成锈纹、锈点、黑色铁锰斑或结核、红色胶膜或“鳝血斑”等新生体层次，称为潴育层。

（十二）熟化过程

熟化过程指在人为干预下，土壤兼受自然因素和人为因素的综合影响下进行的土壤发育过程。根据农业利用特点和对土壤的影响特点，土壤熟化可分为旱耕熟化和水耕熟化两种类型。

旱耕熟化指在原来自然土壤的基础上，通过人为平整土地、耕翻、施肥、灌溉，以及其他改良措施，使土壤向有利于作物生长方向发育、演变。

水耕熟化指在原来自然土壤的基础上，人类种植水稻，为满足水稻生长的需要采用一系列水耕管理措施，达到稳水、稳温、稳肥、稳气的条件。由于水耕熟化的结果会产生水稻土特殊的形态学特征和理化性状，而与原来的土壤（起始土壤）有极大的区别。

三、其他成土过程

（一）机械淋洗

机械淋洗包括黏粒淋洗与黏粒淀积。浮悬着的细黏粒和较少量的粗黏粒和细粉砂通过土体裂隙和孔洞的下移并淀积成层，反映为：腐殖质层（A）黏粒的减少；与母质层（C）或腐殖质层相比，黏粒含量在淀积层（B）富集；淀积层比腐殖质层有较大的细黏粒全部黏粒的比值；淀积层和母质层中有黏土胶膜。移动性黏粒可以是腐殖质层中的风化产物或是在土壤发育期间加到土壤的风积物。悬浮粒的移动又称土黏透过作用，指黏粒成浮悬态和机械移动。这些黏粒是孤立的颗粒，包裹在较大的絮凝团聚体中会受阻而不能移动。根据研究，Bt 层中土壤结构体单位的表面定向胶膜（黏粒膜）是土粒透过作用的标志。

（二）土壤扰动

土壤扰动指土壤受到扰动混合的过程，所有的土壤都有某些扰动混合。土壤扰动包括：① 动物性土壤扰动，如蚁类、蚯蚓、田鼠、啮齿动物，以及由人引起的土壤扰动混合；② 植物性土壤扰动，如树木翻倒，形成土坑和土堆的植物性土壤扰动混合；③ 冻结性土壤扰动，如冻原和高山景观中由于冻融循环，使土壤扰动混合而产生的多角形结构格式的地面；④ 黏性土扰动，由于膨胀性黏粒的大量破坏活动，在土体层中物质的扰动混合；⑤ 空气性土壤扰动，指在降雨或雨后土中气体活动造成的土壤扰动混合；⑥ 水流性土壤扰动，指在土体层中水流涌出地面引起的土壤扰动混合；⑦ 结晶性土壤扰动，指晶体成长，如岩盐（NaCl）结晶而引起的土壤扰动混合；⑧ 地震性土壤扰动，指震荡显著的地震震颤引起的土壤扰动。

生物和物理因素引起的土壤扰动能破坏黏土胶膜，把它们的碎块埋在土壤基质中，或者甚至将黏土向上翻回到表土层中。如从大蚁土堆采取土壤物质制成的薄片中可见到黏土胶膜的显微碎片。

（三）络合淋溶作用

金属离子以络合物的形态在土壤剖面中自上而下淋溶，称为络合淋溶作用或螯合淋溶作用。这包括金属离子的溶解、淋洗、淀积，以及在剖面中形成浅色的淋溶层和深色的淀积层。络合淋溶的特点是金属离子的溶解由络合作用产生，而且淋洗中伴随有机质的淋溶。淋洗层中金属离子的溶解在相当大的程度上与络合作用有关。有机络合剂的存在使许多难溶解的矿物解体，并使金属离子存在于溶液中，络合作用也增加了金属离子的移动性。金属-有机络合物的溶解作用严格受 pH 和氧化还原电位的控制。例如，铁和铝在酸性条件下的溶解度较大，生成可溶性铁、铝络合物较多，如果有足够的水流就能发生较强的淋溶作用。铁和铝的淋溶作用一般在 pH 低于 5 的土层出现，在移动过程中，如果到达 pH 较高的层次，Fe^{3+} 和 Al^{3+} 易于形成氢氧化物沉淀。

在还原条件下，一些金属离子主要是铁和锰转变成还原状态，溶解度明显增加，从而也形成了大量可溶性的 Fe^{2+}、Mn^{2+} 与腐殖质中羧基和多元酚等有机络合物，有利于络合物在剖面中的移动，当络合物移至氧化还原电位较高的土层中后，Fe^{2+} 和 Mn^{2+} 被氧化并沉淀。另一方面，最初的沉淀也可能是在夏季土壤干燥时开始的，在细菌的促进下，亚铁多元酚氧化成氢氧化铁和类似某些腐殖酸中的氧化的多元酚聚合物。此外，络合物可以部分地被黏粒吸附，络合物的稳定性降低，移动受阻。

（四）铁质网纹化作用

铁质网纹化作用指在湿热气候条件下，母质中盐基、氧化硅淋失，而铁、铝相对地聚集，而形成的铁质网纹物质或砖红物质。在持久的潮湿条件下，铁质网纹物质是软的，但如暴露在大气中或由于地下水位的下降，通过脱水作用则不可逆地硬结化，以致成为坚硬的砖红物质或硬化的铁石。坚硬的砖红物质可呈现结核状、胶结的结核状和网纹状的硬磐，其他还有蜂窝状、扁豆状、胞囊状和胶结铁子状砖红物质等。现今存在的许多砖红物质，如我国的海南岛东北部、长江南岸庐山一带和澳大利亚的昆士兰州以及非洲刚果等地，大多是第三纪时期的遗物。然而，关于许多正在形成的铁质网纹物质或砖红物质也有不少报导。

（五）铁解作用

铁解作用在周期性氧化铁还原为低价铁的影响下，土壤黏粒的分解和转化作用。在还原阶段，游离铁由于有机物质的氧化和氢离子的形成而还原，亚铁离子取代了交换性阳离子的位置，而被置换的阳离子遭淋失，或部分淋失。在接下来的好气阶段，亚铁离子被氧化，产生氢氧化铁和氢离子，氢离子取代交换性亚铁，并腐蚀黏土矿物八面体边缘。同时，与氢离子等当量的铝扩散出来，一些镁离子以及一些其他离子也从八面体边缘释放出来，这一作用导致黏粒的破坏，交换量降低，土壤变酸。

（六）腐殖质与黏粒的结合

黑钙土中黏粒多由 2∶1 型伊利石和蒙脱石黏粒组成，并且包括钙、镁和腐殖质组成的稳定复合体。同时，剖面中游离铁相当丰富，可超过 10 g/kg，也可有一定含量的游离氧化铝。一方面，它与多聚状腐殖质化合物结合成吸收性复合物。另一方面，它是新生黏粒，常为富铁的蒙脱石。这种过程在变性土中更为显著。这类非常多缩合性的化合物与黏粒结合极为紧密，其中键连比棕壤中的黏粒、腐殖质团聚体要强得多。高价铁离子与有机分子和矿物相结合，似乎是在加强有机-矿物的键连。在这种团聚体中，腐殖质化合物仍存在于黏粒的外围。在极细颗粒的膨胀黏土和某种有机化合物之间有另一种键连，这种结合极强，不能用物理的或化学的或其他方法使之分开，这就是胡敏素-黏粒键连。它的稳定性似乎是黏粒的薄片，被小的，主要是富集于氮和羧基的脂肪族分子间层插入黏粒的薄片。这类脂肪族有机化合物如果没有黏粒的保护是易于被生物所降解的。

综上所述，土壤形成是有多种过程的。一种土壤的形成并非一种过程，而是有一种主要的成土过程，同时还存在着其他若干次要的附加过程。例如，在红壤、黄壤的形成过程中，不仅有强烈的富铝化过程，而且还伴有不同程度的腐殖质化过程和黏化过程；黑钙土的发生、发育，不仅有强烈的腐殖化过程，而且还有土壤碳酸钙的淋溶和淀积过程；水稻土的形成过程不仅有人类耕作熟化的过程，而且还有腐殖化过程、潴育化或潜育化过程。当土壤形成的附加过程发展到一定程度时，土壤就朝着另外的成土方向发展。例如，在灰化土地区，由于森林植被的衰退和草本植被的侵入，导致了土壤腐殖化过程的发展，从而使原来的典型灰化土逐渐变成了生草灰化土；在草甸土的形成过程中，由于各种原因引起的盐化作用，可以形成盐化草甸土，当盐化过程占优势时，则可形成草甸盐土。

大多数情况下，自然界中的各种土壤是某种主要成土过程和某些附加成土过程共同作用的结果。研究成土过程可以为土壤的分类和分布、土壤的利用和改良、土壤区划和农业生产规划等提供科学依据。

参考文献

北京农业大学. 1988. 土壤农化分析. 北京：农业出版社.
黄瑞采. 1979. 从物质实体和“生态系统”来研究土壤. 土壤学进展，(3)：1—19.
柯夫达. 1960. 中国之土壤与自然条件概论. 陈恩健等译. 北京：科学出版社.
柯夫达. 1981. 土壤学原理. 北京：科学出版社.
李天杰等. 2004. 土壤地理学. 第三版. 北京：高等教育出版社.
李天杰，郑应顺，王云. 1979. 土壤地理学. 北京：人民教育出版社.
李天杰，郑应顺，王云. 1983. 土壤地理学. 北京：高等教育出版社.
南京大学，中山大学，北京大学等. 1980. 土壤地理学基础与土壤地理学. 北京：人民教育出版社.
农业部全国土壤普查办公室. 1964. 中国农业土壤志. 北京：农业部全国土壤普查办公室.
山西农学院土壤农化专业. 1976. 土壤学. 北京：人民教育出版社.
席承藩，章士炎. 1994. 全国土壤普查科研项目成果简介. 土壤学报，31(3)：330—335.
于天仁. 1987. 土壤化学原理. 北京：科学出版社.
张凤荣，马步洲，李连捷. 1992. 土壤发生与分类学. 北京：北京大学出版社.
中国科学院南京土壤研究所. 1978. 中国土壤. 北京：科学出版社.
朱鹤健，何宜庚. 2003. 土壤地理学. 北京：高等教育出版社.

第七章 土 壤 分 类

第一节 概 述

一、土壤分类的目的和意义

由于土壤形成因素和土壤形成过程的不同,自然界里的土壤是多种多样的,它们具有不同的土体构型、内在性质和肥力水平。土壤分类就是根据土壤自身的发生发展规律,系统地认识土壤,通过比较土壤之间的相似性和差异性,对覆盖在地球陆地表面上的土壤进行区分和归类,系统地编排它们的分类位置,体现各土壤类型之间的相互区别与联系,同时对各土壤类型分别给予适当的名称。

土壤分类是土壤科学水平的反映,是土壤调查制图和土壤资源评价的基础,是因地制宜地管理土壤、保护生态与环境和转让农业技术的依据,也是国内外土壤学术信息交流的媒介。

二、世界土壤分类概况

土壤是十分复杂的自然客体,既受自然成土条件的影响,又受人类生产活动的影响。由于据以分类的性质和条件十分复杂,目前对土壤的发生、属性研究还不够系统和深入,在科学研究的方法论上还有不少分歧,因而迄今国际上还没有统一的土壤分类原则、分类系统和命名,存在多元分类体系。其中,影响广泛的主要有以下两种分类。

1. 以原苏联土壤分类系统为代表的发生学分类 以原苏联为代表的发生学分类的基本观点是:强调土壤与成土因素和地理景观之间的相互关系,以成土因素及其对土壤的影响作为土壤分类的理论基础,同时也结合成土过程和土壤属性作为土壤分类的依据。这种分类制曾为许多国家所采用,如越南、缅甸、东欧的一些国家等。目前仍在我国通行的土壤发生分类也受这种分类制的影响。

2. 以美国土壤系统分类为代表的土壤诊断学分类 美国土壤系统分类的基本观点是:分类所依据的具体指标是可以直接感知和定量测定的土壤属性,土壤类型的划分主要根据诊断层和诊断特性。这一分类系统集中了世界各国土壤学家的智慧,放眼全世界的土壤信息。目前已有 45 个国家直接采用这一分类,80 多个国家将它作为本国的第一或第二分类。世界土壤资源参比基础(WRB)和中国土壤系统分类等也属于诊断学分类制。

此外,还有一些具有区域性影响的土壤分类。例如,以西欧的库比恩纳(W. L. Kübiena)和莫根浩森(E. Mückenhausen)分类为代表的土壤形态学和发生学相结合的土壤分类;澳大利亚诺什科特(K. H. Northcote)的形态分类学系统;非洲、英国、加拿大、巴西、日本等的土壤分类系统。这些分类系统虽各有特色,但与上述主要土壤分类体系均有一定关联。

第二节 土壤发生学分类

土壤发生学分类的理论基础是道库恰耶夫的土壤形成因素学说。该学说认为,土壤是一个独立的历史自然体,它不是孤立存在的,而是与自然地理条件及其历史发展紧密联系的。成土因素的发展和变化制约着土壤的形成和演化,土壤是随着成土因素的变化而变化的。基于这一原理,土壤划分是以影响土壤形成和演化的地理环境作为主要依据之一,这就形成了地理发生学分类。伊万诺娃(E. H. Иванова)继承和发展了地理发生学分类,随后许多学者在不同程度、不同侧重点上做了发展和补充,从而派生出许多不同的发生学分类体系。威廉斯认为,土类是统一土壤形成过程中的阶段环节,并以这种思想指导分类,这就形成了进化发生学分类。格林卡(K. Д. Глинка)、扎哈罗夫(C. A. Захаров)的土壤分类是以土壤形成因素为依据的,而形成因子发生学分类。柯索维奇(Е. И. Косович)、盖德罗伊茨(К. К. Гедройц)的土壤分类是以土壤内在特性为依据的,形成特质发生学分类。波雷诺夫(Б. Б. Полынов)的土壤分类是以土壤由碱到酸的阶段发育为依据的,形成阶段发生学分类。柯夫达(В. А. Ковда)的土壤分类是以土壤生物地理化学过程为依据的,形成历史发生学分类。

现代土壤发生学分类强调坚持成土条件、成土过程和土壤属性三结合的分类原则。以下以原苏联土壤分类中影响最大的地理发生学派(又称生态发生学派)为例来阐述土壤发生学分类制的观点和分类方法。1976年伊万诺娃出版了《苏联土壤分类》一书,该书中所拟的分类系统代表了原苏联地理发生学派的思想和方法。

一、分类的基本原则

伊万诺娃的分类系统以土壤发生学为理论基础,以土壤形成条件、过程和属性(包括土壤形态和微形态特征、土壤物理、化学、物理化学、矿物以及生物特征等)相结合作为土壤分类的原则。

二、分类级别及其划分依据

伊万诺娃的分类系统共分土类、亚类、土属、土种、亚种、变种、土系、土相等八级,各分类级别的划分依据如下。

1. 土类 指大的土壤组合。同一土类是发育在相同类型生物、气候和水文地质条件下,具有明显一致的土壤形成过程。同一土类具有以下的共同特征:① 进入土壤的有机质及其转化与分解过程同属一种类型;② 矿物质的分解和合成以及有机-无机复合体有相同的特征;③ 具有同一类型的物质移动和聚积的特征;④ 具有同一类型的土壤剖面构型;⑤ 在土壤肥力培育方向和农业利用上是相同的。

2. 亚类 指土类范围内的土壤组合,是土类间的过渡级别。不同亚类在土壤形成的主要和附加过程上有质的区别,在每亚类中提高与保持土壤肥力的措施更为一致。亚类划分主要是考虑成土过程以及与亚地带或自然条件过渡相关的情况。

3. 土属 指亚类范围内的土壤组合。其形成特点取决于地方因素的综合影响,如基岩和成土母质的化学特性、地下水的化学特性等,同时也包括土壤形成的继承性。这些特性是在过去自然历史时期的风化和土壤形成过程中造成的,故与现代的土壤形成不一致,如某些残留的层次(腐殖质层、灰化层、片状层等)。

4. 土种 指土属范围内的土壤组合。根据主要成土过程发展的程度(如灰化过程、腐殖化的深度和过程等)划分。

5. 亚种 指土种范围内的土壤组合。根据土种发育的数量程度划分,如弱碱化、中碱化、强碱化;弱盐化、中盐化、强盐化等。

6. 变种 按土壤机械组成划分。

7. 土系 根据母质特性、盐分积累特性或泥炭积累特性等划分。

8. 土相 根据水蚀、风蚀和残积、冲积等划分的土壤组合。

三、分类系统的编排

《苏联土壤分类》一书中所拟分类系统的安排,首先是按水热条件、风化作用和生物循环特征,把原苏联的土壤类型归入9个主要的生物气候(带)省,在每个生物气候省中又按自成土、半水成土、水成土和冲积土的顺序分别排列各有关的土类(表7-1),在每一土类内都做了直至土相的各级划分;第二,耕作土壤和自然土壤的分类同置于统一分类系统中,其中受耕作影响大的都列为独立的土类,受耕作影响小的则在土种的划分中反映出来;第三,为了便于土壤分类逐步走向定量化、标准化,在分类表之后,附有12个附表,在这些附表中,对土壤的水热条件、形态特征、机械组成、盐基状况等都提出了数量指标和划分标准。该分类系统在9个生物气候省之下,共分出118个土类、424个亚类、478个土属、460个土种等。

表7-1 伊万诺娃分类系统土类排列举例(亚北方带半荒漠及荒漠省的土类)

自成型土	半水成土	水成土	冲积土
1. 棕色半荒漠土	9. 草甸-棕色半荒漠土	13. 草甸半荒漠土	16. 冲积草甸半荒漠及荒漠土
2. 灰棕色荒漠土	10. 龟裂性草甸荒漠土	14. 水成荒漠及半荒漠盐土	17. 冲积湿草甸半荒漠及荒漠土
3. 龟裂性荒漠土	11. 草甸棕色碱土	15. 灌溉草甸荒漠及半荒漠土	18. 冲积草甸-沼泽半荒漠及荒漠土
4. 砂质荒漠土	12. 灌溉草甸荒漠土		19. 灌溉冲积半荒漠及荒漠土
5. 龟裂土			
6. 半荒漠碱土			
7. 半荒漠及荒漠盐土			
8. 灌溉荒漠及半荒漠土			

四、土壤命名

伊万诺娃分类系统的命名原则,仍然采用道库恰耶夫建议的连续命名法,即在土类名称的前面加上亚类的形容词,亚类名称之前冠以土属或土种的形容词,依次逐级连续拼接。

由上述可见,原苏联土壤分类贯彻发生学原则,各分类级别,特别是高级的分类级别,按土壤的发生演变规律来划分,采用演绎法,逐级细分,其间的关系清楚,系统明确。但该分类制虽是以成土因素、成土过程和土壤属性三方面为依据,然而更侧重于成土因素,尤其是生物气候因素,而对土壤本身属性注意不够,分类指标不具体。同时侧重研究中心地带的典型土壤类型,而对过渡带土壤类型注意不够。有些土类间的指标界限不很严格,定量化程度不高。因此,该分类制只停留在定性描述或半定量阶段,不能适应当前土壤分类向计量化方向发展的要求;而且由于过分强调地带性因素作用的结果,导致非地带性土壤从属于地带性土壤的偏向,造成土壤带与自然带混同的后果。另外,对耕作土壤虽然有所涉及,但重点仍放在自然土壤上。

第三节 土壤诊断学分类

一、美国土壤系统分类

美国前期的土壤分类系统接受了道库恰耶夫的土壤发生学分类思想,但在广泛的土壤调查工作实践中,提出了许多亟待解决的问题。19世纪50年代早期开始,美国土壤工作者着手研究制订一项以诊断特征为依据的土壤分类制(Smith, 1958),1960年刊出第七次修订稿,又在1964年和1967年加以补充,1975年正式出版《土壤系统分类》(*Soil Taxonomy*)一书,1999年出版了《土壤系统分类》(第二版)。

(一) 土壤诊断层和诊断特性

1. 诊断层 凡是用于鉴别土壤类型,在性质上有一系列定量说明的土层,称为诊断层。土壤分类中对诊断层的定义非常详尽和严密。目前一些国家或机构的土壤分类系统之间差异较大,但应用的土壤诊断层的定义及鉴别标准却大同小异,它们之间可以大致地相互对比。《土壤系统分类》(第二版)共定义了8个诊断表层、20个诊断表下层。

(1) *诊断表层* 诊断表层(diagnostic surface horizons; epipedon)指出现在或接近地表的诊断层,在美国土壤系统分类中总共有8个诊断表层。

1) 人为表层(anthopic epipedon, anthropos):长期人为利用形成的土层,包括施用厩肥或者灌溉,常具有暗沃表层的深色,主要是人为活动形成的,它可以出现在不同的土纲中。

2) 叶垫表层(folistic epipedon):20 cm或者更厚,含高量有机碳,雨后被水饱和不超过数天,主要出现在冷凉、湿润的森林植被地区的灰土和火山灰土,也可以出现在其他土纲。

3) 有机表层(histic epipedon):20～40 cm厚,有机碳含量高,与叶垫表层不同的是经常被水饱和,可出现在很多土纲中。

4) 黑色表层(melanic epipedon)：深厚、黑色、含高量有机碳和短序矿物或铝-腐殖质复合体，出现在受火山活动影响的森林土壤中。

5) 暗沃表层(mollic epipedon)：相对较厚、暗色、富含腐殖质的表层，其交换复合体以二价阳离子为主，主要形成于地下部有机质(特别是草原植物根系)的分解。暗沃表层具有良好的土壤结构和孔性，与世界上最好的农业土壤相关，主要用于软土，也应用于其他土纲。

6) 淡薄表层(ochric epipedon)：不符合任何其他诊断表层的标准，可以是淡颜色的，或薄层暗色的，或者薄层但具有很高的碳含量，可以出现在很多土纲中。

7) 堆垫表层(plaggen epipedon)：稀少，主要出现在欧洲中世纪时期，由草皮或者其他垫圈厩肥长期施用形成，并抬高了地表，应用于始成土。

8) 暗瘠表层(umbric epipedon)：与暗沃表层相似，但主要形成于森林植被上且自然肥力较低，主要应用于始成土、火山灰土、老成土和冻土。

(2) *诊断表下层* 诊断表下层(diagnostic subsurface horizons) 位于表层之下，但有时因侵蚀等原因可以出现在或接近地表。

1) 耕作淀积层(agric horizon)：耕作条件下形成的淀积层，包含大量的淀积粉粒、黏粒和腐殖质。该层出现不多，常与古老农业有关，应用于淋溶土。

2) 漂白层(albic horizon)：1.0 cm 或更厚的淋溶层，颜色由原生的砂粒和粉粒所决定，而不是取决于它们的外部胶膜，黏粒和铁氧化物已经被土壤发生过程所淋移掉。主要与灰土、淋溶土、老成土和软土有关。

3) 淀积黏化层(argillic horizon)：黏粒含量明显高于上覆层次，并有黏粒移动的(微形态)迹象。淀积黏化层一般出现于景观中的稳定位置，一般应用于淋溶土、老成土、干旱土和软土。

4) 钙积层(calcic horizon)：干旱环境中由于降水不足以将碳酸钙淋洗，加上毛管水上升和蒸发等作用，形成次生碳酸钙积累的淀积层。一般出现于干旱土、淋溶土、软土、始成土和冻土中。

5) 雏形层(cambic horizon)：由物理转变、化学变化、物质积累、物质移动，或者这些过程的组合所形成的层次。与上覆土层相比通常具有相对高的黏粒含量、更红的色调、更高的彩度，但并不符合其他诊断表下层的要求。一般应用于始成土，但也可以出现在干旱土、软土、变性土、火山灰土和冻土中。

6) 硬磐(duripan)：硅淀积、胶结形成的硬磐，水分进入和根系生长受到限制，常出现于干旱土中，也可能出现于淋溶土、软土、火山灰土、始成土和灰土中。

7) 脆磐(fragipan)：非固结的、但水分进入和根系生长受到限制的层次，主要出现于老成土、淋溶土、灰土和始成土中。

8) 舌状延伸层(glossic horizon)：淀积黏化层、高岭层或者钠质层破坏后发育所形成的土层。黏粒和铁氧化物从结构体外部开始移动，是这些层次向漂白层发育的过渡状态。舌壮延伸层经常出现于淋溶土和老成土中。

9) 石膏层(gypsic horizon)：次生石膏淀积的层次，主要出现于干旱环境中母质富含石膏的情形下。在地下水位接近地表的情况下，也可能通过毛管水上升、蒸发和蒸腾形成。石膏层通常出现于干旱土中，但始成土和冻土也可能有石膏层的存在。

10) 高岭层(kandic horizon)：黏粒含量显著高于上覆土层的表下层，主要由低活性黏粒构成，因此具有很低的阳离子交换量(CEC)，主要出现于老成土和氧化土中。

11) 钠质层(natric horizon)：具有淀积黏化层的所有性质，同时具有钠的积累，钠对土壤的物理性质产生严重的不良影响。通常出现于干旱土中，但也可能出现于淋溶土和软土中。

12) 络合胶结层(orstein)：含铝和有机质络合物的胶结土层，可以限制根系生长和水分向下移动，主要出现于灰土中。

13) 氧化层(oxic horizon)：砂壤或更细质地、低阳离子交换量和可风化矿物构成的土层，主要出现于古老的、强风化的土壤中，或出现在高度风化母质所发育的土壤中。

14) 石化钙积层(petrocalcic horizon)：碳酸钙或者钙、镁碳酸盐胶结的土层，根系生长和水分向下移动受到限制，主要与干旱土有关，但也可出现于淋溶土、软土和始成土中。

15) 石化石膏层(petrogypsic horizon)：石膏胶结的土层，根系生长和水分向下移动受到限制，主要与干旱土有关。

16）薄铁磐层（placic horizon）：被铁、铁与锰或铁与有机质复合体胶结的薄层状（<25 mm）、黑到暗红色的磐层，通常出现于潮湿、冷凉气候的灰土或者始成土中。

17）积盐层（salic horizon）：比石膏溶解度更高的盐分积累层，主要与干旱土有关，但有些亦出现于冻土中。

18）腐殖质淀积层（sombric horizon）：淀积性腐殖质，既不是与铝络合，也不是被钠分散的土层，主要局限于热带、亚热带地区的高原或山地冷凉潮湿环境，与始成土、氧化土和老成土有关。

19）灰化淀积层（spodic horizon）：有机质和铝（可含或不含铁）络合构成的活性无定形物质淀积形成的土层，与灰土有关。

20）含硫层（sulfuric horizon）：由富含硫和有机质的物质氧化形成，对植物有毒性，出现于新成土、有机土和始成土中。

（二）诊断特性

如果用来鉴别土壤类型的依据不是土层，而是具有定量说明的土壤性质，则称为诊断特性（diagnostic soil characteristics）。诊断分类系统中对用来分类的诊断特性都有明确的定义和指标。

美国土壤系统分类中主要诊断特性如下。

1）质地突变（abrupt textural change）：在短距离内土壤黏粒含量显著增加，对预测土壤水分运动非常重要。

2）火山灰土壤特性（andic soil properties）：大量水铝英石、伊毛缟石和铝-腐殖质配位体影响下的特殊土壤性质。

3）线胀系数（coefficient linear extensibility）：土块在湿时与干时长度之差与干时长度的比值，常用于确定土壤的膨胀收缩性能。

4）硬结核（durinodes）：弱度胶结到硬、固结性的瘤状结核，其胶结物是二氧化硅，多半是蛋白石和微晶二氧化硅。

5）脆性土壤特性（fragic soil properties）：与脆磐相似，但对厚度和体积没有类似的要求。

6）可辨认次生碳酸盐（identifiable secondary carbonates）：经溶质移动形成的外生碳酸钙，不是母质原位残留产物。

7）薄层特征（lamellae）：在粗质地土壤中由黏粒移动迹象形成的多个薄（<7.5 cm）的淀积层。

8）石质接触面（lithic contact）：土壤和下伏固结岩石之间的接触面。

9）准石质接触面（paralithic contact）：土壤和下伏未固结或风化岩石之间的接触面。

10）石化铁质接触面（petroferric contact）：土壤和铁胶结的连续硬化层次之间的界面。

11）聚铁网纹体（plinthite）：由富铁和低腐殖质物质构成的特殊土壤物质。暴露于干湿交替环境，特别在日晒情况下会产生不可逆硬化。

12）滑擦面（slickensides）：土块之间滑擦产生的光亮而有槽痕的表面，是具有胀缩特性土壤的典型特征。

土壤水分状况和土壤温度状况也是美国土壤系统分类中常用的诊断特性（表 7－2、表 7－3）。

表 7－2 土壤水分状况等级

土壤水分状况是按一年各季节中地下水位及在水分控制层段中<1.5×10^5 Pa（15 bar）张力水的有无确定的（土壤水分控制层段因土壤颗粒大小级别不同而异）。

潮湿（aquic）　当土壤温度高于 5℃在非特定时期土壤为水所饱和而处于还原状态，高级分类级别中所指的潮湿为土壤剖面必须全部为土壤水饱和。

干旱（aridic）和干热（torric）　两者水分状况相同，但用于不同分类级别里。在大多数年份里，水分控制层段水分状况是：① 在 50 cm 深度处土温>5℃期间，全层段有一半以上时间（累计时间）是干的；② 在 50 cm 深度处土温>8℃期间，全层段或一部分处于湿润状态的时间从不超过连续 90 天。

湿润（udic）　大多数年份土壤水分控制层段的任一部分都不会干至 90 天（累计时间）。

半干润（ustic）　水分状况介于干旱与湿润水分状况之间。

夏旱（xeric）　以处于地中海气候区的土壤水分状况最典型，冬季温湿夏季暖旱。

表 7-3 土壤温度状况等级

永冻(pergelic)：年均土温<0℃。
冷冻(cryic)：年均土温 0～8℃。或者当夏季有部分时间土壤水分不饱和时，在 50 cm 深处，夏季平均土温低于 15℃(无 O 层)或低于 8℃(有 O 层)；如果水分饱和时，则低于 13℃(无 O 层)或低于 6℃(有 O 层)。
冷性(frigid)：年平均土温低于 8℃，但 50 cm 深处冬夏季平均土温差大于 5℃，且夏季土温高于冷冻状况。自本级起多用于低级分类级别。
中温(mesic)：年平均土温 8～15℃，50 cm 深处冬夏季平均土温差大于 5℃。
热性(thermic)：年平均土温 15～22℃，50 cm 深处冬夏季平均土温差大于 5℃。
高热(hyperthermic)：年平均土温高于 22℃，50 cm 深处冬夏季平均土温差大于 5℃。
恒冷性(isofrigid)
恒中温(isomesic)
恒热性(isothermic)
恒高热(isohyperthermic)
这些加上"iso"词缀的各土壤温度状况等级，年平均土温与未加"iso"词缀的原级相同，但 50 cm 深处冬夏季平均土温差小于 5℃。

除上述适用于矿质土壤的诊断特性之外，美国土壤系统分类还定义了应用于有机土壤的诊断特性，包括不同种类的有机物质(纤维、纤维土壤物质、半分解土壤物质、高分解土壤物质、腐殖质淀积土壤物质、湖积物质)。其中湖积物质又可以分为粪粒性土、硅藻土和灰泥。

（三）分类级别及其划分依据

美国土壤系统分类制包含土纲、亚纲、土类、亚类、土族和土系 6 个分类级别，各分类级别的划分原则如下。

1. 土纲(order) 分类系统中最高级分类级别，根据剖面分化、形态特征、主要发生层的发育程度，尤以土壤诊断层的特征作为划分依据。某些土纲以发育年龄来划分，如老成土纲和新成土纲；也有以土壤物质组成的特殊性质加以划分的，如火山灰土纲、变性土纲、有机土纲和软土纲等。

2. 亚纲(suborder) 土纲的续分单元，根据土壤水热状况及其他反映土壤发育的土壤诊断特性划分。

3. 土类(great group) 根据诊断层的种类、排列和发育程度，以及其他诊断特性对亚纲续分而成。

4. 亚类(subgroup) 土类内按中心概念和一些不影响整个剖面的偏离特征细分。有的亚类是作为土类的中心概念的类型，有的是过渡到其他土类的类型，有的是过渡到其他亚纲或土纲的类型。

5. 土族(family) 系统分类中的低级分类级别。它是根据对植物生长有重要影响的土壤物理性质和矿物学性质划分的。主要根据控制层段的颗粒大小级别、矿物学特性、pH、温度状况等对亚类进行续分。

6. 土系(series) 系统分类中的最低级分类级别。土系是根据比土族及其以上各分类级别所用的性质变异范围更窄的指标对土族进一步续分。

美国土壤系统分类共分 12 个土纲、47 个亚纲、230 个土类、1 200 个亚类、6 000 多个土族、15 000 多个土系。

（四）土壤命名

美国土壤系统分类中各分类单元的名称都是几个音节的组合。高级分类级别(土纲、亚纲、土类)的命名采用拉丁文及希腊文等字根拼缀法，如 ultisol(老成土纲)、udult(湿润老成土亚纲)、paleudult(强发育湿润老成土土类)。亚类和土族的名称是分别在土类和亚类名称前冠以特定形容词而构成的，如 aquic paleudult(潮湿的强发育湿润老成土)为亚类名称，clayed、mixed、thermic、aquic paleudult(黏质、混合矿物、热性、潮湿的强发育湿润老成土)为土族名称。土系的名称是最早研究该土壤所在地的地方名称。对高级分类级别命名所用的字根和亚类、土族命名所采用的形容词都赋予一定含义，在美国《土壤系统分类》一书中有详细介绍。这种用字根拼接的命名法，词汇简练，只要熟悉各字根含义，对各级土壤的名称顾名思义，便于记忆和解释。

表 7-4 土纲名称及其构词元素

土纲	构词元素	起源	译义
变性土(Vertisol)	Ert	拉丁文 vreto	翻转
新成土(Entisol)	Ent	英文 recent	最近的
始成土(Inceptisol)	Ept	拉丁文 inceptum	开始
干旱土(Aridisol)	Id	拉丁文 aridus	干旱
灰土(Spodosol)	Od	希腊文 spodos	木炭
老成土(Ultisol)	Ult	拉丁文 ultimus	最后的
软土(Mollisol)	Oll	拉丁文 mollis	松软的
淋溶土(Alfisol)	Alf	英文 prdalfer	淋余土
氧化土(Oxisol)	Ox	法文 oxide	氧化的
有机土(Histosol)	Ist	希腊文 histos	组织
火山灰土(Andisol)	And	日文 ando	暗色、火山灰风化物
冻土(Gelisol)	El	拉丁文 gelard	冻结

资料来源：赵其国等(2007)。

(五)土壤类型的检索

美国土壤系统分类使用检索表来按照土壤特性依次检索未知土壤在分类系统中的位置。表 7-5 是 12 个土纲简明检索表,同理,亚纲、土类、亚类等也可逐级检索。

表 7-5 美国土壤系统分类土纲简明检索

诊断层和/或诊断特性	土纲
1. 表土至 100 cm 内有永冻层,或 100 cm 深度内有冰冻物质且 200 cm 深度内有永冻层	冻土 Gelisol
2. 其余土壤中,没有火山灰特性,有机物质覆盖于火山渣或浮石上,或占土壤厚度的三分之二,或每年有 30 天或更长时间被水饱和	有机土 Histosol
3. 其余土壤中,在灰化淀积层上没有堆垫表层或淀积黏化层或高岭层,且有灰化淀积层或含有 85%以上灰化淀积物质的耕作层(Ap)	灰土 Spodosol
4. 其余土壤中,厚度达 60%或更厚的土层具有火山灰特性	火山灰土 Andisol
5. 其余土壤中,在 150 cm 内有氧化层但无高岭层,或在细土中有 40%的黏土且有氧化层风化特性的高岭层	氧化土 Oxisol
6. 其余土壤中,存在厚 25 cm 或更厚带滑擦面或楔形结构的土层,且在细土中有 30%或更多的黏土	变性土 Vertisol
7. 其余土壤中,具有干旱水分状况,有一个淡薄表层或人为表层,且存在盐积层、钙积层、石膏层或碱化层	干旱土 Aridisol
8. 其余土壤中,有一淀积黏化层或高岭层,且土壤盐基饱和度<35%	老成土 Ultisol
9. 其余土壤中,有暗沃表层,且所有土层盐基饱和度 50%或更高	软土 Mollisol
10. 其余土壤中,没有堆垫表层,有淀积黏化层、高岭层或碱化层,或覆有 1 mm 或更厚黏粒胶膜的脆磐	淋溶土 Alfisol
11. 其余土壤中,在上部 100 cm 内有雏形层、钙积层、石膏层或薄铁磐层,或者在土壤中有脆磐、氧化层、灰化淀积层或含硫层	始成土 Inceptisol
12. 其余土壤	新成土 Entisol

美国土壤系统分类侧重于以土壤本身属性进行分类，但其分类指标仍试图建立在土壤发生学基础上，选择能反映土壤发生特点和在土壤利用上有意义的诊断层和诊断特性。这些指标具体，可以观察和量测，而且基层单元土系的分类指标统一，不因土壤分类系统的变化而变化，便于定量分类。该分类制采用字根和拼缀命名，可以顾名思义。但该分类制也存在一些缺陷，表现在指标过于繁琐分散，有些高级分类单元概括过广，如美国土壤系统分类中的淋溶土包括了脱石灰、脱碱化、黏粒移淀和漂洗等多种土壤。干旱土的主要依据是干旱气候条件下的干旱土壤水分状况，它不仅包括干旱地区某些有钙积层的土壤，而且也包括未发育或发育程度低的土壤，甚至把土壤盐分引起的植物生理干旱的土壤也包括在内，这就使干旱土纲内的土壤差异太大。美国土壤系统分类制尚不够重视耕作土壤，水稻土等重要耕作土壤在分类上没有应有的位置。土系不反映与根系生长密切相关的表土层变化，土系之间也缺乏必要的联系。此外，在诊断层、诊断特性的具体含义和划分上还存在混淆不清和有争议的地方。总之，该分类制仍然存在有待完善的方面。

二、联合国土壤图图例单元

自 1961 年起，联合国粮农组织和教科文组织会同国际土壤学会，为编制五百万分之一的世界土壤图，制订了一个作为土壤制图单位用的分类系统，目的是对世界土壤资源进行评价，交流类似地区改良利用土壤的经验，促进建立一个世界通用的土壤分类和命名系统。1974 年出版了世界土壤图的图例系统，经过 15 年的广泛实践，多次修改，1988 年正式出版了修订本。修订本修正了一级单元，由 26 个经增删后变为 28 个，扩大了二级单元，由 106 个增加到 153 个。修订本中增加了三级单元，还扩展了土相的内容，土相是土壤表层或亚表层对土地利用和管理有重要意义的特征，这些特征制约着土地利用。

1. 土壤类群 土壤类群(major soil groupping)相当于发生学分类的土类，主要根据关键诊断层的有无和类型划分，如果有两个或两个以上土壤类群共同具有同一关键诊断层时，则进一步按诊断亚层和诊断特性区分。这一级命名大部分采用各国惯用的传统土壤名称，如黑钙土、栗钙土、灰壤、盐土、碱土等；也采用近些年来美国和其他国家所使用的分类名称，如变性土、黏磐土、铁铝土等；也有该组织自创的名称，如高活性淋溶土、低活性淋溶土等。土壤类群的排列顺序反映了土壤的演化序列，各土壤类群的主要特征如下。

1) 冲积土(fluvisols)：发育在近代冲积沉积物上的土壤，主要分布在冲积平原及其邻近阶地。

2) 潜育土(gleysols)：非冲积物上的水成土，主要分布在热带和温带北部。

3) 疏松岩性土(regosols)：未凝固物质上(非冲积物)的弱发育土壤。

4) 薄层土(leptosols)：有岩石出露的浅层土壤，主要分布在荒漠和山地地区。

5) 砂性土(arenosols)：发育在疏松砂质堆积物(非冲积物)上的土壤。

6) 暗色土(andosols)：在火山灰或火山岩上发育的土壤。

7) 变性土(vertisols)：开裂性黏质土，主要分布在热带、亚热带的平坦地形部位。

8) 雏形土(cambisols)：轻度风化、土层中黏粒未明显移动，结构及结持力改变的浅色土。

9) 钙积土(calcisols)：具有淡薄 A 层和钙积层或石化钙积层的土壤，主要分布在干旱和半干旱地区。

10) 石膏土(gypsisols)：具有淡薄 A 层和石膏层或石化石膏层的土壤，主要分布在干旱地区。

11) 碱土(solonetz)：有碱化 B 层的土壤。

12) 盐土(solonchaks)：可溶性盐积聚的土壤。

13) 栗钙土(kastanozems)：有暗沃 A 层和钙积层或石膏层或石灰积聚，表土呈栗色。

14) 黑钙土(chernozoms)：有暗沃 A 层和钙积层或石膏层或石灰积聚，表土呈黑色。

15) 黑土(phaeozems)：有暗沃 A 层而无钙积层和石膏层，无石灰聚积。

16) 灰色森林土(greyzems)：有暗沃 A 层，亚表层自然结构体面上有漂白胶膜，一般有黏化 B 层。

17) 高活性淋溶土(luvisols)：具有高交换量[＞24 cmol(＋)/kg 黏粒]和高盐基饱和度(＞50%)的黏化淀积 B 层的土壤，主要分布在温带地区。

18) 黏磐土(planosols)：在难渗透层之上有潜育漂白 E 层。

19) 灰化淋溶土(podzo luvisols)：有黏化 B 层，因舌状 E 层或铁质结核的影响，致使黏化 B 层上界呈不规则状，该土壤主要分布在北方森林带南部。

20) 灰壤(podzols)：有灰化淀积 B 层的土壤，分布在温带及潮湿热带地区。

21) 低活性淋溶土(lixisols)：具有低交换量[<24 cmol(+)/kg 黏粒]和高盐基饱和度(>50%)黏化 B 层的土壤，主要分布在半湿润热带地区。

22) 低活性强酸土(acrisols)：有低量盐基的黏化 B 层，主要分布在湿润热带地区。

23) 高活性强酸土(alisols)：具有高交换量[>24 cmol(+)/kg 黏粒]和低盐基饱和度(<50%)黏化 B 层的土壤。

24) 黏绨土(nitisols)：有黏化 B 层，深度可达 150 cm 以上，发育在干湿季交替的热带气候区的中性或基性母质上。

25) 铁铝土(ferralsols)：具有铁铝 B 层的土壤，分布在湿润热带地区。

26) 聚铁网纹土(plinthosols)：有铁铝聚积和雏形铁磐表下层，排水缓慢的土壤，分布在热带低地。

27) 有机土(histosols)：有机物质强烈聚积的土壤，一般排水不良。

28) 人为土(anthrosols)：受人类活动影响深刻的土壤。

2. 土壤单元 土壤单元(soil unit)相当于亚类，主要根据土壤诊断特性和次要诊断层划分。土壤单元的命名方式是在土壤类群名称前附加一形容词，如 eutric fluvisols(饱和冲积土)。

3. 土壤亚单元 土壤亚单元(soil subunit)主要按过渡特征或附加特征划分，其命名是在土壤单元名称前加一形容词，如 mazi-eutric vertisols(大块结构饱和变性土)。

联合国图例单元系统虽然严格来说不是分类系统，但它应用了土壤系统分类的成就，吸取各国土壤分类之长处，应用于土壤制图中，起到土壤分类的作用。但从世界土壤资源参比基础成立以后，该"图例单元"已不再继续发展。

三、世界土壤资源参比基础(WRB)

联合国粮农组织(FAO)/联合国教科文组织(UNESCO)的世界土壤图例单元起了土壤分类作用，但本身毕竟不是土壤分类。在 1978 年，在加拿大召开的第 12 届国际土壤学会上，国际土壤学会(International Society of Soil Science, ISSS)就倡议建立一个国际性的土壤分类。1980 年在保加利亚成立了国际土壤分类参比基础(IRB)。1990 年在日本京都召开的第 14 届国际土壤学会上，IRB 以一个专题形式提出了自己的分类方案。1992 年 1 月 13～15 日在法国蒙彼利埃(Montpellier)召开会议，会议认为，IRB 成立时的 FAO/UNESCO 世界土壤图例主要用于 1∶500 万世界土壤图，而 1990 年 FAO/UNESCO/ISRIC (International Soil Reference Information center，国际土壤参比信息中心)修改稿中已给出第三级图例单元，IRB 和图例之间出现不一致和矛盾，而图例划分得比 IRB 更加详细。最后认为 IRB 已完成了它的历史任务，在此基础上，由 ISSS、FAO 和 ISRIC 联合成立世界土壤资源参比基础(World Reference Base for Soil Resources, WRB)。经过近三年的紧张准备，1994 年在墨西哥召开的第 15 届国际土壤学大会上发表了《世界土壤资源参比基础》草案。此后，WRB 在世界上广泛传布，吸取各国土壤学家的智慧，以诊断层和诊断特性为基础，以 FAO/UNESCO/ISRIC 修订的图例单元为起点，并尽可能多地吸收世界各国土壤学家的最新研究成果，使这一方案不断完善。1998 年在法国蒙特利埃召开的第 16 届国际土壤学会大会上出版了这一方案的正式版本，其在世界上的影响空前扩大。

世界土壤资源参比基础方案是以欧洲土壤学派的学术思想为基础的，特别是吸取了俄罗斯、英国、德国和法国土壤分类的一些概念和术语，如盐土、碱土、黑钙土、栗钙土和黑土等。此方案与美国土壤系统分类同样以诊断层和诊断特性为基础，但有各自的侧重，并显示出其自身的一些特点。

世界土壤资源参比基础的诊断层、诊断特性和诊断物质根据新的研究成果进行修订，在正式方案中设有诊断层 40 个、诊断特性 13 个，还有 7 个诊断物质(表 7-6)。

表 7-6 世界土壤资源参比基础的诊断层、诊断特性和诊断物质

诊 断 层	诊 断 特 性	诊 断 物 质
漂白层(Albic)	质地突变(Abrupt textural change)	人为土壤物
火山灰层(Andic)	漂白淋溶舌状物(Albeluvic tonguing)	(Anthropogeomorphic soil material)
水耕表层(Anthroquic)	高活性强酸特性(Alic properties)	石灰性土壤物质
人为发生层(Anthropogenic)	干旱特性(Aridic properties)	(Calcaric soil material)
黏化层(Argic)	连续硬质基岩(Continuos hard rock)	冲积土壤物质

续 表

诊断层	诊断特性	诊断物质
钙积层(Calcic)	铁铝特性(Ferralic properties)	(Fluvic soil material)
雏形层(Cambic)	超强风化特性(Geric)	石膏性土壤物质
暗黑层(Chernic)	潜育特性(Gleyic properties)	(Gypsiric soil material)
寒冻层(Cryic)	永冻层(Permafrost)	有机土壤物质
硅胶结层(Duric)	次生碳酸盐(Secondary carbonates)	(Organic soil material)
铁铝层(Ferralic)	滞水特性(Stagnic properties)	硫化物土壤物质
铁质层(Ferric)	强腐殖质特性(Strongly humic properties)	(Sulfidic soil material)
落叶层(Folic)	变性特性(Vertic properties)	火山喷出土壤物质
脆磐层(Fragic)		(Tephric soil material)
暗黄层(Fulvic)		
石膏层(Gypsic)		
有机层(Histic)		
水耕氧化还原层(Hydragric)		
厚熟层(Hortic)		
灌淤层(Irragric)		
火山灰暗黑层(Melanic)		
暗沃层(Mollic)		
碱化层(Natric)		
黏绨层(Nitic)		
淡薄层(Ochric)		
石化钙积层(Petrocalcic)		
石化硅胶结层(Petroduric)		
石化石膏层(Petrogypsic)		
石化聚铁网纹层(Petroplinthic)		
草垫层(Plaggic)		
聚铁网纹层(Plinthic)		
盐积层(Salic)		
灰化淀积层(Spodic)		
含硫层(Sulfuric)		
龟裂层(Takyric)		
暗色层(Umbric)		
变性层(Vertic)		
玻璃质层(Vitric)		
干漠层(Yermic)		

该方案分一级单元和二级单元。整个方案中有 30 个一级单元,对每一单元的分布、概念、定义和性质以及与相关土壤的联系均有报道,二级单元有 200 多个,也有一个检索系统。根据世界土壤资源参比基础诊断层、诊断特性和诊断物质可检索出 30 个一级单元,其简化的检索如表 7-7 所示。

表 7-7 简化的世界土壤资源参比基础一级单元检索

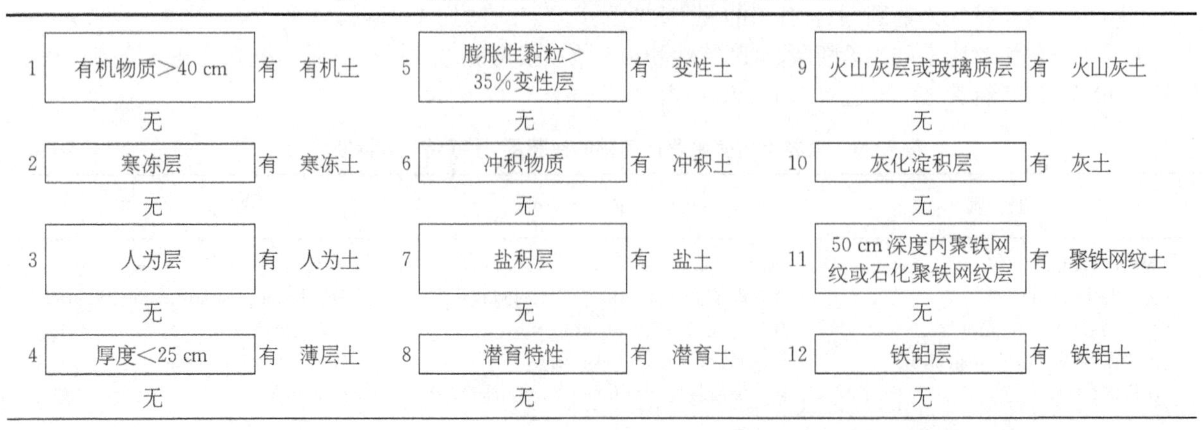

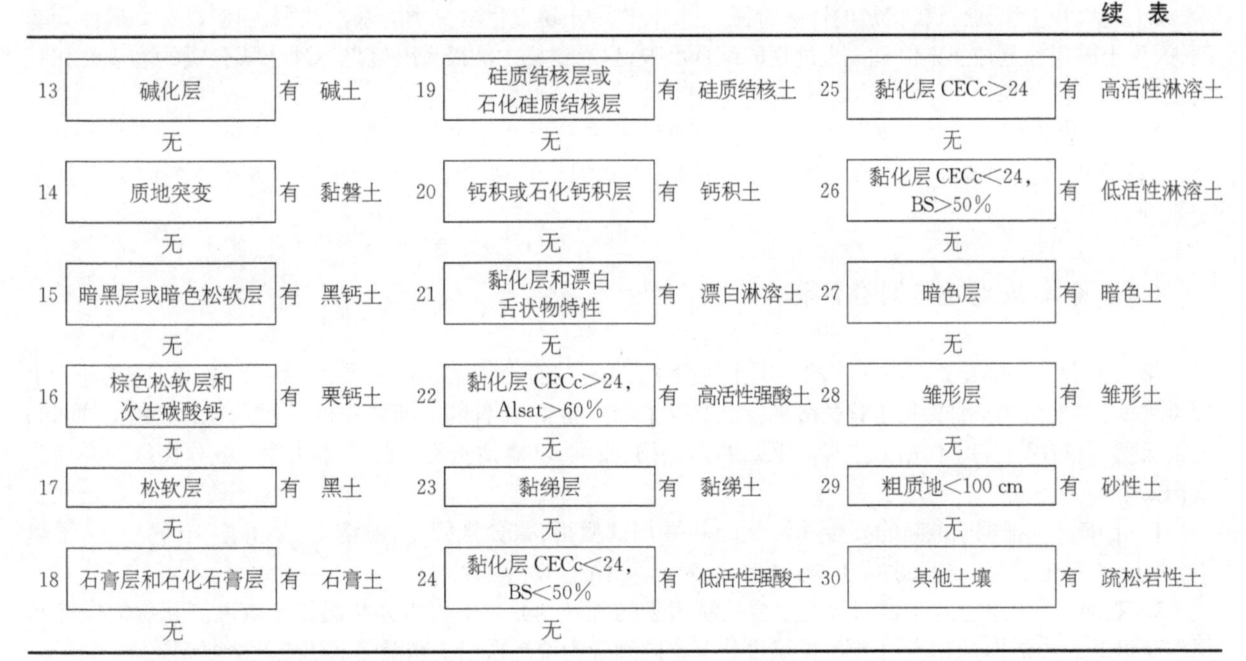

资料来源：龚子同等(2007)。

第四节 中国的土壤分类

一、引言

中国土壤分类有着悠久的历史和丰富的经验。早在公元前二三世纪出现的《禹贡》和《管子·地员篇》等著作中就有最早的土壤分类的内容。中国近代土壤分类始于20世纪30年代，当时吸取了美国土壤分类的经验，结合我国情况，引进了大土类的概念，建立了2 000多个土系。1949年以后，我国土壤分类不论是在理论基础上，还是在研究手段上，以及在土壤分类的应用等方面都取得了很大成绩，大致可分为三个时期：① 1949～1953年基本上是继承先前所建立的土壤分类系统；② 从1954年开始采用土壤发生学分类系统，以后陆续提出了一些新土类，如黄棕壤、黑土、白浆土、砖红壤性红壤等，接着由于对耕作土壤的普查，充实了水稻土，明确了潮土、灌淤土和𪾢土等的独立土类位置，并提出了磷质石灰土等许多新土类；③ 20世纪80年代开始以诊断层和诊断特性为基础，结合我国丰富土壤类型的实际，在已有基础上，建立具有我国特色和定量指标的土壤系统分类。随着土壤科学水平的提高，我国土壤分类正在不断改进。

土壤发生学分类制对我国影响深远，得到广泛应用，第二次全国土壤普查汇总采用的中国土壤分类系统(1992)就属于发生学分类体系。土壤系统分类在我国也取得了重大进展，由中国科学院南京土壤研究所牵头、18个单位参加的中国土壤系统分类协作组，1991年出版了《中国土壤系统分类》(首次方案)，1995年出版了《中国土壤系统分类》(修订版)，2001年出版了《中国土壤系统分类》(第三版)，这一分类系统属诊断学分类体系。下面对我国的这两个分类系统分别予以介绍。

二、中国土壤发生学分类

第二次全国土壤普查汇总的中国土壤分类系统(1992)(表7-8)，初始是在中国土壤学会拟订的《全国土壤分类暂行草案》(1978)的基础上，由全国土壤普查办公室邀请有关专家研究制订，经过实践，反复修订、补充，逐步改进。

(一) 分类的基本原则

1. 发生学原则 土壤是客观存在的历史自然体。土壤分类必须贯彻发生学原则，即必须坚持成土因素、成土过程和土壤属性(较稳定的性态特征)三结合作为土壤发生学分类的基本依据,但应以土壤属性为基础,因为土壤属性是成土条件和成土过程的综合反映,只有这样才能最大限度地体现土壤分类的客观性和真实性。

2. 统一性原则 在土壤分类中,必须将耕种土壤和自然土壤作为统一的整体进行土壤类型的划分,具体分析自然因素和人为因素对土壤的影响,力求揭示自然土壤与耕种土壤在发生上的联系及其演变规律。

(二) 分类级别及其划分依据

第二次全国土壤普查汇总采用的中国土壤分类系统,共有土纲、亚纲、土类、亚类、土属、土种、变种 7 个分类级别,以土类和土种为基本分类级别。土类以下细分亚类,土种以下细分变种。土属为土类和土种间的过渡级别,具有承上启下作用。土类以上归纳为土纲、亚纲,以概括土类间的某些共性。各分类级别的划分依据如下。

1. 土纲 根据土类间的发生和性状的共性加以概括,共分铁铝土、淋溶土、半淋溶土、钙层土、干旱土、漠土、初育土、半水成土、水成土、盐碱土、人为土、高山土 12 个土纲。

2. 亚纲 根据土壤形成过程的主要控制因素的差异划分。土壤水分状况和土壤温度状况的差异常用作亚纲的划分依据,如铁铝土纲根据温度状况不同划分为湿热铁铝土和湿暖铁铝土两个亚纲。

3. 土类 分类的基本单元。它是在一定的综合自然条件或人为因素作用下,经过一个主导的或几个附加的次要成土过程,具有相似的发生层次,土类间在性质上有明显的差异。划分土类的依据是:

1) 地带性土壤类型和当地的生物、气候条件相吻合,非地带性土壤类型(如紫色土、沼泽土)可由特殊的母质或过多的地表水或地下水的影响而形成。

2) 在自然因素与人为因素(如耕作、施肥、灌溉、排水等)作用下,具有一定特征的成土过程,如灰化过程或潜育化过程、黏化过程、富铝化过程、水耕熟化过程等。

3) 每一个土类具有独特的剖面形态及相应的土壤属性,特别是具有作为鉴定该土壤类型特征的诊断层,如灰化土的灰化层、褐土的黏化层、红壤的富铝化层。

4) 由于成土条件和成土过程的综合影响,在同一土类内必定有其相似的肥力特征和改良利用的方向与途径,如红壤的酸性、盐土的盐分、褐土的干旱问题。

4. 亚类 在土类范围内的进一步划分。亚类划分的主要依据是:

1) 同一土类的不同发育阶段,表现为成土过程和剖面性态上的差异。例如,把褐土划分为淋溶褐土和石灰性褐土,就是反映了褐土中碳酸盐的积聚与淋溶的不同发育阶段。

2) 不同土类之间的相互过渡,表现为主要成土过程中同时产生附加的次要成土过程。例如,盐土和草甸土之间的过渡类型有草甸盐土亚类和盐化草甸土亚类。

5. 土属 具有承上启下的特点,是土壤在地方性因素的影响下所表现出的区域性变异,这些区域性变异因素主要有以下五方面。

1) 成土母质类型:例如,残积的、洪积的、冲积的母质;酸性岩类及基性岩类等母岩风化物。

2) 地形部位特征:岗坡地——燥性的,暖性的;洼地或阴坡——凉性的、冷性的以及某些以地形为主体的综合表现,如塝田、冲田、峒田、洋田等概念。

3) 水文地质条件:主要指区域水文地质条件及地下水或土壤的化学组成。例如,平原区不同矿化度的地下水引起盐分组成上所发生的差异;山麓钙质水对土体中砂姜形成的影响等。

4) 古土壤形成过程的残留特征:例如,残余盐土、残余沼泽土等。

5) 耕种影响:某些农业土壤,如黄垆土(耕种褐土)、耕种草甸土、黄刚土(耕种黄棕壤)等,尚未形成独特的土类及亚类,则均可列入土属。

6. 土种 基层分类的基本单元。同一土种发育在相同的母质上,并且有相似的发育程度和剖面层次排列。表现为主要层次的排列顺序、厚度、质地、结构、颜色、有机质含量和 pH 等基本相似,只在量上有些差异。至于具体反映变异的指标,应根据各地区、各土种的特点而进行具体规定。

7. 变种 土种范围内的细分。划分的依据是土种在某些性状上的差异。例如,表层或表层以下某些质地的变化;冲积平原表土层以下某些较次要的质地层次的出现;某些质地层位、厚度的变异;地面覆盖程度的变异;新修梯田、其他新形成的田地土壤中所表现出的不十分稳定的熟化特征等。

第二次全国土壤普查汇总的中国土壤分类系统(1992),共分为12个土纲、28个亚纲、61个土类、233个亚类(表7-8)。

表7-8 中国土壤分类系统表(1992)

土纲	亚纲	土类	亚类
铁铝土	湿热铁铝土	砖红壤	砖红壤、黄色砖红壤
		赤红壤	赤红壤、黄色赤红壤、赤红壤性土
		红壤	红壤、黄红壤、棕红壤、山原红壤、红壤性土
	湿暖铁铝土	黄壤	黄壤、漂洗黄壤、表潜黄壤、黄壤性土
淋溶土	湿暖淋溶土	黄棕壤	黄棕壤、暗黄棕壤、黄棕壤性土
		黄褐土	黄褐土、黏磐黄褐土、白浆化黄褐土、黄褐土性土
	湿温暖淋溶土	棕壤	棕壤、白浆化棕壤、潮棕壤、棕壤性土
	湿温淋溶土	暗棕壤	暗棕壤、白浆化暗棕壤、草甸暗棕壤、潜育暗棕壤、暗棕壤性土
		白浆土	白浆土、草甸白浆土、潜育白浆土
	湿寒温淋溶土	棕色针叶林土	棕色针叶林土、灰化棕色针叶林土、暗漂灰土、表潜棕色针叶林土
		漂灰土	漂灰土、暗漂灰土
		灰化土	灰化土
半淋溶土	半湿热半淋溶土	燥红土	燥红土、褐红土
	半湿温暖半淋溶土	褐土	褐土、石灰性褐土、淋溶褐土、潮褐土、塿土、燥褐土、褐土性土
	半湿温半淋溶土	灰褐土	灰褐土、暗灰褐土、淋溶灰褐土、石灰性灰褐土、灰褐土性土
		黑土	黑土、草甸黑土、白浆化黑土、表潜黑土
		灰色森林土	灰色森林土、暗灰色森林土
钙层土	半湿温钙层土	黑钙土	黑钙土、淋溶黑钙土、石灰性黑钙土、草甸黑钙土、盐化黑钙土、碱化黑钙土
	半干温钙层土	栗钙土	暗栗钙土、栗钙土、淡栗钙土、草甸栗钙土、盐化栗钙土、碱化栗钙土、栗钙土性土
	半干温暖钙层土	栗褐土	栗褐土、淡栗褐土、潮栗褐土
		黑垆土	黑垆土、黏化黑垆土、潮黑垆土、黑麻土
干旱土	温干旱土	棕钙土	棕钙土、淡棕钙土、草甸棕钙土、盐化棕钙土、碱化棕钙土、棕钙土性土
	温暖干旱土	灰钙土	灰钙土、淡灰钙土、草甸灰钙土、盐化灰钙土
漠土	温漠土	灰漠土	灰漠土、钙质灰漠土、草甸灰漠土、盐化灰漠土、碱化灰漠土、灌耕灰漠土
	温暖漠土	灰棕漠土	灰棕漠土、石膏灰棕漠土、石膏盐磐灰棕漠土、灌耕灰棕漠土
		棕漠土	棕漠土、盐化棕漠土、石膏棕漠土、石膏盐磐棕漠土、灌溉棕漠土
初育土	土质初育土	黄绵土	黄绵土
		红黏土	红黏土、积钙红黏土、复盐基红黏土
		新积土	新积土、冲积土、珊瑚砂土

续 表

土纲	亚纲	土类	亚类
初育土	土质初育土	龟裂土	龟裂土
		风沙土	荒漠风沙土、草原风沙土、草甸风沙土、滨海风沙土
	石质初育土	石灰(岩)土	红色石灰土、黑色石灰土、棕色石灰土、黄色石灰土
		火山灰土	火山灰土、暗火山灰土、基性岩火山灰土
		紫色土	酸性紫色土、中性紫色土、石灰性紫色土
		磷质石灰土	磷质石灰土、硬磐磷质石灰土、盐渍磷质石灰土
		石质土	酸性石质土、中性石质土、钙质石质土、含盐石质土
		粗骨土	酸性粗骨土、中性粗骨土、钙质粗骨土、硅质粗骨土
半水成土	暗半水成土	草甸土	草甸土、石灰性草甸土、白浆化草甸土、潜育草甸土、盐化草甸土、碱化草甸土
	淡半水成土	潮 土	潮土、灰潮土、脱潮土、湿潮土、盐化潮土、碱化潮土、灌淤潮土
		砂姜黑土	砂姜黑土、石灰性砂姜黑土、盐化砂姜黑土、碱化砂姜黑土
		山地草甸土	山地草甸土、山地草原草甸土、山地灌丛草甸土
水成土	矿质水成土	沼泽土	沼泽土、腐泥沼泽土、泥炭沼泽土、草甸沼泽土、盐化沼泽土
	有机水成土	泥炭土	低位泥炭土、中位泥炭土、高位泥炭土
盐碱土	盐 土	草甸盐土	草甸盐土、结壳盐土、沼泽盐土、碱化盐土
		滨海盐土	滨海盐土、滨海沼泽盐土、滨海潮滩盐土
		酸性硫酸盐土	酸性硫酸盐土、含盐酸性硫酸盐土
		漠境盐土	漠境盐土、干旱盐土、残余盐土
		寒原盐土	寒原盐土、寒原草甸盐土、寒原硼酸盐土、寒原碱化盐土
	碱 土	碱 土	草甸碱土、草原碱土、龟裂碱土、盐化碱土、荒漠碱土
人为土	人为水成土	水稻土	潴育水稻土、淹育水稻土、渗育水稻土、潜育水稻土、脱潜水稻土、漂洗水稻土、盐渍水稻土、咸酸水稻土
	灌耕土	灌淤土	灌淤土、潮灌淤土、表锈灌淤土、盐化灌淤土
		灌漠土	灌漠土、灰灌漠土、潮灌漠土、盐化灌漠土
高山土	湿寒高山土	高山草甸土	高山草甸土、高山草原草甸土、亚高山灌丛草甸土、亚高山湿草原土
		亚高山草甸土	亚高山草甸土、亚高山草原草甸土、亚高山灌丛草甸土、亚高山湿草甸土
	半湿寒高山土	高山草原土	高山草甸土、高山草甸草原土、高山荒漠草原土、高山盐渍草原土
		亚高山草原土	亚高山草原土、亚高山草甸草原土、亚高山荒漠草原土、亚高山盐渍草原土
		山地灌丛草原土	山地灌丛草原土、山地淋溶灌丛草原土
	干寒高山土	高山漠土	高山漠土
		亚高山漠土	亚高山漠土
	寒冻高山土	高山寒漠土	高山寒漠土

（三）土壤命名

该分类系统的土壤命名采用分段命名法，即土纲、土类、土属、土种等都可单独命名，习用名称与群众名称并用。土纲名称由土类名称概括而成；亚纲名称则在土纲名称前加形容词构成；土类名称以习用名称为主，也部分采用了经提炼后的土壤俗名；亚类名称在土类名称前加形容词构成；土属名称从土种中加以提炼选择；土种和变种的名称主要从当地土壤俗名中提炼而得，但需对同土异名或异土同名作甄别而决定取舍。

三、中国土壤系统分类

自1985年起，中国科学院南京土壤研究所等单位组成的中国土壤分类协作组提出了中国土壤系统分类一、二、三稿，于1991年出版了《中国土壤系统分类》（首次方案），1995年出版了修订方案，2001年出版了第三版。该方案吸取了以土壤诊断层和诊断特性为基础的土壤分类经验，以发生学理论为指导，面向世界与国际接轨，并充分注意了我国土壤的特色，如我国人为活动对土壤影响的深刻性、热带亚热带土壤分布的广泛性、西北内陆土壤的干旱性以及“世界屋脊”高山土壤的独特性等，总结我国土壤分类命名的经验，力图建立具有我国特色的土壤系统分类。

中国土壤系统分类以诊断层和诊断特性作为分类的基础，为了便于交流，较多地引用国际通用的土壤诊断学分类系统的诊断层和诊断特性；对某些诊断层和诊断特性的概念和区分标准，根据我国土壤实际情况及研究成果作了修正和补充；根据需要和条件提出了一些新的、特有的诊断层和诊断特性。《中国土壤系统分类》（第三版）共拟定11个诊断表层、20个诊断表下层、2个其他诊断层和25个诊断特性（表7－9）。就诊断层而言，36.4％是直接引用美国土壤系统分类的，27.2％是引进概念加以修订补充的，而有36.4％是新提出的；在诊断特性中，则相应为31.0％、32.8％和36.2％。

中国土壤系统分类中还把在性质上已发生明显变化，不能完全满足诊断层或诊断特性规定的条件，但在土壤分类上具有重要意义，即足以作为划分土壤类别依据的称为诊断现象（主要用于亚类一级）。其命名参照相应诊断层或诊断特性的名称，如碱积现象、钙积现象、变性现象等。各诊断现象均规定出一定指标及其下限，其上限一般为相应诊断层或诊断特性的指标下限。诊断现象在处理覆盖层与埋藏土壤之间的关系时，即在解决这种土壤在系统分类中的位置时，也具有重要的意义，目前已建立的诊断现象有20个（表7－9）。

表7－9　中国土壤系统分类的诊断层和诊断特性

诊断层	诊断特性	诊断现象
诊断表层 Diagnostic surface horizons	有机土壤物质 Organic soil materials	有机现象 Histic evidence
有机物质表层类 Organic epipedons	纤维土壤物质 Fibric soil materials	草毡现象 Mattic evidence
有机表层 Histic epipedon	半腐有机物质 Hemic soil materials	灌淤现象 Siltigic evidence
草毡表层 Mattic epipedon	高腐有机土壤物质 Sapric soil materials	堆垫现象 Cumulic evidence
腐殖质表层类 Humic epipedons	落叶有机土壤物质 Folic soil materials	肥熟现象 Fimic evidence
暗沃表层 Mollic epipedon	草毡有机土壤物质 Mattic soil materials	水耕现象 Anthrostagnic evidence
暗瘠表层 Umbric epipedon	岩性特性 Lithologic characters	舌状现象 Glossic evidence
淡薄表层 Ochric epipedon	冲积物岩性特性 L. C. of alluvial deposits	聚铁网纹现象 Plinthic evidence
人为表层类 Anthropic epipedons	砂质沉积物岩性特征 L. C. of sandy deposits	灰化淀积现象 Spodic evidence
灌淤表层 Siltigic epipedon	黄土状沉积物岩性特征 L. C. of loess and loess-like deposits	耕作淀积现象 Agric evidence
堆垫表层 Cumulic epipedon	页岩岩性 L. C. of purplish sandstones and shales	水耕氧化还原现象 Hydragric evidence
肥熟表层 Fimic epipedon	北方红土岩性特征 L. C. of red sandstones, shales and conglomerates, and northen red earths	碱积现象 Alkalic evidence
水耕表层 Anthrostagnic epipedon	碳酸盐岩岩性 L. C. of carbonate rocks	石膏现象 Gypic evidence
结皮表层类 Crustic epipedons	珊瑚砂岩性特征 L. C. of coral sands	钙积现象 Calcic evidence
干旱表层 Aridic epipedon	石质接触面 Lithic contact	盐积现象 Salic evidence
盐结壳 Salic crust	准石质接触面 Paralithic contact	变性现象 Vertic evidence

续 表

诊断层	诊断特性	诊断现象
诊断表下层 Diagnostic subsurface horizons	人为淤积物质 Anthro-silting materials	潜育现象 Gleyic evidence
漂白层 Albic horizon	变性特征 Vertic features	富磷现象 Phosphic evidence
舌状层 Glossic horizon	人为扰动层次 Anthroturbic layer	钠质现象 Sodic evidence
雏形层 Cambic horizon	土壤水分状况 Soil moisture regimes	铝质现象 Alic evidence
铁铝层 Ferralic horizon	干旱土壤水分状况 Aridic moisture regime	
低活性富铁层 LAC-ferric horizon	湿润土壤水分状况 Udic moisture regime	
聚铁网纹层 Plinthic horizon	常湿润土壤水分状况 Perudic moisture regime	
灰化淀积层 Spodic horizon	滞水土壤水分状况 Stagnic moisture regime	
耕作淀积层 Agric horizon	人为土壤水分状况 Anthrostagnic moisture regime	
水耕氧化还原层 Hydragric horizon	潮湿土壤水分状况 Aquic moisture regime	
黏化层 Argic horizon	潜育特征 Gleyic features	
黏磐 Claypan	氧化还原特征 Redoxic features	
碱积层 Alkalic horizon	土壤温度状况 Soil temperature regimes	
超盐积层 Hypersalic horizon	永冻土壤温度状况 Permagelic temperature regime	
盐磐 Salipan	寒冻土壤温度状况 Gelic temperature regime	
石膏层 Gypsic horizon	寒性土壤温度状况 Cryic temperature regime	
超石膏层 Hypergypsic horizon	冷性土壤温度状况 Frigid temperature regime	
钙积层 Calcic horizon	温性土壤温度状况 Mesic temperature regime	
超钙积层 Hypercalcic horizon	热性土壤温度状况 Thermic temperature regime	
钙磐 Calcipan	高热土壤温度状况 Hyperthermic temperature regime	
磷磐 Phosphipan	永冻层次 Permafrost layer	
其他诊断层 Other diagnostic horizons	冻融特征 Frost-thawic features	
盐积层 Salic horizon	n 值 n value	
含硫层 Sulfuric horizon	均腐殖质特性 Isohumic property	
	腐殖质特性 Humic property	
	火山灰特性 Andic property	
	铁质特性 Ferric property	
	富铝特性 Allitic property	
	铝质特性 Alic property	
	富磷特性 Phosphic property	
	钠质特性 Sodic property	
	石灰性 Calcaric property	
	盐基饱和度 Base saturation	
	硫化物物质 Sulfidic materials	

中国土壤系统分类包含 6 个分类级别，即土纲、亚纲、土类、亚类、土族和土系。前四级为高级分类级别，后两级为基层分类级别。

1. 土纲 高级土壤分类级别。根据反映主要成土过程产生的性质或影响主要成土过程的性质划分，共分出 14 个土纲(表 7－10)。

2. 亚纲 土纲的辅助级别。主要根据影响现代成土过程的控制因素所反映的性质(如水分状况、温度状况和岩性特征)划分。

3. 土类 亚纲的续分级别。根据反映主要成土过程强度或次要成土主要过程或次要控制因素的表现性质。

4. 亚类 土类的辅助级别。主要根据是否偏离中心概念，是否具有附加过程的特性和是否具有母质残留的特性划分。

5. 土族 土壤系统分类的基层分类单元。它是亚类范围内，主要反映与土壤利用管理有关的土壤理化性质发生明显分异的续分单元。同一亚类的土族划分是地域性(或地区性)成土因素引起土壤性质在不同地理区域的具体体现。

6. 土系 最低级别的基层分类单元。它是由自然界中性态特征相似的单个土体组成的聚合土体所构成,是直接建立在实体基础上的分类单元。

隶属诊断学分类体系的中国土壤系统分类,也有分类检索系统。该系统共分 14 个土纲、39 个亚纲、138 个土类和 588 个亚类。中国土壤系统分类方案的高级分类单元已趋于成熟,但基层分类及其应用尚待完善。

表 7-10 中国土壤系统分类 14 个土纲检索简表

诊断层和/或诊断特性	土 纲
1. 土壤中有机土壤物质总厚度≥40 cm,若容重<0.1 Mg/m³,则≥60 cm,且其上界在土表至 40 cm 范围内	有机土 Histosols
2. 其他土壤中有水耕表层和水耕氧化还原层;或肥熟表层和磷质耕作淀积层;或灌淤表层;或堆垫表层	人为土 Anthrosols
3. 其他土壤在土表下 100 cm 范围内有灰化淀积层	灰土 Spodosols
4. 其他土壤在土表至 60 cm 或至更浅的石质接触面范围内 60%或更厚的土层具有火山灰特性	火山灰土 Andosls
5. 其他土壤中有上界在土表至 150 cm 范围内的铁铝层	铁铝土 Ferralosols
6. 其他土壤中土表至 50 cm 范围内黏粒≥30%,且无石质或准石质接触面,土壤干燥时有宽度>0.5 cm 的裂隙,和土表至 100 cm 范围内有滑擦面或自吞特征	变性土 Vertosols
7. 其他土壤有干旱表层和上界在土表至 100 cm 范围内的下列任一诊断层:盐积层、超盐积层、盐磐、石膏层、超石膏层、钙积层、超钙积层、钙磐、黏化层或雏形层	干旱土 Aridosols
8. 其他土壤中土表至 30 cm 范围内有盐积层,或土表至 75 cm 范围内有碱积层	盐成土 Halosols
9. 其他土壤中土表至 50 cm 范围内有一土层厚度≥10 cm 有潜育特征	潜育土 Gleyosols
10. 其他土壤中有暗沃表层和均腐殖质特性,且矿质土表下 180 cm 或至更浅的石质或准石质接触面范围内盐基饱和度≥50%	均腐土 Isohumosols
11. 其他土壤中有上界在土表至 125 cm 范围内的低活性富铁层	富铁土 Ferrosols
12. 其他土壤中有上界在土表至 125 cm 范围内的黏化层或黏磐	淋溶土 Argosols
13. 其他土壤中有雏形层:或矿质土表至 100 cm 范围内有如下任一诊断层:漂白层、钙积层、超钙积层、钙磐、石膏层、超石膏层;或矿质土表下 20~50 cm 范围内有一土层(≥10 cm 厚)的 n 值<0.7;或黏粒含量<8%,并有有机表层;或暗沃表层;或暗瘠表层;或有永冻层和矿质土表至 50 cm 范围内有滞水土壤水分状况	雏形土 Cambosols
14. 其他土壤仅有淡薄表层,且无鉴别上述土纲所要求的诊断层或诊断特性	新成土 Primosols

资料来源:龚子同等(2007)。

第五节 不同土壤分类体系之间的参比

目前国际上多种土壤分类体系并存,为了便于信息交流和知识共享,土壤分类的参比是必不可少的。一般来讲,两个同为定量的土壤分类体系对应关系较易确定,如以诊断层和诊断特性为基础的土壤分类体系之间的参比比较容易,因为其分类原则和方法是相同的;而一个定量与一个定性的体系之间的参比有时难以确定,如诊断学分类体系与发生学分类体系之间的参比有一定困难,但它们之间也有互通之处,只要把握其差别,掌握土壤的性质,则可进行近似参比。

一、地理发生分类与系统分类的参比

鉴于当前国内土壤系统分类和发生分类并存的现状,另外,国内大量已有土壤资料是在长期应用土壤发生分类体系条件下积累起来的，而且发生分类在我国已有半个多世纪的历史。因此，第二次土壤普查在《中国土壤分类暂行草案》(1978)的基础上丰富了我国土壤发生分类，并吸收了系统分类的一些内容，使这两个系统的参比具有现实意义。

中国土壤系统分类方案中，高级分类级别包括土纲、亚纲、土类、亚类。土纲根据主要成土过程产生的或影响主要成土过程的性质划分，亚纲主要根据影响现代成土过程的控制因素所反映的性质(水分、温度状况和岩性特征)划分，土类多根据反映主要成土过程强度或次要成土过程或次要控制因素的表现性质划分，亚类主要根据是否偏离中心概念、是否有附加过程的特性和母质残留的特性划分，除普通亚类外，还有附加过程的亚类。系统分类重点是土纲，发生分类中高级分类中的基本单元是土类。因此，在全国范围内对两者参比时，主要以发生分类的土类与系统分类的亚纲或土类进行比较。

在发生分类制的某一土类中可包含不同发育程度的亚类，除反映中心概念的典型亚类和附加过程的亚类外，有很多未成熟亚类，如赤红壤性土、红壤性土、黄壤性土、黄棕壤性土、黄褐土性土、棕壤性土、暗棕壤性土、褐土性土，甚至还有栗钙土性土和棕钙土性土。发生分类中心概念虽较明确，但边界模糊。这些幼年亚类与典型亚类在性质上相差甚远。从系统分类观点看，这种差异可能是土纲水平上的差异。因此，两个系统在土类水平上参比时，只能以反映中心概念进行参比，不然涉及范围太广而无从下手。虽然发生分类与系统分类的分类原则和方法不同，但只要取得必要的资料，即可进行参比，掌握资料越充足，其参比就越具体、越确切。在具体参比时，应根据诊断层和诊断特性，按次序检索。先根据诊断层和诊断特性检索其土纲的归属，然后往下检索亚纲和土类。为了便于参考，发生分类中的土类与中国土壤系统分类中的土类参比列于表7-11。

表7-11 我国土壤地理发生分类和系统分类的近似参比

土壤地理 发生分类	中国土壤系统分类 (主要土类)
砖红壤	暗红湿润铁铝土 简育湿润铁铝土 富铝湿润富铁土 黏化湿润富铁土 铝质湿润雏形土 铁质湿润雏形土
赤红壤	强育湿润富铁土 富铝湿润富铁土 简育湿润铁铝土
红　壤	富铝湿润富铁土 黏化湿润富铁土 铝质湿润淋溶土 铝质湿润雏形土 简育湿润雏形土
褐　土	简育干润淋溶土 简育干润雏形土
暗棕壤	冷凉湿润雏形土 暗沃冷凉淋溶土
白浆土	漂白滞水温润均腐土 漂白冷凉淋溶土
灰棕壤	冷凉常湿雏形土 简育冷凉淋溶土
棕色针叶林土	暗瘠寒冻雏形土
漂灰土	暗瘠寒冻雏形土 漂白冷凉淋溶土 正常灰土
灰化土	腐殖灰土 正常灰土
灰黑土	黏化暗厚干润均腐土 暗厚黏化湿润均腐土 暗沃冷凉淋溶土
灰褐土	简育干润淋溶土 钙积干润淋溶土 黏化简育干润均腐土
黑　土	简育湿润均腐土 黏化湿润均腐土
黑钙土	暗厚干润均腐土 钙积干润均腐土
栗钙土	简育干润均腐土 钙积干润均腐土 简育干润雏形土
黑垆土	堆垫干润均腐土 简育干润均腐土
棕钙土	钙积正常干旱土 简育正常干旱土
灰钙土	钙积正常干旱土 黏化正常干旱土
灰漠土	钙积正常干旱土
泥炭土	正常有机土
潮　土	淡色潮湿雏形土 底锈干润雏形土

续表

土壤地理发生分类	中国土壤系统分类（主要土类）
砂姜黑土	砂姜钙积潮湿变性土 砂姜潮湿雏形土
亚高山草甸土和高山草甸土	草毡寒冻雏形土 暗沃寒冻雏形土
亚高山草原土和高山草原土高山漠土	钙积寒性干旱土 黏化寒性干旱土 简育寒性干旱土 石膏寒性干旱土 简育寒性干旱土
高山寒漠土	寒冻正常新成土
黄　壤	铝质常湿淋溶土 铝质常湿雏形土 富铝常湿富铁土
燥红土	铁质干润淋溶土 铁质干润雏形土 简育干润富铁土 简育干润变性土
黄棕壤	铁质湿润淋溶土 铁质湿润雏形土 铝质常湿雏形土
黄褐土	黏磐湿润淋溶土 铁质湿润淋溶土
棕　壤	简育湿润淋溶土 简育正常干旱土 灌淤干润雏形土
灰棕漠土	石膏正常干旱土 简育正常干旱土 灌淤干润雏形土
棕漠土	石膏正常干旱土 盐积正常干旱土
盐　土	干旱正常盐成土 潮湿正常盐成土
碱　土	潮湿碱积盐成土 简育碱积盐成土 龟裂碱积盐成土
紫色土	紫色湿润雏形土 紫色正常新成土
火山灰土	简育湿润火山灰土 火山渣湿润正常新成土
黑色石灰土	黑色岩性均腐土 腐殖钙质湿润淋溶土
红色石灰土	钙质湿润淋溶土 钙质湿润雏形土 钙质湿润富铁土
磷质石灰土	富磷岩性均腐土 磷质钙质湿润雏形土
黄绵土	黄土正常新成土 简育干润雏形土
风砂土	干旱砂质新成土 干润砂质新成土
粗骨土	石质湿润正常新成土 石质干润正常新成土 弱盐干旱正常新成土
草甸土	暗色潮湿雏形土 潮湿寒冻雏形土 简育湿润雏形土
沼泽土	有机正常潜育土 暗沃正常潜育土 简育正常潜育土
水稻土	潜育水耕人为土 铁渗水耕人为土 铁聚水耕人为土 简育水耕人为土 除水耕人为土以外的其他类别中的水耕亚类
塿土	土垫旱耕人为土
灌淤土	寒性灌淤旱耕人为土 灌淤干润雏形土 灌淤湿润砂质新成土 淤积人为新成土
菜园土	肥熟旱耕人为土 肥熟灌淤旱耕人为土 肥熟土垫旱耕人为土 肥熟富磷岩性均腐土

资料来源：中国科学院南京土壤研究所土壤系统分类课题组，中国土壤系统分类课题研究协作组(2001)。

二、土壤系统分类体系之间的参比

以诊断层和诊断特性为基础的土壤诊断学分类制的不同体系之间，存在大同小异和详简不一。中国土壤系统分类(CST)与美国土壤系统分类(ST)和国际土壤资源参比基础(WRB)的高级分类单元的大致参比如表 7－12 所示，可见其中一些土纲(或一级单元)是相似或相同的。例如，三个体系中的灰土和变性土是完全相当的；有机土和火山灰土是大体相同的。ST 制中的干旱土，在 CST 制中划分为干旱土和盐成土，在

WRB 制中进一步细分为钙积土和石膏土以及盐土和碱土。CST 制中的新成土相当于 ST 制中的大部分新成土和部分冻土，相当于 WRB 制中的冲积土、薄层土、砂性土、疏松岩性土和冷冻土。至于 CST 制中的均腐土、淋溶土和富铁土三个土纲，中国土壤学家根据本国特点，在划分指标上与 ST 制中的软土、淋溶土和老成土并不等同。应该特别指出的是 CST 制中的富铁土，其划分依据主要根据阳离子交换量而非 ST 制中的黏化层和盐基饱和度，在 WRB 制中相应的分类单元划分得比较细。至于人为土的确立与划分是中国土壤学家的独特贡献，ST 制中至今未设人为土纲，只在较低级单元中有所反映；WRB 制中虽有相应的名称，但缺乏详细的分类。

表 7－12　中国土壤系统分类与美国土壤系统分类和世界土壤资源参比基础的高级分类单元的参比

中国土壤系统分类 (CST, 1999)	美国土壤系统分类 (ST, 1999)	世界土壤资源参比基础 (WRB, 1998)
有机土(Histosols)	有机土(Histosols)**	有机土(Histosols)
人为土(Anthrosols)	/	人为土(Anthrosols)
灰土(Spodosols)	灰土(Spodosols)	灰土(Podosols)
火山灰土(Andosols)	火山灰土(Andosols)	火山灰土(Andosols)* 冷冻土(Cryosols)*
铁铝土(Ferralosols)	氧化土(Oxisols)	铁铝土(Ferralsols)** 聚铁网纹土(Plinthosols)* 低活性强酸土(Acrisols)* 低活性淋溶土(Lixisols)* 其他有铁铝层(CST)的土壤
变性土(Vertosols)	变性土(Vertisols)	变性土(Vertisols)
干旱土 (Aridosols)	干旱土(Aridisols)	钙积土(Calcisols) 石膏土(Gypsisols)
盐成土(Halosols)	干旱土(Arictisols)* 淋溶土(Alfisols)* 始成土(Inceptisols)*	盐土(Solonchaks) 碱土(Solonetz)
潜育土(Gleyosols)	始成土(Inceptisols)** 冻土(Gelisols)*	潜育土(Gleysols)** 冷冻土(Cryosols)*
均腐土(Isohumosols)	软土(Mollisols)	黑钙土(Chemozems) 栗钙土(Kastanozems) 黑土(Phaeozems)
富铁土(Ferrosols)	老成土(Ultisols) 淋溶土(Alfisols)* 始成土(Inceptisols)*	低活性强酸土(Acrisols) 低活性淋溶土(Lixisols)* 聚铁网纹土(Plinthosols)* 黏土(Nitisols)* 以及其他有低活性富铁层的土壤
淋溶土(Argosols)	淋溶土(Alfisols) ** 老成土(Ultisols)* 软土(Mollisols)*	高活性淋溶土(Luvisols)** 高活性强酸土(Alisols)* 以及其他有黏化层或黏磐的土壤
雏形土(Cambosols)	始成土(Inceptisols)** 软土(Mollisols)* 冻土(Gelisols)*	雏形土(Cambisols)** 以及其他有雏形层的土壤
新成土(Primosols)	新成土(Entisols)** 冻土(Gelisols)*	冲积土(Fluvisols) 薄层土(Leptisols) 砂性土(Arenosols) 疏松岩性土(Regosols) 冷冻土(Cryosols)

** 为大部分相当；* 为部分相当。
资料来源：中国科学院南京土壤研究所土壤系统分类课题组(2001)。

三、土壤分类的“中心概念”和“边界概念”

土壤是连续的，把它分隔成一个又一个的个体，这些个体就属于不同的类别。每一个类别均有两个主要部分。一个是“中心概念”(central concept)，从统计学上来说，就是平均值$\bar{x}$，当涉及某一土壤时就从这个中心概念开始；另一个是“边界概念”(boundary definition)，统计学上就是值域$\bar{x}+ns$，具体划分时一定要落实到边界。事实上两者同等重要，假如只有中心概念，对过渡类型的划分会有困难；如果只有边界概念，类别的概念就不突出。

原苏联的地理发生分类十分重视中心概念，在分类中重点放在典型类别上，选取土壤发育程度完善的类型作为代表，进行地带推演，对其中发育不完善的土壤，只看作是土壤发育的初期阶段，各土壤类别之间缺乏土壤性状的定量指标，边界定义不明确，类别之间出现交叉。美国土壤系统分类采用诊断层和诊断特性，规定了各种土壤类型界限的划分标准，并确定其在分类系统中的位置，从新成土开始，到始成土，再到淋溶土至老成土、氧化土，把未充分发育的土壤至充分发育的土壤按顺序排列，分类时要把各个类别分开而不重合，要花很多时间寻找边界，其中包括物理的、化学的和矿物学特征的数量边界。

四、土壤分类的发展趋势

土壤分类是土壤科学的基础，土壤分类的进展代表了土壤科学的发展状况。随着土壤学和其他有关学科的发展，土壤分类学也取得了相应的发展，但土壤科学毕竟属于年轻科学，各土壤分类的差异性本身就说明了土壤科学仍处于未成熟阶段。

由于认识的不一致性，出现了不同的土壤分类学派，但溯本清源，早期的土壤分类都不同程度地受到俄国土壤分类的影响，所有这些分类都注意到土壤的地带性特征和土壤的发生性状。这种学术观点的长处是，把地球陆地表面的土壤性状和它所在的环境统一起来，能够有规律地概括土壤的发生演变轮廓。因此，土壤发生学分类原则一直对土壤科学起着深刻的影响。由于土壤是多变异的群体，土壤某一特性的概括有不少符合实际之处，如土壤地带性规律可以找到它的客观存在，但同时也发现有不易概括的变异，这就形成了后期的隐域土和泛域土之说。认识土壤要从可资鉴别的土壤属性出发，土壤形态实感性很强，便于认识和掌握，关注土壤剖面的差异和土体构型的不同，就出现了形态学分类制。分类指标的逐步明确就开始重视以土壤属性本身作为分类的主要依据，于是形成了诊断学分类制。

土壤分类的历史进程是从发生学分类发展到形态学分类以至诊断学分类，目前正向自动化数值分类方向发展。但是，土壤不能离开它所依赖的客观条件而孤立地存在，成土条件在土壤分类中应放在哪一级比较合适是值得探讨的问题，关键是各项各类指标应从概念化向定量化方向发展，这样就可以解决土壤分类中一些不必要的争论。人类的生产活动在一定程度上影响着土壤的变化，有的改善土壤性状，有的使土壤退化，在土壤分类的不同级别中如何把这些变化具体反映出来，也是土壤分类能否切合实际的重大课题。

因此，土壤分类要系统地掌握土壤发生演变的各个方面，多注意土壤本身性状的综合指标，并把这些土壤性状和它所在的环境条件统一起来，这必能使土壤分类更符合实际，更有规律可循。最后要把地球陆地表面综合演变的土壤加以概括，建立完整的分类体系。据此，今后的土壤分类应当以发生学原则为基础，以诊断属性为依据，以定量化为手段。随着各国土壤工作者不断深化和交流土壤分类研究成果，将共同推进土壤分类向定量化和国际统一化方向发展。

参考文献

龚子同，陈志诚，史学正等. 1999. 中国土壤系统分类：理论、方法、实践. 北京：科学出版社.
龚子同，张甘霖，陈志诚等. 2007. 土壤发生与系统分类. 北京：科学出版社.
康奈尔大学农学系. 1985. 美国土壤系统分类检索. 赵其国，龚子同，曹升赓等译. 北京：科学出版社.
李天杰，赵烨，张科利等. 2004. 土壤地理学. 第三版. 北京：高等教育出版社.
史密斯. 1988. 土壤系统分类概念的理论基础. 李连捷，张凤荣，郝建民等译. 北京：北京农业大学出版社.
张凤荣，马步洲，李连捷. 1992. 土壤发生与分类学. 北京：北京大学出版社.

赵其国，史学正，张甘霖等. 2007. 土壤资源概论. 北京：科学出版社.
中国科学院南京土壤研究所土壤系统分类课题组. 2001. 中国土壤系统分类检索. 合肥：中国科学技术大学出版社.
朱鹤健. 1984. 世界土壤地理. 北京：高等教育出版社.
朱鹤健，何宜庚. 1992. 土壤地理学. 北京：高等教育出版社.
Buol S W, Southard R J, Graham R C et al. 2003. Soil genesis and classification. 5nd ed. Ames: The Iowa University Press.
http://soils.usda.gov/technical/classification/taxonomy/.
http://www.fao.org/ag/agl/agll/wrb/default.stm.
Soil Survey Staff. 2009. Soil Taxonomy. A basic system for making and interpreting soil surveys. 1996 Agricultural Handbook vol. 436. USDA-NRCS, Washington DC.

第八章　主要土类特征

地球表面土壤形成环境条件因地而异，土壤类型表现出分异性和多样性，国际上土壤分类尚未统一，加之由于历史沿革原因，我国目前仍处于两大土壤分类体制并用阶段，给土壤类型的介绍造成一定困难。本章从地理学宏观分析入手，首先按照森林土纲系列、草原和荒漠土纲系列介绍所谓地带性土壤(显域土)，接着介绍盐成土纲、过渡土纲、岩成土纲和人为土纲系列，限于篇幅，本章未述及冻土土纲(苔原土壤)以及雏形土纲的潮土、草甸土等土类。在各土纲或土类介绍中，尽量与土壤诊断学分类的可比指标相联系，并作大致的类别参比。

第一节　森林土纲系列

森林土纲系列是土壤形成发育主系列的重要组成部分。在发生学分类上，森林土壤是典型的地带性土壤发生系列，指森林植被下发育的土壤，主要包括铁铝土纲、淋溶土纲和半淋溶土纲中的灰化土、白浆土、棕壤、褐土、黄棕壤、黄褐土、红壤、黄壤和砖红壤以及燥红土等。在中国土壤系统分类中，主要包括灰土、淋溶土、富铁土和铁铝土。

森林土壤在世界上分布很广，除干旱和半干旱地区外，从寒带到热带均有森林土壤的分布，约占全世界陆地面积的35%。我国的森林土壤主要分布在东半部广大地区，从东北一直到海南岛和台湾南部。此外，在西部山地一定高度上也有森林土壤分布。

森林土壤的共同特点是：① 因气候湿润，土壤所受淋溶作用强，土壤中盐基物质较少，交换性盐基呈不饱和状态；② 有机质主要以地表枯枝落叶的形式进入土壤，腐殖质具有明显的表聚现象，向下突然减少；③ 酸性或者强酸性等。

一、灰土土纲

灰土指具有灰化淀积层以及灰化淋溶层的土壤。在中国土壤系统分类中单列为一个土纲，相当于美国土壤系统分类中的灰土土纲(Spodosol)和联合国粮农组织(FAO)土壤制图单元中的灰壤(Podzods)、灰化淋溶土(Podzoluvisols)。在《我国土壤分类系统》(第三版)中，其主要包括淋溶土纲中的漂灰土和灰化土两个土类。

(一) 地理分布

灰土广泛分布于北半球中高纬度地区，在欧亚大陆和北美洲北部呈现纬向延展，包括挪威、瑞典、芬兰、波兰、俄罗斯、加拿大和美国中北部等地区。据统计，灰土在全世界分布面积约 $1\,283\times10^4$ km^2，其中俄罗斯和加拿大分布面积最大(图8-1)。我国的分布面积很小，主要分布于大兴安岭北端、长白山北坡及青藏高原南缘的山地垂直带中，台湾玉山山地也有部分灰土分布(图8-2)。

(二) 成土条件

灰土分布在寒温带湿润气候区，其南界大致与50°N纬线相当，气候特点是冬季漫长而且寒冷，最冷月气温可达−20～−30℃；暖季较短，但7月份气温可达16～20℃，植物生长期只有50～75天，气温的季节变化很大；年降雨量地区差异较大，但多集中在夏季。夏季温暖湿润的气候，使灰土区生长着茂密的针叶林。主要树种有云杉属、冷杉属、松属、落叶松属等。在欧亚大陆，西欧的森林成分比较单纯，以云杉和松林构成单一的景观，向东则由西伯利亚松、云杉、落叶松、矮小的西伯利亚松等替代。北美的针叶林比较复杂。在我国主要为苔藓-杜鹃-冷杉或杜香-落叶松林和杜香-杜鹃-落叶松林。森林通过凋落物把大量的有机物归还和集中于表土，形成较厚的半分解状态的枯枝落叶层(O)，落叶层中的有机物随渗漏水下渗，由于有机酸和

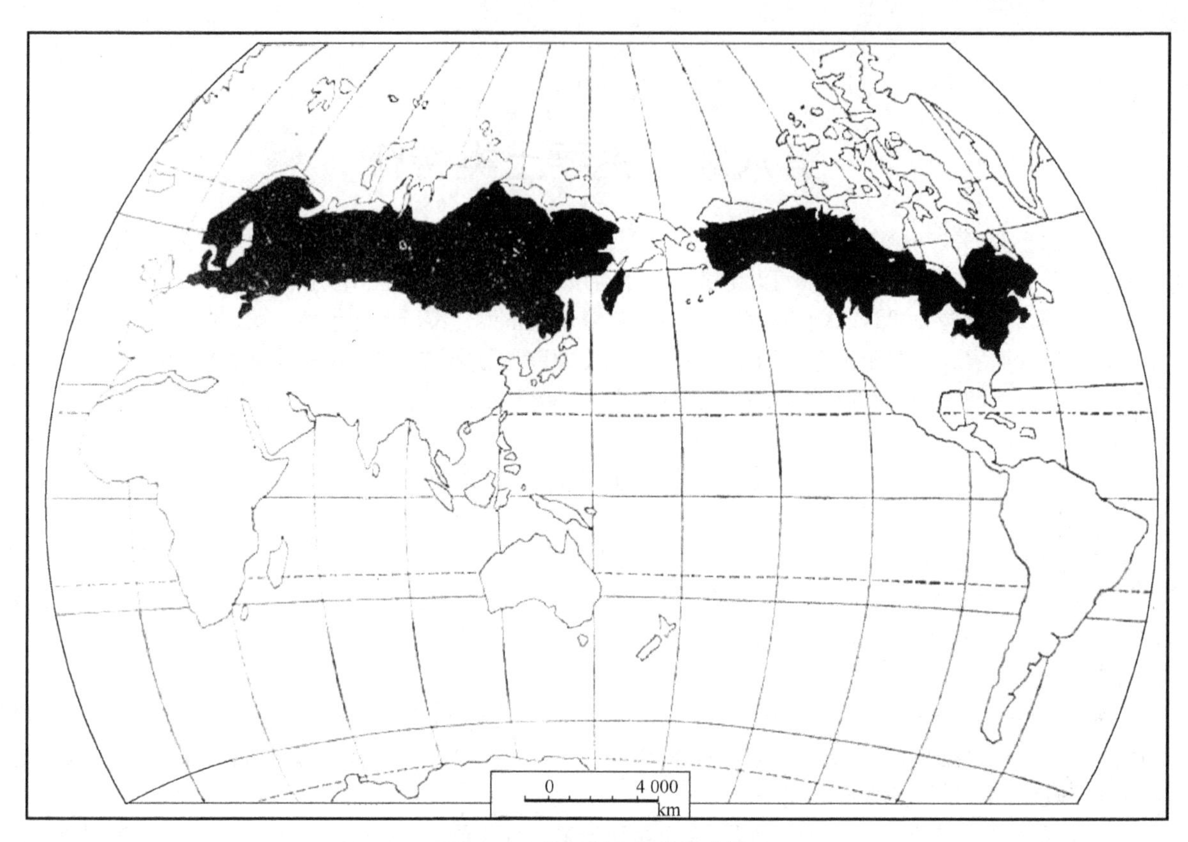

图 8-1 世界灰土分布示意图

资料来源：朱鹤健等(1992)

图 8-2 中国灰土分布示意图

资料来源：龚子同等(2007)

腐殖酸络合淋溶，洗涤亚表层土壤，并在淀积层(B)中淀积腐殖质和铁铝氧化物，形成灰化淀积层。灰土的成土母质多为更新世冰川沉积物，还有砂岩、泥岩、黏土以及石灰岩风化物，在我国亦有母质为火山灰的。一般在渗透性强的砂性母质上灰土发育最快。

（三）成土过程

灰土的成土过程主要包括有机质的生物累积过程和矿物质的淋溶淀积过程。

针叶林对灰土的物质循环、有机物累积过程具有重要的作用。森林通过凋落物把大量有机物、氮素和各种灰分元素归还和集中于土表，形成枯枝落叶层(O)。灰土表层的新鲜针叶在自然降水和适当的温度条件下被微生物不断分解，由于针叶林凋落物中灰分含量较低，其分解产物随水分进入土层能够形成酸性较强的有机酸，导致土壤酸度升高，从而促进灰化作用的发展。

在灰土的成土过程中，生物过程对原生矿物和次生矿物的破坏起了很大的作用。有机酸和腐殖酸对各种矿物的溶解有不同程度的影响，土壤剖面上部的 A1 层和 B 层中的遭受破坏矿物被分解成各种氧化物，其中部分氧化物如氧化铁和氧化锰等从这些土层中淋失，而 SiO_2 则相对累积，Al_2O_3 在淋溶层(E)没有明显的降低，但从 B 层黏粒的硅铝率变小趋势，说明也有铝淋溶现象。除了矿物中氧化物的迁移外，交换性阳离子也大部分被淋溶，游离的盐基离子更容易随水向底层淋溶。其中土壤交换性盐基组成可以反映土壤的灰化程度。

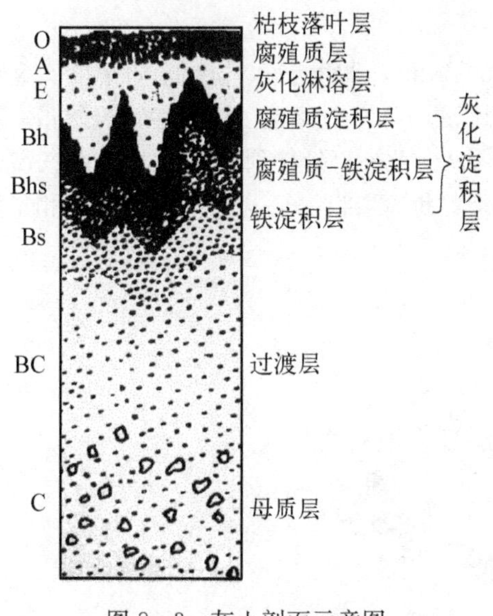

图 8-3　灰土剖面示意图

资料来源：龚子同等(2007)

（四）形态特征和主要诊断层

灰土通常地表有枯枝落叶层(O)，其厚度约 3～10 cm。表层为腐殖质层(A)，其下为灰白色的灰化淋溶层(E)，最具有诊断意义的是灰化淀积层(B)，主要包括腐殖质淀积层(Bh)、腐殖质-铁淀积层(Bhs)和铁淀积层(Bs)。灰化淀积层和母质层(C)间通常有一个过渡层(BC)，其剖面构型如图 8-3 所示。

灰土的诊断层是灰化淀积层，是灰土土纲中独有的诊断层。它必须具有以下两个条件：

1) 厚度≥2.5 cm，一般位于灰化淋溶层之下；

2) 由≥85%的灰化淀积物质(spodic materials)组成。其指标为：① 水提(1∶2.5)pH ≤ 5.5，有机碳 ≥12 g/kg。② 润态颜色：色调为 5YR，明度为 4，彩度为 6；或者，色调为 7.5YR，明度 ≤ 4，彩度为 3、4 或 6。

在色调为 7.5YR，明度 ≤ 4，彩度为 3、4 或 6 时，其形态和化学指标为：① 单个土体被有机质和铁、铝胶结，胶结部分结持紧实；② 土壤基质主要由棕-红棕色腐殖质组成，并以腐殖质球粒集合体状态存在，也有一些游离的腐殖质球粒。在有的矿物颗粒或岩屑周围有断裂的腐殖质胶膜；③ 活性铝、铁≥0.5，而且比上覆灰化淋溶层高 7～60 倍；④ 草酸盐浸提液的光密度值(ODOE)≥0.25，而且比上覆灰化淋溶层高 4～50 倍。

（五）主要土类

《中国土壤系统分类》(第三版)中将灰土土纲分为两个亚纲和两个亚类，其中灰土中灰化淀积层内部续分亚层(≥10 cm)有机碳含量 ≥60 g/kg 为腐殖灰土亚纲，其他的为正常灰土亚纲。其中在腐殖灰土亚纲下只设有简育腐殖灰土一个土类，正常灰土亚纲下也只设简育正常灰土一个土类。灰土在土壤发生学分类中相当于漂灰土和灰化土土类。

（六）灰化土的利用与改良

世界上灰化土分布区大多为天然林地，一般作为森林、牧地、饲草地(hay land)和种植农作物。而我国灰化土面积小，且占据山地森林土壤分布的最高位置，生长冷杉、云杉等优质材林，是我国重要林业生产基地之一。但土壤酸性强，森林生态环境脆弱，一旦被采伐或破坏便难以恢复。因此，森林采伐利用要合理，实行间伐与积极抚育相结合，防止退化为利用价值低的次生灌木林。另外，在森林采伐时，要应尽量减少土被的破坏，以免引起水土流失和降低土壤肥力。由于气候冷湿、土层浅薄、强酸性、结构差、植物养分缺乏、肥力低，一般不宜于大面积农用。

二、淋溶土土纲

淋溶土作为一个土纲，在土壤发生分类和土壤系统分类中都应用过，但各自的含义不同，简言之，前者强调土壤地带性，有黏化现象，但不一定有黏化层；而后者则以有黏化层为必要条件，否则便划归为雏形土或新成土。美国土壤系统分类和中国土壤系统分类也不尽相同。虽然两者都要求有黏化层，但前者还要求盐基饱和度≥50%，而后者则要求表观阳离子交换量≥24 cmol(+)/kg 黏粒。中国土壤系统分类中淋溶土相当于联合国 FAO 土壤制图单元中的高活性淋溶土、高活性强酸土、灰化淋溶土和黏磐土；相当于土壤地理发生分类中的白浆土、棕壤、部分黄棕壤、部分褐土、部分黄壤、部分石灰土等。

（一）地理分布

淋溶土在全球分布范围十分广泛，从北美洲和欧亚大陆北纬 60°到南美洲的南端、非洲的南端、澳大利亚大陆的南端以及新西兰岛均有分布。其分布面积约占全球陆地面积的 14.7%，跨越了 5 个生物气候带。我国淋溶土分布广泛，据不完全统计，其分布面积约为 $125\times10^4\ km^2$，从东北一直延伸到西南，其总面积约占国土面积的 5.82%。主要分布在东部受季风影响的华东、华北和东北等地，西部山地、青藏高原东南部和华南西南部等地区也有少量分布(图 8-4)。

图 8-4 中国淋溶土纲分布示意图

资料来源：龚子同等(2007)

（二）成土条件

我国淋溶土分布区的气候条件和自然植被具有如下特点：① 年平均气温在－1～17℃之间，相差达18℃；② 年降水量在600～1 800 mm；③ 年干燥度多数为0.5～1.0，部分高达1.5或小于0.5；④ 土壤冻层深度最深可达250 cm，最浅的＜15 cm，甚至终年无冻土层；⑤ 自然植被多为不同类型的森林植被或森林灌丛植被。

淋溶土纲的不同亚纲分布区的气候条件和自然植被有显著差异(表8－1)。分布地形主要为山地丘陵和黄土岗地，其成土母质以片麻岩、花岗岩、砂岩、页岩等酸性母岩风化物和不同类型的黄土为主，其次为石灰岩的古风化物。

表8－1　中国淋溶土分布区的气候条件和自然植被

亚　纲		年均气温/℃	≥10℃积温	年均降水量/mm	年干燥度	冻层深度/cm	自然植被
冷凉淋溶土		－1～6	2 000～3 000	600～1 100	0.5～1.0	100～250	针叶-落叶混交林
干润淋溶土		12～15	3 200～4 500	500～700	1.0～1.5	10～40	干旱森林
常湿淋溶土		10～12	3 200～4 000	1 500～1 800	各月均＜1.0	＜20	常绿林
湿润淋溶土	弱发育*	6～14	3 000～4 200	500～1 200	＜1.0	15～100	落叶林
	强发育**	15～17	4 200～5 000	800～1 300	＜1.0	＜15	针叶、常绿混交林

*“弱发育”包括漂白、简育等土类；**“强发育”包括黏磐、铁质等土类。

（三）成土过程

淋溶土的主要发生过程是黏化作用。黏化作用是指风化成土过程黏粒的生成、迁移与淀积过程，导致特定土层中黏粒含量增加的现象。黏化作用是一种重要的成土作用，由于不同程度的黏化作用会导致土壤性质的差异，是鉴别土壤类型并进行分类的重要指标。淋溶土具有淀积黏化作用和次生黏化作用，相应地形成了淀积黏化层和次生黏化层，统称为黏化层(Bt)。

次生黏化作用是在温带土壤剖面一定深度中，在特定的水热条件下发生的土内风化，土层范围内土壤物质的原生矿物就地转化为2∶1型或2∶1∶1型次生矿物的黏粒，并就地聚积的作用。次生黏化作用的结果是形成次生黏化层，其特征是：与上下层比较，具有较高的彩度和较红的色调，而且比较紧实。在石灰性母质发育的土壤中，次生黏化层之下的土层中常有碳酸盐聚积。

淀积黏化作用是湿润气候地区，土壤表层的层状硅酸盐黏粒经过分散，随悬浮液向下迁移至土壤剖面一定深度后，而发生淀积的作用。黏粒的垂直迁移和在心土层的淀积需要一定的条件：① 黏粒必须能够运动；② 表层的黏粒必须分散；③ 有充足的介质水，使黏粒随之迁移；④ 心土层处于干燥或部分干燥的状态。因此，具有干湿交替条件的土壤，才有利于淀积黏化作用的进行，结果形成淀积黏化层。

但并非具有黏化层的土壤都属于淋溶土，还必须具有较大的阳离子交换量，即≥24 cmol(＋)/kg黏粒。南方的红壤也可能具有黏化层，但其阳离子交换量小于24 cmol(＋)/kg。北方的碱土也具有黏化层，但它属于一种特殊的淀积黏化层，是碱化作用所引起的。在淋溶土分布区有的突然无明显的黏化层，但由于有淀积黏化作用形成的雏形层(Bw)，应属于雏形土。

（四）形态特征和主要诊断层

通常淋溶土表层为枯枝落叶层(O)，受生物气候条件的影响，其有机质组成及其厚度差异较大；其下为腐殖质层(A)，暗棕色或淡色；心土层为黏化层(Bt)，有时可细分为Bt1和Bt2；剖面的下部为母质层(C)，在黏化层和母质层间通常还有过渡层(BC)。其土体构型如图8－5。漂白淋溶土剖面中还有E层。

黏化层是淋溶土的诊断层,可通过形态学、微形态学或颗粒分析的方法辨别,通常淀积层(B)与腐殖质层(A)黏粒含量之比>1.2,或者黏粒胶膜>5%。但淋溶土的表观阳离子交换量(CEC_7)≥24 cmol(+)/kg。

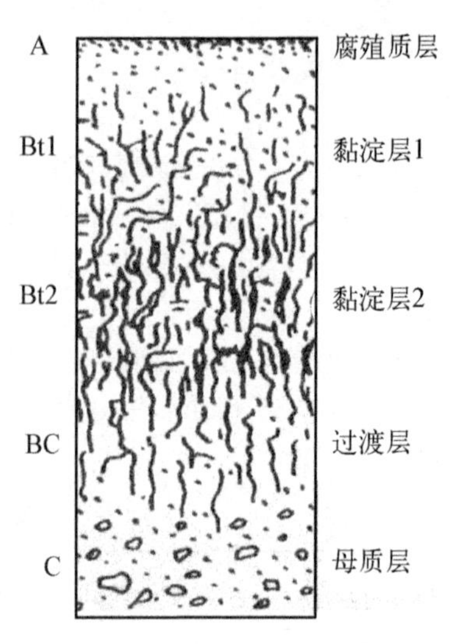

图 8-5 淋溶土剖面示意图

资料来源:龚子同等(2007)

(五) 主要土类

在中国土壤系统分类中,淋溶土纲首先根据特殊的土壤温度条件,划分出冷凉淋溶土亚纲,而后根据土壤水分条件划分出干润淋溶土、常湿淋溶土和湿润淋溶土等 3 个亚纲,共 4 个亚纲。其中冷凉淋溶土亚纲包括漂白冷凉淋溶土、暗沃冷凉淋溶土和简育冷凉淋溶土 3 个土类;干润淋溶土亚纲包括钙质干润淋溶土、钙积干润淋溶土、铁质干润淋溶土和简育干润淋溶土 4 个土类;常湿淋溶土亚纲包括钙质常湿淋溶土、铝质常湿淋溶土和简育常湿淋溶土 3 个土类;湿润淋溶土亚纲包括漂白湿润淋溶土、钙质湿润淋溶土、黏磐湿润淋溶土、铝质湿润淋溶土、酸性湿润淋溶土、铁质湿润淋溶土和简育湿润淋溶土 7 个土类。

淋溶土相当于土壤地理发生分类中的白浆土、棕壤、部分褐土、黄棕壤、黄褐土、部分黄壤、部分石灰土等。下面主要从土壤发生分类角度对相关土类进行简要介绍。

1. 白浆土 白浆土是在温带半湿润及湿润区森林、草甸植被下,在微度倾斜岗地的上轻下黏母质上,经过白浆化等成土过程形成的具有暗色腐殖质表层,灰白色的亚表层——白浆层及暗棕色的黏化淀积层的土壤。白浆层的出现主要是在特定的气候、地形、母质和植被因素影响下,上层滞水侧渗,铁、锰被还原经侧向漂洗淋失的结果。白浆土的白浆层含有大量的 SiO_2 粉末,下层有铁锰结核。

(1) *地理分布和成土条件* 在欧洲白浆土集中分布于温带海洋气候区;北美尤其是美国东部白浆土分布面积广,从北、东、南三面环绕大草原;日本、澳大利亚东南部也有分布。我国白浆土主要分布于东北的黑龙江和吉林两省,多见于黑龙江、乌苏里江和松花江下游谷地,小兴安岭、完达山、长白山及大兴安岭东坡的山间盆地和山前台地。其分布区海拔高度大抵为南高北低趋势,最高在长白山为 700~900 m,最低为40~50 m 的三江平原。据统计,白浆土分布总面积为 527.2×10^4 hm^2,其中黑龙江省 331.4×10^4 hm^2,吉林省为 195.8×10^4 hm^2。

白浆土地区年均降水量一般为 500~900 mm,夏秋雨量最多,约占总降水量 80%,其降水条件较有助于土体内物质的淋移;年平均气温 -1.6~3.5℃,其中最冷月平均气温 -18~28℃,最暖月平均气温 19~22℃,≥10℃积温 1 900~2 700℃,无霜期 87~154 天,土壤冻层深 1.5~2 m,表层冻结约 150~170 天,干燥度 0.7~1 左右,属于温带湿润和半湿润区。白浆土成土母质主要是第四纪河-湖相黏土质沉积物,质地上轻下黏,透水性差。白浆土主要处于低平原、河谷阶地、山间谷地和盆地、山前台地以及部分溶岩台地等地形,地下水埋藏较深,由于母质黏重,透水不良,可形成一个天然的隔水层。因此,地下水对白浆土的形成和发育影响不大。白浆土分布区原始植被为针阔混交林(岗地),由于人为作用,逐渐为次生杂木林、草甸及沼泽化草甸植被代替,主要植被有红松、落叶松、白桦、山杨等森林群落,沼柳、毛赤杨灌木群落以及苔草、杂草等草甸草本群落。茂盛的植被使土壤表层累积了大量有机质和灰分元素,对白浆土形成过程中的有机质积累、酸性中和及盐基饱和度的增高至关重要。

(2) *成土过程* 白浆土的形成过程具有潴育、淋溶、草甸三种过程的特征。由于这些过程仅在土层上部进行,又可称为表层草甸-潴育-淋溶过程,或简称为白浆化过程。

1) 潴育淋溶:由于土壤冻层存在,每当融冻或雨量高度集中的夏秋季,土壤上层处于周期性滞水状态,雨季过后蒸发量剧增,上部土层迅速变干,因此表层经常处于干湿交替过程,导致土体内铁锰等有色物质的氧化-还原的多次交替。当水分饱和或积水时,土壤以还原过程为主,一部分高价铁锰被还原为低价铁锰,从土体中游离出来,其中部分随侧渗水流向土层外淋失;大部分在水分消失时因氧化而变成高价,并原地固定下来,形成铁锰结核和胶膜。由于铁锰不断被淋洗和重新分配,使原来的土壤亚表层脱色形成灰白色的白浆层。

2) 黏粒机械淋溶:白浆土分布区降水充沛,土壤中黏粒产生机械性悬浮迁移。当土壤处于干燥过程时,土体产生裂缝和孔道;土壤处于水分饱和或临时滞水时,黏粒分散于水体中,并沿着裂缝与结构面随下渗水流向下移动,土壤裂隙与结构面出现明显的胶膜和黏粒淀积物。

3) 草甸过程:白浆土地区在植物生长期是高温与多雨同步,草甸植物生长茂盛,土壤表层有机质积累明显,荒地表层有机质含量可达 100 g /kg,钙、镁及植物所需其他营养元素也明显富集。

(3) 主要性状

1) 剖面特征:白浆土具有腐殖质层(A)、白浆层(E)、淀积层(B)和母质层(C)。未开垦的潜育白浆土地表尚有 5 cm 左右的草根层(As),森林植被下的白浆土多有 2～3 cm 厚的枯枝落叶和半腐解的有机质层(O)。腐殖质层(A),厚度 10～30 cm 不等,多呈暗灰色或灰黑色,黏壤土至壤质黏土,粒状及团块状结构,疏松,多根系,在白浆土和草甸白浆土的这一土层中夹有少量棕褐色,坚硬的铁、锰结核。白浆层(E),厚度 10～40 cm 不等,淡灰色或灰白色,湿时亮度>6,彩度<3,壤土至壤质黏土,黏粒含量有所减少,而粉砂粒增多,呈片状结构,有少量植物细根和多量小气孔。在潜育白浆土的这一层中有锈纹锈斑,在草甸白浆土和白浆土中则可见有大小不等的铁、锰结核。白浆层的上下界面呈水平状,过渡明显。淀积层(Bt),厚度为 120～160 cm,颜色以暗棕色为主,壤质黏土,棱块状结构。结构体表面有明显的机械淋溶淀积的黏土胶膜,棕褐色的腐殖质、铁锰胶膜和泥裂隙面分布的白色 SiO_2 粉末,有少量铁锰结核,潜育白浆土则有锈斑。黏紧,透水性差,植物根系极少,向下层逐渐过渡。母质层(C),通常出现在 2 m 以下,质地黏重,主要为第四纪河-湖相黏土沉积物,颜色比较复杂,由白浆土至潜育白浆土,分别呈浊棕色、黄棕色、深蓝色。

2) 理化性质:白浆土质地比较黏重,以粉粒和黏粒为最多,A 层及 E 层多为重壤土到中壤土,Bt 层以下多为轻黏土。在结构面或裂缝中,可见到移动的黏粒。表层与 Bt 层黏粒含量悬殊,可见质地变化不连续,呈现明显"两层性"。铁的游离度较高,为 17.1%～45.9%,表现为上部土层普遍高于下部土层,黏粒的硅铝铁率和铝铁率各土层间差异不大。白浆土各土层土壤容重差异较大,A 层的容重为 1.1 g /cm^3 左右,E 层增至 1.5 g /cm^3 左右,Bt 层高达 1.6 g /cm^3。自然荒地下 A 层有机质含量较高,可达 60～100 g /kg,开垦后迅速下降,耕作 30 年后 A 层有机质基本稳定在 30 g /kg 左右。E 层有机质含量急剧降至 10 g /kg 以下。由于 A 层较薄,有机质总贮量不高,腐殖质组成也以胡敏酸为主,H /F>1;而 E 层与 Bt 层 H /F<1。全剖面呈微酸性,pH 多为 5.5～6.5,表层土壤 pH 一般较高。交换性能受腐殖质和黏粒分布的影响很大,以 A 层和 Bt 层较高,E 层较低;代换性阳离子组成以钙、镁为主,有少量交换性钠和钾。盐基交换量 A 层为 20～30 cmol /kg,Bt 层为 21～29 cmol /kg,而 E 层仅为 11～15 cmol /kg。土壤盐基饱和度约在 92%～98%。白浆土黏土矿物以水云母为主,伴有少量高岭石、蒙脱石和绿泥石。

(4) 白浆土的利用与改良　白浆土在东北东部地区分布较广,是垦殖较早的土壤。由于地形起伏,垦殖后土壤侵蚀较为严重。目前,已有很多荒地被开发为农场,为国家提供了大量的商品粮。白浆土属于中、低产土壤,在生产上的障碍因素主要是土壤物理性质不良。由于淀积黏化层透水性弱,受降水影响土壤层次为 40 cm 左右,容水量小。据测算,白浆土当水分饱和后连续 7 天晴天,土壤中水分便消退到作物缺水的程度;一次降雨 25 mm,土壤就达到毛管持水量的过湿状态;一次降雨超过 50 mm,土壤水分即达饱和而成涝。

白浆土的改良应该根据土壤的分布位置和土壤特性进行。对于分布在岗地上的白浆土主要是防治水土流失;对分布在低平地区的白浆土则主要是注意合理排灌,或改种水稻。白浆土改良的中心环节是补充有机质和矿质养分,深耕打破心土层或逐步加深耕作层,改善土壤的水分物理性质。主要措施有:① 施用有机肥料,实行秸秆还田,以及种植绿肥、牧草和施用泥炭等。② 增加化学肥料,主要是氮、磷混合肥料的施用量。由于白浆土全磷含量低,有效磷含量更低,单施磷肥也有显著效果。③ 深耕改土。在不使白浆层过多地翻至表层的前提下,结合施用有机肥料,逐步加深耕作层,以改善底层透水性不良的性状。

2. 棕壤　棕壤也称棕色森林土,是暖温带落叶阔叶林和针阔混交林下形成的土壤。其淋溶作用较强,黏土矿物处于硅铝化脱钾阶段,土壤剖面通体无石灰反应,呈微酸性,盐基饱和度较高,具有明显黏化特征。

(1) 地理分布和成土条件　世界上棕壤分布广泛,在欧洲,英、法、德、瑞典、巴尔干半岛和原苏联欧洲部分的南部山地等均有棕壤的分布;在北美洲主要分布于美国东部;在亚洲主要分布于中国、朝鲜北部和日本等地区。我国棕壤分布在暖温带湿润地区的山东半岛和辽东半岛的低山丘陵区,带幅大致呈南北方向,向南延伸到苏北丘陵。另外,在半湿润半干旱地区的山地,如燕山、太行山、嵩山、秦岭、伏牛山、吕梁山和中条山的垂直带谱的褐土或淋溶土之上以及南部黄棕壤地区的山地上部有棕壤分布;在褐土地带的垂直带上亦有分布。我国棕壤总面积为2 008.4×10^4 hm^2，主要分布在辽宁、云南、河北、四川、陕西、山东、西藏、甘肃、湖北、内蒙古、河南、山西、江苏、安徽和北京等15个省(区、市)。

棕壤分布区属于暖温带湿润和半湿润气候区，其气候条件的特点是夏秋多雨，冬季寒冷干旱，水热同步，干湿分明，年平均气温为5～15℃，10℃以上的积温为3 400～4 500℃，季节性冻层深可达50～100 cm，年降水量约为500～1 200 mm，干燥度为0.5～1.0。暖温带原生、中生落叶阔叶林植被早已被破坏，目前多为天然次生针叶林和阔叶混交林。主要植被类型有：沙松、红松阔叶混交林，蒙古栎林，赤松栎林，油松林，落叶阔叶林，针叶-落叶阔叶林-常绿阔叶树混交林和落叶阔叶树-常绿阔叶树混交林等。棕壤所处地形主要为低山丘陵，成土母质多为花岗岩、片麻岩及砂页岩的残积坡积物，或厚层洪积物。棕壤地区由于夏季气温高、雨量多，不但土壤中的黏化作用强烈而且还产生较明显的淋溶作用，使得易溶盐分和游离碳酸钙都被淋失，黏粒也沿剖面向下移动，并发生淀积。由于落叶阔叶林凋落物的灰分含量高，从而阻止了土壤灰化作用的发展，但白浆化作用却常有发生，在丘陵和山地都可见到。

(2) 成土过程　棕壤土形成过程的基本特点是强淋溶过程、黏化过程和明显的生物富盐基过程。

1) 强淋溶过程：棕壤地区雨水充足，尤其在雨季，土壤的淋溶作用强，在风化过程和有机质矿化过程形成的Na^+、K^+等一价矿质盐类均已淋失殆尽，二价(Ca^{2+}、Mg^{2+})盐类除为土壤胶体吸附外，游离态的大部分淋失，土壤一般呈中性偏酸、无石灰反应，盐基不饱和。高价的铁、铝、锰则有部分游离，铁锰游离度分别在25%～30%和50%～70%，并有明显淋溶淀积现象，在剖面的中、下部结构体表面呈棕黑色铁锰胶膜形态。

2) 黏化过程：棕壤上的黏化过程包括残积黏化和淋移淀积黏化两个过程。在夏季暖热多雨的条件下，土壤中硅酸盐矿物发生强烈的化学风化而形成大量的黏粒并就地积聚，同时释放出盐基和游离铁锰氧化物。风化和成土作用形成的黏粒矿物分散于土壤的水分中成为悬液，在下渗水的作用下，伴随着盐基的淋溶过程也向下迁移，至一定深度，由于水分减少，黏粒淀积，或是带负电荷的黏粒在盐基较多的下层电性被中和而凝聚，从而使黏粒在下层积聚，形成了黏粒淀积层，所以淋移黏化分布的剖面层位较低。棕壤上的残积黏化和淋淀黏化都很明显，但以淋移淀积黏化为主，残积黏化为辅，无硅酸淋溶，不具脱硅富铝化特征。

3) 生物富盐基过程：棕壤在湿润气候条件和森林植被下，生物积累作用较强。森林植被凋落物中含有丰富的盐基物质，能中和有机残体分解所产生的各类有机酸，因而使土壤呈中性和微酸性，而没有灰化特征。通过生物循环使土壤表层发生复盐基过程，加上干湿季变化引起的盐基上、下移动，从而使土壤上层的交换性盐基总量、盐基饱和度以及钙、镁等盐基物质的含量都显著地高于下层，表现明显的盐基生物富集或表聚作用。

(3) 主要性状

1) 剖面特征：棕壤具有明显的剖面发生层次，典型棕壤的剖面构型为A-B-C型。在自然森林植被下，土表往往有凋落物层(O)，但O层并不明显，厚度约2～10 cm。腐殖质层(A)为灰棕色至暗棕灰色，呈粒状或团块状结构，厚度为10～20 cm。其下为最具有代表性特征的心土层——黏化淀积层(Bt)，通常出现在28～50 cm以下，厚度变幅较大，色泽为红棕色或棕色，质地黏重，黏粒含量>25%，呈明显的棱块状结构，结构表面上有暗色铁锰胶膜，有时结构体中可见铁锰结核。淀积层以下逐渐过渡为母质层(C)，通常近于母质本身色泽，花岗岩半风化物多呈红棕色，而土状堆积物多呈鲜棕色，质地变轻。

2) 理化性质：棕壤表层的有机质含量高。在良好的森林植被下，有机质含量平均在80 g/kg以上，高者达150 g/kg；含氮量也相应较高，达2.4～4.5 g/kg。但在植被破坏的灌丛地和疏林地的棕壤，土壤有机质也随之降低，平均值通常小于50 g/kg。腐殖质组成以富里酸为多，H/F比为0.6～0.8。土壤呈微酸性至中性反应，pH为6.0～7.0。棕壤盐基饱和度变化较大，盐基饱和度与pH呈正相关，大多在50%以上，高者可达80%以上，而少数pH<6.0的棕壤的盐基饱和度多在50%以下，甚至低于30%。土壤的交换量和交换性盐基总量均较高，前者多在15～25 cmol(+)/kg之间，后者在10～17 cmol(+)/kg之间。棕壤的指示性黏粒矿物以水云母、蛭石为主，有时出现高岭石。黏粒在剖面中部(20～50 cm深度内)有明显的聚积，淀积层的黏粒含量可达上覆表层的2～3倍。黏粒的硅铝率在3.2以上，硅铝铁率在2.4以上，且上、下土层间变化不大。

(4) 棕壤的利用与改良　棕壤分布区气候条件优越，适合小麦、玉米、高粱、花生、甘薯等多种农作物，以及多种树木和果树的生长，具有较大的农业、林业利用价值。分布于山前洪积平原、山麓和丘陵缓坡的棕壤，多用于农业，大都旱涝保收，是重要的粮食生产基地。其中一部分水土流失较重，水肥条件较差，需要采取水土保持措施和进一步发展灌溉，并加强培肥。白浆化棕壤有的分布于剥蚀堆积丘陵，多用于农业，肥力甚低,需要改良;有的分布于山地,多用于林业。棕壤利用的主要问题是防治旱涝和水土流失以及培肥地力。防旱治涝和水土保持采取山、水、田、林综合治理。林业用地应该因地制宜划分营林类型,要择伐改造,诱导发展针阔叶混交林。对于遭受破坏的林地,要根据适地适树原则选择树种,搞好水土保持,改善立地条件尽快恢复和发展经济林和用材林,对于荒山、疏林地应采取封山育林和人工造林的方法。耕种棕壤的有机质含量都比较低,是土壤肥力的主要制约因素之一。因此,增施有机肥、种植牧草和绿肥以提高土壤有机质的含量,是培养地力的基本措施。

3. 褐土

褐土是暖温带半湿润地区发育于排水良好、具有弱腐殖质表层和黏化层,土体中有一定数量的碳酸盐淋溶与淀积的土壤。褐土具有明显的黏化层,其出现深度因不同亚类而不同。褐土土体中有碳酸盐的移动与累积,这是褐土区别棕壤的重要标志。

(1)地理分布和成土条件 世界上,褐土是在具有地中海式气候特点的常绿硬叶林和旱生灌丛下发育的地带性土壤,广泛分布于地中海沿岸、中亚地区、美国加利福尼亚地区、墨西哥西部、智利中部、澳大利亚西南部。我国褐土是暖温带中生夏绿林及旱生阔叶林下发育的土壤,分布于关中、晋东南、豫西以及燕山、太行山、吕梁山、秦岭等山地低丘、洪积扇和高阶地,水平带位处棕壤之西,垂直带则位于棕壤之下,常呈复域分布。我国褐土分布面积为 $2\,515.9\times10^4\ hm^2$,其中山西和河北分布面积最大,分别占土类总面积的 29.1%和 20.2%。

褐土是在我国暖温带半湿润季风气候条件形成的土壤,冬春干旱、夏季多雨,年均气温 12~14℃,年降雨量为 600~800 mm,干燥度约为 1.3~1.5。褐土分布区的自然植被是以辽东栋、洋槐、柏树等为代表的干旱明亮森林以及酸枣、荆条、茅草为代表的灌丛或草原植被。目前,褐土区是我国北方的小麦、玉米、棉花、苹果的主要产区,一般两年三熟或一年两熟。我国褐土多发育在各种碳酸盐母质上。

(2)成土过程

1)弱腐殖质积累过程:在干旱森林、灌木草原及暖温带半湿润气候等条件下,残落物均以干燥的落叶疏松地覆于地表,以机械摩擦破碎和好气分解为主,土壤腐殖质积累较少,且腐殖质类型以胡敏酸为主。

2)碳酸钙的淋溶与淀积过程:在半干润条件下,原生矿物的风化首先开始大量脱钙,CaO 随含有 CO_2 的重力水由土壤剖面的表层渗到下层。但由于半干润季风气候区降水量小且干旱季节较长,上层土体中被淋溶的碳酸盐(以碳酸钙为主)在一定深度以假菌丝状沿根系及裂隙表面累积,其累积深度一般与降水量成正比。

3)黏化作用:褐土形成于暖温带半湿润地区,在水热适宜的季节,土体风化强烈,原生矿物不断蚀变,就地形成黏粒,使土体剖面中、下部土层中黏粒含量明显增多。其黏化过程包括残积黏化和淋移黏化两个过程。残积黏化过程中黏粒的形成是由主体内的矿物进行原地的土内风化而成,很少产生黏粒的机械移动,因而黏粒没有光学向性。残积黏化包括两个方面:一方面是矿物中的铁在当地水热条件下,于土体内进行铁元素的水解与氧化,形成部分游离氧化铁(有无定型与微晶型),所以全体颜色发红,也可称之为红化作用,这也是所谓"艳色"的原因。但是其总体含铁量不产生变异,残积黏化的另一方面表现是土壤原生矿物水化与脱钾的初步风化阶段,形成了大量的水化云母等次生矿物,而且也有进一步风化而形成的蛭石等。淋移黏化即在一定降水和生物气候条件下,黏土矿物继续脱钙,形成另外一种颗粒更细的新生黏土矿物——蒙脱石等,并开始于雨季期间随重力水在主体结构间向下悬移,在一定深度形成黏粒淀积层,这种黏粒往往有光学向性,一般土体水分的干湿交替有利于黏粒下移。在褐土的黏化过程中一般以残积黏化为主,而夹有一定的淋移黏化,它们在不同的亚类中比重并不一样。

(3)主要性状

1)形态特征:褐土的剖面构型为 A-Bt-Bk-C 型。表层为淡色腐殖质层(A),厚度 10~30 cm,有机质含量约为 10~20 g/kg,质地多为壤质土,屑粒状至小团块状结构,疏松,有较多根系及植株。其下为淀积黏化层(Bt),厚度约为 30~50 cm,颜色多为浊棕色至棕褐色,质地多为粉砂质壤土至壤黏土,块状或核状结构,有黏粒胶膜淀积,结构氧化铁含量略高于上层。钙积层(Bk)多出现假菌体或石灰结构。母质层(C)一般不受地下水影响,其形状因母质来源而异。

2)理化性质:褐土最明显的特征之一是在一定深度内具有明显的黏化层,其黏粒含量大于 25%,黏化值(Bt/A)>1.2。黏土矿物以水云母和蛭石为主,伴有少量蒙脱石和高岭石。由于黏粒积聚,碳酸钙含量较高,土壤 pH 7.0～7.5,盐基饱和度>80%,钙离子饱和,阳离子交换量为 15～40 cmol(+)/kg。褐土有机质含量较低,一般为 10～20 g/kg,H/F 为 0.8～1.0,全氮含量为 0.4～1 g/kg。褐土缺锌较为严重,其次为铁、硼、锰、铜、钼等,丰缺情况与母质及区域因素有关。

(4) 褐土的利用与改良　褐土区位于暖温带半干润季风区,具有较好的光热条件,一般可两年三熟或一年两熟。我国褐土区有悠久的耕作历史,是重要的耕作土壤。由于主体深厚,土壤质地适中,广泛适种小麦、玉米、甘薯、花生、棉花、烟草、苹果等粮食和经济作物。褐土区的主要问题是降水量偏小和降水量过于集中,因此,褐土的利用及改良应该从解决水和侵蚀问题着手,保持水土,发展水利灌溉。由于水源的限制,大面积发展灌溉是有限的,因此采用工程措施、耕作措施等大力发展旱作农业。耕作褐土通常腐殖质含量低,应多施有机肥,合理施用磷肥和微量元素。适当发展畜牧业与林果业,为褐土区的持续农业与生态农业的发展创造条件。

4. 黄棕壤　黄棕壤为亚热带湿润区常绿和落叶阔叶混交林下的淋溶土壤。黄棕壤在形成与分布上都介于棕壤与黄壤之间,具有明显的过渡性特征。土壤形成的地球化学过程表现为很强的淋溶作用、黏化作用及弱富铝化作用。该土壤具有暗色的腐殖质表层,亮棕色黏化 B 层,土体中盐基大部分淋失、土壤呈酸性反应;黏土矿物大量形成且淋淀明显,形成深厚的黏化层,甚至形成黏盘;土体中铁铝聚积较明显,呈结核与胶膜状,土体呈黄棕色。

(1) 地理分布和成土条件　黄棕壤分布于亚洲东部,包括中国、朝鲜半岛和日本南部,美国东南部,南美洲中、北部等地区。在我国,黄棕壤分布于北亚热带和中亚热带地区,跨越 27°N～33°N。其大致分布范围是,北起秦岭、淮河,南至大巴山和长江,西至青藏高原边缘,东抵沿海,而以长江中下游的江苏、安徽、湖北等地的低山丘陵区分布较集中,此外,在南方诸省区的山地垂直带谱中亦有分布。黄棕壤总面积为 $1\,803.8\times10^4$ hm^2,其中以湖北省的分布面积最大,达到 600×10^4 hm^2,其次为云南省、四川省、陕西省、西藏自治区和贵州省。

黄棕壤地区夏季高温多雨,冬季低温时期不长,年均温 14～16℃,最冷月均温 0～4℃,≥10℃积温为 4 500～5 300℃,平均年降水量 1 000～1 500 mm,干燥度<1.0,属于北亚热带湿润气候。其代表性植被为常绿和落叶阔叶混交林,主要落叶树有栓皮栎、麻栎等,常绿树为耐寒的石栎、冬青、水青树等,此外,还有马尾松、杉木等亚热带针叶林。成土母质为各种中酸性结晶岩风化物及弱富铝化的第四纪沉积物。

(2) 成土过程　黄棕壤的形成过程带有过渡性质,兼具棕壤的黏化作用和红黄壤的脱硅富铝化作用。

1) 淋移黏化过程:温暖湿润的气候为其母质风化提供了有利条件,土壤中硅酸盐矿物较快地风化形成黏粒,形成的黏粒被下渗水淋移,常形成黏重的心土层,甚至形成黏磐,表现出明显的淋淀黏化特征。黄棕壤同时也具有残积黏化特征,但以淋移黏化过程为主,处于脱钾和脱硅阶段,黏粒含量高。

2) 弱富铝化过程:在强烈的淋溶作用下,母质中的碳酸钙已淋失殆尽,矿物风化释放的盐基和硅酸也遭到一定程度的淋失,致使土壤酸化并表现弱富铝化。弱富铝化是北亚热带黄棕壤的本质特征。在酸性条件下,矿物风化产生的游离铁锰氧化物的活性加强,经过淋溶和淀积作用,形成铁锰胶膜包被于土粒或结构体的表面,使土体呈现棕色、黄棕色。在土体黏重滞水而还原作用较强的情况下,游离铁锰发生还原迁移聚积而形成结核。黄棕壤植被的有机质合成与分解都较为强烈,因而土壤中有机质的积累量不大,显著低于黄壤。在自然植被下,土壤腐殖质组成以富里酸为主。

(3) 主要性状

1) 剖面特征:黄棕壤的剖面构型为 O-A-Bts-C 型。在自然植被下,凋落物层(O)厚度因植被类型而异。一般针叶林下很薄,约 1 cm,混交林下较厚,灌丛草类下最厚,可达 10～20 cm。腐殖质层(A)为暗黄棕色至暗棕灰色,颜色主要取决于矿质土粒的本色和有机质的含量,此层质地多壤质土,粒状或团块状结构,厚度 10～20 cm。黏聚层(Bts)是黄棕壤剖面最醒目的心土层,颜色为棕色、黄棕色,但因母质不同而色泽不一,此层质地黏重,并有铁铝氧化物的相对聚积,呈棱块状或块状结构。结构体表面覆盖着棕色或暗棕色的铁锰胶膜,偶见铁锰结核。C 层为母质层,仍带基岩本身的色泽。

2) 理化性质:黄棕壤的土壤有机质含量变化大,自然植被下的表土层为 20～40 g/kg,耕地土壤表层一般仅 10 g/kg。前者腐殖质组成以富里酸为主,熟化度高的耕地土壤则以胡敏酸为主。黄棕壤全剖面呈酸性反应(pH 4.6～5.8),各发生层均含交换性氢、铝,特别是土壤淀积层(B)的交换性氢、铝含量最高,可达 4～10 cmol(+)/kg,约占交换性阳离子总量的 40%～80%。黄棕壤的黏粒含量高,心土层可达 20%～30%,且显著高于表土和底土层。黏粒的硅铝率为2.6～3.0，硅铝铁率为2.0～2.4；黏土矿物主要为水云母、蛭石和高岭石，紫色砂页岩发育的黄棕壤，黏粒中以水云母最多，高岭石次之。土壤呈酸性至微酸性，pH 4.5～6.0，盐基饱和度多在50%以上。

(4) 黄棕壤的利用与改良　黄棕壤一般分布于低山丘陵，所在地区的水热条件亦较优越，是中国经济林的集中产地，也是重要的农作区，盛产多种粮食和经济作物。地形平缓处的黄棕壤已大面积开垦为农耕地，山地黄棕壤则是用材林和经济林的重要生产基地。山地黄棕壤要恢复和发展适于当地经济林业生产。在土层浅薄处，宜栽耐旱耐瘠的马尾松、刺槐、山杨等。土层厚、肥力好的地方，可大力发展栎类、杉木以及油茶、油桐、漆树、竹茶、桑等经济林木，排水较差处可种植经济价值较高的油料乌桕。坡度较大的山地以及破坏较严重的地区应大力加强水土保持工作，在那些表土裸露、沟壑众多的地方，可选择速生和侧根发达的树种，营造护坡林和沟底防冲林；在坡地上的茶、桑、果园，可采用等高种植、修筑梯田，并结合绿肥覆盖等方法，以防止水土流失。黄棕壤一般质地黏重、透水性差。在雨季，坡地易发生水土流失，平缓地出现土壤滞水，干季又产生大裂隙，因此，农田应注意深耕配合增施有机肥，轮种绿肥，在有条件时施用炭渣等，以改良土壤的质地和结构，增加土壤的透水性，协调其水、肥、气、热的关系。

5. 黄褐土　黄褐土是北亚热带半湿润常绿阔叶、落叶阔叶混交林下，由黄土或黄土状物质发育的微酸性至中性土壤，土体深厚，A层弱腐殖化，有机质含量通常不高，B层黏重紧实，厚度在0.5 m甚至1 m以上，结构面被覆大量铁锰胶膜，底层颜色较浅，是一种具深厚黏聚层的弱富铝化土壤。黄褐土和黄棕壤都是解放后才定名的土壤，最初并列为两个土类，1978年后将黄褐土作为黄棕壤的亚类，第二次土壤普查后又将其列为独立的土类。

(1) 地理分布和成土条件　黄褐土主要分布在北亚热带、中亚热带北缘以及暖温带南缘的低山丘陵或岗地。其地域范围大致在秦岭—淮河以南至长江中下游沿岸，与黄棕壤处于同一自然地理区域。黄褐土的总面积为$381\times10^4\ hm^2$，以河南和安徽的面积最大，其次为陕南、鄂北、江苏和川东北。在赣北九江地区沿长江南岸丘岗地也有小面积分布，是黄褐土分布的南界。

黄褐土和黄棕壤同属北亚热带的不同土类。黄棕壤一般分布于地势较高处，如高丘、低山等；而黄褐土分布于地势略低的缓丘和岗地，多与水稻土、潮土或砂姜黑土相间分布。在淮北沿淮河岸高起的缓平漫岗至河间平原中心部位，成土母质基本一致，地势由高渐低，土壤类型表现为岗地为黄褐土，河间平原为砂姜黑土，呈"U"形对称分布的区域土壤组合。在大别山以西，包括安徽、湖北、河南和陕南地区的黄褐土多为盆地内的岗丘区土壤，并与水稻土或潮土相间分布，其外缘相邻山地土壤多为黄棕壤。在江西，黄褐土主要分布在鄱阳湖北部长江南岸二级阶地。

黄褐土分布于北亚热带湿润的东部和半湿润的西部地区，受东南季风影响，夏季高温多雨，冬季寒冷干燥。年均气温14～16℃，≥10℃以上积温，在南部达5 000℃，北部为4 700℃，年降水量760～950 mm，由西向东逐渐增加。降水季节多集中在夏季6～8月，约占全年降水量的50%以上。水热条件的差异，对土壤淋淀作用的强度有着明显的影响，植被的分布也有较大不同。大渡河、嘉陵江河谷相对干燥，自然植被为旱生灌丛羊蹄甲、白刺花、金合欢等；在华中的岗地上，植被主要是半湿润灌丛草本类型，以茅草、刺槐、紫穗槐和枣树居多，间有稀疏用材林和果树；在陕南的自然植被为常绿阔叶与落叶阔叶树混交。黄褐土所处地主要为低丘岗地、河谷阶地、山间盆地，海拔高度在20～60 m。黄褐土母质主要为晚更新世黄土状沉积物，也有早、中更新世红棕色黏土，堆积物均较深厚。

(2) 成土过程　黄褐土的成土母质富含钙质，但在长期成土过程中碳酸钙已被淋溶，残留在底部或深层聚积，在侵蚀丘岗的顶部或坡面石灰结核往往出现层位较高，甚至裸露。与此同时，伴随土壤的黏化，铁锰淋淀和弱脱硅富铝化作用同时进行。

1) 黏化过程：黄褐土处于北亚热带，但土壤的风化仍以硅铁铝化的黏化为主，土壤淋溶层黏粒含量约为30%，而淀积层超过40%，表现出明显的黏粒积累现象，形成黄褐土特有的剖面特征土层——黏粒聚积层。黏化过程一方面表现为黏粒的淋溶迁移、遇淀积层的钙、镁盐基而絮凝淀积；另一方面来自母质的黏粒的残遗特征。黏粒含量、层次分化及黏粒聚积层的出现大部分受母质残遗特性的影响，下蜀黄土发育的黄褐土黏化特征明显。总体上，由于黄褐土土体透性差，黏粒移动的幅度不大。

2) 铁锰的淋淀过程：在矿物风化形成次生黏粒矿物的过程中，被释放所形成的高价铁锰氧化物在土壤湿润时还原成低价化合物，并随下渗水向土体下部移动；旱季土壤水分减少，低价铁锰重新被氧化成高价难溶性铁锰氧化物,在土体一定深度中淀积,因此,常见形态各异,软硬不同的铁锰结核新生体。此外,因低价铁锰多沿裂隙下移,失水后形成凝胶,紧贴在结构面上,表现出暗棕色或红褐色的胶膜,这种铁锰淀积层往往与黏化层同时出现。由下蜀黄土发育的黄褐土,其铁锰淀积物往往与大量黏粒胶结,致使黏化层更加致密坚实而形成黏盘层。

黄褐土的黏粒矿物组成中,蒙脱石含量自北向南逐渐减少,而高岭石类含量则逐渐增加,反映了该土壤本身南北区域成土条件的变化,同时也表现出了土壤已处于脱钾、脱钙并具有弱脱硅富铝化特征,黏粒的硅铝率在 3.0 左右。

(3) *主要性状*

1) 剖面特征:黄褐土土体深厚,其剖面构型一般为 A-B-C 型。腐殖质层(A)呈灰黄至棕黄色,为屑粒和小块状结构,土壤呈微酸性。淀积层(B)为黄棕、黄褐或淡红棕色,一般在 50 cm 以上,为中到大棱块状或棱柱状结构,结构体间垂直裂隙发达,表面有暗褐色黏粒胶膜和铁锰胶膜,土层致密黏实,有时可形成胶结黏盘,根系不易穿透。底土色泽稍浅于心土,质地也略轻于心土,仍有较多老化的棕黑色铁锰斑和结核。向下更深部位可出现石灰结核和暗色铁锰斑与灰色或黄白色相间的枝状网纹,全剖面一般无石灰反应,土壤呈中性偏微碱性。

2) 理化性质:黄褐土全剖面质地层间变化不大。由下蜀黄土发育的土壤,质地为壤质黏土至黏土,黏粒的含量为 25%～45%,粉砂粒为 30%～40%。黏粒在 B 层淀积,含量明显增高,一般均超过 30%,高者可达 40%以上。表土层和底土层质地稍轻,尤其是受耕作影响较深的土壤和白浆化(漂洗)黄褐土,表土质地更轻,多为黏壤土,甚至壤土。整个剖面无游离碳酸钙,含少量氧化钙。土壤盐基交换量 17～27 cmol(+)/kg。黏粒交换量>40 cmol(+)/kg,其中以交换性钙和镁为主,占盐基总量的 80%以上,含微量甚至不含交换性氢和铝。土壤呈中性,pH 为 6.5～7.5,盐基饱和度≥80%,自上而下增高,这些特性明显区别于同一地带的黄棕壤。土壤有机质含量为 10～15 g/kg,腐殖质组成中富里酸含量大于胡敏酸,H/F 多为 0.5～0.8。铁的游离度≥40%。黄褐土有明显铁下移现象,土壤全铁、游离铁含量,以及铁的游离度和晶化度均表现为 B 层高于 A 层。

(4) *黄褐土的利用与改良* 黄褐土是北亚热带重要的旱作农业区,但因土质黏重,结构紧实僵硬,胀缩性强,耕性和通透性差,土壤不耐旱涝。加之本区地多人少,耕作管理粗放,绝大部分土壤养分贫瘠,又缺乏水利灌溉条件,农作物产量不高不稳,是我国北亚热带旱作区重要的、分布相对集中成片的中低产土壤。特别是黏盘层部位高的土壤,强漂型土壤以及一些受侵蚀的土壤,更是黄褐土中的低肥低产土壤。但是,黄褐土分布区的水热条件比较优越,土体深厚,酸碱度适中,宜种性广,是一类生产潜力大、农业综合开发利用有广阔发展前景的土壤资源。

6. 黄壤 黄壤是在常绿阔叶林、湿润多雾的亚热带环境下发育的一类富含水化氧化铁、呈黄色、酸性的地带性土壤。一般见于中山地貌,较红壤分布区更湿润多雨,相对湿度较高,通常在 80%以上,年均温较同一纬度的红壤低。土壤主要形态特征是表层、亚表层,甚至心土层为黄色、棕黄色。

(1) *地理分布和成土条件* 黄壤与红壤分布于同一生物气候带,广泛分布在亚洲南部、南美洲和北美洲南部、澳大利亚北部。黄壤是我国重要的土壤资源,广泛分布于我国亚热带、热带的丘陵山地和高原,主要集中分布于南北纬 23.5°～30°。我国黄壤分布面积为 $2\,324.7\times10^4$ hm^2,其中贵州省分布面积最大,四川省次之,滇、湘、鄂、桂、浙、赣、闽、粤以及台湾等省区也有分布,是南方主要的土壤类型之一。在山地垂直带谱中,黄壤的分布在红壤或者赤红壤之上、山地黄棕壤之下。

黄壤的水平分布与红壤属同一纬度带,两者的生物气候条件也大体相近,但黄壤的水湿条件略较红壤为好,而热量条件则略低于后者,且云雾多,日照少,冬无严寒,夏无酷热,干湿季不明显。黄壤区年均气温为 14～19℃,≥10℃积温为 4 500～5 500℃;年降水量为 1 000～2 000 mm,相对湿度多在 80%以上。黄壤区的植被主要有三种类型:常绿阔叶林、常绿和落叶阔叶混交林以及热带山地湿性常绿阔叶林。黄壤天然植被是常绿阔叶林与湿润常绿-落叶阔叶混交林,林内苔藓类和水竹类生长繁茂。目前,黄壤地区的原始林保存较少,大面积为次生植被,一般为马尾松、杉、栓皮栎和麻栎等。成土母质以花岗岩、砂页岩居多,第四纪红色黏土则以云贵高原较为普遍。不同母质对黄壤的形态特征及矿物组成等有显著的影响。

(2) *成土过程* 黄壤的形成特点,除了具有热带、亚热带土壤所共有的脱硅富铝化和生物富集过程外,主要表现在其黄化过程上,这是它区别于红壤形成过程的主要特点。

1) 脱硅富铝化作用：黄壤由于所处的热量条件较红壤低，其脱硅富铝化作用强度较红壤为弱。一般黄壤黏粒的硅铝率为2.0～2.5，硅铝铁率为2.0左右。中亚热带黄壤的黏土矿物以蛭石为主，其次为高岭石和水云母；热带及南亚热带的山地黄壤以高岭石为主。黄壤含有三水铝石，但与砖红壤中的三水铝石不同，它并非高岭石进一步分解的产物，而是由母岩中有些原生矿物直接风化而来。黄壤的脱硅富铝化程度还因成土母质而异。例如，黄壤黏粒的硅铝率，贵阳由第四系黏土发育者为1.7～1.9，而平坝由玄武岩发育者为2.4～2.8；四川盆地西部台地更新统沉积物发育的黄壤，其黏粒硅铝率为2.0～2.7，黏土矿物以高岭石或埃洛石为主，次为水云母、绿泥石和蛭石。

2) 黄化过程：黄化过程是黄壤在脱硅富铝化基础上发生的特征性成土过程，与其所处的潮湿成土环境密切相关。黄壤地区全年相对湿度大且较稳定，土体经常保持湿润状态，各发生层土壤的烧失水（烧失量减去有机质含量）一般较红壤高50%以上，致使脱硅富铝化过程中形成和聚积的大量游离氧化铁明显水化，形成针铁矿、褐铁矿和以多水氧化铁为主的水合氧化铁矿物，引起土壤的颜色变黄，尤以B层的黄色更为鲜艳。

3) 生物积累作用：黄壤区由于雨水充沛，湿度大，植被生长繁茂，但黄壤区温度较红壤区稍低，因此生物积累作用比红壤稍强，而有机质含量往往比同地带相似植被下的红壤高。例如，广西森林植被下的黄壤有机质含量较红壤高1～2倍。因此，黄壤较红壤具有更强的生物富集作用。

(3) 主要性状

1) 剖面特征：黄壤的典型剖面构型为O-A-B-C型。在森林植被下，地表有厚薄不一的枯枝落叶层(O)，一般为2～5 cm，呈半分解状态。腐殖质层(A)厚度为10～20 cm或更厚，因受有机质积累的影响而呈现灰棕色至淡黑色，粒状、屑粒状、碎块状或小块状结构。A层向B层过渡明显。淀积层(B)厚度在30 cm以上，呈鲜艳的黄色或蜡黄色，质地稍黏重，多为块状结构，结构面上有时见有带光泽的胶膜。C层为母质层，其颜色比较混杂，多保留有母岩的色泽，在紫色砂页岩和红色黏土上常呈紫红色或枣红色。

2) 理化性质：黄壤的质地一般比红壤轻，多为中壤土至重壤土，仅四川和贵州地区第四系红色黏土等母质发育的黄壤，质地较黏重，可为黏土，<0.001 mm黏粒可达60%～70%，黏粒矿物多数以蛭石为主，少数以高岭土为主，有的出现少量的三水铝石。黄壤的有机质较丰富，表土腐殖质层有机质含量可达50～100 g/kg或更高，但向下锐减。腐殖质的组成中，H/F一般为0.3～0.5。黄壤的淋溶作用强，交换性盐基大量淋失，表土一般不超过10 cmol(+)/kg，盐基饱和度为10%～30%，在自然植被下多不超过20%。土壤pH 4.5～5.5，呈酸性至强酸性反应。土壤交换性酸度大，一般为2～10 cmol(+)/kg，最高的可达16 cmol(+)/kg左右，并以交换性铝为主，多占90%以上。由于土壤有机质含量较高，因此全氮量也较高。黄壤中的磷一般以无机磷为主，无机磷又以闭蓄态磷和铁磷为主，有效性低，速效磷普遍缺乏。黄壤的缓效钾多在中下水平，速效钾则随土壤的阳离子交换量和盐基饱和度而同向变化，综合而论，仍有相当部分黄壤缺钾。

(4) 黄壤的利用与改良　黄壤分布地域广，条件复杂，可进行林业和农业等综合开发利用。黄壤适于多种林木生长，是我国南方的林业基地之一，也是西南旱粮、油菜和烤烟生产基地。黄壤的开发利用应本着因地制宜，全面规划，综合利用的原则。一般来说，山地特别是陡坡地，应以发展林业为主，保持水土，建立良好的生态系统；在山顶应以水土保持林涵养水源为主；缓坡地带，应采用农、林、牧业结合，发展茶叶、油茶、油桐、杜仲、桑和柑橘等多种经济果林，林内可培育如当归、天麻、田七、柴胡、灵芝等药用植物，也可林粮间作和种草养畜。黄壤又盛产玉米、甘薯、小麦、油菜、烤烟、花生等粮经作物。山地下部和丘陵平缓地区的应以农业为主，积极发展多种经营。由于黄壤地区降雨量大，必须注意水土保持，防止滥伐森林和陡坡垦殖，对现有的陡坡耕地应逐步退耕造林，并在人工造林的同时搞好封山育林，利用充足的雨水条件，迅速恢复森林植被，改善生态环境。黄壤酸性较强，并且是造成土壤氮矿化率低和速效磷、钾等养分缺乏的重要原因，故应适量施用石灰进行改良。黄壤开垦耕种后，要提高管理水平，大力发展绿肥，注意施用有机肥，合理施用氮、磷、钾肥，同时补充锌、硼微肥，以维持其有机质和养分的平衡，加速黄壤的熟化和培肥。

三、富铁土土纲

富铁土是《中国土壤系统分类》(修订方案)中新增设的一个土纲，具有反映中度富铁铝化作用特点的诊断层——低活性富铁层。富铁土纲中有黏化层的土壤可与美国土壤系统分类中的老成土或淋溶土的部分类型相当，与联合国粮农组织(FAO)土壤制图单元及世界土壤资源参比基础(WRB)土壤分类系统中的低活性强酸土或低活性淋溶土的部分类型相当;而富铁土中不具有黏化层的土壤则可与美国土壤系统分类中的始成土的部分类型相当,或与联合国FAO土壤制图单元及世界土壤资源参比基础(WRB)土壤分类系统中的雏形土或黏绨土的部分类型相当。在土壤地理发生分类中则相当于红壤、燥红土、部分赤红壤等。

(一) 地理分布

富铁土广泛分布于世界亚热带地区,在亚洲东部、北美洲东南部、南美洲的中南部、非洲南部、澳大利亚东南部和欧洲地中海沿岸均有分布。在我国,富铁土广泛分布于南方诸省(区),总面积约占国土面积的3.69%,其分布范围包括海南、广东、广西、福建、台湾、江西、浙江、湖南、贵州、云南等省(区),以及湖北、安徽两省南部一些地方(图8-6)。分布范围跨越中亚热带、南亚热带和热带地区,东濒大海,西至云贵高原。

图8-6 中国富铁土土纲分布示意图

资料来源:龚子同等(2007)

(二) 成土条件

富铁土形成于湿热气候条件下,其自然植被以常绿阔叶林或常绿针叶林为主,所分布地形主要为丘陵低山,在中亚热带仅限于低丘陵及山地外围的高丘陵地,在南亚热带及热带则多出现在高丘陵及低山上,在东部地区其分布的海拔高度上限自北向南逐渐增高,如在江西多出现在海拔500 m以下,而在广东、海南则主要分布于800~900 m地区。其成土母质种类繁多,但在中亚热带地区主要为第四纪红土及其他母岩的老风化物或易受风化的基性火成岩(玄武岩)风化物,在南亚热带及热带则多为风化不彻底的各种母岩的风化物。

(三) 成土过程

富铁土的主导成土过程包括中度风化作用、部分水解和单、双硅铝化兼有的矿物分解合成作用、强烈的盐基淋失作用、明显的脱硅和铁铝氧化物富集作用和低活性黏粒的累积作用等。

1. 中度风化作用 富铁土B层的黏粒含量除少数受特殊母岩母质影响外,大部分都在30%~50%,且其细粉粒与黏粒含量的比率多为0.2~0.6。一些矿物鉴定结果显示,富铁土B层的细粉粒和粗粉粒组的矿物组成中除石英外,尚有长石或云母存在。除少数受特殊母质影响外,其细土部分全钾含量均在10 g/kg以上,有的甚至高达40~50 g/kg。这些结果均说明富铁土的矿物风化作用没有达到最高,仍然处于中度风化阶段。

2. 部分水解和单、双硅铝化兼有的矿物分解合成作用 在湿润土壤水分状况下,由花岗岩形成的富铁土中B层的黏土矿物组成以高岭石为主,并有部分三水铝矿及少量水云母、蛭石类黏土矿物;由砂页岩及变质岩形成的富铁土中B层的黏土矿物组成以高岭石与水云母为主,伴有少量蛭石,或以水云母为主,伴有少量高岭石。在常湿润或偏向常湿润的湿润土壤水分状况下,由花岗岩或砂页岩形成的富铁土中B层的黏粒矿物组成中除高岭石与水云母并存外,还有相当多的三水铝矿或铝蛭石。这些结果均说明,富铁土中矿物质是部分水解和单、双硅铝化作用兼有,或有限度酸性络合分解和铝质单、双硅铝化作用兼有的方式进行合成分解。它们既不同于以完全水解、单硅铝化作用为主要方式的铁铝土,又不同于以部分水解、双硅铝化作用为主要方式的淋溶土或雏形土。

3. 强烈的盐基淋失作用 在风化过程中,发生富铁铝化作用的前提是盐基离子的淋失。富铁土中盐基离子已被强烈淋失,土壤盐基离子含量明显降低,但是富铁铝化作用并未达到非常强烈阶段。因为富铁土B层的水浸提pH多为4.0~5.0,交换性盐基饱和度多在30%以下,同时交换性阳离子组成中,交换性铝占绝对优势,铝饱和度一般为60%~90%,而KCl浸提pH为3.0~4.0,比水浸提pH高0.5~1.5(大多数为1)单位,表现出强酸性反应。

4. 明显的脱硅富铝化作用 在常湿润或偏向常湿润的土壤水分状况下,富铁土的风化过程中,不仅有盐基离子的淋失,而且硅酸也被迅速淋失。其中从矿物分解出来的铝离子除部分直接与$Si(OH)_4$结合成1∶1型黏土矿物外,其余大部分以羧基铝聚合体及三水铝矿或形成铝质2∶1型黏土矿物留存土层中,从而使铝的富集作用更为明显。因此,其B层三酸消化分解的$SiO_2/Al_2O_3<2$,或热碱提取的$SiO_2/Al_2O_3<1$。一般SiO_2/Al_2O_3值越小,说明土壤中硅的淋失和铝的富集作用越强。富铁土B层的DCB提取的铁含量多在20~60 g/kg之间,占全铁量的百分比≥60%,且大部分占80%以上。这说明富铁土在脱硅富铝化的同时,矿物分解释放出的铁离子经水解作用形成氢氧化铁凝胶及水铁矿。由于氢氧化铁凝胶及水铁矿进行脱水老化,在有明显干湿季节变化的湿润土壤水分状况下,多转为赤铁矿,使土壤呈现5YR或更红的色调。但在无明显干湿季节变化的常湿润土壤水分状况下,则多转为针铁矿,土壤呈7.5YR或更黄的色调。

5. 低活性黏粒的累积作用 富铁土B层黏粒净负电荷量较低,具有低活性黏粒特征。具有稳定地表的富铁土,其B层的结构面上或孔隙壁上可见明显的黏粒胶膜,无岩性不连续的富铁土黏粒含量的剖面分布也显示B层黏粒含量比A层有明显增大现象,并可符合黏化层的要求条件。这表明富铁土形成过程中存在着明显的黏粒累积作用,但随着富铁铝作用的加强,黏粒活性相应降低,使其剖面中向下移动淀积的可能性也渐趋减弱,或因地形坡度或母质再堆积的影响,并非所有富铁土的B层都呈现有明显的黏粒累积作用。由于表层或淋溶层被侵蚀,有些富铁土留下的剖面中并未见有明显的黏粒含量增大层。

上述的成土特点说明,富铁土是中度富铁铝作用为主要过程,并有低活性黏粒累积作用的土壤。它既不同于以高活性黏粒累积作用为主要过程的淋溶土,又有别于具有高度富铁铝作用的铁铝土,从土壤形成发育阶段看,它属于上述两者之间的一个土纲。

(四)形态特征和主要诊断层

富铁土剖面一般较深,色调为5YR或更红。表层为腐殖质层(A),一般厚度为20~40 cm,土壤颜色为暗红色;其下为黏化层(Bt)或弱发育土层(B)或网纹层(B_L),其剖面构型如图8-7所示。

富铁土主导成土过程是富铁铝化作用,黏粒沿剖面下移淀积作用已退居次要。因此,其诊断层为低活性富铁层。低活性富铁层是由中度富铁铝化作用形成的具有低活性黏粒特征和铁质特性的土层,必须符合以下各条件要求:① 厚度≥30 cm;② 砂壤质或更细质地;③ 有5YR或更红的色调或细土DCB浸提性铁

(Fe)≥14 g /kg 或(Fe_2O_3)≥20 g /kg,或 DCB 浸提性铁占全铁量 40%以上;④ 该层部分亚层(10 cm)CEC_7<24 cmol(+) /kg 黏粒;⑤ 无铁铝层全部特征。

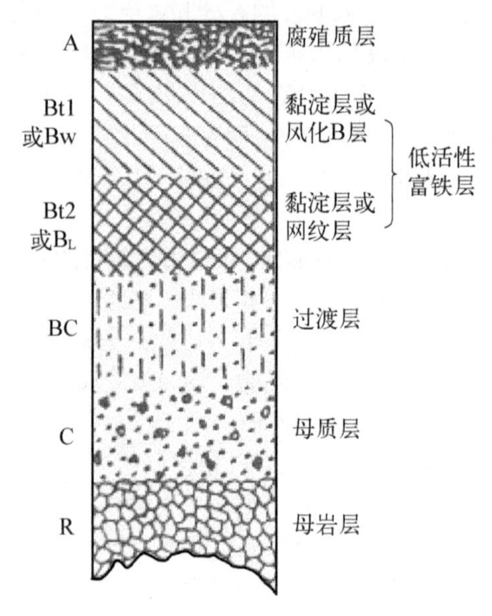

图 8-7 富铁土剖面示意图

资料来源:龚子同(2007)

(五) 主要土类

根据土壤水分状况,富铁土纲可分为干润富铁土、常湿富铁土和湿润富铁土三个亚纲。其中干润富铁土包括黏化干润富铁土和简育干润富铁土两个土类;常湿富铁土包括钙质常湿富铁土、富铝常湿富铁土和简育常湿富铁土三个土类;湿润富铁土包括钙质湿润富铁土、强育湿润富铁土、富铝湿润富铁土、黏化湿润富铁土和简育湿润富铁土五个土类。富铁土相当于土壤地理发生分类中的红壤、燥红土、部分赤红壤等。下面主要从土壤发生分类角度对相关土类进行简要介绍。

1. 红壤 红壤为发育在中亚热带湿热气候常绿阔叶林植被条件下的土壤。其主要特征是在中度脱硅富铝化过程和生物富集作用下,缺乏碱金属和碱土金属而富含铁、铝氧化物,盐基高度不饱和,呈酸性、偏红色。

(1) *地理分布和成土条件* 红壤主要分布在长江以南广阔的低山丘陵地区,其范围广泛。东部从长江以南至南岭山地,包括江西和湖南两省的大部分,福建、广东、广西等省区的北部和安徽、浙江等省的南部;西部包括云贵高原中、北部,即云南省北部和贵州省南部,以及四川省的西南部,大致在 24°N~32°N 之间。红壤分布区涉及 13 个省(区),总面积为 379×10^4 hm^2,其中江西、福建、湖南、云南分布面积较大。

红壤分布区属中亚热带湿润季风气候。其年均温 16~26℃,≥10℃积温 5 800~6 500℃,无霜期 240~280 天,年降水量 1 500 mm 左右,但雨量分配不均,多集中于 3~6 月份,且多暴雨,而 7~8 月常出现干旱,干湿季明显。原生植被为亚热带常绿阔叶林,其中优势种以山毛榉科的拷属、石栎属和冈栎属为主,此外,还有樟科、茶科、冬青科、山矾科、木兰科等成分,其结构层次比砖红壤的植被简单,很少藤本及附生植物。目前这类森林保存下来的不多,一般在低山丘陵上多为稀树灌丛及禾本科草类,少数为马尾松、杉、云南松等所组成的次生林。红壤的地形条件一般为低山、丘陵和高原。其母质类型多样,主要有第四纪红色黏土和砂页岩、花岗岩、片麻岩、千枚岩以及少数石灰岩、玄武岩的风化物。

(2) *成土过程* 红壤主要是由脱硅富铝化和生物富集两个过程长期作用而形成的。红壤的脱硅富铝化过程虽然相当强烈,但其风化淋溶强度远较砖红壤、赤红壤为低。在我国有相当大面积的红壤具有深厚的红色土层,它们是古气候条件下的产物,同时在当前气候条件下仍在进行脱硅富铝化过程。

1) 脱硅富铝化过程:表现为土体中的硅酸盐类矿物受强烈分解的同时,硅和盐基不断淋失,而铁、铝等氧化物则明显聚积,黏粒与次生矿物不断形成。在中亚热带生物气候条件下,风化淋溶作用强烈,首先是铝(铁)硅酸盐矿物遭到分解,除石英外,岩石中的矿物大部分形成各种氧化物。开始由于钾、钠、钙、镁等的氧化物存在,使土壤溶液呈微碱性至中性,硅酸开始移动。由于各种风化物随水向下淋溶,土壤上部的酸碱度就逐渐变酸,含水氧化铁、铝则开始溶解,并具流动性。旱季铁铝胶体可随毛管上升到表层,经过脱水以凝胶的形式形成铁铝积聚层,或铁铝结核体。含水铁、铝氧化物一般向下移动不深,因为土体上部由于植物残体的矿化所提供的盐基较丰富,酸性较弱,故含水铁、铝氧化物的活性也较弱,大多数沉积下来而形成铁铝残余积聚层。

2) 生物富集过程:红壤区的植被以常绿阔叶林为主,其次为常绿阔叶落叶林和针叶阔叶混交林,在植被覆盖较好的林区,凋落物年均可达 12.6 t /hm^2。常绿阔叶林每年有大量有机质归还土壤,生物和土壤之间物质和能量的转化和交换极其快速,生物循环过程十分激烈。同时,土壤中的微生物也以极快的速度对凋落物矿化分解,使各种元素进入土壤,从而大大加速了生物和土壤的养分循环并维持较高水平,表现为强烈的生物富集作用。

(3) *主要性状*

1) 剖面特征:红壤剖面构型为 A-B-C 型。在森林植被下,地表常有 5 cm 以下的枯枝落叶层(O)。腐殖质层(A)的厚度为10～30 cm,呈暗棕色,为碎块状或屑状结构,疏松,根系较多;淀积层(B)是脱硅富铝化的典型发生层,此层黏粒含量明显高于相邻上下土层,且多半是由原始矿物就地风化的残积黏化层,厚度一般为0.5～2 m,有的可达2 m以上,呈均匀的红色、棕红色或橘红色,为块状或棱块状结构,结构面上多铁锰胶膜。在深厚的黏土母质和受滞水、潜水的影响处,由于铁锰的还原性移动和氧化淀积,常出现黄、红、白色相间的网纹层,尤以第四纪红色黏土发育的红壤更为明显,这是在湿热的古气候条件下形成的。C层为母质层,包括红色风化壳和各种岩石的风化物,一般为残积风化壳,也有经搬运而沉积的,其颜色呈红、橙红、棕红等。在侵蚀严重的地段,红壤的B层或C层往往出露地表,土壤肥力极度下降,植物生长困难。

2) 理化性质:红壤风化度深,一般质地较黏重,尤其第四纪红色黏土发育的红壤,黏粒含量可达40%以上,其硅铝率为2.0～2.6,黏土矿物以高岭石为主,一般可占黏粒总量的80%～85%,赤铁矿含量为5%～10%。红壤呈酸性至强酸性反应,pH 4.5～6.0,在剖面中自上而下变小,底土pH可低至4.0。由于碱金属元素的大量淋失,土壤有效阳离子交换量低,平均为6～8 cmol(+)/kg,其中以交换性酸为主,而交换性铝占交换性酸总量的90%以上,盐基饱和度在40%以下。红壤养分含量低,表层有机质含量平均为37.6 g/kg,在植被良好的丘陵山地,有机质含量可高达40～50 g/kg,而在侵蚀严重的地段,有机质含量则一般在20 g/kg以下。在腐殖质组成中,H/F为0.3～0.4。红壤中无机磷的闭蓄态磷占一半以上,而非闭蓄态磷以铁磷为主,有效性低,属于严重缺磷的土壤,农业土壤上由于磷肥的大量施用,目前缺磷状况有明显转变。红壤速效钾的含量一般属中等水平。

(4) 红壤的利用与改良　红壤地区水热条件优越,植物资源丰富,为发展亚热带作物及农、林、牧业提供了有利的资源基础。主要种植玉米、甘薯、花生、豆类、小麦、油菜等粮油作物,而且也是亚热带经济林木、果树的重要产区,可以农林结合,发展亚热带经济果木,如茶叶、油茶、油桐、桑树、漆树、油橄榄、柑橘、柚子、枇杷等。但因红壤地区雨量大,降雨集中,有时一次降雨可高达200～300 mm以上,当地面覆盖差时,暴雨就造成强烈的水土流失,因此必须采取平整土地、修建梯田等水土保持措施。对部分有机质含量很低的红壤荒地可种植绿肥,以提高土壤的有机质含量和氮素肥力。红壤速效磷普遍缺乏,增施磷肥并提高其利用率是一项重要的农业增产措施。红壤施用石灰,一般均能收到良好的效果。这是因为除了中和土壤酸性外,还能增加钙质,促进有益微生物活动和有机态养分矿化释放,减少磷肥被铁、铝固定,并改良土壤结构。特别是酸性强、熟化度低的红壤,施用石灰的效果更为显著。

2. 燥红土　燥红土是发育于热带和南亚热带干旱的稀树草原植被下,具有碳酸盐累积和盐基饱和的土壤。在国外燥红土称为热带稀树草原土、红棕壤或红褐土等,我国曾称其为热带稀树草原土、褐红壤、褐色砖红壤、红褐色土、红棕色土等。1978年全国土壤分类会议上定名为"燥红土"。

(1) 地理分布和成土条件　燥红土主要分布在非洲、大洋洲、南美洲气候干旱炎热地区。如非洲撒哈拉大沙漠南缘,这类土壤形成东西伸展、横穿非洲大陆的土壤带;大洋洲主要分布在中部大沙漠边缘。在我国,燥红土主要分布于热带与南亚热带局部相对干旱地区,如海南岛西南部的海成阶地或低丘台地,云南南部金沙江、红河、南盘江等深切峡谷区。在地处中亚热带的四川西部金沙江峡谷区也具备形成燥红土的干热环境,因此也有燥红土分布。云南燥红土区受江河切割,形成高山峡谷地形,阻隔了东部湿润季风的输入,焚风效应十分明显,在干热谷地形成稀树草原景观。在海南岛,由于五指山屏障影响,东南湿润季风被阻隔,春末夏初的干燥风使海南岛西南部的生态环境干燥异常,形成焚风干热环境,导致长期酷热干旱的气候条件。我国燥红土分布面积为69.8×10^4 hm^2,以云南分布面积最大,其次为海南省。

燥红土分布区具有热量丰富、光照充足,但酷热期长、降雨量少、蒸发量大、干旱季长的气候特点。年均温18～25℃,≥10℃积温高达5 920～9 000℃以上,年降水量600～1 000 mm,年蒸发量2 100～3 850 mm,为降雨量的2～3倍。干湿季节明显,旱季长达6～7个月。主要为热带干旱稀树草原、灌丛和耐旱肉质植物等植被,常见物种有白茅、蜈蚣草、木麻黄、仙人掌、马鞍叶、蛇藤、霸王鞭、龙舌兰、蔗茅、木棉、酸角、木蝴蚌、红椿、番石榴、剑麻、番麻等。燥红土的成土母质大致可分两类:一类是片岩、花岗岩和石灰岩的风化物;另一类是老沉积物,包括古老河流沉积物和浅海沉积物。

(2) 成土过程　与同纬度的砖红壤、赤红壤等土壤相比,燥红土由于受干热生物气候条件的影响,成土过程相对较弱,矿物风化程度较低,脱硅富铝化作用不明显。其主要成土过程包括淋溶过程、铁质化过程和有机质积累过程。

1) 淋溶过程和铁质化过程:虽然气候比较干热,但有明显的雨季,所以矿物风化仍较强烈,产生明显的碱土金属淋溶。在淋溶过程的基础上产生了铁红化过程，即含铁矿物水解形成游离铁，氧化为铁质胶体；但在干旱季节，这些铁质胶体随毛管水上升，覆于黏粒表面(或与有机质胶体结合)，并固化和结晶化，形成赤铁矿，使土壤红化。不过，燥红土的淋溶过程和铁质化过程都较砖红壤或赤红壤弱，且受旱季水分蒸发的影响，表层土壤盐基聚积较多。所以土壤兼具盐基饱和(近饱和)及一定富铁铝化特征。

2) 有机质积累过程：在热带和亚热带稀树草原和灌木草原植被条件下，当雨季来临时，植物生长茂盛；但旱季来临时，植物干旱缺水而逐渐死亡，有机质分解缓慢，有利于粗有机质的相对积累。但与同地带常绿阔叶林下形成的红壤及砖红壤相比，燥红土的地面凋落物较少，仅为红壤、砖红壤地面凋落物量的30%左右，生物积累作用相对较弱，土壤有机质含量也相对较低。

(3) 主要性状

1) 剖面特征：燥红土发育程度较低，淋溶淀积现象不明显。除个别剖面受地形及水分影响可见黏粒或铁锰胶膜淀积外，多数土壤剖面中无胶膜发育，也无铁锰结核形成。剖面表层一般无枯枝落叶层(O)，腐殖质层(A)亦不明显。但燥红土土层深厚，发生层次明显，其剖面构型为A-B-BC(C)型。腐殖质层厚度一般为10～15 cm，多为淡棕红、红棕、暗棕或黄棕等颜色，呈块状或块状夹粒状结构，在自然植被下表面具有一定的干残落物，疏松、根系较多，向下层过渡不明显，可能有石灰反应。心土层(B)厚度一般为50～80 cm，呈红棕或红褐色(2.5YR6/8～5YR5/6)，小块状或棱块状结构，是铁质化在颜色上表现比较明显的层次，质地为砂质至壤质。底土层(BC)呈淡棕红、暗红棕或黄棕色，小块状结构，有黏粒胶膜，个别剖面可见锰斑，C层为化学风化度较大的母质层。

2) 理化性质：在自然植被下，燥红土表层有机质含量一般为20～40 g/kg，以饱和的粗有机质为主，垦后有机质和养分含量明显下降。据13个剖面土样测定结果，燥红土的pH变动在5.6～8.6，多数为6.7～7.5，呈中性反应。与云南元江燥红土比较，金沙江燥红土的pH偏高，与其较元江更干燥的气候环境相吻合。燥红土黏粒化学组成中，二氧化硅的含量较高，占449.8 g/kg；其次是氧化铝和氧化铁，分别占329.7 g/kg和171.8 g/kg。燥红土的硅铝率、硅铁铝率分别为2.30和1.80；还含有较多的氧化钾及少量氧化镁、氧化钙等成分。表土层黏粒矿物以高岭石为主，次为伊利石和蒙脱石，还含少量三水铝石和石英；心土层以蛭石、三水铝石为主，高岭石次之，伊利石和石英少量。燥红土中阳离子交换量较高，达15～30 cmol(+)/kg。由于淋溶作用较弱，又受旱季水分蒸发的影响，盐基有向表层聚积的趋势，盐基饱和度可达70%～90%，甚至接近100%。

(4) 燥红土的利用与改良　燥红土区是我国最宝贵的“天然温室”，光热、土地资源丰富，适宜多种热带、南亚热带作物、特种经济植物、热带果树和冬旱蔬菜生长。但气候干热，土壤严重缺水，以及“焚风”、谷深坡陡、植被稀疏、水土流失较严重，给开发利用带来了很大困难，因而开发程度较低。目前主要种植甘蔗、玉米、花生、甘薯。种旱蔬菜、旱果，如西瓜、番茄、洋葱、辣椒以及柑橘、番木瓜、芭蕉等，其经济效益最好。

燥红土最主要的问题是干旱酷热，而且周期长，因此协调水热问题是燥红土利用和改良的方向。在开发过程中，应充分利用其光热水土和生物资源宝库，采取因地制宜和生物与工程相结合的措施。在干热河谷区，水源远在深切河谷低处，应在力所能及的情况下，逐步兴修水利，解决缺水和灌溉问题。同时采取林、灌、草相结合措施，以耐旱抗瘠的灌草打先锋，发展具有一定经济价值的植物，如余甘子、刺枣、小桐子、攀枝花，也可开发橄榄、西西果、拷胶生产，以及西瓜、冬季旱蔬菜等多种食品的系列生产。随着林、灌、草植被覆盖率的提高，水利、水电、水土保持措施的实施，可加速改善农业生态环境条件，提高干热燥红土区的经济水平。

四、铁铝土土纲

铁铝土土纲是指由于高度富铁铝化作用，黏粒部分以高岭石类矿物和铁、铝氧化物占绝对优势，粉粒和砂粒部分可风化矿物含量非常少的土壤。由此可见，铁铝土是处于高度风化成土阶段的一个土纲。铁铝土相当于美国土壤系统分类中的氧化土；相当于联合国粮农组织(FAO)世界土壤图图例单元中的铁铝土、聚铁网纹土和世界土壤参比基础(WRB)中的铁铝土。在我国土壤地理发生分类中，铁铝土相当于砖红壤和部分赤红壤。

（一）地理分布

铁铝土广泛分布于世界热带雨林气候区、热带季雨林气候区和热带海洋性气候区，包括南美洲的亚马孙河流域、非洲的刚果河流域、亚洲的东南部和南部广大地区，以及澳大利亚东北部沿海地区。在我国，铁铝土仅分布于热带和南亚热带地区，包括海南、广东、广西、福建、台湾及云南等省（区）的部分地区，其中以琼雷地区分布较为集中（图 8－8）。我国铁铝土分布面积没有确切统计，估计在 1 000×10^4 hm^2左右，约占国土面积的 1.0%。

图 8－8　中国铁铝土土纲分布示意图

资料来源：龚子同等（2007）

（二）成土条件

铁铝土分布地区的气候高温多雨，年平均气温为 20～25℃，年降水量为 1 000～2 850 mm，降水量年内分布不均，有明显干湿季节变化。湿热的气候条件有利于植物繁茂生长，其原生植被为热带雨林或热带及亚热带季雨林。铁铝土具有高热土壤温度状况和湿润土壤水分状况，非常有利于成土物质的彻底风化淋溶作用。铁铝土分布在地势略呈起伏、坡度平缓、地表相当稳定的低丘阶地地形上，其成土母质为各类母岩强度风化、短距离搬运的深厚沉积物，并包括第四纪红土和浅海沉积物。在基性火成岩风化沉积物母质上更有利于铁铝土的形成。

（三）成土过程

铁铝土的主导成土过程为强烈的脱硅富铁铝化过程和生物累积过程。其特点是土壤矿物的高度风化分解、盐基元素强烈淋失、硅酸强烈淋失与铁铝氧化物的相对富集，以及强烈的生物富集作用。

铁铝土富含黏粒，其B层黏粒含量大部分在400～600 g/kg，一些玄武岩风化沉积物形成的铁铝土黏粒含量高达800 g/kg。除受沉积层理不连续性影响外，铁铝土黏粒含量一般呈上下均匀分布，土层间无明显分异。剖面中几乎完全不含可风化矿物及可作为养分给源的母岩碎屑，其B层的粉粒和砂粒部分除石英外，极少有长石和云母类矿物存在。细土部分全钾量均小于10 g/kg，且其三酸消化性钾与全钾量十分接近（图8-9）。由此可见，铁铝土的土壤物质风化作用已达到高级阶段。

在铁铝土的风化成土过程中，盐基离子遭受强烈淋失，B层土壤活性酸度pH为4.2～5.3，交换性盐基饱和度很少超过40%。在交换性阳离子组成中，铝占优势，交换性铝饱和度多为40%～80%，可能与高含量游离氧化铁铝有关。据统计分析，铁铝土细土部分盐基总储量均不足0.4 mol/kg。铁铝土在其风化成土过程中，矿物质以完全水解、单硅铝化作用为主要方式进行分解与合成，处于更高级的风化成土发展阶段。

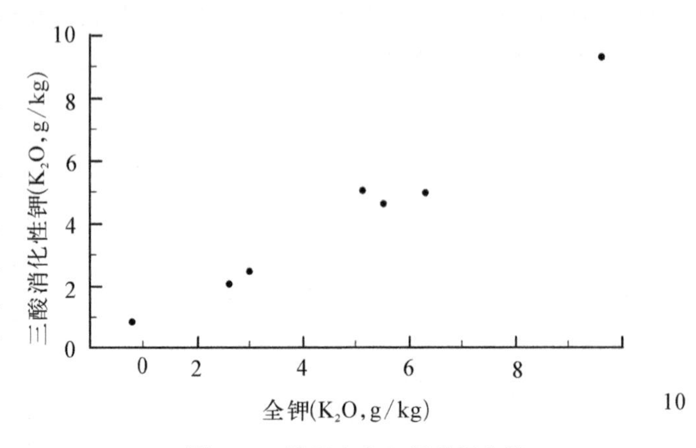

图8-9 铁铝土中B层的钾含量

铁铝土成土物质在风化过程中释放出的硅酸被强烈排脱淋失，而致铁铝氧化物产生极明显的相对富集作用。B层中游离铁占三酸消化性铁含量的百分比高达80%左右，其中由玄武岩风化沉积物形成的铁铝土的游离铁（Fe_2O_3）含量高达180 g/kg。由于铁铝氧化物的极明显富集，土壤中产生了大量正电荷，pH（H_2O）与pH（KCl）之差仅在0.5左右，甚至低至0.1～0.2，交换性铝饱和度为20%左右，甚至小于10%。由于氧化铁、铝的胶结作用，B层黏粒多呈微团聚的假粉粒状态，实验室测定表明几乎不存在水可分散黏粒。

高度富铁铝化作用的综合结果表现在土壤净负电荷量大为减少，黏粒活性显著降低。铁铝土B层表观阳离子交换量（CEC_7）和表观实际阳离子交换量（ECEC）分别小于16 cmol(+)/kg和12 cmol(+)/kg黏粒。因此，黏粒在剖面中随水分向下淋溶移动及淀积作用受到明显阻滞，特别是在缺少有机质的情况下更为严重。铁铝土黏粒含量的剖面分布主要受母质沉积层理或先前成土周期中黏粒在剖面中移动淀积作用的残留特征所影响。在有些铁铝土的B层结构面或孔隙壁上尚可见有少量模糊黏膜或其碎片，或者在无岩性不连续的铁铝土剖面中尚可见有符合一般黏化层标准的黏粒含量增大层，则可能是多周期成土作用叠加所致。

在铁铝土区，生长着茂密的热带雨林或热带季雨林，并有大量的凋落物归还土壤表层。据调查，每年凋落物量为11.5 t/hm^2。大量的有机残体为土壤的物质循环和养分富集提供了基础。

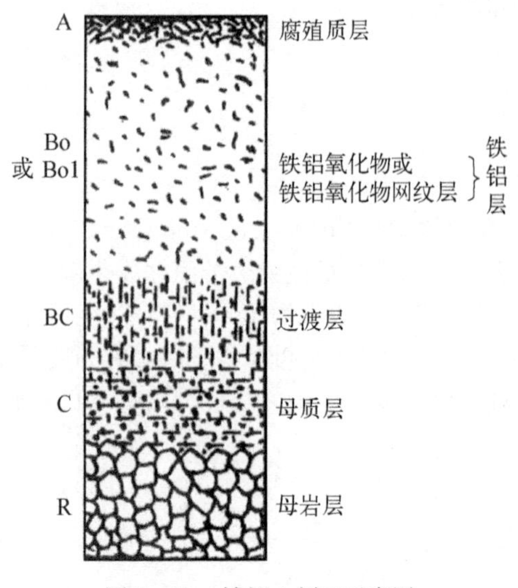

图8-10 铁铝土剖面示意图

资料来源：龚子同等(2007)

（四）形态特征和主要诊断层

铁铝土土壤剖面形态如图8-10所示。表层为腐殖质层（A），厚度一般为15～35 cm，土壤颜色呈暗褐红色（2.5YR）；其下为诊断层——铁铝层，包括铁铝氧化层（Bo）或铁铝氧化物网纹层（Bol），其下逐渐过渡至母质层（C）或母岩层（R）。

铁铝层是铁铝土纲的主要诊断层，而且是铁铝土纲特有的一个诊断层。铁铝层必须同时符合下列各鉴定标准：① 厚度≥30 cm；② 具有砂壤或更细的质地，黏粒含量≥80 g/kg；③ 表观阳离子交换量（CEC_7）＜16 cmol(+)/kg黏粒和表观实际阳离子交换量（ECEC）＜12 cmol(+)/kg黏粒；④ 50～200 μm粒级中可风化矿物＜10%，或细土全钾（K）含量＜8 g/kg（K_2O＜10 g/kg）；⑤ 保持岩石构造的体积＜5%，或在含可风化矿物的岩屑上有R_2O_3包膜；⑥ 无火山灰特性。

(五) 主要土类

在我国，铁铝土分布面积较小。铁铝土只有一个亚纲即湿润铁铝土亚纲。由于成土母岩或母质差异，使其盐基元素淋失、硅酸排脱及铁铝氧化物富集的强度并不一致。湿润铁铝土亚纲可续分为暗红湿润铁铝土、黄色湿润铁铝土和简育湿润铁铝土三个土类。

铁铝土相当于土壤地理发生分类中的砖红壤和部分赤红壤。下面主要从土壤发生分类角度对相关土类进行简要介绍。

1. 砖红壤 砖红壤是热带雨林、季雨林和热带季风气候下，生物物质转化迅速，发生强烈脱硅富铝化作用和铁铝氧化物高度富集而发育成的土壤。该地区光热充足，雨量充沛，长夏无冬，生物资源丰富。砖红壤是具有枯枝落叶层、暗红棕色表层和棕红色铁铝残积 B 层的强酸性铁铝土。

(1) 地理分布和成土条件 砖红壤主要分布在热带雨林地区，包括非洲的刚果盆地，南美洲的亚马孙平原、圭亚那沿海低地以及巴西高原西北部，澳大利亚北方高雨量地带，亚洲的印度、斯里兰卡、马来西亚、印度尼西亚、缅甸、菲律宾、泰国以及我国 22°N 以南的热带北缘地区。砖红壤在我国主要分布在雷州半岛、海南、滇南及台南等地。总面积 393.2×10^4 hm^2(不包括台湾省)。砖红壤分布的地貌总体比较简单，在海南、广东、广西三省(区)，主要分布在古浅海沉积物阶地、玄武岩台地和砂页岩、花岗岩形成的缓坡丘陵。但自东向西，随地势上升，地形地貌变化较大，在云南南部，由于受“帚形”大地构造的影响，砖红壤分布在海拔 800 m 以下的山间谷地和盆地；在西藏地区则主要分布于喜马拉雅山东段南翼海拔 500 m 以下的低山、山麓和平原。

砖红壤分布区属于热带湿润季风气候，具有高温多雨、干湿季节变化明显的特点。其年均温 22～25℃，最冷月均温>18℃，≥10℃积温 7 500～9 000℃；年降水量一般为 1 400～3 000 mm，雨量集中在 4～10 月，占年降雨量 80%以上，冬季少雨多雾，季节分配不均。年蒸发量在 1 800～2 000 mm，相对湿度约 80%以上，湿热同季的气候条件有利于土壤矿物质的强烈风化和生物物质的迅速循环。原生植被为热带雨林、季雨林，树种繁多，林内攀缘植物和附生植物发达，且有板状根和老茎开花现象。主要树种有樟科、无患子科、大戟科、番荔枝科、茶科和山毛榉科等。所在地形一般为低山、丘陵和阶地，成土母质为各种岩浆岩、沉积岩风化物和古老冲积物。在长期高温潮湿环境下，有些母岩风化形成厚达几米至几十米的富铝化红色风化壳。

(2) 成土过程 砖红壤的发育是与上述生物气候特点和深度风化的成土母质相联系的。其形成过程主要包括强烈的脱硅富铝化过程和雨林、季雨林下活跃生物的富集过程。在热带高温高湿、湿热同季、干湿季节明显的气候条件下，以上两种成土作用显得更加深刻。

1) 强烈的脱硅富铝化过程：在热带气候条件下，土壤中原生矿物强烈风化，硅酸盐类矿物分解比较彻底，硅和盐基离子大量淋失，硅的迁移量可达 70%左右，钙、镁、钾、钠的迁移量最高可达 100%；铁、铝氧化物明显聚积，铁、铝富积量分别可达 15%和 13%；黏粒和次生矿物不断形成，经长期风化，已形成厚达几米甚至几十米的红色风化壳。砖红壤强烈富铝化过程的另一表现是其铁的游离度高，土体和黏粒中铁的游离度分别达 64%～71%和 80%～88%。

2) 旺盛的生物富集过程：在热带气候条件下，植物生长繁茂，形成大量的凋落物，这种生物富集过程表现出生物与土壤间强烈的物质交换。例如，云南西双版纳热带雨林中平均每年的凋落物为 11.55 t /hm^2，次生林下为 10.2 t /hm^2，以春、夏季落叶最多，冬季较少。如此大量的有机残体，为土壤的物质循环和养分富集提供了基础。相应地，生物对灰分元素的吸收和聚积也就十分明显。在热带雨林、季雨林和橡胶林的凋落物中，每年通过植物吸收的灰分元素为 600～1 800 kg /hm^2，氮为 90～162 kg /hm^2，P_2O_5 为 6.2～16.5 kg /hm^2，K_2O 为 20～50 kg /hm^2，此外，还有相应数量的钙、镁、硅、铁、铝等元素。可见，在热带自然森林下，通过活跃的生物物质循环，土壤的生物自肥作用十分强烈。砖红壤中养分的生物富集作用非常旺盛，大大丰富了砖红壤的养分来源，促进了肥力的提高，但随着植被类型和覆盖的变化也有较大的差异。

(3) 主要性状

1) 形态特征：砖红壤一般以剖面呈砖红色见称。我国雷州半岛和海南岛北部的砖红壤呈赭红色。砖红壤土体剖面层次分化明显，其构型一般为 A-Bs-Bv-C 型。部分剖面在森林植被较好的情况下，地表还具有 2～3 cm 厚的枯枝落叶层(O)。A 层为暗红棕色或暗棕色的腐殖质层，厚度一般为 10～20 cm，核状或团粒状结构,疏松而多根系。Bs层是三、二氧化物聚积层,厚度1 m左右,为红色或红棕色的紧实黏土层,多呈块状结构,在结构面上有明显的暗色胶膜,伴有铁质结核,呈管状、弹丸状或蜂窝状。由砂页岩发育的土壤,常出现铁子层或铁磐层。Bv层为网纹层,次层较深厚,紧实,呈红、黄、白等杂色蠕虫状。C层为母质层,暗红色或红色,有时夹有半风化的母岩碎块。整个土体厚度较大,有的厚达3 m以上。

2) 理化性质:砖红壤的质地受母质影响而变化较大,但总的看来,质地黏重,多为壤质黏土,剖面中黏粒有下移现象。黏粒的硅铝率一般为1.5～1.8,硅铝铁率大多小于1.5。黏粒矿物主要为高岭石和三水铝石,并含多量的赤铁矿。土体中游离铁的含量较高,而游离硅甚低(占全硅量的1.5%以下)。砖红壤有机质的分解速度快,但在森林植被下,一般表层有机质含量仍可达30～50 g/kg,高者可达80～100 g/kg,全氮量为1～2 g/kg。土壤腐殖质组成特点是胡敏酸含量很低,无胡敏酸钙,胡敏酸与富里酸的比值为0.1～0.4。土壤盐基大量淋失,颗粒表面被氢、铝离子所占据,因而增加了土壤溶液中氢离子的浓度,土壤多呈强酸性反应,土壤交换性酸总量达2.5 cmol(+)/kg,其中交换性铝占90%以上。土壤有效阳离子交换量极低(<1 cmol(+)/kg),盐基呈高度不饱和状态,盐基饱和度多在20%左右。

(4) *砖红壤的利用与改良* 砖红壤地区是我国热带林木的重要生产基地和橡胶主产区,并可种植咖啡、可可、香蕉、菠萝、油棕、椰子、胡椒、剑麻、香茅等热带经济作物。农作物可一年三熟,水稻一年二至三熟。砖红壤开垦后,有机质含量迅速减少,不仅使土壤的氮素肥力减退,而且由于土壤结构胶结物被铁铝氧化物所替代,使其品质变劣,通气、蓄水和保水性变差。砖红壤的钾、钙、镁等养分缺乏;无机磷以闭蓄态磷为主,有效性甚低;大部分的有效硼、锌、铝等的含量低于缺乏的临界值。此外,砖红壤的酸度过大,也是一个不利的特性。

砖红壤的利用改良措施为:① 全面规划、综合开发。充分发挥自然条件优势,因地制宜,统筹规划,综合开发,如在多年生橡胶树下种植茶、金鸡纳、可可、肉桂、三七等作物。② 防止水土流失,增强抗旱保水能力。在地形部位较高、坡度较大的地段,保护好现有植被,同时推广等高开垦,修筑梯田,搞好水土保持工程,发展热带林木,防止水土流失,增强土壤保水能力。③ 科学管理,提高土壤肥力。砖红壤垦殖后,采取多种措施维持其有机质和养分的合理平衡。例如,粮经作物与豆科绿肥作物合理间套轮作;充分利用野生绿肥资源,增施有机肥;合理施用氮、磷、钾肥和石灰等。

2. 赤红壤 赤红壤是南亚热带季雨林下发育的土壤,具有红壤向砖红壤过渡特征,其富铝化与生物富集较红壤强而弱于或近似于砖红壤,过去称之为砖红壤性红壤。

(1) *地理分布和成土条件* 赤红壤总面积为1 778.7×10^4 hm^2,主要分布于22°N～25°N之间的狭长地带。大致从福建的福清、华安经广东的大浦、梅县、河源、广西的钦州湾到云南的巍山、保山一线以北,其分布范围与南亚热带界线基本吻合。此外,在海南、台湾山地垂直带谱也有赤红壤分布,其中包括福建、广东的东南部,广西南部和西南部、云南西南部、海南中西部和台湾南部,四川西南金沙江河谷局部呈岛状分布。

我国赤红壤分布于北回归线两侧,纬度较低,北与西北两面高山屏障,东南面海,夏季来自海洋的暖湿气流盛行,冬季来自内陆的干冷气团多受高山阻滞而削弱,从而形成冬暖夏热、湿润多雨的气候条件。该气候区年均气温为19～22℃,≥10℃积温为6 500～8 450℃,年降雨量为1 000～2 600 mm,年蒸发量为1 376～2 000 mm。该区干湿季分明,年干燥度为1.32～0.37。赤红壤区的原生植被为南亚热带季雨林,植被组成既有热带雨林成分,又有较多的亚热带植物种属。沟谷内常有部分热带植物,其南缘植被以热带成分为主,代表的科属有苏木科、含羞草科、蝶形花科、番荔枝科、龙脑香科等,林内有攀援藤本及附生植物,种类繁多,结构复杂。目前,赤红壤上大面积的植被为疏林草地,由马尾松、桃金娘、野牡丹、铁芒箕和禾本科草类等组成。所在地形多为低山丘陵,海拔多在1 000 m以下。赤红壤的母质类型多样,土壤发育和肥力特性受母质影响深刻。成土母质以花岗岩风化物、流纹岩、砂页岩及第四纪红色风化壳为主,其他有石灰岩及浅海沉积物。

(2) *成土过程* 赤红壤的成土过程仍然以脱硅富铝化和生物累积过程为主,但是脱硅富铝化作用较砖红壤弱而比红壤强,生物物质循环中的生物累积量和分解速率均介于砖红壤与红壤之间。

1) 较强的脱硅富铝化过程:土体部分碱金属和碱土金属含量极少,钙和钠只有痕迹存在,镁、钾含量也不高,黏粒硅铝率为1.7～2.0。赤红壤中淀积层和母质层中残留的重矿物和磁性铁矿物含量均低于红壤和黄壤,而石英矿物含量则明显高于红壤和黄壤。赤红壤的风化淋溶系数为0.05～0.15,明显高于砖红壤

(<0.05)而低于红壤(>0.12)。与砖红壤和红壤相比,赤红壤中高岭石的含量高于红壤而低于砖红壤,表明赤红壤脱硅富铝化过程的强度介于砖红壤与红壤之间。

2) 较强的生物累积作用:赤红壤地区生物与土壤间的物质和能量的交换较为活跃。据估算,赤红壤地区次生阔叶林及针叶林下,每年凋落物为8.25~10.5 t/hm^2,而每年可归还土壤的灰分元素为450~570 kg/hm^2,生物累积对赤红壤的形成及其肥力演变起着明显的促进作用。

(3) 主要性状

1) 形态特征:剖面层次分异明显,具有腐殖质表层(A)、黏化层(B)和母质层(C)。土壤质地多为壤质黏土。A层因黏粒机械淋移或地表流失,质地稍轻,厚度多为10~20 cm,具较好的屑粒状和碎块状结构。B层因黏粒淀积,质地稍黏,块状和棱块状结构,在结构面和孔壁上常见有光泽的铁铝氧化物胶膜淀积,厚度为10~20 cm。母质层一般呈红色或红黄色,多为块状和弱块状结构,一般没有或有少量胶膜淀积,土体中常见铁锰结核和红黄等杂色网状斑纹,这也是赤红壤的重要形态特征。局部堆积台地和坡麓地带可见各种形状的网纹层、侧向漂洗层、铁盘铁子层,其形成可能与地下水和侧渗水活动有关,并非赤红壤形成过程的特征。

2) 理化性质:赤红壤与砖红壤间表现出明显的过渡性质。赤红壤的盐基元素大量淋失,钙、钠只有痕迹,镁、钾也不多。全剖面呈较强的酸性反应,pH为4.5~5.5;盐基饱和度低,多在30%以下。土壤普遍具有明显的淀积层,该层孔壁及结构面均有明显的红棕色胶膜淀积,表现出铁铝氧化物及黏粒含量明显高于表土层及母质层。赤红壤的黏粒矿物组成比较简单,主要是高岭石,且多数结晶良好,伴生黏粒矿物有针铁矿和少量水云母,极少有三水铝石。土壤有机质和氮素含量因植被和耕作的不同而有较大的变化,但一般都不高,表层分别为17.8 g/kg和0.87 g/kg,土壤全磷量也较低,平均为0.56 g/kg。黏粒硅铝率为1.7~2.0,硅铝铁率为1.4~1.8。土壤阳离子交换量大多较低,有效阳离子交换量为7.14 cmol(+)/kg。赤红壤的颗粒组成因母质而异,酸性岩浆岩母质发育的土壤,质地较轻,第四纪红土母质发育者较为黏重。

(4) 赤红壤的利用与改良 赤红壤所处地理位置具有较为优越的生物气候,是我国发展粮食和热带、亚热带经济作物的重要基地。除了能种中亚热带经济林木和果树如油茶、茶叶、柑橘等外,还能种热带果木,如木瓜、芒果、菠萝、香蕉、洋桃、荔枝等。此外,木棉也能生长。云南的赤红壤上还栽植有经济植物紫胶树和重要药材三七等,在局部地区还可栽培橡胶、咖啡等热带经济作物。因此,在开发利用上,应从全局出发,实行区域种植,重点发展以热带、亚热带水果为主,并根据不同的生态环境及土壤条件,建立各种优质水果商品基地。

赤红壤的改良上重点是解决干旱和瘦瘠两大问题。在侵蚀严重、土体薄、林木立地条件较差、肥力较低的赤红壤区,应采取封山育林,恢复植被,控制水土流失。在此基础上,逐步营造耐瘠耐旱的马尾松、大叶相思、黑松等薪炭林。局部土体深厚的地段,可垦殖果园,发展杨梅、余甘、菠萝等水果,但应加强水土保持工程建设。在地形部位较高、地势变化复杂的赤红壤地区,应以发展林业为主,搞好现有森林的保护、抚育更新和改造,使之成为用材林和水源林,同时有计划地因地制宜营造经济林和热带果树林。对赤红壤耕地,应通过合理耕作,增施有机肥和氮、磷、钾肥及石灰等,积极进行改良培肥,不断提高肥力。

第二节 草原与荒漠土纲系列

一、草原土壤系列

草原土壤指草甸草原及草原植被下发育的土壤。主要分布在温带、暖温带以及热带的内陆地区,约占陆地总面积的13%。各大洲均有分布,但以欧亚大陆分布最广,在欧亚大陆的温带和暖温带内陆地区,呈东北-西南向的带状分布。中国的草原土壤主要分布在小兴安岭和长白山以西、长城以北、贺兰山以东的广大地区,境内多属温带和暖温带半湿润和半干旱气候,自东向西分布有黑土、黑钙土、栗钙土、棕钙土与灰钙土,在暖温带内仅东部草原有黑垆土分布(图8-11)。

最典型的草原土壤为黑钙土、栗钙土和黑垆土。黑土是向温带湿润森林土壤过渡的土壤,棕钙土和灰钙土则是向温带荒漠土壤过渡的土壤(图8-12)。除黑土外,草原土壤系列相当于美国土壤系统分类的软土土纲和干旱土纲,相当于联合国世界土壤图图例单元中的黑钙土、栗钙土和钙质土,在中国土壤系统分类中主要归为均腐土土纲。

大多数草原土壤的形成过程有明显的生物累积过程和钙化过程。草原土壤的共同特点是:① 气候条

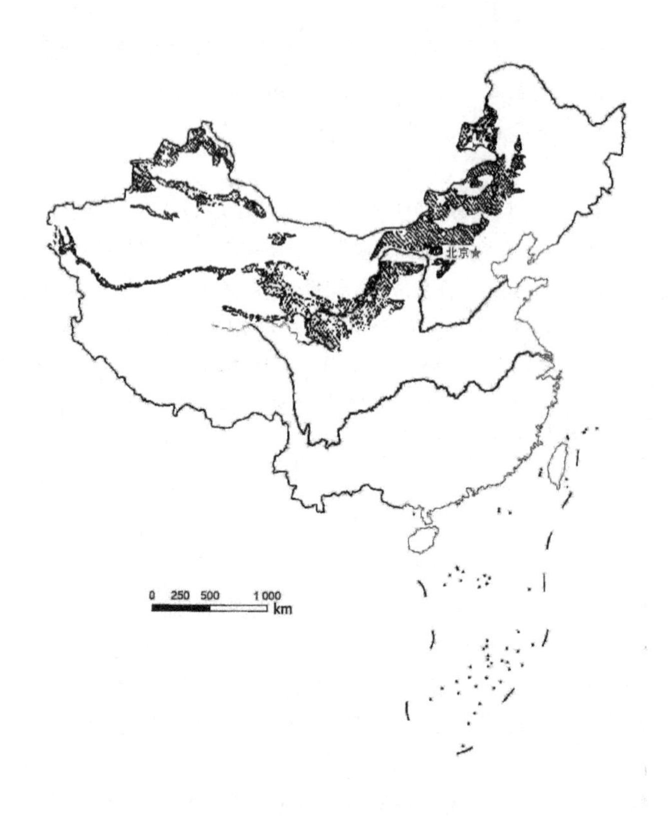

图 8-11 中国草原土壤分布示意图

资料来源：朱鹤健等(1992)

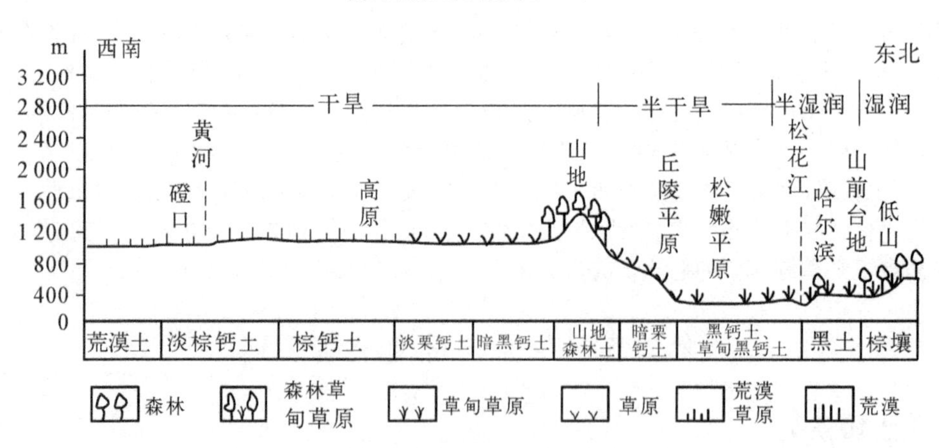

图 8-12 草原土壤断面示意图(哈尔滨—磴口)

件比较干旱，土壤受淋溶作用较弱，土壤盐基物质丰富，土壤剖面分化清楚，具有明显的“两层性”，即腐殖质层和钙积层(黑土除外)；② 土壤腐殖质含量自表层向下逐渐减少，颜色亦相应地变淡；③ 土壤呈中性至碱性反应；④ 交换性盐基呈饱和状态，并主要为钙离子所饱和；⑤ 土壤矿物组成中二氧化硅和三氧化物在土体中均匀分布，无重新分配特征。这些特征是草原土壤区别于森林土壤(图 8-13)、荒漠土壤以及其他土壤的最基本特征。

草原土壤各土类之间的差异，主要取决于腐殖质累积过程和钙化过程之间的量的对比关系。

(一) 黑土(phaeozem, black soil)

1. 地理分布和成土条件 黑土分布于温带草原向温带湿润森林的过渡地带，在欧亚大陆主要分布于

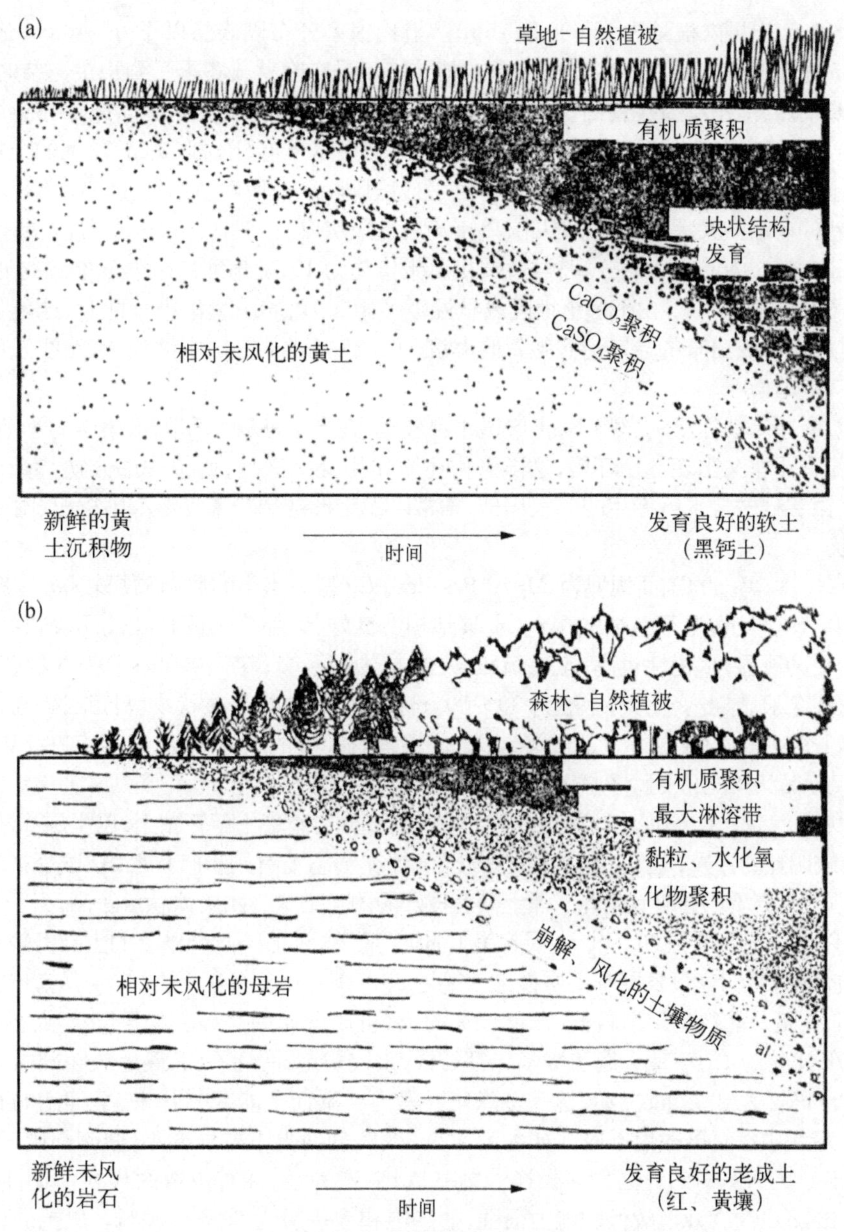

图 8-13 草原土壤(a)与森林土壤(b)剖面发育之比较

资料来源：布雷迪(1974)

俄罗斯和我国的东北地区,在北美分布于密西西比河上游谷地和中部平原的湿地草原地带。中国的黑土主要分布于黑龙江、吉林两省的中部,集中在松嫩平原的东北部,小兴安岭和长白山的山前波状起伏台地上更是集中连片。此外,在黑龙江省东部和北部以及吉林东部也有少量分布。

黑土是我国温带半湿润季风气候条件下发育的土壤。年降水量为 450～550 mm,季节分配不均,绝大部分集中于暖季,4～9 月降水量占全年降水量的 90%以上,年均温为 0.5～6℃,≥10℃积温为 2 100～2 700℃,干燥度为 0.75～0.90,雨热同季,冬季寒冷少雪,土壤冻结深度可达 1.5～2.0 m,持续 4～6 个月以上。黑土地区的植被为草原化草甸类型,以杂类草(五花草塘)群落为主,植物种类多,生长繁茂,一般高 40～50 cm,覆盖度达 80%～90%以上,根系比较发达,深达 80～100 cm 以上,但以表层 20 cm 最为集中。黑土分布地的海拔大都在 250～300 m,由于受到大、小河流(如呼兰、通肯、呼裕尔、纳漠尔河等)及其支流的切割,地势略有起伏,形成低缓丘陵,当地称之为漫岗,相对高度约 5～10 m,坡度为 2°～3°,最大不超过 6°。黑土的成土母质以黄土状沉积物为主,只有少数地势起伏较大、切割较严重的地区,在黑土的底部有砂、砾质的沉积物。

2. 成土过程

(1) 明显的生物累积过程　黑土地区由于中生性草甸植物生长茂盛,根系发达,每年地上部分的干重为 4 700 kg /hm^2,1 m 土层内根量为 12 600 kg /hm^2。植物根系分布以表层以下 0～10 cm 最为集中,占 1 m 土层总根量的 55%,10～40 cm 占 30%。由于草本植被每年是在晚秋或冬季受到稳定冻结的影响下死亡,由于暖季短,冷季长而严寒,土壤微生物活动微弱,死亡的地下残体不能很快分解而保存在土壤中。待至来年春季冻融以后,虽然土温增高,但是土层下部冻结未解,阻碍融水下渗,因而 50 cm 以上的土层中,水分滞留,空气不足,致使土壤中有机残体只能产生缓慢的嫌气分解过程,从而使腐殖质在土壤中大量积累。夏季有机质分解加强时,新的有机质又大量形成。因此,黑土的腐殖质层厚,一般达 70 cm 左右,表层有机质含量 30～60 g /kg,多者可达 150 g /kg,有机质分解较好,碳氮比比值约为 10,北部寒冷区分解差者约为 15。

(2) 较强烈的淋溶过程　由于黑土地区夏秋温暖多雨,90%的雨量集中于此时,这就使在风化过程和有机质矿质化过程中释放出来的盐基遭到强烈的淋溶,可溶性盐类从剖面中淋失,甚至少量的铁、锰、硅等元素也发生了淋溶淀积作用。

在质地黏重、有季节性冻层的影响下,土壤透水性较弱,在土壤冻融水和降水集中的季节,土壤上层滞水产生还原环境,但在干季又出现氧化环境,这样氧化还原作用交替进行,使得一部分铁、锰形成结核和锈斑,聚集在剖面中。由铝硅酸盐水解产生的二氧化硅,则常以无定形硅酸粉末自溶液中析出,附于结构表面。

3. 基本性状

(1) 形态特征　黑土的剖面构型为 Ah-AhBcs-Bcsq-Cg 型。黑土的腐殖质层较厚,一般为 30～70 cm,厚的可达 70～100 cm 以上,呈黑色或灰黑色,土壤结构性良好,大部分为团粒状及团块状结构,尤以生荒地黑土的团粒结构更为明显,水稳性也高,土层疏松多空,植物根系多;淀积层(Bcsq)为灰棕色或浅棕带黄色,夹有暗色的腐殖质条痕,厚度变化大,一般为 30～50 cm,质地稍黏重,呈核状或块状结构,在结构体表面有暗色腐殖质和铁锰胶膜,有时还有二氧化硅白色粉末,此层含有较多的铁锰结核,粒径多在 1 mm 左右;淀积层以下为母质层(Cg),沉积层理明显,多具黄灰色锈纹和锈斑。

(2) 理化性质　黑土的质地比较黏重,均匀一致,大部分为重壤土至轻黏土,但土层下部以轻黏土为主。黏粒在剖面中有较明显的分异,形成褐色胶膜的黏化层,但在形态上有别于暗棕壤、棕壤那样鲜明的棕色黏化层。地形部位不同,土壤质地亦略有差异。黑土具有良好的团粒结构。团聚体总量较高,大于 0.25 mm的团聚体在荒地 50 cm 以上土层中可达 60%以上,因此黑土质地尽管黏重,在 50 cm 以上的土层仍较疏松。

黑土有机质含量相当丰富,表层有机质含量一般为 30～60 g /kg,高者可达 150 g /kg,但随地区和开垦时间而有显著不同,大抵从北往南逐渐减低,开垦较久的,有机质含量则有显著的下降。黑土的腐殖质组成以胡敏酸为主,H /F 比值为 1.4～2.5,腐殖酸多与钙结合,比较稳定,活性不大,腐殖质随剖面下延很深,在 1～2 m 处有机质含量仍可达 10 g /kg 左右,这一特点使得黑土与草甸土能区分开来,草甸土的有机质层不如黑土深厚。黑土一般呈中性至微酸性反应,pH 约为 5.5～6.5,剖面上下差异很小,全剖面中无钙积层,也无石灰反应,这是黑土与黑钙土的明显区别。代换性盐基以钙、镁为主,并有少量的代换性钠,阳离子交换量较高,表层为 35～45 cmol(+) /kg,故保肥能力很强,盐基饱和度一般为 80%～90%。黑土的化学组成较为均匀,剖面分异不大,指示黏土矿物中,表层以水化云母居多,心土多以水化云母及蒙脱石为主,黏粒硅铝铁率约为2.6～2.8。营养元素比较丰富,表层全氮为 0.15%～0.20%,全磷约为 0.1%,全钾都在 13%以上。易溶性盐含量很低,总量不超过 0.1%,盐分组成中以重碳酸盐为主。

4. 黑土的利用与改良　黑土是我国最肥沃的土壤之一,土层深厚、肥沃,地势平坦,是东北最主要的产粮土壤。但由于长期的开发利用,黑土地区的水土流失较严重,且土壤的有机质含量降低比较快。为了保证黑土地区土地产出率,必须随时进行保肥及培肥工作,不断增施有机肥料,使土壤腐殖质保持一定水平,并不断得到更新;加强防治土壤侵蚀,采取护沟造林、护坡种草等措施。为了消除春旱,应注意雨季蓄水和春季对冻层水的利用。为解决黑土的过湿问题,可采取提早小麦播种期,把收割小麦时期安排在雨季之前,在田间设置浅沟,随时排除过多的积水。

(二) 黑钙土(chernozem)

1. 地理分布和成土条件　黑钙土在欧亚大陆分布相当广泛并呈连续的东西带状分布,主要集中在西起乌克兰,东至俄罗斯的西伯利亚鄂毕河上游。而在保加利亚、罗马尼亚、匈牙利、波兰分布的面积不太大。在北美主要分布在大陆的中部,北起加拿大,南到墨西哥湾,略呈经向带状分布。在南美也呈南北方向排列,主要集中在拉巴拉他河流域。在澳大利亚,黑钙土分布在大陆东部20°S～30°S之间。在非洲,黑钙土分布在10°N～15°N之间以及大陆的东南部。在中国黑钙土为欧亚大陆黑钙土向东延伸部分,主要分布于黑龙江和吉林省的西部,并延伸到燕山北麓和阴山山地垂直带上。此外,在新疆的昭苏盆地、天山的北坡、阿尔泰山的南坡以及甘肃祁连山东部的北坡山地也有零星分布。

黑钙土是在温带大陆性气候和草原植被下发育的土壤,但由于分布广泛,尽管总的生物气候条件相似,但仍然表现出地方性特点。中国的黑钙土地区属于温带半湿润或半干旱气候,夏季温和多雨,年均温为−0.5～5℃,≥10℃积温1 600～3 000℃,年降水量350～450 mm,干燥度为0.9～1.2,冬季寒冷,土壤结冻深达1.3～1.5 m。黑钙土的自然植被为草原和草甸草原,以旱生针茅和兔毛蒿等植物为主,也有草甸草原植物,覆盖度为60%～70%。黑钙土所在地形为平原、河谷阶地和山麓地带,成土母质为黄土状沉积物及各种基岩风化残积物、坡积物。松嫩平原多属砂性堆积物。

2. 成土过程 黑钙土形成特点是具有明显的腐殖质累积过程和钙积过程。

黑钙土地区夏季气温高,水分状况不如黑土,草层高度达20～45 cm,草本植物地上部分的干重为750～1 500 kg/hm^2,1 m土层的根量为9 700 kg/hm^2,根系仍集中在表层,0～5 cm的根量占1 m土层总根量的55%,5～15 cm占30%,15～25 cm占5%～6%,25 cm以下则下降到1%,所以有机质分布以20～30 cm为多,向下呈舌状延伸到1 m以下。植物根系的这种分布,决定了黑钙土腐殖质的累积和分布特点。草甸草原植被的大多数草本植物,从春季土壤解冻到深秋整个生长季节,生长非常茂盛,直到晚秋土壤冻结生长才停止,而此时温度低,微生物活动受抑制,有机质不能分解。只有待来年春季解冻,温度升高,微生物活动繁盛,有机质才开始分解。但由于此时土壤湿度大,氧气不足,只适于嫌气性微生物活动,有机质分解不快,因而使胡敏酸类腐殖质得以在土壤中累积。这类土壤腐殖质不仅是植物营养元素的重要来源,而且与土壤中的钙、镁离子和无机矿物紧密结合,形成良好的结构。

黑钙土地区气候比较干旱,土壤中的钙化过程比较明显。在半干旱气候条件下,雨量较少,降水只能淋洗易溶性的氯、硫、钠、钾等盐类,而钙、镁等盐类只部分淋失,部分仍残留于土中,而硅、铁、铝等基本上未移动。因此,土壤胶体表面和土壤溶液为钙、镁所饱和,钙积过程十分明显。土壤表层的部分钙离子,可与植物残体分解所产生的碳酸结合,而形成重碳酸钙,向下移动,并以碳酸钙的形式淀积于土层下部,形成假菌丝状或斑状碳酸钙聚积层。典型黑钙土的钙积层一般出现在50～90 cm深处。

3. 基本性状

(1) 诊断层和诊断特征 黑钙土相当于美国土壤系统分类中软土纲的冷冻性冷凉软土(Cryoborolls)、黏淀冷凉软土(Argiborolls)、弱发育冷凉软土(Haploborolls)、黏淀半干润软土(Argiustolls)、弱发育半干润软土(Haplustolls)、动物扰动半干润软土(Vermustolls)等。黑钙土具有湿态彩度≤1.5或有机质含量≥40 g/kg的饱和暗色表层,有腐殖质向下淋溶的舌状物、从地表至100 cm范围内有钙积特征。

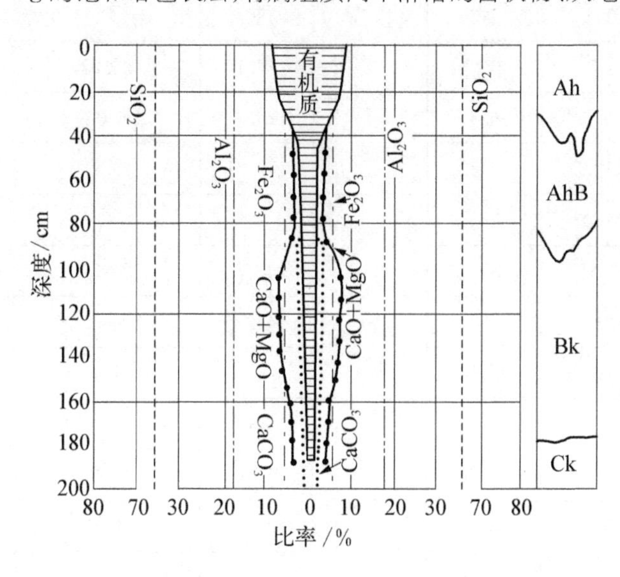

图8-14 黑钙土的有机质、$CaCO_3$和SiO_2、R_2O_3沿剖面分布(呼伦贝尔)

(2) 形态特征 黑钙土典型的剖面构型为Ah-AhB-Bk-Ck型。腐殖质层(Ah)厚约20～60 cm,呈暗灰黑色、黑棕色、灰棕色。过渡层(AhB)厚约15～55 cm,灰棕与黄灰棕色相间分布,有明显的腐殖质舌状下伸,一般没有碳酸钙淀积,常有动物活动的痕迹。钙积层(Bk)厚约15～50 cm,呈灰黄、灰棕、灰白色,多出现在50～90 cm深度,碳酸盐的淀积形态多呈斑块状、菌丝状。随着黑钙土分布地区的不同淀积性状有较大差异,黑钙土带西部、西南部与暗栗钙土相邻地区,钙积层发育较为明显,碳酸钙有较强的积累;而分布在与灰色森林土相邻地区的黑钙土,由于淋溶程度较深,剖面中没有钙积层存在,淀积层有时有少量二氧化硅粉末,由于黏粒的积聚略显棕色。母质层(Ck)则因母质成因类型不同而有明显差异,一般均有碳酸盐累积现象(图8-14)。

(3) 理化性状 黑钙土有机质以表层为最多,

主要集中在20～30(40)cm之内，表层有机质平均含量大于40 g /kg，向下明显降低。因黑钙土分布地区，生物气候条件差异大，有机质含量也有一定差异，总的趋势由北向南递减。

黑钙土腐殖质含量不及黑土多，约20～40 g /kg，有良好的团粒状结构，腐殖质层的阳离子交换量较高，多在30～40 cmol(+) /kg，盐基饱和度一般在90%以上，并以钙、镁为主，表层呈中性向下逐渐变为碱性，剖面下部有石灰假菌丝体和粉状石灰结核。

黑钙土质地较轻，物理性黏粒含量多在40%以下(表8-2)，为中壤土和轻壤土，心土层的黏粒含量一般高于表土层和底土层，这种趋势与石灰淋溶淀积情况一致。剖面中硅、铁、铝氧化物移动不明显，但氧化钙和氧化镁的含量向底部有增加的趋势，黏土矿物以蒙脱石为主。

表8-2 典型黑钙土机械组成分析结果(吉林白城子)

土层深度 /cm	土粒各级含量 /%						物理性黏粒 /%	土壤质地
	1～0.25 mm	0.25～0.05 mm	0.05～0.01 mm	0.01～0.005 mm	0.005～0.001 mm	<0.001 mm		
0～10	12.34	41.89	17.55	4.90	6.00	15.47	26.37	轻壤土
10～20	6.67	48.70	15.95	3.11	8.28	15.92	27.31	轻壤土
30～40	6.48	42.96	17.82	1.89	9.08	20.49	31.46	中壤土
50～60	5.58	36.10	14.59	4.54	8.24	17.67	30.48	中壤土
80～90	4.76	52.85	16.73	3.52	9.15	20.21	32.88	中壤土
120～130	52.96	36.00	0.48	1.15	2.13	4.51	7.69	细砂土

资料来源：南京大学(1980)。

黑钙土营养元素中氮和钾比较丰富，磷较少，全氮为0.1%～0.2%，全磷小于0.1%，全钾约为3%，全剖面几乎不含易溶性盐分(表8-3)。

表8-3 黑钙土剖面化学性质统计

土层	厚度 /cm	统计内容	有机质 /(g /kg)	全氮 /(g /kg)	全磷 /(g /kg)	全钾 /(g /kg)	pH (H_2O)	$CaCO_3$ /(g /kg)	阳离子交换量 /[cmol(+) /kg]
A	33	n	226	221	223	213	6.3～8.1	46	165
		$\bar{x}$	51.0	2.48	0.71	17.4		19.2	24.08
		S	16.1	0.8	2.1	7.9		32.5	6.04
		Cv/%	31.57	32.25	295.77	45.40		169.27	25.08
AB	31	n	122	120	118	113	6.0～8.2	30	58
		$\bar{x}$	28.6	1.38	0.53	17.7		17.1	23.22
		S	8.1	0.4	0.6	6.8		26.9	6.09
		Cv/%	28.32	28.98	113.2	38.42		157.31	26.23
B	39	n	178	171	173	169	6.5～8.5	70	86
		$\bar{x}$	15.3	0.73	0.46	16.3		67.7	20.55
		S	119	0.4	0.5	6.7		44.5	6.40
		Cv/%	77.78	54.79	108.69	41.10		65.73	31.14
C	48	n	86	86	84	82	6.3～8.6	41	52
		$\bar{x}$	13.7	0.94	0.53	18.5		50.4	19.36
		S	10.7	0.7	0.5	6.8		22.3	6.42
		Cv/%	78.10	74.46	94.34	36.76		44.25	33.16

资料来源：内蒙古自治区土壤普查办公室等(1994)。

4. 黑钙土的利用与改良 一般来说黑钙土的生产性能较为优越。对于已开垦的黑钙土,由于有机质和细土消失比较快,在利用和改良上应注重用地养地、培肥土壤,特别要增施磷肥,改善土壤缺磷的养分失调状态,保持和提高土壤肥力。黑钙土分布地区气候较干旱且风大,水资源较缺乏,在利用中应推广秋耕保墒措施,接纳晚秋降雨,减少蒸发,以利春播保苗,提高抗旱能力。个别地区(如淋溶黑钙土地区)雨水多时则应防止渍涝灾害。黑钙土地区是优良的放牧场和割草场,在垦殖率低、退化较严重的地区,应采取退耕还草、还林的措施,以恢复和提高地力,改善生态环境。

(三) 栗钙土(chestnut soil, kastanozem)

1. 地理分布和成土条件 栗钙土带与黑钙土带毗连,但更接近内陆干旱地区。全世界各地均有广泛分布:亚欧大陆的栗钙土位于黑钙土带的南方,呈东西带状分布;在北美洲,栗钙土位于黑钙土带的两侧,呈南北狭长带状分布;南美洲的栗钙土分布在大草原与巴塔哥尼亚高原的一部分;澳大利亚、非洲以及西亚、南亚也有分布。在中国,栗钙土主要分布在内蒙古高原的东部和南部、鄂尔多斯高原东部、呼伦贝尔高原西部以及大兴安岭东南麓的丘陵平原地区,向西可延伸到新疆北部的额尔齐斯、布克谷底与山前阶地,在阴山、贺兰山、祁连山、阿尔泰山、天山以及昆仑山的垂直地带与山间盆地中也有广泛分布。

栗钙土形成于温带半干旱草原环境。中国的栗钙土地区大都是受季风影响的半干旱大陆性气候,干燥度1~2,春季干旱多风沙,夏季温热多雨,冬季寒冷晴燥。年均温为−2~6℃,≥10℃积温为1 700~3 000℃,无霜期为120~180天,年降水量为250~450 mm。因其分布范围广泛,有明显的地区性差异,东部受东南季风影响,约2/3降水量集中于6~8月,冬春两季雪少;西部的新疆地区,受西风影响,冬季降雪较东部稍多,夏季也较干燥。

栗钙土的植被属草原类型,由旱生多年生草类组成,以丛生禾本科为主,其次为走茎和根茎草类,草原灌木与半灌木也占相当比重。草层一般高度为5~30 cm,覆盖度达20%~50%。

栗钙土地区的地形以剥蚀和侵蚀高原为主,也有丘陵、低山和冲积、洪积平原,但以平坦地形为主。成土母质多种多样,有各种母岩的残积物、黄土及黄土状物质、河流冲积物、湖积物及风沙堆积物等。

2. 成土过程 栗钙土形成的基本过程与黑钙土相似,唯腐殖质累积过程已渐减弱,而钙化过程相对增强。

栗钙土地区由于气候干旱,干草原植被每年进入土壤中的有机质数量也较少,总量约1 870~7 500 kg/hm^2,同时许多根系又是多年生木质化的粗根,所以每年实际进入土壤的有机质并不多。此外,草原植被一般是在夏季由于高温干燥而死亡,植物残体在炎热干燥和土壤通气的条件下进行良好的好气分解。因此,有机质矿质化的速度大于腐殖质的积累速度,这就决定了栗钙土腐殖质含量比黑钙土为低,腐殖质层较薄,团粒结构形成亦较差。

在干旱气候条件下,淋溶作用较弱,土壤钙化过程显著,碳酸盐淀积层位比黑钙土高,并以斑块状、粉末状和核状的新生体形式出现,致使土体颜色变淡且紧实。钙积层通常出现于20~50 cm深处,深者可达70~80 cm,厚度多在20~40 cm,以层状为主,间有斑块状。钙积层中的石灰含量多在10%~30%,高者可达60%~90%。石膏与盐分的累积亦较弱,只有在局部地区(如新疆)的剖面底部才有数量不等的石膏聚集。

3. 基本性状

(1) 诊断层和诊断特征 栗钙土相当于美国土壤系统分类软土纲中干旱的黏淀冷凉软土(Argiborolls)、弱发育冷凉软土(Haploborolls)、硬磐夏旱软土(Durixerolls)、黏淀夏旱软土(Agrixerolls)、强发育夏旱软土(Palexerolls)、弱发育半干润软土和干旱土纲的薄层黏化干旱土(Hapraryids)等。栗钙土是具有湿态彩度>1.5或有机质含量≥20 g/kg的饱和暗色表层,无腐殖质舌状物、从地表至50 cm范围内有钙积特征的土壤。

(2) 形态特征 栗钙土剖面由栗色的腐殖质层(Ah)、灰白而紧实的钙积层(Bk)与母质层(Ck)组成。腐殖质层厚度约20~40 cm,缺乏黑钙土所特有的腐殖质舌状逐渐下渗的特点,往往向下急剧减少,过渡明显整齐。在自然状态下,栗钙土呈细粒状、团块状、粉末状结构,不具有黑钙土那样明显的团粒状结构,这也是区别于黑钙土的特点之一。钙积层一般出现在30~50 cm处,呈层状、斑块状、网纹状形态积累,厚度约30~40 cm,底部碱化层性状显著。

（3）理化性状　栗钙土腐殖质含量为15～25 g/kg，向下逐渐过渡。土壤机械组成随母质的不同而有很大差异，总体上质地较轻，多属粉砂土，砂与粉砂共占60%～90%，细砂与粗粉砂约占50%左右，黏粒为10%～20%，黏粒在剖面中分布的曲线与石灰累积曲线比较一致，但黏粒的淀积并不显著，黏粒的硅铁铝率在剖面中各层间变化不大，变幅为2.5～3.7，黏粒矿物以蒙脱石为主（图8-15）。

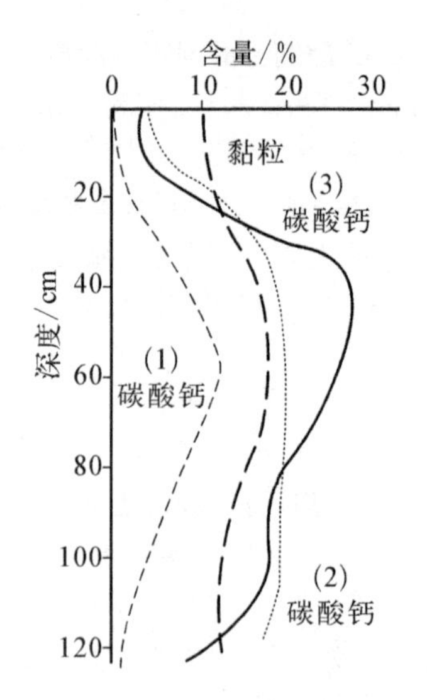

图8-15　栗钙土中碳酸钙和黏粒的剖面分布

栗钙土的土壤阳离子交换量一般为10～25 cmol(+)/kg，土壤盐基已饱和，全剖面有石灰反应，土壤pH为8.0～8.5，剖面中易溶盐类基本淋失，易溶盐含量多低于1 g/kg，石膏含量很低，碱化层交换性钠可达6%～22%（表8-4）。

4. 栗钙土的利用与改良　栗钙土属于农牧兼用型土壤，由于受水热条件影响，土壤肥力差异较大，在利用上应以牧业为主，适当发展农业。栗钙土由于地处干草原地带，草地产草量年际变化和季节变化很大，冬春缺草是栗钙土区畜牧业发展的严重障碍。因此，应在牧区广辟水源，合理布局饮水点，有计划地建立人工草地，改良退化草场，培育天然割草场，以增加冬春贮草量，扩大冬春放牧场。在天然草地的利用上，严禁滥垦、滥牧，控制载畜量，逐步实现划区轮牧制度。在农区、半农半牧区应积极推广旱作农业技术，加强水利设施建设，逐步建立农田林网及护牧林体系，以保护农田、牧场，改善生态环境。

表8-4　栗钙土剖面化学性质统计表

土　层	厚度/cm	统计内容	有机质/(g/kg)	全氮/(g/kg)	全磷/(g/kg)	全钾/(g/kg)	pH (H_2O)	$CaCO_3$/(g/kg)	阳离子交换量/[cmol(+)/kg]
A	31	n	1 060	1 050	1 017	732	7.3～8.7	773	859
		$\bar{x}$	20.2	1.20	0.53	18.8		35.1	14.88
		S	11.0	0.70	0.90	6.8		39.8	7.74
		Cv/%	54.46	58.33	169.81	36.17		113.39	52.02
B	41	n	891	876	845	616	7.8～8.7	722	597
		$\bar{x}$	10.1	0.68	0.47	18.5		113.0	13.99
		S	5.5	0.70	0.80	7.4		99.9	6.92
		Cv/%	54.46	102.94	170.21	40.00		88.41	49.46
C	46	n	389	373	356	259	7.6～8.7	306	226
		$\bar{x}$	6.1	0.37	0.47	18.1		73.0	17.14
		S	4.3	0.20	1.30	6.3		77.1	8.66
		Cv/%	70.49	54.05	276.59	34.81		105.62	50.53

资料来源：内蒙古自治区土壤普查办公室等(1994)。

（四）棕钙土(brown calcic soil)

1. 地理分布和成土条件　棕钙土主要分布在各大陆的温带荒漠边缘地带，其中以欧亚大陆荒漠草原地带的面积最大。中国的棕钙土为欧亚大陆棕钙土带的向东延伸部分，广泛分布于内蒙古高原和鄂尔多斯高原的中西部、新疆准噶尔盆地的两河流域以及天山北坡山前洪积扇上部。在狼山、贺兰山、祁连山、天山、准噶尔界山与昆仑山垂直地带上也有分布。

棕钙土是温带草原向荒漠过渡的一种地带性土壤，其过渡性反映在自然条件的各个方面。在气候方面，棕钙土属于温带干旱大陆性气候，干旱而寒暑变化大，≥10℃积温大致在 2 000～3 000℃，年平均温度为 2～7℃，比栗钙土带略高，但水分条件比栗钙土差，年降水量为 150～250 mm，降水量远远小于蒸发量，干燥度为 2.0～4.0。因其分布范围广阔，降水量的季节分配有较为明显的差异：东部为东南季风影响地区，2/3 的降水量集中于夏季，冬春干旱少雨雪；西部的新疆地区受西风影响，全年降水较为均匀，冬季多雪，夏季干燥。

棕钙土的自然植被为旱生或超旱生的荒漠化草原和草原化荒漠两个类型。荒漠草原植被类型的特点是植物种属成分较干草原少，植物较矮小，既有草原植物成分，也有荒漠植物成分，旱生形态显著，多呈匍匐状或具有深根系，蒿属和羽茅属及小灌丛是组成荒漠草原的重要成分，向西或向南荒漠成分的小灌木递增，并过渡为草原化荒漠。

棕钙土大部分地处平坦的剥蚀地形，如台地、高原、残丘以及山前洪积-冲积平原。成土母质以残积物、洪积-冲积物与风成砂为主，也有部分黄土，其共同特点是质地较粗，且含有碳酸盐。

2. 成土过程　棕钙土在生物气候条件上虽然具有草原向荒漠过渡的特点，但土壤形成过程仍以碳酸钙积累过程和腐殖质积累过程为主，同时也有荒漠成土过程的某些特点。

棕钙土地表普遍为砾质化和沙化，在灌丛之下，尤其在藏锦鸡儿灌丛下，常积沙成小丘包，形成棕钙土地表特有的景色；在非覆沙地段，地表常有微弱裂缝及薄假结皮形成，这种特点是棕钙土区别于栗钙土而似荒漠土的重要标志。

棕钙土由于在荒漠草原条件下，每年进入土壤中的有机质残体数量不多，仅 1 000～2 000 kg/hm^2，并在经常的好气条件下，有机质大部分被矿质化，所以腐殖质含量不高。土壤中的腐殖质累积主要靠草类地下发达的根系和小半灌木残体的分解。同时，形成的腐殖质类型与其他草原土壤不同，主要表现为富里酸含量增多，胡敏酸与富里酸的比值小于 1，所以腐殖质的累积不及栗钙土，但还可以明显地区分出腐殖质层，以别于荒漠土壤。

棕钙土的水分状况虽有季节性淋溶特点，但土壤淋溶较弱，大部分易溶盐类未从土壤剖面中淋走，硅、铁、铝等基本上未移动。同栗钙土一样，钙成为化学迁移中的标志元素，土壤溶液与地下水均被钙离子所饱和，钙化过程十分活跃，一般在土壤表层即有碳酸盐反应，一般情况下碳酸钙淀积深度在地表 20～30 cm 以下，淀积多以粉末状连续成层分布。石膏与盐渍化特征也较其他草原土壤为明显，在有些剖面上部即见有石膏晶簇与中位盐化，碱化作用亦很普遍。

3. 基本性状

（1）诊断层和诊断特征　棕钙土相当于美国土壤系统分类软土纲中干旱的黏淀冷凉软土（Argiborolls）、弱发育冷凉软土（Haploborolls）、黏淀半干润软土（Argiustolls）、弱发育半干润软土（Haplustolls）、黏淀夏旱软土（Agrixerolls）、强发育夏旱软土（Palexerolls）、干旱土纲的薄层黏化干旱土（Hapraryids）中某些亚类。在棕钙土土壤剖面 0～30 cm 内，无或有游离碳酸钙、有淡色表层和 AB 过渡层，但无变质黏化层。

（2）形态特征　棕钙土剖面形态分化比较明显，基本特点是由浅棕色腐殖质层、灰白色碳酸钙淀积层与母质层构成。在具有碱化、盐化、石膏化的土壤中，还有碱化层、盐化层和石膏层存在。棕钙土的腐殖质层较薄，厚度约 20～30 cm。钙积层层位较高，一般出现于 15～30 cm 处，层次厚而坚实，具有石灰质结核，厚约 20～30 cm，在砾石下面常结成较厚的石灰壳。

（3）理化性状　棕钙土有机质含量为 6～15 g/kg，主要集中在腐殖质层的亚表层，在剖面中的分布总趋势是从上而下渐减，结构性差，多呈粉末状、块状结构。棕钙土易溶盐含量与石膏含量较高，剖面中的石膏、盐分累积与碱化现象均较栗钙土普遍，土壤溶液被盐基饱和，在盐分组成中以硫酸钠为主，并兼有苏打出现，总碱度较高。土壤呈碱性至强碱性反应，pH 在 8.0～9.0，且有向下增高的趋势。阳离子交换量多低于 10 cmol(+)/kg，全剖面呈石灰反应，石膏含量为 100～400 g/kg。棕钙土质地多为砂砾质细砂土和砂粉土，粉黏土较少，黏粒含量在钙积层上较高，约为 5%～10%，黏粒的硅铁铝率为 3～4，除钙以外，其他元素未移动。黏土矿物以水云母为主，蒙脱石次之，并有铁的氧化物出现（表 8-5）。

表 8-5 棕钙土剖面化学性质统计表

土 层	厚度/cm	统计内容	有机质/(g/kg)	全氮/(g/kg)	全磷/(g/kg)	全钾/(g/kg)	pH(H_2O)	$CaCO_3$/(g/kg)	阳离子交换量/[cmol(+)/kg]
A	28	n	118	118	100	66	7.1～8.8	96	99
		$\bar{x}$	7.2	0.45	0.40	20.3		48.8	65.3
		S	3.1	0.2	0.2	4.0		30.8	4.86
		Cv/%	43.06	44.44	50.0	19.70		63.11	74.43
B	37	n	102	102	91	64	7.4～8.8	93	90
		$\bar{x}$	6.4	0.40	0.41	20.0		100.8	70.1
		S	2.4	0.2	0.2	4.1		71.9	4.50
		Cv/%	37.5	50.0	48.78	20.5		71.33	64.19
C	48	n	55	55	41	24	8.0～8.9	52	43
		$\bar{x}$	4.6	0.42	0.45	20.9		77.4	6.49
		S	1.1	0.5	0.3	1.9		33.3	3.70
		Cv/%	23.91	119.04	66.66	9.09		43.02	57.01

资料来源：内蒙古自治区土壤普查办公室等(1994)。

4. 棕钙土的利用与改良 棕钙土主要用作天然牧场，在农业利用上无灌溉就无农业。在开发地下水源的条件下，可以发展农业，但在进行灌溉时，应注意合理耕作，防止土壤次生盐渍化。在进行牧业生产时，要以草定畜，划区轮牧，防止过度放牧，导致草场退化，造成沙化。棕钙土地区干旱多风，对农牧业生产是一种限制因素，因此，应建立护田、护牧林网，进行综合防治。

(五) 灰钙土(sierozem)

1. 地理分布和成土条件 灰钙土是荒漠草原地区的地带性土类。在世界各大陆都有分布，在欧亚大陆以中亚地区的面积最大。灰钙土在中国广泛散布于华家岭以西的黄土高原西部、河西走廊东段、祁连山与贺兰山山麓以及新疆伊犁谷地两侧的山前平原上。在甘肃屈吴山、宁夏的香山与米钵山垂直地带上也有分布。

在中国从灰钙土所处的地理位置来看，正好位于由荒漠到干草原和山地草原之间的过渡地带。气候属于暖温带半干旱-干旱大陆型，干燥度为 1.8～4，年平均温度为 6～9℃，≥10℃积温为 2 800～3 100℃，年降水量为 200～300 mm，降水集中在夏季，只有伊犁河谷受西风环流影响，全年降水分配均匀。

灰钙土的自然植被类型属于荒漠草原，由多年旱生的丛生禾草、旱生灌木与小半灌木组成。其建群种为本氏针茅、短花针茅、戈壁针茅、沙生针茅为主，并有骆驼蓬与耐旱蒿属，在旱生灌木与小半灌木中有猫头刺、猪毛菜与麻黄等。

灰钙土所处地形主要是高原状丘陵、山前阶地与山麓洪积-冲积平原。成土母质以黄土为主，也有洪积-冲积物和各种基岩。

2. 成土过程 灰钙土的形成过程以弱腐殖质化、土壤通体钙化为其主要特征。

灰钙土地区由于在荒漠草原条件下，植物稀疏、植株生长期短，生物累积量较低，进入土壤中的有机质残体主要依靠地下根系部分的累积，每年归还给土壤的有机质总量为 16 000～34 500 kg/hm²。在好气环境下，土壤微生物活动特别强烈，有机质的矿质化作用较快，土壤腐殖质的积累较少，但由于土壤质地偏砂性，腐殖质下渗较深，可达 50～70 cm，因此剖面上下腐殖质的分布比较均匀，腐殖质层次不明显。

灰钙土的黄土状母质以及水热条件的特点导致碳酸盐沿剖面上下移动。在典型的灰钙土中，几乎整个冬春半年，由于气温不高，有利于碳酸盐的溶解，而且土壤无冻结，黄土性母质的渗透性好，因此下渗水流把碳酸盐淋洗到土壤剖面深处；随着夏季的到来，强烈的干旱以及植物的蒸腾作用，又引起水分作相反方向的移动，使一部分碳酸盐随着上升水流移到剖面上部，通常以假菌丝状聚集，剖面的碳酸钙含量曲线表现得极为平缓。

3. 基本性状

(1) *诊断层和诊断特征*　灰钙土相当于美国土壤系统分类中干旱土纲的过渡典型干旱土(Cambortids)、硬磐黏化干旱土(Durorthids)、部分薄层黏化干旱土(Hapraryids)、残存黏化干旱土(Paleorthids)、强发育黏淀干旱土(Paleargids)、软土纲的部分干润软土(Ustolls)和部分夏旱软土(Xerolls)等。灰钙土具有石灰性反应，有淡薄表层和变质黏化层。

(2) *形态特征*　灰钙土的剖面发育微弱，具有薄的腐殖质层，呈棕黄带灰色。钙积层，呈灰棕色，其层位较高，离地表 15～30 cm，厚度较小，一般为 20～30 cm，以假菌丝状和斑点状为主，并有隐黏化现象。底层有石膏与盐分累积现象。

(3) *理化性质*　灰钙土地带常覆盖有厚薄不一的风积沙或小沙包，在没有覆沙地段，地表具有微弱的裂缝与薄假结皮，较多低等植物，如地衣与苔藓类，这明显区别于栗钙土与黑垆土。

腐殖质层有机质含量较低，一般在 9～25 g/kg，但下渗较深，可达 50～70 cm，剖面分布曲线较缓和，这同栗钙土和棕钙土有明显差异，腐殖质组成特点是胡敏酸与富里酸的比值常小于 1。

灰钙土土壤溶液呈强碱性，pH 为 8.5～9.5，阳离子交换量一般不高，表层为 5～11 cmol(+)/kg。各种元素含量较丰富，除钙、钠、钾有微弱移动外，硅、铁、铝比较稳定，并有相对累积的趋势，剖面上部铁、铝、磷含量稍高于下部，黏粒的硅铁铝率为 2.8～3.2，黏土矿物以水云母为主，夹有少量蒙脱石、绿泥石、蛭石与高岭石，表明土体的风化程度较低(表 8-6、表 8-7)。

表 8-6　灰钙土的化学组成(新疆巩留)

深度/cm	土体化学组成(占烧灼土百分比)					黏粒化学组成/%			黏粒分子率	
	SiO_2	Al_2O_3	Fe_2O_3	CaO	MgO	SiO_2	Al_2O_3	Fe_2O_3	$\frac{SiO_2}{R_2O_3}$	$\frac{SiO_2}{Al_2O_3}$
0～7	60.53	16.34	5.98	10.29	2.73	53.12	23.67	12.80	2.84	3.81
7～27	60.18	14.16	5.88	10.27	2.84	53.22	23.92	12.51	2.83	3.77
25～50	59.42	13.64	5.71	11.74	3.59	53.56	23.91	12.46	2.86	3.82
50～65	58.40	13.47	5.67	13.35	3.34	53.61	23.78	12.18	2.89	3.84
65～93	58.46	13.31	5.46	13.35	3.35	53.12	24.43	12.22	2.80	3.69
93～139	57.17	12.61	5.28	12.05	2.99	54.31	24.69	11.94	2.85	3.74
139～168	60.38	13.74	5.33	10.85	2.78	53.71	23.86	12.62	2.86	3.82
168～200	61.76	13.72	5.26	10.36	3.23	53.84	23.69	12.65	2.88	3.87

资料来源：南京大学等(1980)。

表 8-7　灰钙土的化学性质(新疆巩留)

深度/cm	pH	石膏/%	有机质/%	全氮/%	$CaCO_3$/%	水提取液烘干残渣/%	易溶性盐分(毫克当量/100 克土)							阳离子交换量/[cmol(+)/kg]
							CO_3^{2-}	HCO_3^-	Cl^-	SO_4^{2-}	Ca^{2+}	Mg^{2+}	Na^++K^+(按差数)	
0～7	8.8	0.03	2.64	0.154	—	0.06	0	0.09	0.11	0.11	0.64	痕迹	0.17	10.22
7～27	8.9	0.04	1.54	0.080	15.7	0.06	0	0.63	0.06	0.15	0.47	0.15	0.22	10.54
25～50	9.5	0.11	1.68	0.086	19.8	0.14	0.28	0.55	1.20	0	0.25	0.07	1.72	10.42
50～65	9.1	0.44	0.89	0.046	20.3	0.45	0.23	0.37	4.13	2.01	0.18	0.44	6.14	8.67
65～93	9.2	0.71	0.40	0.024	17.4	0.56	0	0.39	3.67	4.78	1.11	1.44	6.29	7.61
93～139	9.1	5.78	0.23	0.018	13.9	1.42	0	0.19	2.50	58.80	13.39	2.17	5.93	—
139～168	9.5	2.58	0.21	0.025	14.7	0.40	0	0.33	2.12	4.04	0.89	1.09	4.51	—
168～200	—	0.31	0.23	0.015	15.3	0.25	0.14	0.29	1.77	1.64	0.25	0.20	3.39	—

资料来源：南京大学等(1980)。

4. 灰钙土的利用与改良 灰钙土地区属半农半牧地区。发展农业生产的优良条件是土层深厚,热量条件较好,适宜种植的作物种类较多,如麦类、豆类、玉米、谷子、棉花、胡麻、烟草、瓜类、果类、葡萄等。但由于黄土丘陵水土流失严重,加上干旱和风沙危害,产量一般较低。因此,应从以下几方面改良土壤:① 抗旱保墒。其措施是伏天翻耕晒土,接纳雨水,秋季整地耙耱收墒,融冻前镇压,播种前浅犁耙耱,并在作物生长前期及时中耕松土,以防止蒸发跑墒。② 合理轮作倒槎。以田养田,保证所有的耕地轮作期内都能获得伏天耕翻晒垡的时期。此外,种植苜蓿和豆类,以培养地力。③ 合理施肥。结合气候和土壤特点,深施有机肥料,在秋季整地时把肥料施入犁沟中作为底肥,这样既可避免肥料迅速分解,又可保证作物后期所需的养分。④ 防止水土流失及土壤盐渍化。在灰钙土地区应大力开展平整土地,修筑梯田,营造防护林,保持水土。同时,积极发展灌溉,注意合理用水,避免提高地下水位而引起土壤盐渍化。

(六) 黑垆土(Heilu soil)

1. 地理分布和成土条件 黑垆土因具有一个深厚的黑色垆土层而得名。主要分布于我国陕北、晋西北、甘肃的陇东和陇中地带,内蒙古、宁夏南部亦有分布。

黑垆土的生物气候属于暖温带干草原。年平均温度为 8~10℃,1 月均温为−8℃,7 月均温为 22~25℃,≥10℃的积温为 3 000℃左右。全年降水量为 300~500 mm,夏季温暖多雨,冬季寒冷少雪,干湿季节分明。

黑垆土的自然植被多为生长稀疏、耐干寒和生殖力强的草本植物,仅在南部与森林草原相接壤的地区,才有山杨、辽东栎等木本植物,但基本上仍属于草原植被类型。农作物以冬、春小麦为主,耕作制度大多一年一熟。

黑垆土所处的地形多为侵蚀较轻的黄土塬区、河川台地及盆谷高阶地。在黄土丘陵地黑垆土仅残存在梁、峁顶部和分水鞍及沟掌等处。成土母质以黄土状物质为主。黑垆土地区是我国农业历史悠久的地区,人类的耕垦和经济活动对土壤形成有着深刻的影响。

2. 成土过程 黑垆土的形成与其黄土状母质的存在密切相连。

在成土过程中,由于黄土疏松多孔,利于作物和草类根系深入到土体深处,残体分解后所形成的腐殖质与钙结合,并以薄膜包裹于土粒和小土团外表,富集于土壤中,因此黑垆土有机质累积层深达 1 m 以上,土色灰暗,但有机质含量较低,通常只有 10~15 g /kg。

由于黄土富含石灰,在成土过程中发生不同程度的淋溶和淀积,在干湿季节变化条件下,碳酸盐在剖面上下移动,碳酸钙的淀积形式以假菌丝体和盐霜为主。有些土壤中有石灰质小结核淀积,但石灰反应因成土母质而异,壤质砂黄土上发育的石灰性较强,而在砂土上发育的石灰性较弱。

黄土中含有多种矿物,但由于水热条件的限制,即使一些不稳定矿物(如普通角闪石等),其风化程度也较轻,土壤中的黏化作用微弱,同母质比较,土壤中增加的黏粒不多,黏粒进一步的变化也不明显。

3. 基本性状

(1) 形态特征 黑垆土是具有厚度达 50 cm 以上的厚暗色表层和假菌丝体钙积特征的土壤。黑垆土剖面深厚,常深达 4 m 以上,生物活动强烈,根孔、动物穴暗色填土与蚯蚓粪等均可延伸到 3 m 以下。土体构造由熟化层、古耕层、腐殖质层、石灰淀积层和母质层等组成。

熟化层(包括旱耕层 Ap″和犁底层 P)是长期耕种和施用土粪的产物,一般厚约 20~30 cm。耕层呈强石灰反应,团粒和团块状结构,疏松透水。犁底层厚约 10 cm,灰棕色,呈薄片结构,并有少量霜粉状和假菌丝状石灰新生体。

古耕层(Apb)厚约 10~15 cm,呈暗灰带褐色的黏壤土,团粒或棱块状结构,假菌丝体和霜粉状石灰新生体较熟化层多。

腐殖质层(Ah)呈暗灰稍带褐色,厚约 50~80 cm 或 1 m,团块和棱柱状结构,沿结构面孔壁和虫粪上覆有大量霜粉状和假菌丝状石灰新生体,微团聚体结构呈多孔状,有明显的腐殖质铁染胶膜。腐殖质层和过渡层(又名鸡粪黑垆土层)常呈现不均一的暗灰带棕色,新生体减少,但有少量石灰质豆状和瘤状小砂姜。

石灰淀积层(Bk)是厚约 150 cm 的淡棕带黄色的黏壤土层,霜粉状和假菌丝体石灰新生体少,而石灰质豆状、瘤状砂姜多。

母质层(C)为浅棕色粉壤土,有少量石灰质豆状和瘤状砂姜,大者如杏核。

(2) 理化性状 土壤颗粒以粗粉粒为主,约占一半以上,物理性黏粒约占 30%~40%,黏粒只占

15%～20%。腐殖质层有轻黏化特征，母质层的颗粒组成与熟化层接近，剖面中夹有一层含细粉粒较多的腐殖质层。石灰含量约为 70～170 g/kg，熟化层和腐殖质层因经受淋溶，石灰含量较少，至淀积层增加到 150 g/kg以上。石灰成分中，碳酸钙占 90%以上，而碳酸镁低于 10%。熟化层的有机质含量与腐殖质层相近，通常只有 10～15 g/kg，淀积层和母质层渐少，碳氮比为 7～10，全剖面变动不大，腐殖质中胡敏酸与富里酸的比值常大于 2，与钙结合的腐殖质比铁、铝结合的腐殖质多 4～10 倍，与矿质结合的腐殖质含量约为 25%～42%，并随气候的干旱而减少。阳离子交换量为 9～14 cmol(+)/kg，常被钙、镁饱和。土壤呈中性至碱性反应，pH 为 7.5～8.5。土壤中含氮量约为 0.3～1 g/kg，全磷为 1.5～1.7 g/kg，但无机磷多为难溶性的磷酸钙，所以土壤含磷虽较多，而作物仍有缺磷现象。钾素丰富，全钾含量为 16～20 g/kg。黏粒的硅铁铝率为 2.6～2.8，全剖面变化不大。黏土矿物以水云母为主，并含有石英和少量高岭石与蒙脱石(表 8-8)。

表 8-8 黑垆土的理化性质

层 次	深度 /cm	有机质 /%	全氮 /%	全磷 /%	全钾 /%	阳离子交换量 /[cmol(+)/kg]	颗粒组成 /%	
							<0.001	<0.01
耕作层	2～12	1.21	0.11	0.18	1.92	9.45	14.8	29.8
犁底层	18～28	0.70	0.06	0.16	1.98	9.08	15.0	28.8
老耕层	40～55	1.15	0.08	0.15	1.96	13.07	20.4	39.2
黑垆土层	60～73	1.13	0.09	0.16	1.83	13.13	20.2	39.0
过渡层	100～115	0.82	—	0.15	1.72	12.24	18.4	33.2
淀积层	185～220	0.35	—	0.15	1.61	8.38	14.6	29.8

资料来源：南京大学等(1980)。

黑垆土的这些性状也表明了它的过渡特点，即深厚的腐殖质层，土壤黏化作用微弱，钙化作用较强，从表土便有石灰反应，易溶盐已大部淋失，无盐化现象。可见黑垆土既不同于褐土，也不同于栗钙土和灰钙土。

4. 黑垆土的利用与改良 黑垆土具有深厚的腐殖质层，结构良好，质地上轻下重，既利于透水通气，又能保水，水、气、热状况比较协调。耕作较易，适耕期长。土壤腐殖质的含量虽然较少，并有一定程度的淋溶作用，但物质的生物循环过程比较快，矿物质养分的供应也较充足，所以土壤肥力较高，是我国农业耕作历史最悠久地区之一。盛产小麦、糜谷、高粱、玉米、豆类、马铃薯、油料和某些经济林木，是主要的油粮基地。但由于某些自然因素及对土壤利用和管理不善，土壤长期遭受侵蚀，严重地影响着农业生产。

针对黑垆土的特性及利用中存在的问题，必须改变和创造条件，大力发展农田灌溉，平整土地，建立水平梯田，拦蓄雨水，从根本上解决土壤干旱问题。植树造林，绿化荒山荒坡，治理土壤侵蚀。注意多施有机肥料，增加土壤有机质，减少土粪中的黄土含量，提高肥料的质量。种植绿肥作物是增加有机肥料来源的可行办法，适当补充无机氮、磷肥料也是黑垆土增产的有力措施。

二、荒漠土壤

荒漠土壤也称漠土，指在荒漠地区所发育的地带性土壤。

(一) 地理分布

荒漠土壤广泛分布于温带和热带荒漠地区，约占全球陆地面积的 10%，主要分布于非洲撒哈拉大荒漠、大洋洲大荒漠、中亚大荒漠、阿拉伯大荒漠、南美洲大荒漠和美国西南部大荒漠六个地区。其中从撒哈拉大荒漠经阿拉伯大荒漠直到中亚大荒漠，差不多形成一条相连的荒漠带，面积约占全世界荒漠总面积的 67%。中亚大荒漠包括中亚西亚荒漠、蒙古和中国西北荒漠地区(图 8-16)。

中国的荒漠区包括新疆、甘肃、内蒙古、青海与宁夏等省区的一部分或大部分，面积约占全国总面积的 1/5，地跨温带和暖温带两个气候带，大致以天山、马鬃山，经过赤金盆地西缘至祁连山一线为界，其北为温带荒漠，分布的地带性土壤类型是灰棕漠土；其南为暖温带荒漠，地带性土壤是棕漠土。在温带荒漠与半荒漠的过渡地带分布的是灰漠土(图 8-17)。

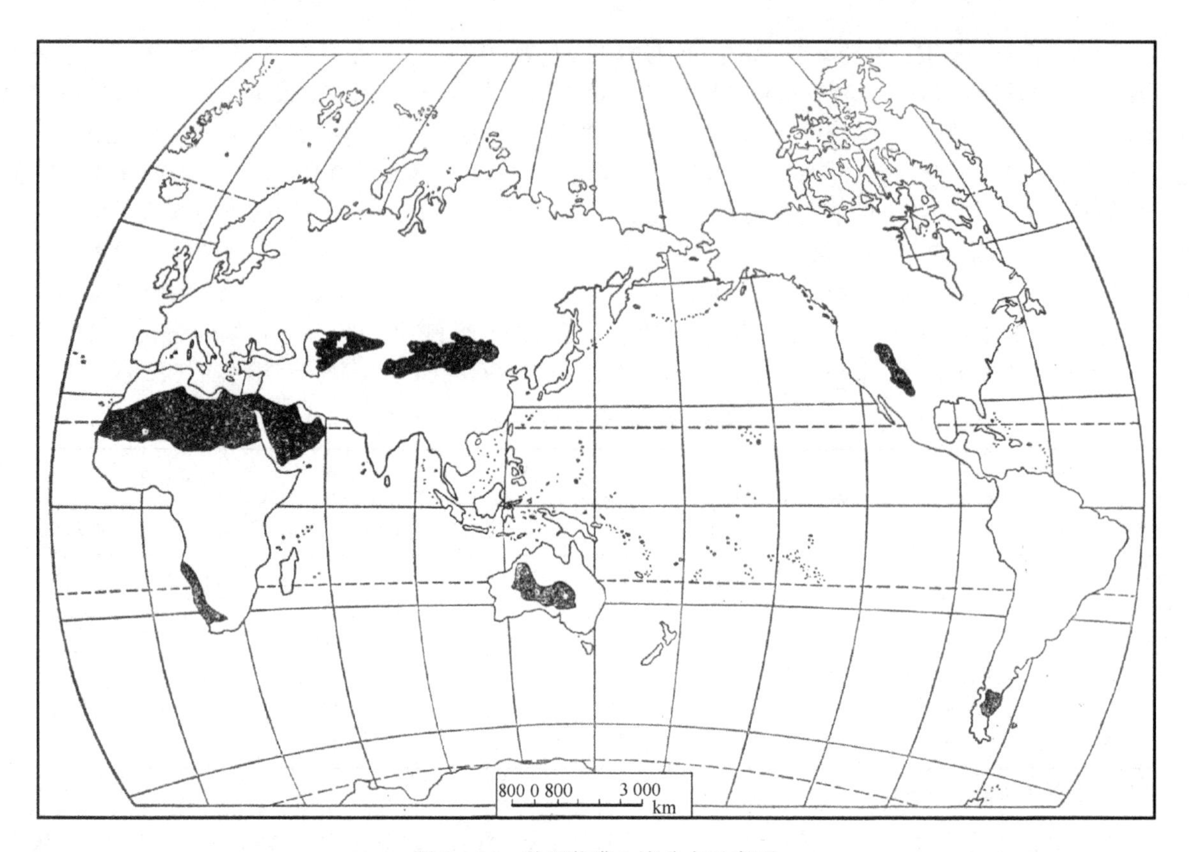

图 8-16 世界荒漠土壤分布示意图

资料来源：朱鹤健等(1992)

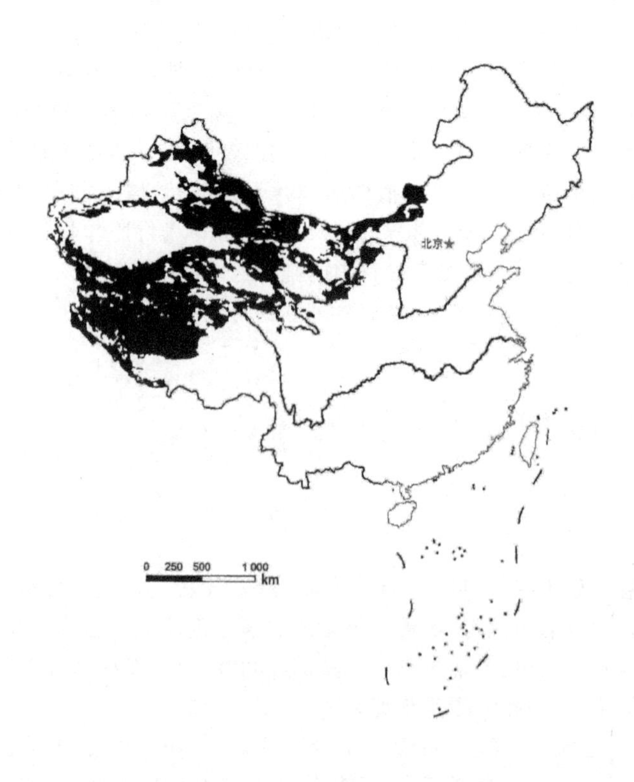

图 8-17 中国荒漠土壤分布示意图

资料来源：龚子同等(2007)

（二）成土条件

荒漠土地区深居内陆腹地和干旱地带，属干旱的大陆性气候。降水量十分稀少，大部分地区年降水量在250 mm以下，有的甚至只有几毫米，降水量变率很大。荒漠地区日照强烈，蒸发强，温差大，蒸发量比降水量高出十倍至近百倍，风大而频繁，风蚀作用十分强烈。荒漠地区的植被以稀疏的超旱生半乔木、半灌木、小半灌木和灌木占优势，成分简单，多为肉质、深根、耐寒种属，覆盖度稀疏，呈单丛状分布。植物地上部分的产量很低，根系死亡后为土壤提供的有机质的数量也很有限，所以在荒漠土的形成中，高等植物的作用较微弱，但地衣、藻类等低等植物对荒漠土形成的影响不可忽视。中国荒漠土壤分布地区的地形有冲积-洪积平原，也有丘陵、低山、剥蚀高原和盆地，从低于海平面的吐鲁番盆地到海拔约3 000 m的柴达木盆地，高程相差极为悬殊。成土母质在丘陵低山地区以残积物和坡积物为主，而平原地区以洪积物、冲积物与黄土状沉积物为主，除黄土母质为细土物质外，多属砂砾堆积物，甚至堆积成厚的砂砾层。

（三）成土过程

荒漠土壤形成过程的特点是：① 生物作用微弱，无论是地上部分或是地下部分每年加入土壤的有机质的量很少，且有机质迅速矿化，腐殖质含量很低，缺乏明显的腐殖质层；② 石灰、石膏和易溶性盐类的累积过程强烈。土壤剖面从上到下的发生层次非常明显，依次具有石灰的表层聚集，石膏的中层聚集，易溶盐的底部累积；③ 亚表层中铁质化和黏化有相当发展；④ 土壤质地与母质的组成非常近似，除黄土状母质上发育的灰漠土外，其他母质上发育的荒漠土壤一般都是砾质薄层的；⑤ 全剖面都呈碱性反应。

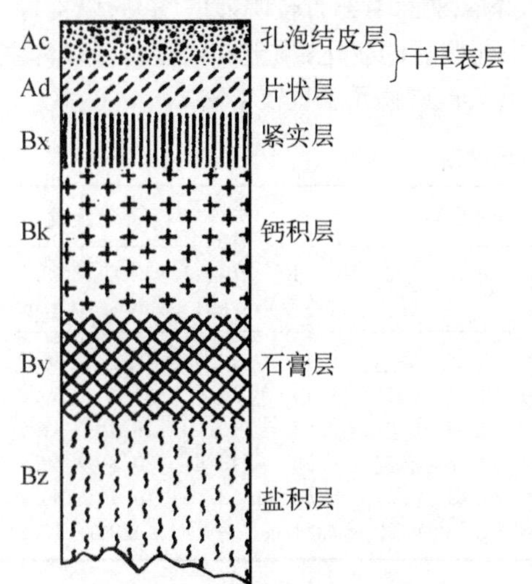

图8-18　荒漠土剖面示意图

资料来源：龚子同等(2007)

（四）形态特征和主要诊断层

荒漠土壤的剖面形态上所表现的共同特征是：① 地表多具砾幂，全剖面中具有数量不等的砾石、砂粒，形成粗骨性土壤；② 土壤表层有孔泡结皮层(Ac)和结皮下的鳞片状层(Ad)；③ 亚表层具有黏化和铁质化的红棕色紧实层(Bx)，呈强石灰性反应(Bk)；④ 中部土层中普遍有石膏层(By)。在石膏层下部，为含有数量不等的易溶盐类的盐积层(Bz)，甚至成盐磐(图8-18)。

（五）主要土类

中国的荒漠土壤包括灰漠土、灰棕漠土和棕漠土三个地带性土类。灰棕漠土和棕漠土分别代表温带和暖温带典型漠境形成物，而灰漠土为温带漠境边缘上的过渡性产物。中国的荒漠土壤的共同性和差异性，概括起来主要为：① 有机质含量与腐殖质特性由灰漠土、灰棕漠土到棕漠土呈有规律的渐减，胡敏酸与富里酸之比由大变小；② 剖面的多孔状结皮和鳞片状层的厚度与发育程度，由灰漠土、灰棕漠土到棕漠土趋于减弱，表层、亚表层的铁染色泽则依次增红；③ 石灰与石膏、易溶盐累积强度均由灰漠土向棕漠土增高，而碱化则减弱。

1. 灰漠土　灰漠土相当于美国土壤分类中的雏形正常干旱土(Camborthid)、碱化黏淀干旱土(Natrargid)。

(1) 地理分布和成土条件　我国灰漠土发育于温带荒漠边缘，主要分布在新疆准噶尔盆地南部、天山北麓山前倾斜平原与古老的冲积平原上，在甘肃河西走廊中、西段的祁连山山前平原，宁夏贺兰山以西、三道梁以北至乌力吉山以南的地区，内蒙古的阿拉善高原东部、后套平原的最西部和鄂尔多斯高原的西北地区也有分布。

灰漠土分布地区的气候特点是冬季寒冷，夏季较热，干旱而大陆性显著。年均温为5～8℃，年降水量多为100～200 mm，≥10℃积温为2 700～3 600℃，植物生长期(气温不低于5℃)达200天左右。植被属旱生、超旱生小半灌木和灌木荒漠类型,常见的有琵琶柴、梭梭、假木贼和蒿属等。植被覆盖度一般约为10%,高者可达20%～30%。在植丛中常生长着数量不多的紫黑色地衣和藻类,形成黑结皮(群众称为蛤蟆皮)。灰漠土分布地区的地形主要是山前平原、古老冲积平原和剥蚀高原,成土母质的共同特点是石灰性的,细粒部分的含量较其他两类荒漠土为高。由此可以看出,荒漠土所在地区的成土条件均反映向荒漠草原过渡的特点。

(2) 成土过程　灰漠土的形成过程,既有荒漠土壤成土过程的特征,又有草原土壤形成过程的某些雏形。

(3) 基本性状

1) 形态特征: 灰漠土的地表有不规则的狭窄裂纹,有时呈多角形的龟裂。局部地区因受风蚀的影响,在地面上疏散着大小不一的砾石,但不显荒漠漆皮。发育比较完善的灰漠土剖面由下列层次组成: ① 结皮层,干而松脆,厚度约1～3 cm,呈浅灰或浅棕色;② 结皮层以下,稍显棕色,呈片状-鳞片状,厚度多为5～10 cm;③ 棕或浅红棕色紧实层,厚度达10～15 cm,质地较黏重,呈不明显的团块状或棱块状结构,多呈现有不同程度的碱化特征,在结构体上有时见有白色菌丝状或斑点状石灰新生体;④ 紧实层以下为过渡层,色稍浅,无结构或为不明显的块状-团块状结构,有少量白色脉纹状的盐类新生体,其厚度由几厘米至20 cm不等;⑤ 白色粉末状的盐分和晶簇状的石膏,一般聚集于40～60 cm以下。

2) 理化性质: 灰漠土表层(0～10 cm)有机质含量一般在10 g/kg以下,H/F为0.5～1.0,C/N为6～10。石灰在表层有微弱淋溶的表现(表8-9),并在10～50 cm之间形成稍高的聚积层。石膏含量很不一致,东部地区如阿拉善、鄂尔多斯高原一般无石膏聚积,最大含量一般不超过2%,西部如准格尔盆地,除分布在洪积扇上的少数剖面外,石膏通常聚积于50～100 cm土层中,最大含量可达4%～14%。大部分灰漠土有中位和深位盐化,易溶盐以氯化物-硫酸盐和硫酸盐-氯化物为主,有时含有少量苏打。灰漠土的碱化相当普遍,交换性钠一般占阳离子交换总量的10%～30%或更高,土壤溶液呈碱性至强碱性反应,pH通常大于8。灰漠土的颗粒组成,一般多以粗粉砂-细砂或细砂-粗粉砂为主,黏粒含量在剖面中部有较明显的增高,以褐棕色紧实层或碱化层最为明显。黏粒的硅铁铝率为2.9～3.1,在剖面中无明显的变化,黏土矿物以水云母为主,并有少量绿泥石和长石。灰漠土中氮素含量很低,但全钾含量较高,其他矿物元素也较丰富。

表8-9　灰漠土的理化性质(新疆玛纳斯)

采样深度/cm	pH	$CaCO_3$/%	石膏/%	有机质/%	全氮/%	水提取液烘干残渣/%	易溶性盐分/(cmol/kg)							阳离子交换量/(cmol/kg)	颗粒组成/%	
							CO_3^{2-}	HCO_3^-	Cl^-	SO_4^{2-}	Ca^{2+}	Mg^{2+}	Na^++K^+(按差数)		<0.001 mm	<0.01 mm
0～2	8.1	2.30	痕迹	1.29	0.08	0.035	—	0.41	0.04	0.02	0.36	痕迹	0.11	12.6	17.2	40.9
2～8	8.2	2.30	痕迹	1.10	0.08	0.034	—	0.35	0.08	痕迹	0.27	0.01	0.15	12.9	21.3	50.9
8～14	8.3	3.20	痕迹	0.96	0.06	0.033	—	0.38	痕迹	0.04	0.33	0.01	0.08	13.9	18.3	42.0
14～30	8.8	4.10	痕迹	0.80	0.06	0.031	—	0.44	—	—	0.18	痕迹	0.26	13.6	20.8	49.0
30～50	8.6	3.60	痕迹	0.84	0.05	0.073	—	0.35	0.08	0.57	0.42	0.01	0.57	13.4	15.4	36.7
50～70	8.3	0.79	0.10	—	—	0.088	—	0.21	0.38	0.87	1.13	0.02	0.31	—	4.9	10.2

资料来源: 南京大学(1980)。

2. 灰棕漠土　灰棕漠土相当于美国土壤系统分类中的雏形正常干旱土(Camborthid)、钙质正常干旱土(Calca-thid)、石膏正常干旱土(Gypsiorthid)。

(1) 地理分布和成土条件　灰棕漠土处于温带荒漠地区,在我国西北地区占有很大面积,广泛分布于天山山脉、甘肃河西走廊一线以北和宁夏贺兰山以西广大戈壁平原地区,青海柴达木盆地的西北部戈壁以及上述地区部分干旱山地也有分布。

灰棕漠土地区的气候条件是夏季热而少雨,冬季冷而少雪,年降水量大部分在100 mm以下。温度的年变化和日变化大,年均温为7～9℃,≥10℃积温一般在3 300～4 100℃,1月份均温达－16～－10℃,7月份均温达24～28℃。植被多为耐旱、深根和肉汁的灌木和小半灌木,主要为假木贼、膜果麻黄、伊林黎、琐琐、霸王、木本猪毛菜及琵琶柴等。在东部阿拉善地区还有泡泡刺、珍珠和包大宁,生长呈草丛,覆盖度约为5%～10%。灰棕漠土分布的地形主要是山前平原、低山和剥蚀残丘,成土母质在山前平原上为砂砾质洪积物或洪积-冲积物,在低山和剥蚀残丘上为花岗岩、片麻岩与其他古老的变质岩系风化残积物或坡积-残积物,以粗骨为主,细土物质不多。

(2) **成土过程** 在灰棕漠土的形成过程中,生物作用颇为微弱。荒漠植被地上部分产量低,每公顷干物质量不足750 kg,而且每年只有地上部分总量不到百分之一的干物质成为凋落物。根系虽然发达,每年都有一部分细根死亡,但数量仍然有限,同时在干热气候条件下,这些有限的有机质也迅速矿化,故土壤中腐殖质累积量很少。

在干旱气候条件下,淋溶作用微弱,在风化与成土过程中形成的石灰质就地累积未受淋失,随着时间推移,在表层聚集了大量石灰质。土壤深层的石灰质随着土壤水分向上运动的同时,由于土表温度高,水分散失快,重碳酸钙转变成碳酸钙,即在表层累积,显示出特殊的石灰表聚现象。

在灰棕漠土剖面中有不同程度的石膏和易溶性盐的累积。在干旱气候条件下,易移动的石膏和易溶性盐淋洗不深,多沉淀在剖面的中上部,其累积程度因母质、地形而异。在基岩风化物上发育的土壤,石膏与易溶性盐累积程度轻;在砾质洪积物上发育的土壤,因受侧流溶液沉积影响,累积比较明显;而在冲积平原上发育的土壤,石膏与易溶性盐的累积是地球化学沉积的结果。易溶性盐和石膏富集的程度也受时间因素的影响,一般来说,在古老残积物和洪积物上发育的土壤,易溶性盐和石膏的富集远较新的沉积物上发育的土壤明显,土体中出现的碳酸盐磐、石膏磐和盐磐不少是地质时期的形成物。

灰棕漠土分布地区由于风蚀现象严重,所以土层很少超过1 m,其中砾石含量为10%~50%。土壤颗粒在剖面中的分布虽因母质不同而有明显的差异,但有一个共同性,即砾幂以下就是亚表层,细土物质明显增高,再向下黏粒又逐渐减少(图8-19)。造成这种特点的原因是多方面的,直接发育在基岩上的土壤是风化作用的结果,而在沉积母质上的土壤则服从于一般沉积规律,即愈上细土愈多。之后经过长期风蚀,地表细土被吹走,砂砾残留下来,尽管剖面较薄,仍然表现出上下砂(砾)、中间黏的剖面特点,出现貌似"黏化层"的特征。

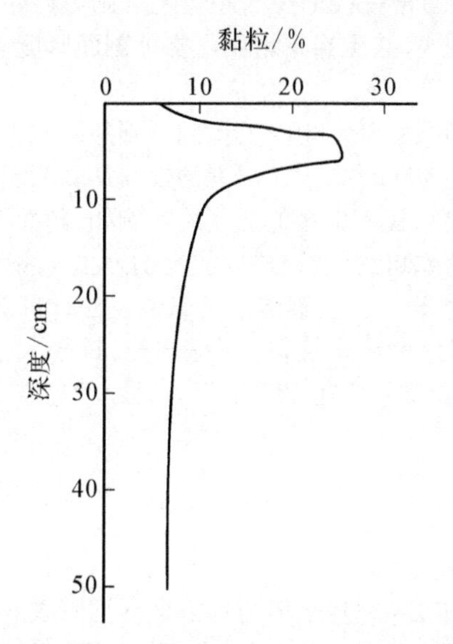

图8-19 灰棕漠土的黏粒沿剖面分布

(3) **基本性状**

1) 形态特征: 灰棕漠土的地表常形成砾幂,其上有黑褐色的荒漠漆皮。土壤表层为发育良好的干面包状结皮,呈灰色或浅灰色,厚1~3 cm,其下为褐棕或红棕色紧实层,厚度为5~10 cm,具有较明显的铁质化。由于质地较粗,灰棕漠土片状-鳞片状结构层不明显,石膏层与易溶性盐累积层一般出现于10~40 cm深处,石膏呈白色或玫瑰红色的粒状或纤维状结晶,多夹于砂砾层中或附着于砾石背面,总厚度通常只有0.5 m左右。

2) 理化性质: 表土有机质含量为3~5 g/kg,胡敏酸与富里酸的比值为0.2~0.5。腐殖质累积极不明显,其含量与组成介于灰漠土与棕漠土之间。碳酸钙含量以表层最高,向下急剧减少,表层和剖面上部碳酸钙含量高达70~90 g/kg,剖面下部则减至30~50 g/kg。石膏含量变化较大,表层含量少而向下增加,至石膏层骤增,可达200 g/kg以上。易溶盐与石膏聚积层的分布一致,在石膏层中盐分常成倍骤增,最大含量可达10 g/kg以上。盐分组成均以硫酸盐为主,重碳酸盐和氯化物含量都很低,阳离子中以钙为主。土壤呈碱性或强碱性反应,pH为8.0~9.5,表明有些灰棕漠土出现碱化特征。灰棕漠土的颗粒组成与母质的类型有密切的联系,在残积物上发育的土壤中,粗骨部分由表层向下逐渐增多,可占土重的60%;但发育在洪积物上的土壤中,其粗骨部分无明显的变化规律。在细土部分的颗粒组成中,以中、细砂为主,多属于砾质壤土。此外,黏粒的含量一般在剖面中部有所增高,尽管剖面较薄,仍然表现出貌似"黏化层"的特征。灰棕漠土中磷、钾等元素含量较丰富,各元素沿剖面的分布也较稳定。黏粒的硅铝铁率为2~3.4。

3. 棕漠土 棕漠土相当于美国土壤系统分类中的雏形正常干旱土(Camborthid)、石膏正常干旱土(Gypsiorthid)、硬磐正常干旱土(Durothid)。

(1) **地理分布和成土条件** 棕漠土是在暖温带荒漠条件下发育的地带性土类,在中国主要分布于河西的赤金盆地以西,天山-马宗山以南,昆仑山以北,包括河西走廊的最西段、新疆东部的哈密盆地、吐鲁番盆地和噶顺戈壁以及塔里木盆地中的广大戈壁上,并延伸到盆地边缘的各中、低山带,直接与上部的山地棕钙土相接。

棕漠土分布地区的气候特点是夏季极端干旱炎热,冬季较暖和而无雪。年均温多在10~12℃,1月份均温为-8~-11℃,7月份均温为23~30℃,≥10℃积温为3 600~4 500℃。年降水量很少超过100 mm,大部分低于 50 mm。植被稀疏简单,属于半灌木-灌木荒漠类型,常见的有膜果麻黄、伊林藜、合头草、泡果白刺、霸王鞭和琵琶柴等,覆盖度一般小于 5%。棕漠土分布的地形主要为剥蚀山地、丘陵和山前倾斜平原(砾质戈壁),成土母质主要有砂砾质洪积物和石质残积物或坡积-残积物,粗骨性,细土少,细土中以细砂和粗粉砂为主。

(2) 成土过程 棕漠土的发生特征,可反映荒漠土壤成土过程的许多典型特点。这类土壤常与砾质戈壁相联系,高等植物的作用更加微弱,藻类、地衣等低等植物影响比较显著,低等植物在砾质戈壁上形成少量黑色腐殖质,它与可溶盐一起涂洒在砾石表面,地表常形成暗棕到黑色的漠境漆皮砾幂。土壤的形成过程完全受漠境水热条件所左右。石灰、石膏与易溶盐的聚积作用更为普遍。这种作用的结果具体反映在棕漠土的性状上。

(3) 基本性状

1) 形态特征: 棕漠土的地表通常为成片的黑色砾幂,全剖面由砾石或碎石组成,剖面分化比较明显。表层为发育很弱的孔状结皮,呈浅灰色或乳黄色,厚度小于 1 cm。在结皮层之下为红棕色或玫瑰红色的铁质染色层,细土颗粒增加,但无明显的结构,土层厚度只有 3～8 cm。其下为石膏聚积层,石膏层以下往往出现黑灰色的坚硬盐磐,再下即过渡到砂砾层或破碎母岩。结皮层并不稳定,通常在极稀少而短暂的暴雨后产生,遭风蚀而又被破坏,在无砂砾覆盖的地方,棕色层常裸露,石膏层接近地表,甚至裸露地面。整个剖面厚度多不超过 50 cm。

2) 理化性质: 棕漠土石灰的表聚作用明显,在结皮层中石灰最多,可达 60～110 g /kg,向下则急剧减少。表层或亚表层中石膏的含量就相当高,而在石膏聚积层中最高含量可达 300 g /kg 以上。易溶性盐从表层起,其含量即在 5 g /kg 左右,高者可达 20 g /kg 以上,盐类组成中除硫酸盐外,还有较多的氯化物。例如,剖面下部出现盐磐层,其易溶性盐量可高达 300～400 g /kg,个别的可超过 500 g /kg,盐类组成以氯化物为主。腐殖质含量极低,有机质含量为 1～3 g /kg,H /F 比值小于 0.2,C /N 比值为 3～6。土壤溶液呈碱性反应,pH 为 7.5～8.5,一般不含苏打,也没有碱化现象。棕漠土的颗粒组成大部分为粗骨性,在石砾部分,直径大于 5 mm以上的砾石可占土重的 50%以上,细粒部分以中、细砂为主,黏粒含量一般在 18%以下。黏粒的硅铁铝率一般为 3.1～3.4。

(六) 荒漠土的利用与改良

荒漠土在世界上的分布很广,这些土壤主要用于放牧,只有在水源充足、地势平坦的地方发展灌溉农业,属于无灌溉即无农业的地区。中国的荒漠土壤均位于温带、暖温带光照充足、热量丰富的地区,只要有灌溉就可以发展农牧业。因此在荒漠土壤的开垦利用中,必须从实际出发,遵循因地制宜的土地利用原则,充分发挥荒漠地区的土地生产潜力。荒漠土改良的主要途径有: ① 兴修水利,发展灌溉,搞好农、牧用地的基本建设;② 荒漠土多属粗骨性土壤,需采用客土和引洪放淤的方法,以增加土壤的细粒部分,改善土壤的物理性质;③ 荒漠土板结现象严重,深翻暴晒可破除紧实层,改善土壤的透水性,又为作物根系生长创造了良好环境,是改良土壤的有效措施;④ 荒漠土一般有机质含量不高、肥力较低、抗旱能力差,只用不养,则土壤日益瘠薄,因此要把用地和养地结合起来,使土壤肥力不断提高;⑤ 积极建设基本草场和人工草场,实行分区轮牧,加强草场的管理,发展畜牧业。

第三节 盐 成 土 纲

盐成土是在矿质土表至 30 cm 范围内有盐积层,或上界在矿质土表至 75 cm 范围内有碱积层,而无干旱表层的土壤。盐成土相当于美国土壤系统分类有关土纲中的盐化、碱化土类,相当于联合国世界土壤图图例单元中的盐土和碱土,相当于我国土壤地理发生分类中的盐土和碱土。盐土指土壤中可溶盐含量达到对作物生长有显著危害程度的土类。碱土则含有危害植物生长和改变土壤性质的多量交换性钠,又称钠质土。

(一) 地理分布

盐成土主要分布在内陆干旱、半干旱地区,滨海地区也有分布(图 8 - 20)。全世界盐成土面积计约

897.0× 10^4 km^2，约占世界陆地总面积的 6.5%，占干旱区总面积的 39%。我国盐成土面积约超过 20× 10^4 km^2，约占国土总面积的 2.1%。盐土在我国从热带到寒温带，从滨海到内陆，从低地到高原，均有分布，如地处内陆的华北、东北和西北，地处滨海的苏北、渤海沿岸，以及浙江、福建、广东、海南和台湾等省沿海地带(图 8-21)。

碱土在我国分布面积不大，零星分布在东北、内蒙古、新疆以及黄淮海平原等地。

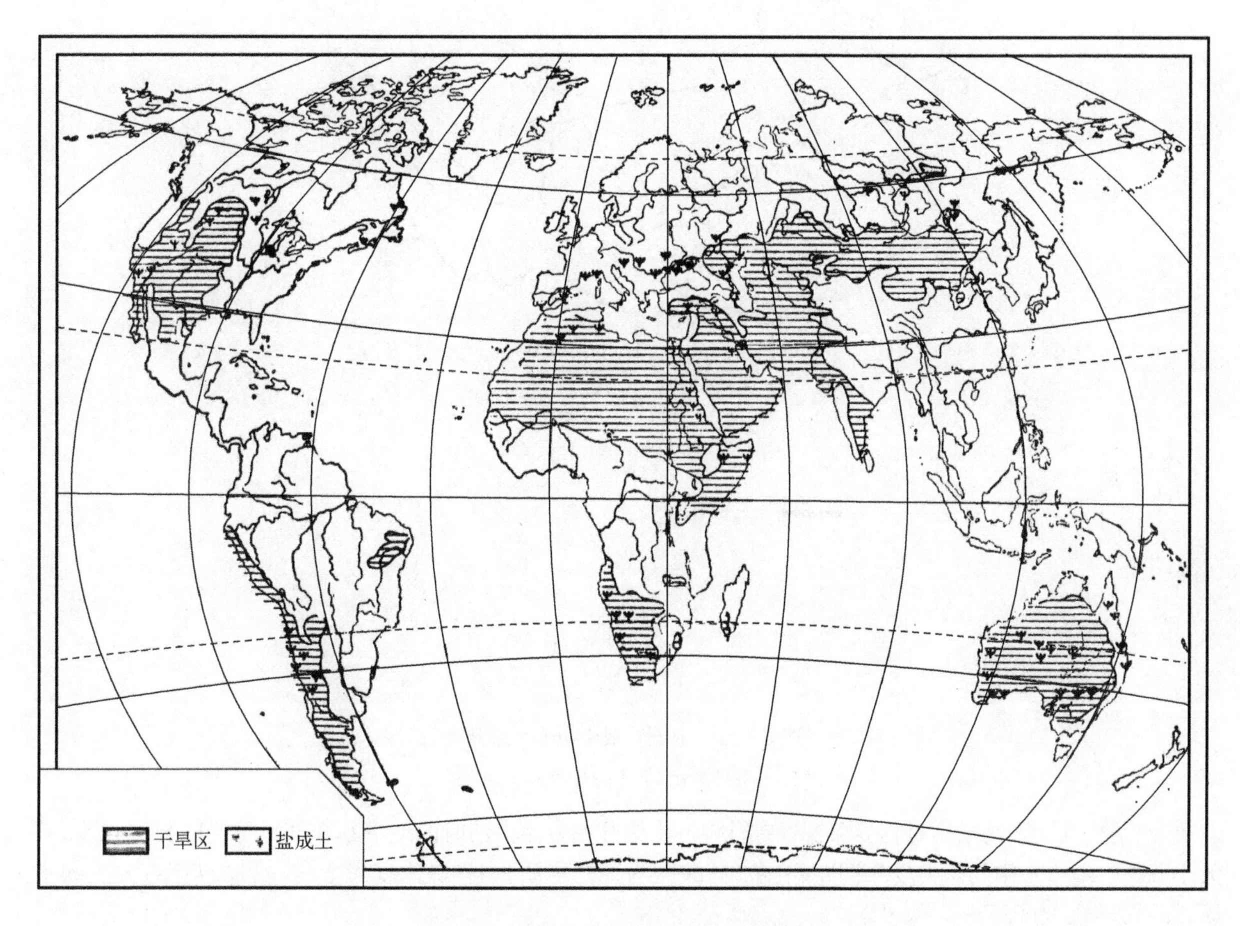

图 8-20　世界干旱区和盐成土分布区域

资料来源：联合国教科文组织(1960)；柯夫达(1973)

(二) 成土条件

1. 气候　除海滨地区以外，盐成土分布区的气候多为干旱或半干旱气候，降水量小，蒸发量大，年降水量不足以淋洗掉土壤表层累积的盐分。在我国，受季风气候影响，盐成土的盐分状况具有季节性变化，夏季降雨集中，土壤产生季节性脱盐，而春、秋干旱季节，蒸发量小于降水量，引起土壤积盐。各地土壤脱盐和积盐的程度随气候干燥度的不同有很大差异。此外，在东北和西北的严寒冬季，由于冰冻而在土壤中产生温度与水分的梯度差，也可引起土壤心土积盐。

2. 地形　盐成土所处地形多为低平地、内陆盆地、局部洼地以及沿海低地，这是由于盐分随地面、地下径流由高处向低处汇集，使洼地成为水盐汇集中心。但从小地形看，积盐中心则在积水区的边缘或局部高处，这是由于高处蒸发较快，盐分随毛管水由低处往高处迁移，使高处积盐较重。此外，由于各种盐分的溶解度不同，在不同地形区表现出土壤盐分组成的地球化学分异，即由山麓平原、冲积平原到滨海平原，土壤和地下水的盐分一般是由重碳酸盐、硫酸盐逐渐过渡到氯化物。

3. 水文地质　水文地质条件也是影响土壤盐渍化的重要因素。地下水埋深越浅和矿化度越高，土壤积盐越强。在一年中蒸发最强烈的季节，不致引起土壤表层积盐的最浅地下水埋藏深度，称为地下水临界深度。临界深度并非常数，一般地说，气候越干旱，蒸降比越大，地下水矿化度越高，则临界深度越大。此外，土

图 8-21 中国盐成土分布示意图

资料来源：龚子同等(2007)

壤质地、结构以及人为措施对临界深度也有影响。土壤开始发生盐渍时的地下水含盐量称为临界矿化度，其大小取决于地下水中的盐类成分：以氯化物-硫酸盐为主的水质，临界矿化度为 2～3 g /L；以苏打为主的水质，临界矿化度为 0.7～1.0 g /L。

4. 母质 盐成土的成土母质一般是近代或古代的沉积物。在不含盐母质上，须具备一定的气候、地形和水文地质条件才能发育盐土；对于含盐母质(如含盐沉积岩的风化物和滨海地区含盐沉积物)，盐成土的发育则不一定要同时具备上述三个条件。母质或母土的质地和结构也直接影响土壤盐渍化程度。黏质土的毛管孔隙过于细小，毛管水上升高度受到抑制，砂质土的毛管孔隙直径较大，地下水借毛管引力上升的速度快但高度较小，这两种质地均不易积盐。粉砂质土的毛管孔径适中，地下水上升速度既快、上升高度又高，易于积盐，但当有夹黏层存在时，情况便有所不同。好的土壤结构(如团粒至棱块状结构)不仅有大量毛管孔隙，还有许多非毛管孔隙和大裂隙，既易渗水，又有阻碍毛管水上升的作用，土壤盐化则较轻。

5. 植被 常见的盐土植物有海莲子、砂藜、碱蓬、猪毛菜、白滨藜等，常见的碱土植物有茵蒿、剪刀股及碱蓬等。干旱地区的深根性植物或盐生植物，能从土层深处及地下水中吸收水分和盐分，将盐分累积于植物体中，植物死亡后，有机残体分解，盐分便回归土壤，逐渐积累于地表，因而具有一定的积盐作用。还有不少生物能在其体内合成生物碱，有的还能将盐分分泌出体外，如生长在荒漠地区的胡杨、龟裂土表的蓝藻等。

(三) 成土过程

盐成土中的盐分积累是地壳表层发生的地球化学过程的结果，其盐分来源于矿物风化、降雨、盐岩、灌溉水、地下水以及人为活动，盐类成分主要有钠、钙、镁的碳酸盐、硫酸盐和氯化物。土壤盐渍化过程可分为盐化和碱化两种过程。

1. 盐化过程 盐化过程指地表水、地下水以及母质中含有的盐分，在强烈的蒸发作用下，通过土体毛管水的垂直和水平移动逐渐向地表积聚的过程。我国盐成土的积盐过程可细分为：① 地下水影响下的盐分积累作用；② 海水浸渍影响下的盐分积累作用；③ 地下水和地表水渍涝共同影响下的盐分积累作用；④ 含盐地表径流影响下的盐分积累作用(洪积积盐)；⑤ 残余积盐作用；⑥ 碱化-盐化作用。由于积盐作用和附加过程的不同，分别形成相应的盐土亚类。盐化过程由季节性的积盐与脱盐两个方向相反的过程构成，但水盐运动的总趋势是向着土壤上层，即一年中以水分向上蒸发、可溶盐向表土层聚集占优势。

水盐运动过程中，各种盐类依其溶解度的不同，在土体中的淀积具有一定的时间顺序，使盐分在剖面中具有垂直分异。在地下水借毛管作用向地表运动的过程中，随着水分的蒸发，土壤溶液的盐分总浓度增加，溶解度最小的硅酸化合物首先达到饱和，而沉淀在紧接地下水的底土中，随后，溶液为重碳酸盐所饱和，开始形成碳酸钙沉淀，再后是石膏发生沉淀，所以在剖面中常在碳酸钙淀积层之上有石膏层。易溶性盐类(包括氯化物和硫酸钠、硫酸镁)由于溶解度高，较难达到饱和，可一直移动到表土，在水分大量蒸发后才沉淀下来，形成第三个盐分聚积层，因此表层通常为混合积盐层。在地下水位高(距土表 1 m 左右)的情况下，石膏也可能与其他可溶盐一起累积于地表。当然，自然条件的复杂性也会造成盐分在土壤剖面分布的复杂性，例如，雨季或灌溉造成的淋溶，使可溶盐中溶解度最高的氯化物首先遭到淋溶，使土壤表层相对富集了溶解度较小的硫酸盐类。又如，在苏打累积区，因为碳酸钠的溶解度受温度影响较大，在春季地温上升时期，碳酸钠随其他可溶盐类一起上升到地表。到秋冬季温度下降，苏打的溶解度减小，因而大部分仍保留在土壤表层而不被淋洗，所以一般情况下，苏打都累积于土壤的表层。总之，在底土易累积溶解度最小的盐类，包括 R_2O_3、SiO_2、$CaMg(CO_3)_2$、$CaCO_3$、$CaSO_4$ 和 Na_2SO_4 等。其他的盐类由于具有较高的溶解度，且溶解度随温度而变，具有明显的季节性累积特点，一般累积于土壤的表层。

2. 碱化过程 碱化过程指交换性钠不断进入土壤吸收性复合体的过程，又称为钠质化过程。碱土的形成必须具备两个条件：① 有显著数量的钠离子进入土壤胶体；② 土壤胶体上交换性钠的水解。阳离子交换作用在碱化过程中起重要作用，特别是钠、钙离子交换是碱化过程的核心。碱化过程通常通过苏打(Na_2CO_3)积盐、积盐与脱盐频繁交替以及盐土脱盐等途径进行。

(1) *苏打积盐* 当土壤溶液含有大量苏打时，交换性钠进入土壤胶体的能力最强，其反应式为

$$\boxed{\text{胶体}}{}^{Ca}_{Mg} + 4NaCl \rightleftharpoons \boxed{\text{胶体}}{}^{2Na}_{2Na} + CaCl_2 + MgCl_2$$

以上反应中，$CaCO_3$ 和 $MgCO_3$ 不易溶于水(特别当有苏打存在时)，因此，钠几乎完全置换了交换性钙、镁。

土壤溶液中苏打的形成有以下五种途径。

1) 岩石的风化作用：岩石风化产物使土壤和地下水中含 Na_2CO_3 和 $NaHCO_3$。

2) 物理化学作用(碱交换作用)，反应式为

$$\boxed{\text{胶体}}\,Ca + 2NaCl \rightleftharpoons \boxed{\text{胶体}}{}^{Na}_{Na} + CaCl_2$$

$$\boxed{\text{胶体}}{}^{Na}_{Na} + CaCO_3 \rightleftharpoons \boxed{\text{胶体}}\,Ca + Na_2CO_6$$

3) 中性钠盐与 $CaCO_3$ 的作用，反应式为

$$CaCO_3 + 2NaCl \rightleftharpoons CaCl_2 + Na_2CO_3$$

$$CaCO_3 + Na_2SO_4 \rightleftharpoons CaSO_4 + Na_2CO_3$$

4) 生物化学的还原作用，反应式为

$$Na_2SO_4 + 2C \xrightarrow{\text{嫌气}} Na_2S + 2CO_2$$

$$Na_2S + CO_2 + H_2O \rightleftharpoons Na_2CO_3 + H_2S$$

5) 植物体的腐解作用：草原地区植物体内吸收了不少钠离子，当植物腐烂后就转变为碳酸钠，逐渐累积在地表。

(2) *积盐与脱盐频繁交替* 当土壤中积盐和脱盐过程频繁交替发生时，促进了钠离子进入土壤胶体取代钙、镁的过程，使土壤发生碱化。土壤中盐分为氯化物或硫酸盐时，其反应式为

$$\boxed{\text{胶体}}^{Ca}_{Mg}+2Na_2CO_3 \longrightarrow \boxed{\text{胶体}}^{2Na}_{2Na}+CaCO_3+MgCO_4$$

以上反应是可逆的，钠在胶体上仅能交换一部分钙、镁。当土壤溶液中钠的浓度与钙、镁总量之比等于或大于4时，钠便能被土壤胶体吸收。季节性干湿交替乃至每次晴雨变化，盐分在土体中都有上下移动，钠盐溶解度大而趋于表聚，钙、镁则向下层淋淀，致使土壤表层中钠盐逐渐占绝对优势，钠离子能进入交换点，碱化过程得以进行。

(3) 盐土脱盐　碱土的形成往往与脱盐过程相伴发生。在土壤胶体表面含有显著数量的交换性钠，但土中仍含有较多可溶盐(以 Na_2SO_4、NaCl 为主，而非 Na_2CO_3 或 $NaHCO_3$)的情况下，因土壤溶液浓度较大，阻止了交换性钠的水解，土壤的 pH 并不升高，物理性质也不恶化。只有当该盐土脱盐到一定程度时，黏粒上交换性钠的水化程度增加，黏粒分散，土壤物理性质才劣化。一部分交换性钠水解，产生的 OH^- 使 pH 升高，反应式为

$$\boxed{\text{胶体}}\,Na+H_2O \longrightarrow \boxed{\text{胶体}}\,H+Na^++OH^-$$

当土壤碱化度(ESP)为 a 时，若土壤溶液的电导率(EC)$>b$，黏粒仍呈絮凝状；当 EC$<b$，则黏粒膨胀、胶溶(图 8-22)。

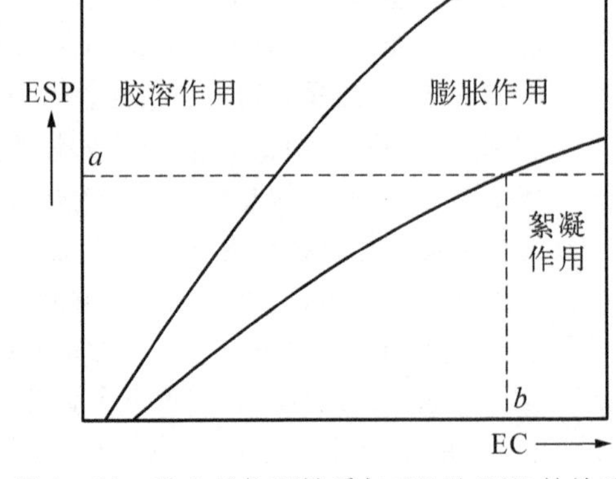

图 8-22　黏土的物理性质与 BC 及 ESP 的关系

资料来源：张守敬

(四) 形态特征、诊断依据和理化性质

1. 形态特征　盐土一般没有明显的发生层次，典型盐土以地表有白色或灰白色的盐结皮、盐霜或盐结壳为剖面特征。

碱土具有特殊的剖面构型。典型碱土的剖面形态为 E-Btn-Bz-C 型(图 8-23)。表层为淋溶层(E)，厚 20～25 cm，有时仅几厘米，一般是灰色或浅灰色，片状或鳞片状结构。淋溶层之下是碱化层(Btn)，又称柱状层，比淋溶层厚度大，但变异很大，一般呈褐色或近于褐色，有时为油黑色，很紧实，为圆顶形的柱状结构，这是由分散的黏粒经过长时期向下移动而形成的。在柱状顶部常有一薄薄的白色 SiO_2 粉末间层，这是由于碱性条件使黏土矿物发生水解，水解产物中的铁、铝等氧化物被淋洗至下层，硅酸失水而呈粉末状残留的结果。碱化层之下是盐化层(Bz)，易溶性盐含量很高，呈块状或核状结构。盐化层再下为母质层(C)。

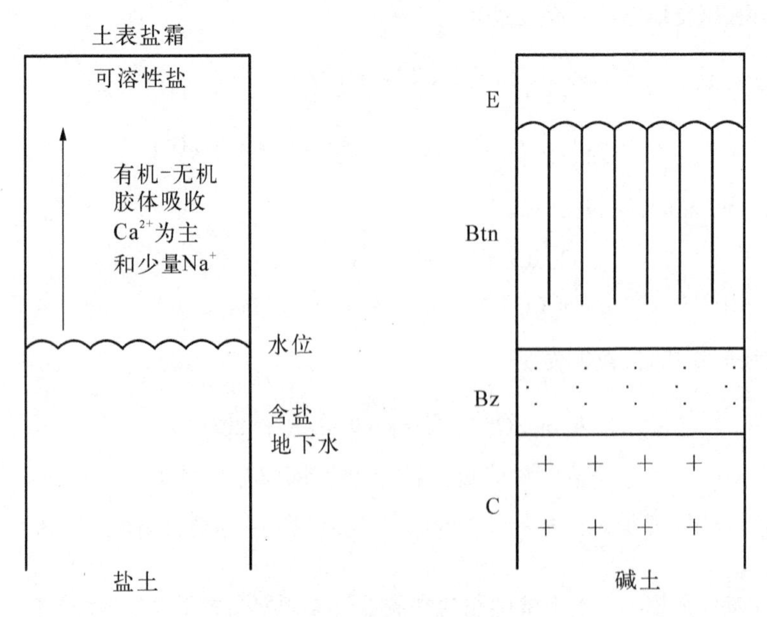

图 8-23　盐成土剖面构型

2. 诊断层和诊断特性 积盐层、碱积层分别是盐土和碱土的诊断层。根据中国土壤系统分类,盐积层为在冷水中溶解度大于石膏的易溶性盐类富集的土层。它具有以下两个条件:厚度至少为15 cm;含盐量为:① 干旱土或干旱地区盐成土中,≥20 g/kg,或1∶1水土比提取液的电导率(EC)≥30 dS/m;② 其他地区盐成土中,≥10 g/kg,或1∶1水土比提取液的电导率(EC)≥15 dS/m;③ 含盐量(g/kg)与厚度(cm)的乘积≥600,或电导率(dS/m)与厚度(cm)的乘积≥900。

碱积层为交换性纳含量高的特殊淀积黏化层,除具有黏化层部分条件外,还具有以下特性:① 呈柱状或棱柱状结构,若呈块状结构,则应有来自淋溶层的舌状延伸物伸入该层,并达2.5 cm或更深;② 在土体下部40 cm范围以内,某一亚层中交换性钠饱和度(ESP)≥30%,pH≥9.0,表层土壤含盐量<5 g/kg。

3. 理化性质 盐土的质地一般较黏重。除苏打盐土外,盐土胶体多呈凝絮状态,因而有较好的结构。盐基饱和,一般呈碱性反应。除草甸盐土外,腐殖质含量一般很低。除含盐母质上形成的盐土外,盐土的盐分含量沿剖面分布多呈上多下少的特点。

碱土的物理性质很差,有机胶体和无机胶体高度分散,并淋溶下移,表土质地变轻,碱化层相对黏重,并形成粗大的不良结构。湿时膨胀泥泞,干时收缩硬结,通透性和耕性极差。除部分柱状碱土的表层外,土壤呈强碱性反应。易溶盐遭淋溶,量少且集中在碱化层以下。表层 SiO_2 含量较下层高,R_2O_3 含量较下层低,这是由于表层黏土矿物在强碱作用下发生分解,R_2O_3 下移而 SiO_2 残留的结果。

(五) 盐成土的利用与改良

改良盐土的根本目的在于将根系层的盐分减少到一定限度。由于盐土区往往是旱、涝、盐相伴发生,必须抗旱、治涝、洗盐相结合,因地制宜采取综合措施,可通过平整土地(以消除盐斑)、排水、灌溉、种稻、种植绿肥和耕作施肥等措施来改良。

改良碱土的根本目的在于以交换性钙取代交换性钠来减低交换性钠饱和度,以改良物理性状。施用钙盐是改良碱土的基本方法,如用石膏为改良剂,其反应式为

$$\boxed{胶体}{}^{Na}_{Na} + CaSO_4 \longrightarrow \boxed{胶体}\,Ca + Na_2SO_4$$

$$Na_2CO_3 + CaSO_4 \longrightarrow CaCO_3 + Na_2SO_4$$

碱土中的交换性钠被石膏中的钙交换,土壤胶体就会在钙离子的作用下重新凝聚,形成结构。以上反应生成物中的硫酸钠可被灌溉水或雨水淋洗,减低了土壤碱性。改良碱土也应采用深耕、施用大量有机肥、掺砂和客土等综合措施。

特别应予注意的是,在改良碱化盐土(或盐性碱土)时,在洗盐之前,必须先将土壤的交换性钠饱和度降低(施用石膏或硫磺),否则,盐分一经洗去,土粒絮散,透水性降低,会给进一步洗盐改良增加难度。

第四节 过渡土纲系列

一、变性土土纲

变性土是具有强烈胀缩和扰动特性的黏质土壤。我国以往的土壤发生学分类系统未设立变性土独立单元,1985年中国土壤系统分类才首次将其列为独立土纲,相当于美国土壤系统分类和联合国世界土壤图图例单元的变性土(Vertisols)。国际上,变性土曾称黑土(Black earths,澳大利亚)、黑棉土(Blackcotton或Regur soils,印度)、黑黏土(Margalitic soils,非洲、印度尼西亚)、蒂尔黑土(Tirs,摩洛哥和阿尔及利亚)、暗色黏土(Pelosols,美国)、热带腐殖质黑黏土(Grumusols,美国)。现在变性土的概念不再局限于热带暗色黏土,而是扩大到从热带到温带的各种具有变性特征的暗色和艳色土壤。中国的变性土大致涉及土壤发生分类的砂姜黑土、潮土、石灰土、赤红壤、水稻土诸土类中具备变性特征者。

(一) 地理分布

变性土分布在南、北纬45°之间,大面积出现在热带、亚热带季节性干旱地区。世界上三大片变性土分布

区位于澳大利亚、印度的德干高原、非洲的苏丹,其余地区分布面积较小(图 8-24)。全世界变性土总面积约为 340×10^4 km^2,占陆地面积的 2.46%。我国典型的变性土面积不大,总面积约占国土面积的 0.54%,分布较分散,多与其他土壤类型呈复区分布,而变性土性土壤的分布较为广泛。我国变性土和变性土性土壤的分布区均在受夏季风影响的区域内。龚子同等阐述我国变性土分布概况是:潮湿变性土主要分布在淮北平原的安徽蒙城、涡阳、利辛等地,河南项城、汝南、新蔡等地和江苏的泗洪、宿迁、沭阳、新沂、东海一带,山东半岛、河南南阳盆地、湖北襄樊平原等地也有分布;湿润变性土主要见于福建漳浦、龙海一带,广西石江的百色和田东盆地以及明江的宁明和上思盆地,广东雷州半岛和海南岛也有分布;干润变性土主要见于云南金沙江及其支流龙川河谷的元谋等地和磐龙河谷的砚山等地(图 8-25)。

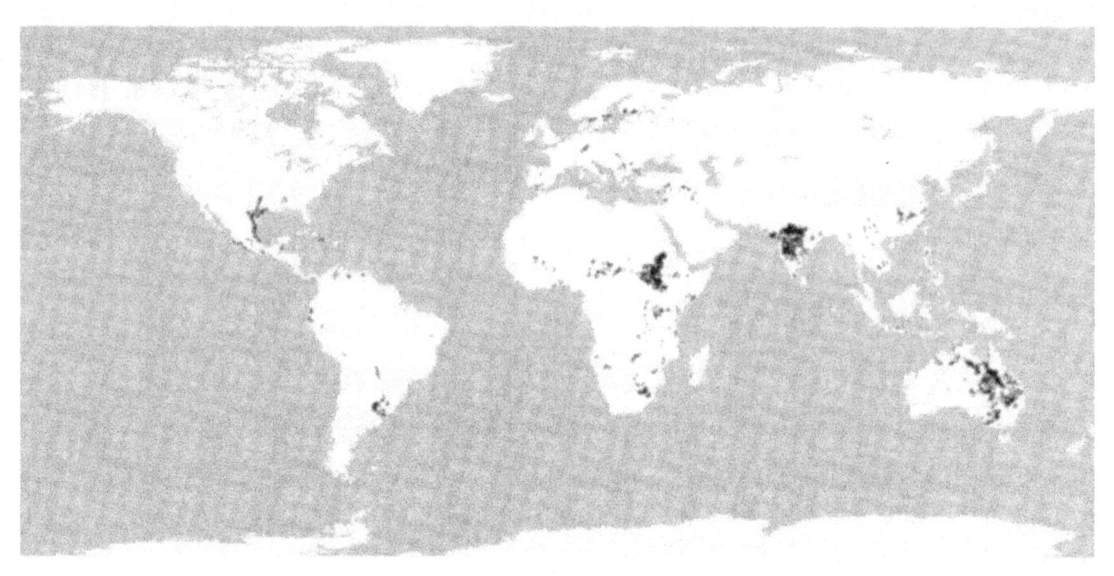

图 8-24 世界变性土土纲分布概图

资料来源:USDA NRCS (1998)

(二) 成土条件

1. 母质 变性土在各种基性母质上发育,包括钙质沉积岩、基性火成岩、玄武岩、火山灰以及由这些物质形成的沉积物。这些母岩母质中丰富的斜长石、铁镁矿物和碳酸盐有利于变性土的发育。据报道,印度变性土的母岩为从玻璃质玄武岩到粗粒玄武岩、泥质石灰岩等多种母岩。我国变性土涉及的母岩母质有石灰岩、玄武岩、第三纪河湖相沉积物以及近代河流沉积物等,但以石灰性母质为主。

2. 地形 变性土在海拔 1 000 m 以下的平坦地貌面(如高原面、平原和台地)或低洼地(坡地下段及盆谷地)都有分布,以海拔低于 300 m 的地形为多。地形坡度一般不超过 2°~3°,但有些地区(如火山地区)坡度达 15°~16°也有变性土发生。我国变性土多分布在低平洼地,但在一些低丘、台地上也有发育,如福建漳浦县和龙海市沿海、广东省海康等地。变性土分布区常可见到特殊的土壤发生地形——黏土小洼地(gilgai),这是一种小盆和小丘组成的微地形,起伏高度一般不超过 1 m,水平距离为 2~100 m,是因不同的内压力而引起地表面弯曲。黏土小洼地在各地出现的频度不同。

3. 气候 变性土在热带、亚热带以至温带均可发生,分布区气候的最普遍特征是季节性干旱,但旱季的长短各地相差很大,包括干湿季分明的季风气候,以及一年内只有一两个月湿季的较干旱气候和只有几星期水分不足的湿润气候。年降水量少至 150 mm,多可达 2 000 mm,但多数为 500~1 000 mm,年平均温度一般为 15.5~16.5℃。

4. 时间 变性土母质的绝对年龄可始自全新世至更新世之间,在基岩上发育的则可追溯到中更新世或更早,而在经运移的土壤物质或其他沉积物上发育的则在中更新世或更迟。变性土的相对年龄属于幼年,原因如下:① 许多变性土是在冲积、湖积以及火山物质等近期母质上发育的;② 变性土的自翻转作用是使其保持幼年性的另一个因素;③ 在半干旱气候区,由于缓慢的风化速度限制了剖面发育;④ 基性母质不断释

图 8－25 中国变性土土纲分布示意图

资料来源：龚子同(2007)

放出丰富的钙、镁盐基使土壤中蒙脱石矿物保持稳定；⑤ 在坡地，则因迅速的剥蚀作用，表层不断遭冲失，使土体保持浅薄和幼年状态。

5. 植被 变性土在自然条件下的典型植被是草地或热带稀树草原。

（三）成土过程

变性土的形成经历了蒙脱化过程和开裂过程。

1. 蒙脱化过程 蒙脱石占优势的黏粒矿物组合是变性土中活跃成土过程的基础。变性土的蒙脱石由两个途径而来：① 由母质中继承下来，如较湿润气候下的冲积物、钙质岩以及火山碎屑物质多富含蒙脱石矿物，成土环境延续了蒙脱石的存在；② 新生成作用，即在含有盐基和二氧化硅的碱性水溶液作用下，通过非膨胀性铝硅酸盐黏粒的复硅作用而产生，或者由原生矿物向次生矿物转化而成。印度德干高原的一些变性土，苏丹、埃及尼罗河冲积物发育的变性土，美国南部大平原的变性土，其蒙脱石矿物都是继承母质而来；而南非、肯尼亚、以色列、澳大利亚昆士兰的一些基性火山岩发育的变性土，蒙脱石的新生成作用是主要的。新生成作用也是我国一些变性土中蒙脱石的重要成因。在低洼地发育的变性土，由于地形因素引起地球化学过程中物质分异，风化物中丰富的溶解硅和盐基有利于蒙脱石的合成；分布于低丘、台地等正地形上的变性土，其蒙脱石则多由原生矿物转化而来，如福建漳浦由暗黑色气孔状橄榄玄武岩风化物发育的变性土富含蒙脱石矿物是由于该种母质中的玻璃质在重结晶过程(又称脱玻化)中，伴有广泛的蒙脱石化，形成大量的蒙脱石，成土时间尚短，这些蒙脱石矿物得以大量保存于土体中。

2. 开裂过程 开裂过程是变性土另一主要成土过程，这是富含 2∶1 型膨胀性矿物的黏质土壤在明显干湿季气候条件下的必然结果(图 8－26)。土壤干燥时土体强烈收缩并形成纵横裂隙，深可达 1 m 以上，地表附近的宽度可达 10 cm。深大裂隙的形成，对掺混土体具有特别重要的意义。干燥时，大裂隙的边缘受到降水、动物活动、人类耕作等作用，上层物质向下跌落，填充于裂隙内，重新湿润时，土壤膨胀，裂隙闭合，土体底层因增添了额外物质，膨胀后必然要产生较大的体积，造成挤压使土壤向上运动。如此经过多年循环，下层物质进到表层，而上层物质降到下层，这称为自翻转作用（又称自幂作用）。这种机制赋予变性土剖面性状的特殊性：① 剖面均一化，即在裂隙所达到的颇大深度内，土壤变成了均质体，发生层分异不明显，土色、质地、有机质含量无显著差异，有机质与矿物质充分混合而高度复合；② 具有滑擦面和楔形结构，表下层土壤受挤压而相对移动过程中造成明显程度不同的劈理和磨光面（滑擦面），楔形结构是土壤基块受到由倾斜方向膨胀压产生的剪切力作用而造成的；③ 地表出现黏土小洼地，是由干湿交替引起两裂缝间土壤"隆起"而产生的小起伏微地形。此外，下列现象也是变性土中自翻转作用的佐证：在新开挖剖面的心土层中夹有植物残落物，说明有上部物质陷落到下部；有些质地匀细的变性土，表层却常能见到石块，是下部物质被挤到上部的结果；显微镜下观察，有些变性土在不同深度局部可见破碎的淀积黏粒胶膜，这是由于土壤翻转作用使原先形成的胶膜破碎，拌入整个土体。应该指出，开裂过程是变性土的普遍现象，但土壤自翻转作用的强弱，与气候干湿交替强烈程度、植被茂密程度、人为利用频繁与否密切相关。据报道，我国变性土的自翻转作用不甚明显。

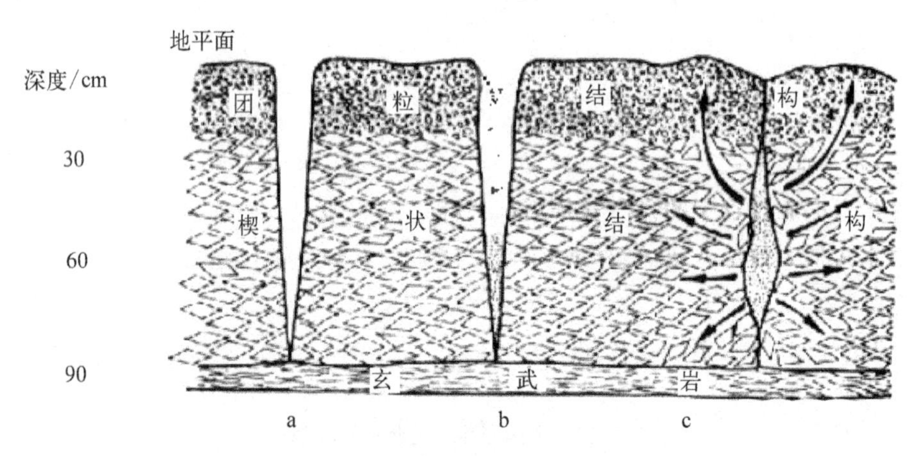

a. 旱季形成裂缝；b. 疏松物质落入裂缝；c. 雨季土壤变湿，引起下部土壤的膨胀和移动，从而产生具有光亮表面（滑擦面）的有棱角的或楔形的自然结构体以及"黏土小洼地"微地形

图 8-26 变性土的开裂过程

资料来源：H. D. Foth

（四）形态特征、诊断依据和理化性质

1. 形态特征 由于变性土形成过程中的自翻转作用，使其剖面均一化（图 8-27），发生层分异不明显，土体构型大致呈 A（或 Ap）-Bw-Ck（或 C），发生层之间渐变过渡（图 8-28）。变性土剖面还具有以下形态特征：① 土色的色调一般为 2.5Y 或 10YR，色值为 2～3，彩度很少超过 2，因变性土的腐殖质常与矿物质形成稳定的复合体，使其土色出现超过实际有机质含量水平通常所能呈现的暗色；② 剖面没有淋溶或淀积作用的明显迹象；③ 表层具有明显的团粒结构，其下是棱柱状和楔形结构，结构体由上而下变大。

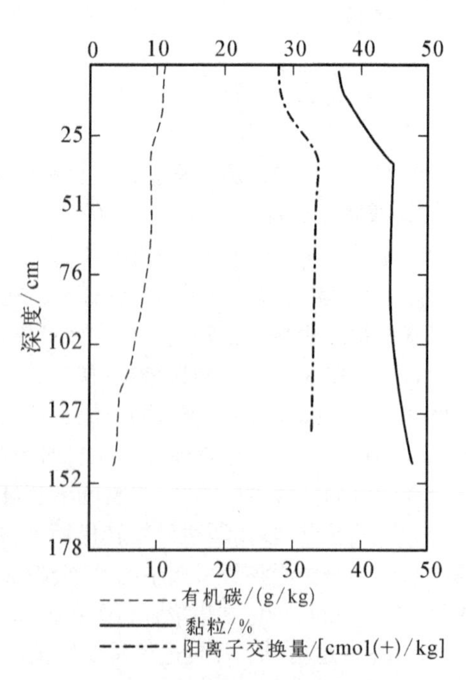

图 8-27 典型变性土的黏粒、有机碳和阳离子交换量的剖面分布

2. 诊断依据 变性土没有特定的诊断层，以变性特征作为诊断依据。变性特征是指富含蒙皂石等膨胀性黏土矿物、高胀缩性黏质土壤的开裂、翻转、扰动特征，要求是：黏粒含量>300 g/kg，开裂时裂缝宽度≥0.5 cm，有自吞特征，常有发亮且有槽痕的土壤结构滑擦面，有楔形结构和挤压地形等。

3. 理化性质 变性土膨胀系数很大，干湿体积变化范围

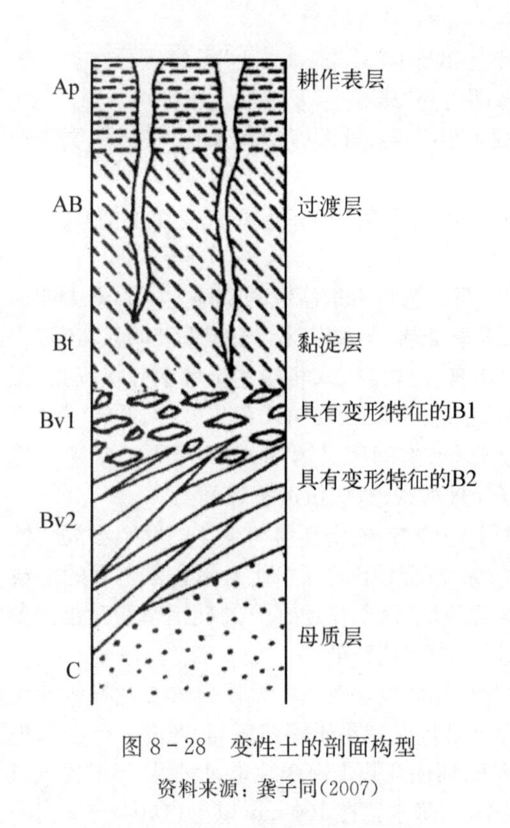

图 8-28 变性土的剖面构型

资料来源：龚子同(2007)

为 25%～50%；持水量大，但有效性差；湿时可塑性强，耕性很差；有机质量不高，仅为 5～30 g/kg，C/N 比值为 10～14；黏粒含量>35%；阳离子交换量大，为 25～80 cmol(+)/kg，交换性盐基(尤其是 Ca^{2+} 和 Mg^{2+})含量也很高，盐基饱和度多在 50%以上，并随深度递增；pH 多为 6.0～8.5；蒙脱石是占优势的黏土矿物，其次是云母类矿物(石灰岩、珊瑚、泥灰岩发育的则少)，高岭石也是常见矿物，其含量随风化度递增，碳酸盐和石膏可出现在心土层，常见于湿润变性土和干热变性土的滑擦面上。

(五) 主要土类

我国土壤发生学分类没有划分出变性土类型。黄瑞采等从 1979 年起对我国变性土及其分类开展了一系列研究，中国土壤系统分类吸收了国际土壤分类的通行做法，划分出变性土纲，根据土壤水分状况划分为潮湿变性土、干润变性土和湿润变性土三个亚纲。潮湿变性土(Aquic Vertisols)根据其有无钙积层划分为钙积潮湿变性土和简育潮湿变性土两个土类。干润变性土(Ustic Vertisols)按其次要过程所产生的性质，即有无钙积作用所形成的钙积层划分为钙积干润变性土和简育干润变性土。湿润变性土(Udic Vertisols)可按其次要过程所产生的性质，即有无由腐殖质在 A 层，甚至 AB 层的生物积累，并伴有腐殖质在 B 层的淋淀积累和(或)重力积累等作用所产生的腐殖质特性，有无由钙积作用产生的钙积层等划分为腐殖湿润变性土、钙积湿润变性土和简育湿润变性土。

1. 钙积潮湿变性土(Calci-Aquic Vertisols) 主要分布在淮北平原及其邻近地区，地形地洼，长期积水，在温暖湿润气候条件下，湿生和水生植物生长茂盛，主要为莎草、荆三棱、灯心草、藨草、鸭距草、碑子草等湿生植物和谊草、眼子草、野慈菇、两栖蓼、蒲草、芦苇、茨藻、半边莲、水王孙、千屈菜等水生植物。这些植物死亡后，在水湿和富钙条件下逐渐形成了这类变性土上部的黑土层层段。在母质富含碳酸盐和地下水富含重碳酸盐的条件下，随着后来地形的抬升，受大气降水下渗和地下水升降摆动的双重影响，可在不同深度中形成具有不同数量、不同形态的钙质结核乃至钙磐的钙积层。钙质结核在变性地区俗称砂姜或料姜，可进一步按其发育程度分为正常结核(密实、坚硬、边界明显，俗称刚砂姜) 和雏形结核(不密实、易压碎、边界多不明显，俗称面砂姜)。钙磐又称砂姜磐，主要是水文地质活动的产物。雏形钙质结核、正常钙质结核和钙磐的化学成分中碳酸钙含量依次增高。

2. 简育潮湿变性土(Hapli-Aquic Vertisols) 只有潮湿变性土的基本特性，无其他次要过程造成的诊断层或诊断特性。它与钙积潮湿变性土之不同在于缺乏钙积层。虽然在多数情况下，它也有所谓的"砂姜层"，但或出现位置较深 (上界位于 100 cm 以下)，或砂姜含量按体积计小于 10%。另外，在 0～100 cm 深度范围内，土层的碳酸钙含量也较低，不符合钙积层规定的条件。

3. 钙积干润变性土(Calci-Ustic Vertisols) 分布地区属川西南与滇北交界的金沙江及其支流龙川江河谷区，属金沙江下游干热亚区(张荣祖，1992)。区内海拔为 1 000～2 000 m，主要属构造侵蚀、溶蚀和堆积地貌。地形起伏大，多为强烈侵蚀切割的中、低山地形。

气候干热，自然植被群落类型属稀树灌木草丛。代表性群系为余甘子、铁橡栎、攀枝花苏铁、黄茅草，伴生植被有仙人掌、霸王鞭等。乔木散生，植被生长状况差，盖度多小于 30%，且成片分布有几乎无植物生长的荒裸地面。

区内基带土壤为干润富铁土 (土壤发生分类制的燥红土)，主要发育在早更新世元谋组河湖相沉积物母质上，这类母质颜色红棕-暗红，多为铁质胶结的砂质、粉砂质沉积物。也有的发育于上昆阳群的石英岩、花岗岩等及大理岩、白云岩等的风化母质上。据多点调查，钙积干润变性土多为元谋组地层中钙质胶结的黏土或亚黏土母质所发育，这类母质一般呈色鲜艳，多为紫红、橙黄、黄绿、灰色等。

钙积干润变性土的分布与黏土母质露头相关,多分布在丘陵上部及中部,与“燥红土”呈复区分布。一般从鲜艳的土色、丰富的地表龟裂和裂缝、极差的植被生长状况等,即可与“燥红土”及其他土壤区别开来。

钙积干润变性土除符合干润变性土的规定外,其主要特征是有钙积层,就调查资料来看,其钙积层的形成可能主要是继承了原母质的特征。

4. 简育干润变性土(Hapli-Ustic Vertisols) 简育干润变性土的成土条件与钙积干润变性土相似,但无钙积层。

5. 腐殖湿润变性土(Humic-Udic Vertisols) 主要分布于广西百色和田东盆地的阶地上。属于中亚热带向南亚热带过渡的气候区,高温多雨。年均气温 21.5～22℃,夏季炎热,冬季温暖。干湿季节明显,年降水量 1 100～1 300 mm,年蒸发量 1 500～1 900 mm,常受“焚风”影响,年干燥度<1,相应的土壤水分状况为“湿润”。母质为河湖相沉积物,下伏泥质或钙质页岩。在过去湖相沉积的环境下,腐殖质积累较多,并有一定厚度。地形抬升后成为河成阶地,并被开垦利用,种植甘蔗等经济作物,有的则又撂荒;有的已人工栽植马尾松、桉树、苦楝等树木,有一些稀疏矮灌木,如番石榴、桃金娘、野牡丹和铁芒萁、扭黄茅等草类。

6. 钙积湿润变性土(Calci-Udic Vertisols) 钙积湿润变性土的分布、成土环境与上述的腐殖湿润变性土相同。质地黏重,全剖面黏粒含量、各层黏粒含量均大于 30%;黏土矿物组成以水化云母和蒙皂石的混成矿物为主,有一定数量的高岭石;在土壤剖面上部出现钙积层;风化程度较低,黏粒部分的硅铝率和硅铝铁率均较高;除表层有机质含量受母质和植物生长双重影响较高外,以下各层均较低。

7. 简育湿润变性土(Hapli-Udic Vertisols) 简育湿润变性土是湿润变性土中无任何次要过程所产生的性质。在我国主要分布于热带、亚热带地区玄武岩台地的下段或低地。就见于福建漳浦、龙海一带沿海地区的简育湿润变性土来说,地处 24°N～24°30′N、117° 30′E～118°E,属南亚热带海洋性季风气候,年平均气温为 20～21℃,年降水量约为 1 400 mm,干湿季分明,4～9 月为湿季,月降水量在 100 mm 以上,其中 6～8 月的降水量约占全年的 70%左右,10 月至次年 3 月为干季。按彭曼公式计算,年干燥度为 0.67。母岩为第三纪末至第四纪初多次喷发的玄武岩,有红色致密状和暗黑色气孔状两种类型,前者喷发早于后者,其层位垫于暗黑色气孔状玄武岩之下。据朱鹤健等 (1992) 研究,两者风化物质的化学组成不同。暗黑气孔状玄武岩风化物的元素组成中碱土和碱金属元素以及二氧化硅含量远远高于红色致密状玄武岩风化物,而铁、铝含量则低于后者;就土体部分的硅铝摩尔比率和硅铁铝摩尔比率而言,也远较后者为高,可大致说明其风化程度较低,脱硅富铝化作用较弱。从矿物组成看,暗黑色气孔状玄武岩风化物中有多量橄榄石,且多已蚀变,气孔周围有大量隐晶质的蒙脱石集合体,基质为一些脱玻化的玻璃,其中基性斜长石已大部蒙脱石化。该地区的变性土就发育在这种类型的风化母质上,而处于同为坡麓部位的红色致密状玄武岩风化物上的土壤则发育成为富铁土(即土壤发生分类制的赤红壤)。

该地区的玄武岩台地,一般可见 2～3 级,高度分别为 10～20 m、30～40 m 和大于 40 m。台地微向海洋倾斜,有沟壑发育,但切割不深,密度不大,呈波状起伏。目前已大部开垦利用,低凹处种植水稻、甘蔗等,高地种植甘薯、花生,部分为果园,种植龙眼、荔枝、菠萝等。

简育湿润变性土的基本性质为:① 全剖面质地黏重,黏粒含量达 55%～60%;② 黏土矿物组成以蒙皂石和高岭石混成矿物为主,含少量蛭石;③ 硅铝率和硅铝铁率分别约达 3.5 和 2.5,表明其风化程度远较同地区的富铁土为低;④ 阳离子交换量较高,达 40 cmol(+)/kg;⑤ 至于有机质含量,根据朱鹤健等研究,同一地区的这类变性土的表层有机质较多,有机碳含量为 10～23 g/kg,下垫各土层则较少,有机碳含量为 4.5～9.7 g/kg;⑥ 无其他由附加过程或母质残留特性产生的性质。

(六) 变性土的利用与改良

世界各地的变性土主要用于种植棉花、小麦、玉米、高粱、水稻、糖蔗或作为牧场,用于放牧的面积最大。变性土的自然肥力很高,但耕性差,水分有效性低,在有动力机具和灌溉条件下,其农业生产潜力才可得到发掘。农艺利用依气候而异,但因其黏粒含量高和湿时渗透性低,因此这些土壤适于种植淹水的作物,而不宜种植用材林。变性土的非农业利用常出现许多工程上的问题。道路、房屋、管道等会受土壤胀缩的影响而移位和扭曲,应十分注意。这些土壤吸收污水性能差,应在土壤水分饱和、黏粒膨胀后测定其透水性数值才有意义,因为若在旱季土壤开裂时测定其透水性数值会使人误解该土壤透水性特别大,这是环境管理上应予考虑的问题。

二、雏形土土纲

雏形土是发育程度较弱，而分布十分广泛的土壤。在美国土壤系统分类、联合国世界土壤图图例单元和世界土壤资源参比基础(WRB)分类系统中，都有雏形土或相当于雏形土类型和定量诊断指标。其定义为具有雏形B层，除有淡色A层、暗色A层或覆于盐基饱和的雏形B层之上的松软A层外，无其他诊断层，无盐积特性，无可诊断为变性土或火山灰土的特性；地表至50 cm深度范围内无潜育特性的土壤。

在中国土壤系统分类首次方案中没有划分出雏形土，在中国土壤系统分类(修订方案)中才正式设立雏形土纲及其检索系统，包括5个亚纲、28个土类。雏形土相当于中国土壤地理发生分类中的暗棕壤、棕色针叶林土、部分褐土、紫色土、磷质石灰土、潮土、草甸土、林灌草甸土、山地草甸土、寒原盐土、灌漠土、草毡土、黑毡土、寒钙土、冷棕钙土、寒漠土、寒冻土等。

(一) 地理分布

雏形土是我国分布面积最广的一个土纲，其分布面积约占国土面积的24.16%。从我国东北的温带到华南的热带、亚热带，从西部的干旱、半干旱地区到东部沿海的湿润区，从低海拔的盆地到高海拔的山地或高原，均有雏形土分布(图8-29)。

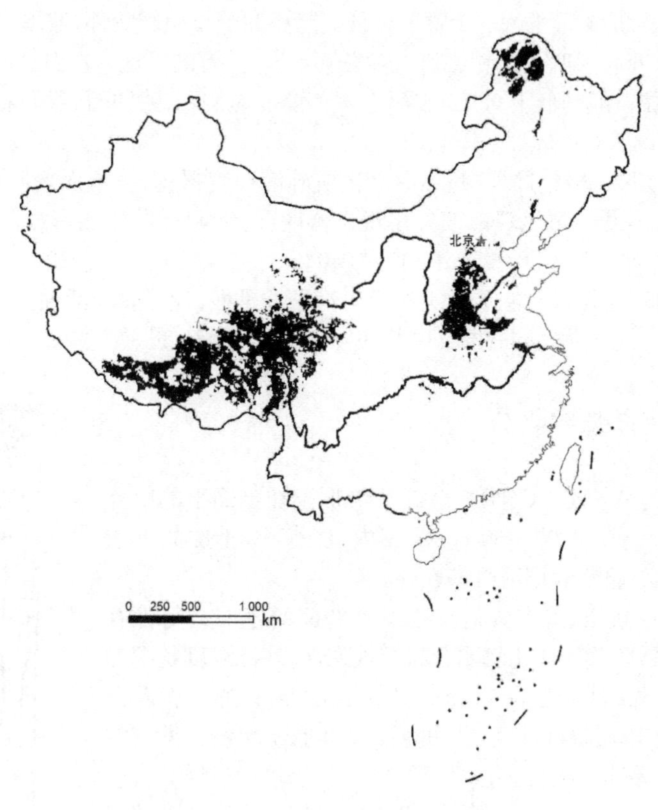

图8-29　中国雏形土土纲分布示意图

资料来源：龚子同(2007)

(二) 成土条件

1. 气候　不同气候带往往形成不同类型的雏形土。在温带、寒温带及类似的山地垂直带中(如我国东北地区、西北地区的高山、亚高山以及青藏高原等地)，寒冷的气候使得土壤具有寒性或更冷的土壤温度状况,有机质积累较多,因而常有寒冻雏形土及一些湿润雏形土分布。半干旱或半湿润地区气候条件可以产生半干润的土壤水分状况,有利于形成干润雏形土,在热带亚热带的山区,降雨和云雾较多,全年大多数时间内蒸发量低于降雨量,易于形成常湿雏形土和一些湿润雏形土。

2. 生物 生物不是雏形土形成的决定因素,但有些雏形土与植被密切相关,如草毡寒冻雏形土、暗沃寒冻雏形土等。这些土壤所具有的草毡表层、暗沃表层等诊断层受植被影响较大。

3. 地形 地形主要是通过影响物质和能量的再分配来间接影响土壤与环境间的物质与能量交换。在山地的斜坡上部,土壤淋洗程度较低,水分状况较差,土表常被不断剥蚀,延缓了土壤的发育,形成的土壤往往发育不明显和B层发育很弱,达不到当地正常条件下所形成的诊断层和诊断特性的标准。因此,在切割地形、坡度较大的山地往往有很多雏形土。

4. 母质 母质是影响雏形土形成和发育的重要因素。一些盐分含量高、质地黏重、通透性差的母质可以阻碍土壤发育的速度,使得土壤的相对年龄较小,土壤发育程度较弱,从而易于形成雏形土。例如,石灰岩、白云岩、紫色页岩、泥岩、泥质岩、暗色铁镁基性岩、黄土性物质和江河沉积物等。

5. 时间 由于雏形土的绝对年龄和相对年龄较小,因此在雏形土形成过程中时间因素显得更为重要。在土壤发育条件有利且稳定的情况下,土壤将随时间推移逐渐发育,这个过程包括幼年阶段、成熟阶段和老年阶段等。雏形土就是这一土壤发育阶段中的相对幼年阶段的土壤。

(三)成土过程

土壤矿物风化程度低,是雏形土的一个重要特征。除少数受母质影响外,雏形土亚表层或雏形层中的黏粒含量一般为80～300 g/kg。细粉/黏粒比值大多在0.5以上,有的可达8左右。而富铁土和铁铝土等发育程度高的土壤,细粉/黏粒一般都低于0.6。雏形土含有较多的长石、蒙脱石、伊利石、水云母和蛭石等,黏土矿物以2∶1型为主。

物质淋溶不强烈。在风化成土过程中,雏形土物质淋溶程度很弱,基本无物质淀积。就黏粒迁移而言,雏形土中常无黏粒淀积,不发生黏化现象或黏化现象不明显,无明显黏化层形成。雏形土盐基淋失一般很少,表层之下的土层,pH为5.0～8.0,盐基饱和度为40%。

雏形土风化程度较低,土壤胶体上胶体上净负电荷量非常多,使得黏粒活性很强。B层的表观阳离子交换量(CEC_7)均大于24 cmol(+)/kg黏粒,且多数在40 cmol(+)/kg黏粒左右。

(四)形态特征和主要诊断层

雏形土的剖面构型为A-B_W-C(图8-30)。雏形土在剖面上的特点是具有雏形层,或者矿质土表下20～50 cm范围内至少一个土层的n值<0.7,并且具有有机表层、暗沃表层或暗瘠表层。

雏形层是雏形土的诊断层,或有其他土壤发育特征的土层或特性存在。其具备以下条件:① 除具干旱土壤水分状况或寒性、寒冻温度状况的土壤,其厚度至少5 cm外,其余应≥10 cm,且其底部至少在土表以下25 cm外;② 具有极细砂、壤质极细砂或更细的质地;③ 有土壤结构发育并至少占土层体积的50%,保持岩性构造的体积<50%;④ 与下层相比,彩度更高,色调更红或更黄;⑤ 若成土母质含有碳酸盐,则碳酸盐有下移现象;⑥ 不符合黏化层、灰化淀积层、铁铝层和潜育层特征,但具有氧化还原特征的条件。此外,涉及雏形土的还有漂白层、钙积层、超钙积层、钙磐、石膏层、超石膏层、有机表层、暗沃表层、暗瘠表层和永冻层等。

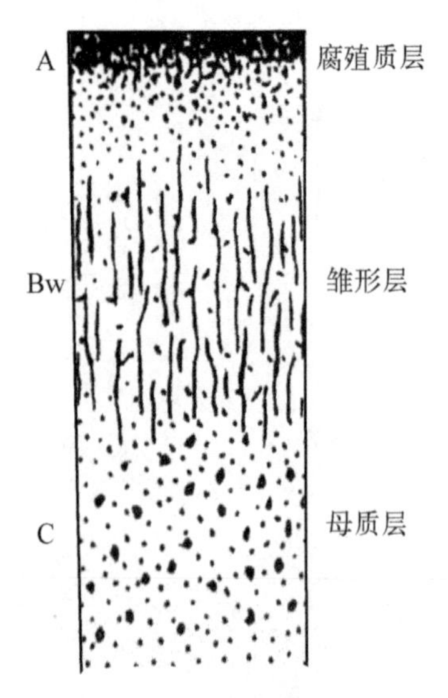

图8-30 雏形土剖面示意图

资料来源:龚子同(2007)

(五)主要土类

雏形土纲包括5个亚纲,28个土类。根据土壤温度和水分状况,雏形土可分为寒冻、潮湿、干润、常湿和湿润雏形土5个亚纲。其中寒冻雏形土包括永冻、潮湿、草毡、暗沃、暗瘠和简育寒冻雏形土6个土类；潮湿雏形土可续分为叶垫、砂姜、暗色和淡色潮湿雏形土4个土类；干润雏形土可分为灌淤、铁质、低锈、暗沃和简育干润雏形土5个土类；常湿雏形土则包括冷凉、滞水、钙质、铝质、酸性和简育常湿雏形土6个土类；湿润雏形土包括7个土类，分别为冷凉、钙质、紫色、铝质、铁质、酸性和简育湿润雏形土。

中国土壤地理发生分类中的暗棕壤、棕色针叶林土、部分褐土、紫色土、磷质石灰土、潮土、草甸土、林灌草甸土、山地草甸土、寒原盐土、灌漠土、草毡土、黑毡土、寒钙土、冷棕钙土、寒漠土、寒冻土等土类中的部分或者全部亚类相当于中国土壤系统分类中的雏形土。以下介绍暗棕壤、棕色针叶林土、紫色土和磷质石灰土的主要特征。

1. 暗棕壤　暗棕壤是在温带湿润地区针阔叶混交林下发育形成的土壤。暗棕壤又名暗棕色森林土，过去曾一度被称为棕色灰化土、灰棕壤等。直到1960年，特别是第二次全国土壤普查，确认暗棕壤是我国天然林区广泛分布的独立土类。

(1) *地理分布和形成条件*　暗棕壤主要分布于我国东北广大的天然针阔叶混交林区，向北(或海拔向上)过渡为棕色针叶林土，向南(或海拔向下)过渡为棕壤，其分布范围北起黑龙江，东到乌苏里江，西起大兴安岭中部，南到辽宁省的铁岭、清源一带，另在大兴安岭东坡亦有零星分布。具体分布于大兴安岭东坡海拔800 m以下，小兴安岭海拔900 m以下，完达山脉和长白山海拔1 100 m以下，是我国东北地区分布面积最大的森林土壤之一。此外，秦岭、神农架、川西北和滇北的高山地区以及西藏高原东南部的深切河谷的山地垂直带上也有分布。具体分布范围由秦岭(海拔2 200～3 200 m)，经川、甘两省分水岭(2 500～3 400 m)沿川西山地(2 200～3 000 m)越滇北(2 200～3 400 m)至藏东南波密、林芝(3 000～3 600 m)达察隅(2 800～3 300 m)的森林带下均有暗棕壤。

暗棕壤总面积为$4\,018.9\times10^4$ hm^2，主要分布在黑龙江、吉林、内蒙古等8个省区。其中黑龙江、内蒙古和吉林三省区暗棕壤分布面积占总面积的78.88%，其中暗棕壤在黑龙江和吉林两省分布最广，其分布面积分别占全省土壤总面积的35.95%和41.10%。内蒙古自治区的大兴安岭三盟(呼伦贝尔盟、哲理木盟、兴安盟)和赤峰市的大兴安岭西坡亦有分布，约占内蒙古土壤总面积的7.0%。其余省份主要分布于山地垂直带上，分布面积也相对较少。

暗棕壤地区的气候特点是年均气温为−2～8℃，≥10℃积温为2 000～3 000℃，季节性土壤冻结深度为1～2 m，最深可达3 m，冻结时间为120～200天，无霜期115～135天，年降雨量500～1 000 mm，干燥度一般1.0以下，属温带湿润气候区。我国东北地区暗棕壤上的原始植被为红松阔叶林，以红松为主，伴生阔叶树种有杨、椴、榆和蒙古柞等。针叶树种主要有红松、沙松、鱼鳞云杉和红皮冷杉等阴性和半阴性树种。落叶阔叶树种种类很多，主要有白桦、黑桦、枫桦、蒙古柞、春榆、胡桃楸、黄菠萝及水曲柳等。林下灌木及草本繁茂，常见的灌木有毛榛子、山梅花、刺五加、卫茅和丁香等植物。常见的草本植物有木贼、轮叶百合、银线草以及苔原属等。目前，虽然次生林的比重在逐渐加大，但仍然是东北地区的主要林区。暗棕壤所处的地形多为中山、低山和丘陵。其成土母质大都是花岗岩、安山岩、玄武岩的风化物，也有少量的第四纪黄土性沉积物。

(2) *成土过程*　暗棕壤的形成特点主要表现为温带湿润针阔叶混交林下，弱酸性腐殖质累积和轻度淋溶、黏化过程。

1) 腐殖质累积过程：暗棕壤的自然植被主要为针阔叶混交林，以及林下生长繁茂的草本植被。每年有大量的凋落物残留地表。因雨季同生长季节一致，生物累积过程十分活跃。以红松为主的针阔叶混交林每年大约有5～8 t/hm^2残落物归还土壤。加之该地区气候冷凉潮湿，造成暗棕壤的腐殖化作用十分强烈。表层土壤积累了大量的有机质，其有机质含量最高可达100～200 g/kg。由于阔叶树的影响，每年归还于土壤的残落物中盐基含量较高，可占灰分元素的80%以上。这种盐基离子的存在，足以中和有机质分解过程中所产生的有机酸。因此，暗棕壤腐殖质层的盐基饱和度较高，土壤不致产生强烈的酸性淋溶过程。

2) 盐基与黏粒淋溶过程：暗棕壤地区的降水量一般为500～1 000 mm，而且70%～80%的雨量主要集中于夏季(7～8月)。因此，暗棕壤有一定的向下淋溶作用，在20～40 cm深处土壤黏粒含量高达20%～30%，较表层土壤可增加一倍，但黏粒增多现象不如棕壤明显。土壤中的铁在嫌气条件下可以还原成亚铁向下移动，并在心土层中重新氧化而沉淀并包被在土粒表面，使之成为棕色。

3) 假灰化过程：土壤溶液中来源于有机残落物分解和部分矿物质化学风化产生的硅酸，由于冻结作用等原因以二氧化硅粉末沉淀析出，并以无定形硅酸粉末附着于土壤结构体表面，干后成为灰棕色，使土壤呈现有“假灰化现象”。它与灰化过程的差别主要表现在暗棕壤剖面中部只有黏粒和铁的轻度积累，土壤中的铝基本没有移动，而灰化土中则是铁、铝、锰等金属元素在剖面中产生络合移动与淀积。

（3）主要性状

1）剖面形态特征：由于暗棕壤的特定成土条件与形成过程，其剖面形态既无明显的灰化层，也无明显的铁铝淀积层，剖面层次呈逐渐过渡状态，正常剖面构型为O-Ah-AB-Bt-C型。O层一般为4～5 cm，主要为木本植物的凋落物，其内部有较多的白色菌丝体。腐殖质层(Ah)呈棕灰色，粒状或团块状结构，根系较多且有蚯蚓聚居。过渡层(AB)呈灰棕色，较为紧实，厚度随发育程度不同而异。黏化层(Bt)厚度为30～40 cm，呈棕色，主要为核状结构或块状结构，结构表面有不明显的铁锰胶膜，质地较为黏重。母质层(C)为棕色母质层，石砾表面可见少量的铁锰胶膜。

2）理化性质：暗棕壤的质地类型一般为砂质壤土，各发生层间分异不大。从表层向下石砾含量逐渐增加，黏粒在B层中有所增加，但与棕壤相比不十分明显。腐殖质层有机质含量较高，多在100 g/kg以上，但腐殖层不厚，约20 cm左右。表层腐殖质中胡敏酸含量较多，H/F＞1.5，向下明显降低，至20 cm以下只有0.5～0.6；活性胡敏酸含量占胡敏酸总量的百分数在剖面中由上向下递增。暗棕壤一般呈微酸性，pH为5.4～6.6，土壤交换性酸总量不一，以腐殖质层为高，为0.2～2 cmol(＋)/kg。土壤交换性阳离子主要为钙、镁，但也有少量氢和铝。交换性盐基总量为25～40 cmol(＋)/kg，盐基饱和度以表层最高，可达60%～80%。土体中的铁和黏粒有比较明显的移动过程，而铝移动则不明显。暗棕壤的黏土矿物主要以水化云母为主，伴有一定量的蛭石、高岭石。由于森林枯枝落叶层吸水力强，土壤水分充沛，终年处于湿润状态，季节变化不明显。

要注意暗棕壤与一些土类的区别。与棕色针叶林土的区别在于：棕色针叶林土中酸性淋溶比暗棕壤强，因此，暗棕壤在剖面中的灰化现象较弱，如二氧化硅粉末及灰化淀积现象等均不如棕色针叶林土明显。与白浆土的区别在于：白浆土在土壤剖面中有明显的白浆层和典型的淀积层。虽然暗棕壤也有一部分有白浆化作用发生，但层次分化不如白浆土明显，并且土层不厚，全层呈暗棕色，多含角砾石，无明显的淀积黏化层。与棕壤的区别在于：棕壤主要分布于暖温带，暗棕壤与棕壤相比，暗棕壤表层有机质含量较高，淋溶作用较弱。具体表现为淀积层中没有明显的黏化现象，但有铁锰胶膜和较多的二氧化硅粉末。

（4）暗棕壤的利用与改良　暗棕壤是我国最重要的林业基地，从东北到西南均属天然林区，有着丰富的木材资源。这里是著名的红松产地，除红松、云杉、冷杉、柞、榆、锻等树种外，尚有水曲柳、黄菠萝、胡桃楸等伴生树种。这些丰富的木材资源，在我国国民经济上占有极为重要的地位。为此，暗棕壤地区必须结合林业生产，进行合理利用，科学管理和改良。

对于25°以上的陡坡、石塘上的森林应作为保安林，实行经营择伐，其采伐强度应不大于40%。其他林地采伐强度一般也不应大于60%～70%。这样可以把生长旺盛的幼龄林木合理保存下来，使之很快成材，大大缩短轮伐期。对于大面积采伐迹地及火烧迹地，应该迅速采取人工更新，并促进天然更新，尽快恢复成林。总之，只要做到合理采伐，及时抚育和人工更新，科学管理，综合经营，才能不断扩大森林资源，发挥土地潜力。

为了解决林区部分粮食和蔬菜的供应，可以考虑在草甸暗棕壤、潜育暗棕壤及腐殖质层较厚的典型暗棕壤上适当开垦一定面积，种植农作物和蔬菜。种植作物可选择耐寒早熟的作物品种，如麦类及马铃薯、甘蓝、萝卜及白菜等。也可根据山区的特点和优势，发展多种经营，如发展养蚕、养蜂和种植果树，以综合利用和开发山地资源。暗棕壤地区最适宜发展人参。此外，积极开发食用菌生产，如人工养殖灵芝等高贵食用菌和名贵药材也是暗棕壤地区综合开发、合理利用的有效途径。

2. 棕色针叶林土　棕色针叶林土是寒温带针叶林下弱度发育的土壤，是北半球北缘的一种森林土壤类型，北接冰沼苔原带，在高山区为高山或亚高山灌丛草甸带，下连暗棕壤，具有反映寒温带气候条件下泥炭化枯枝落叶层为主要特征。

（1）地理分布和形成条件　我国棕色针叶林土总面积为11 631.8×10^4 hm^2，主要分布在大兴安岭北段以及小兴安岭800 m以上、长白山1 100 m以上的针叶林下，另外，四川西部和云南北部的高山地区的暗棕壤上部也有棕色针叶林土的垂直分布。其分布区域有内蒙古自治区呼伦贝尔盟的额尔古纳旗的中北部，额尔古纳左旗的全部地区，鄂温克族自治州的东南部和扎兰屯的西部和兴安盟的科尔沁右翼前旗西北部；黑龙江大兴安岭加格达奇地区，伊春和牡丹江的山区垂直分布带顶峰上也有零星状分布；四川省的甘孜、阿坝、凉山三州及雅安地区；云南省的迪庆、怒江、丽江、大理地区；吉林省的长白山主峰以及延边的敦化、和龙、安图和浑江市的抚松、长白等地区；新疆的阿勒泰、布尔津、哈巴河等地的深山区和喀纳斯山区（1 800～2 400 m）也有小面积分布。

棕色针叶林土形成于酷寒而又漫长的冬季，并伴有多年冻土层的寒温带地区。根据棕色针叶林土水平分布带和西南高山垂直分布带的差异气候条件可分为两个亚区，即东北大兴安岭（包括其南部的山地垂直带）和新疆的阿尔泰山区，其特点是寒冷（年均温－5℃左右）和较少雨雪（年平均降水量 500 mm 以下），在西南高山垂直带上的年平均降水量多在 600 mm 以上。棕色针叶林土的植被以针叶林为主。大兴安岭和长白山主峰北侧植被为兴安岭落叶松；小兴安岭完达山等东北山区建群植物为暗针叶林，林下常见为杜鹃、越橘和杜香等单一灌丛；新疆阿尔泰棕色针叶林区植被为我国境内特有植被类型，包括西伯利亚松-西伯利亚落叶松-越橘类型、西伯利亚冷杉-西伯利亚落叶松类型和西伯利亚云杉-越橘类型等三种基本类型；四川和云南棕色针叶林土区的植被主要为云杉和冷杉，林下多见箭竹和杜鹃；苔藓为棕色针叶林土区常见的低等植物，主要有泥炭藓、羽藓和黑藓等。

（2）成土过程

1）针叶林毡状凋落物层和粗腐殖质层的形成：针叶林及其树冠下的灌木和藓类，每年以大量枯枝落叶等植物残体凋落于地表，凋落物缺乏灰分元素，在酸性环境，凋落物主要靠真菌的活动进行分解，形成富里酸，而且冻层本身又阻碍水分自凋落物中把分解产物排走。在一年中只有 6～8 月的较短时期的真菌活动，不能使每年的凋落物全部分解，年复一年的积累，便形成毡状凋落物层。在凋落物层之下，则形成分解不完全的粗腐殖质层，甚至积累成为半泥炭化的毡状层。

2）有机酸的络合淋溶：在温暖多雨季节，真菌分解针叶林的凋落物时，形成酸性强、活性较大的富里酸类的腐殖酸下渗水流，稠密的灌木在土壤中具有庞大的根量，也可导致雨季土壤水分向下移动。含有富里酸类的下渗水流导致土壤盐基及矿物质铁、铝的络合淋溶，使土壤盐基饱和度降低，土壤呈稳定酸性。但由于气候寒冷，淋溶时间短，淋溶物质受冻层的阻隔，这种酸性淋溶作用下不能有显著的发展，与此同时淀积作用也不明显。

3）铁铝的回流与聚积：当冬季到来时，表层首先冻结，上下土层产生温差，本已下移的可溶性铁铝锰化合物等又随上升水流回流重返被淋出部位，在土壤冻结时脱水析出，成为稳定的铁铝锰化合物聚积在土壤表层，使土壤染成棕色，并在剖面上层的石块底面及侧面有大量暗棕色至棕褐色胶膜的淀积，活性铁铝在剖面上层的聚积尤为明显。另外存在于棕色针叶林中的嫌气细菌，还能导致部分铁、锰还原。

此外，在较低地形处，由于土壤水分过饱和而产生冻层凸起的圆丘，其直径约 1 m，高 10～20 cm，使其圆丘周围凹陷处经常积水而产生泥炭化和潜育化的附加过程。

（3）主要性状

1）成土特征：棕色针叶林土区每年凋落到地表的有机质主要为松针，地面死亡残留的植物体主要是酸性极高的苔藓（pH 为 2～4）。一方面，由于气温较低，分解植物残体的生物群落数量和种群较少；另一方面，酸性的条件使得土壤中分解与转化有机质的微生物活动受阻，凋落物在分解极慢的条件下逐渐累积，其厚度可达 10 cm。因此，元素循环速度极慢，并在地表累积酸性不饱和有机质是棕色针叶林土非常重要的特征之一。另外，在棕色针叶林土上层附着较多的暗色（5YR2.5 /1～4 /1）物质，其着色物质主要为有机质和铁。

2）土壤形态特征：典型棕色针叶林土的土壤剖面构型为 O-H-AB-C 型。凋落物层（O）厚度为 1～5 cm，为淡黄色凋落的松针，仍保持树叶原形无改变，疏松、针叶坚韧。泥炭层（H）的厚度在 10 cm 以上，呈泥炭状，有多量植物细根及树根。自上而下可细分三个亚层：① H_o层，松针累叠而成，原形尚可辨认，但颜色已有改变，呈暗棕色；② H_e层，已部分分解，呈黑色，但手感尚可查知针脉等较紧硬的部分；③ H_i层，呈腐泥状，黑色，手搓有黑褐色粉末留于指上。H 层很湿，具隔热作用，因此棕色针叶林土的矿质土体部分常年处于低温状态，向下层过渡明显并较平整。过渡层（AB）为矿质土层，厚度为 5～30 cm，暗棕色（10YR3 /3～3 /4），一般为壤土粒状至不稳定的小团块状结构。与 H 层接触处颜色稍暗，湿至湿润；多含角砾或石块；细孔隙量中等，稍紧实；多植物根，向下层过渡到逐渐或模糊，常见炭屑。C 层为母质层，色较上层淡，为矿质细粉本色（棕色至黄棕色），石砾及石块量更多，主要为寒冬风化的岩石碎块，潮至湿。棕色针叶林土全剖面均有亚铁反应，尤以表层量最高。

3）理化性质：棕色针叶林土的质地大多轻、粗，含砂粒及石砾量多，砂粒含量在 30%～85%，大于 2 mm 的石砾量为 3%～35%，石块较多，石土比为 30～80。棕色针叶林土呈酸性反应，pH 为 4.5～6.5，上部土层较酸，下部土层呈微酸至中性。土壤盐基交换量不高[4～7 cmol(+)/kg]，其组成中钙、镁占80%以上。交换性酸除表土层含量较高外[2～5 cmol(+)/kg]，一般均低于1 cmol(+)/kg。盐基饱和度多呈不饱和状态。土壤养分贮量均较高，但有效养分贫乏。有机质含量很高，但氮量与磷量均低，碳氮比值很大。棕色针叶林土中腐殖质组成比较稳定，难溶性的胡敏素所占比例较大，胡敏酸与富里酸比值一般较小，约0.5；氧化铁均以晶化态或无定形态的游离铁为主，与有机质络合态铁的含量较少。

(4) 棕色针叶林土的利用与改良　棕色针叶林土现为我国重要木材生产基地以及森林中的可供食用、药用、香精原料等多种珍稀植物和野生动物(如著名的飞龙)的资源库。由于处于森林带的上限，对松嫩平原、松辽平原、三江平原的自然生态起屏障作用与水源涵蓄作用。

由于棕色针叶林土区地处高寒，林木生长缓慢，加之泥炭化有机层的阻隔，林木天然更新困难，因此在采伐森林的同时，森林更新与营林措施必须同步进行。除此，因原有树种单纯，生态环境脆弱，一旦森林破坏后则难以恢复，特别是东北的大兴安岭地区，因降水量较少，如果森林一旦消失，草类侵入为再次生成林增加了困难。

为充分利用林区的土地资源与植物资源，改单一林业经营为综合经营，在科学营林的同时，应对邻近大面积生长薹草或大、小叶樟沼泽地改良为草场提高产草量，发展畜牧业。另外，山区的山果、山菜、山药是无污染、无公害的绿色食品，应加工成商品，提高其经济价值。

对小面积农田，应采取提高地温，逐渐消除或降低多年冻土层的措施。整地方式应以高垄或窄床(苗田)等为好，既可充分利用当地的日光能提高地温又能排洪。另外，在严防山火的同时，也应控制用火，达到以火提高地温和增加有效养分的目的。

3. 紫色土　紫色土(Purplish soils)指发育于热带和亚热带气候条件下的紫色砂页岩的一种岩成土壤。

(1) 地理分布和成土条件　紫色土在我国分布范围广泛，主要分布在四川、云南、贵州、湖南、湖北、江西、浙江、安徽、福建、广东、广西等省(区)，尤以四川盆地分布面积最广，有赤色盆地之称。紫色土分布区为南方湿热气候；植被很差，除散生的外，少见有成丛树木，唯某些草本植物(如针茅、狗尾草、白茅、鸡眼草等)尚可成小区群落；地形多为方山、单面山、豚背式丘陵等起伏较大的低山丘陵；母岩主要是白垩系和第三系含碳酸钙紫色砂页岩。

(2) 成土过程　紫色土的形成深受紫色砂页岩岩性的影响。含碳酸钙的紫色砂页岩风化物在雨水作用下碳酸盐类虽有淋失，但由于紫色岩岩性疏松、吸热性强，易热胀冷缩而崩解，在高温季节更甚，加之地形起伏大，植被稀少，土层侵蚀和堆积作用频繁，成土母质不断更新与堆积，土体中可保留相当数量的碳酸钙，阻滞着盐基淋溶作用，延缓其所出地带的脱硅富铝化过程。

(3) 基本性状

1) 剖面形态　紫色土多通体呈紫红或紫红棕、紫暗棕色，也间有紫黑棕色，剖面上下颜色无明显差异。土层厚度变化较大，一般为50～100 cm，剖面层次分异较差，没有显著的腐殖质层，表层以下为表层与母质层的过渡层(AC)，再下为母质层，剖面构型基本属A-AC-C型。丘陵顶部或坡地上部的紫色土因受侵蚀影响，土层浅薄，往往在十余厘米以下就是母岩半风化物，有些地区母岩裸露地表，丘陵下部因承受上部侵蚀来的堆积物而略显深厚，但其厚度一般也不过1 m。只有在坡地平缓的草地或林地下，表层以下可见到核块状结构的心土层，有时还具有胶膜，说明有一些胶态物质向下淋溶淀积。

2) 理化特性　紫色土的质地随母岩的类型而不同，由砂土至轻黏土，以砂壤土为主，黏土矿物以2∶1型的水云母、蒙脱石、绿泥石为主。大部分紫色土都有石灰反应，碳酸钙含量高者可达10%左右，pH为7.5～8.5。但有相当部分的紫色土，碳酸钙多被淋失，其剖面上部土层中碳酸钙含量常低于1%，而无明显的石灰反应，pH则降为6.0～7.5。有的甚至全剖面均无石灰反应，pH为5.5～6.5。紫色土的有机质含量一般均较低，表层含量常小于1%。经长久耕种的紫色土，耕层有机质含量可增至1.5%左右。紫色土的氮素含量也较贫乏，很少超过0.1%，而磷、钾素却相当丰富，全磷(P_2O_5)约0.15%，全钾(K_2O)在2%以上，微量元素除锌、硼、钼有效量偏低外，其余均高。

(4) 紫色土的利用与改良　紫色土具有较高的肥力水平，适宜种植各种粮食作物和经济作物，相对于红壤、黄壤等同地带的地带性土壤来说，紫色土养分水平较高，酸性弱，肥力水平较高，是当地粮、棉、油、麻生产的良好基地。但是紫色土地区又是中国南方水土流失最严重的地区之一，因此紫色土的开发利用首先以保持水土为重，在保护中利用。水土流失较为严重的紫色土，坡地应改为梯田，并结合保土防蚀措施，选择适宜坡地挖建蓄水池，解决旱地农业浇灌用水；采用豆科作物与玉米、甘薯、花生合理间套轮作，增加土壤有机质和氮素含量，不断提高土壤肥力；进行农业结构调整，减少粮、油棉等大田作物的播种面积，发胀柑橘、竹、油桐等经济作物，提高经济效益。

4. 磷质石灰土　磷质石灰土是我国热带珊瑚岛礁上，在茂密植被和海鸟频繁活动下形成的富含石灰和磷素的土壤，曾称磷黑土，俗称鸟粪土。

(1) 地理分布和成土条件　磷质石灰土主要分布于我国的南海诸岛，其中以西沙和南沙群岛分布较多，面积约 93 hm^2，占岛陆面积的 65%。该区域属热带海洋性气候，雨量充沛，终年皆夏，年均温 25～28℃，年降雨量 1 400～1 500 mm，但雨量季节分配不均，干湿季节仍较明显。成土母质为珊瑚、贝壳灰岩风化体以及其他海生生物的骨骼和外壳的碎屑。岛上植被多属喜钙耐盐抗风的乔木、灌木和草类，覆盖度极高，为海鸟栖息提供了场所。由于成土期间有大量鸟类栖息其上，鸟粪在土壤表面堆积、腐解的结果使大量磷素以胶磷矿形态富集于土壤剖面上部，并与珊瑚、贝壳碎屑相胶结。

(2) 成土过程　磷质石灰土受海洋性气候条件直接控制，具有旺盛的生物累积和明显的脱盐脱钙特征，更具有突出的磷素富集特征。

磷质石灰土土体中富含磷素，由生物吸收并归还土壤。由于海鸟的栖息，地表有大量的鸟粪堆积，在高温多雨的气候条件下，鸟粪迅速分解，释放大量磷酸盐，与枯枝落叶层中的腐殖质一起向下层淋溶，并与钙结合形成“鸟粪磷矿”，其含磷量可达 100 g/kg 以上。由于磷素在剖面中的淋溶和淀积作用，使得土壤底土层中也含有较多的磷素。

(3) 主要性状

1) 形态特征：磷质石灰土的剖面一般可以分为鸟粪、枯枝落叶层(O)、暗棕色有机质层(A)、棕色有机质亚层(A)、浅棕色淀积层(B)或磷质硬磐层(Bp)、潜育层(G)和母质层(C)。受鸟粪和植物枯枝落叶腐解的影响，在腐殖酸和珊瑚砂的胶结作用下，土壤表层呈良好的团粒结构。B 层富含磷酸盐，有的固结呈微硬磐。C 层为白色珊瑚细砂或珊瑚灰岩。

2) 理化性质：磷质石灰土质地较粗，多属砂质壤土或壤质砂土，砂粒含量在 80%以上，黏粒和粉粒含量较低。土壤母质为珊瑚、贝壳砂为主，黏土矿物风化程度较低，主要为云母和水云母，可见硅藻。土体化学组成以钙、磷氧化物为主，其含量分别约为 500 g/kg 及 200 g/kg，土壤 pH 为 8.0～9.3，阳离子交换量为 0.2～35 cmol(+)/kg。表层土壤的有机质含量在 90～150 g/kg，全氮量为 7～15 g/kg，速效磷、速效钾及碱解氮含量分别为 200 mg/kg、300 mg/kg 及 400 mg/kg 以上。土壤中铜、锌、钴、镍等微量元素含量少，有效性也低。

(4) 磷质石灰土的利用与改良　磷质石灰土上可生长多种植物，其本身又是一种高品位的磷肥资源。但因海岛上风害严重，大部分磷质石灰土一般以发展热带喜钙耐盐速生林木为宜，以利于抗风护堤和保护生态环境，仅林间空地经过客土可适当种植蔬菜等。因此，合理利用开发磷质石灰土资源，对于改善南海诸岛生态条件具有重要意义。

第五节　岩成土土纲系列

一、火山灰土土纲

土壤学家很早就发现发育于火山灰母质的一些土壤，具有独特的性质而区别于发育于其他母质类型的土壤。火山灰土壤是发育于火山灰、浮石、火山渣、玄武岩和火山碎屑物等火山喷发物质之上的土壤。但并不是所有的火山灰发育的土壤都属于火山灰土，火山灰土专指发育在火山喷发物、土壤细土部分的容重较低、交换性络合物以无定形物质为主，并且或者在粉砂颗粒以上的级别中火山玻璃物质占 60%以上的土壤。《中国土壤分类暂行草案》(1978)中，没有设置火山灰土；在第二次土壤普查分类系统(1984)中首次将火山灰土作为初育土纲的一个亚类分出，但主要根据其物质来源确定；在《中国土壤系统分类》(初拟)(1986)中才赋予它明确的诊断特性——火山灰特性；在《中国土壤系统分类》(修订方案)中，火山灰特性开始有了完整和详细的定义，并且与国际上的标准完全一致。火山灰土相当于美国土壤系统分类的火山灰土土纲、联合国世界土壤图图例单元的火山灰土，相当于土壤地理发生分类中的火山灰土亚类。

（一）地理分布

火山灰土属于非地带性土壤。在世界上，火山灰土主要是围绕活火山或休眠火山而分布的，如在意大利维苏威和埃特纳火山区、印度尼西亚喀拉喀托和坦姆波拉火山区、菲律宾的皮纳图博火山区、日本富士山火山区、非洲的扎伊尔的尼拉贡戈火山区、美国圣海伦斯火山区、哥伦比亚多的多德尔罗次火山区等均有火山灰土分布。

在我国，火山灰土的分布面积很小，仅占国土面积的 0.02%，集中分布于黑龙江省的五大连池、吉林省的长白山、辽宁省的宽甸盆地、云南腾冲、青藏高原及台湾北部等地区(图 8-31)。

图 8-31 中国火山灰土分布示意图

资料来源：龚子同等(2007)

（二）成土条件

我国火山灰土因其所处的生物气候条件差异和火山喷出物的产状与时期不同，成土因素十分复杂多样，土壤发育也有明显差异。但它们有一个共同的因素，即都与第四纪晚期火山活动密切相关。在中国北方地区如山西大同，由于火山活动的喷发物均被后来的风积厚层黄土所覆盖，故在这里并没有火山灰土分布，而是发育了干润淋溶土、雏形土等。火山灰土包括富含火山玻璃质的弱风化类的土壤，如五大连池火山群中的老黑山和火烧山在 1719～1721 年喷发形成，属于近期火山。在熔岩流凝结而成的玄武岩石海台地上，仅可见地衣、苔藓等低等植物依附地表，仅在石缝中长有一些草类和稀疏灌丛，土壤处于非常幼年发育阶段，因此属于新成土范畴。但在火山椎体的下部，土层较厚，表层有机质开始累积并且地表草甸植被生长茂密，土壤剖面形态开始发生分异。火山灰土已具有向暗棕壤过渡的发育特征。火山灰土还包括风化较强的土壤类型，这类土壤大多分布在我国湿润亚热带地区(如云南和台湾地区)，它们的喷发时期大多在30万年以前。这些土壤之上植被生长十分繁茂且种类繁多，表层含有大量有机质。在热带地区由于降水量充沛，土壤遭受强烈的淋溶作用，母质风化速度快，盐基大量流失，土壤普遍呈酸性反应，若受风化作用时间短，仍可保留火山灰土特性，而风化时间长则将丧失火山灰土特性而发育成其他土纲土壤(多为富铁土或雏形土)。

(三) 成土过程

火山灰母质具有很高的表面积导致了火山灰土的形成过程十分迅速，主要的两个成土化学过程是水解作用和腐殖质化作用。水解作用将火山灰风化成为无定形的铝硅酸盐，腐殖质化作用形成稳定的有机-无机络合物。据测定，火山灰土A层土壤的有机络合物中含有大量的铝。铝-腐殖质络合物具有抗微生物侵袭的性能，有利于土壤中腐殖质累积作用，因此火山灰土常具有高含量有机质。

(四) 形态特征和主要诊断层

火山灰土的形态特征相对简单。其剖面构型为A-Bw(Bt)-C型(图8-32)。表层为腐殖质层(A)，一般大于30 cm，颜色深暗，疏松、结构良好，有机质含量很高而无泥炭化特征，其下层为具有火山灰特性的B层，包括Bw层或Bt层，颜色为暗棕灰色，仍较疏松，火山碎屑物明显增多，质地较上层略为黏重，但未出现黏粒下移特征。C层为火山渣或其他火山碎屑物。

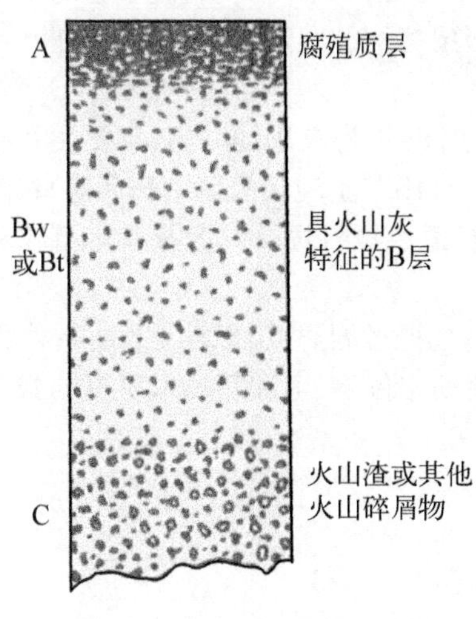

图8-32　火山灰土剖面示意图

资料来源：龚子同等(2007)

火山灰土诊断层为具有火山灰特征的B层。具有火山灰特性是鉴别火山灰土的唯一标准。土壤中火山灰、火山渣或者其他火山碎屑物占全土重量的60%以上，矿物组成中以水铝英石、伊毛缟石、水硅铁石等短序矿物占优势，草酸铵提取的铝和1/2的铁的总量至少为2%，细土部分容重不大于0.9 g/cm，磷的吸持量至少为85%。

(五) 主要类型

根据土壤温度和水分状况、岩性特征，火山灰土可划分为寒性火山灰土、玻璃火山灰土和湿润火山灰土3个亚纲。其中寒性火山灰土包括寒冻寒性火山灰土和简育寒性火山灰土2个土类，玻璃火山灰土可续分为干润玻璃火山灰土和湿润玻璃火山灰土2个土类，湿润火山灰土可续分为腐殖湿润火山灰土和简育湿润火山灰土2个土类。

在土壤地理发生分类中，火山灰土只是简育土纲中的一个土类，其下可续分为火山灰土、暗火山灰土和基性岩火山灰土3个亚类。其中火山灰土亚类相当于《中国土壤系统分类》(第三版)中的简育湿润火山灰土，暗火山灰土亚类相当于暗色简育寒性火山灰土，而基性岩火山灰土亚类相对于中国土壤系统分类新成土纲中的火山渣湿润正常新成土，不属于火山灰土纲。

火山灰土亚类具有火山灰土土类的典型特征，是在新期火山喷发物上经地衣、苔藓及生草作用发育的一类土壤。仅在黑龙江、吉林、云南和广东划分出此亚类，面积为7.1×10^4 hm^2，占该土类的42.5%。主要分布在新期火山口附近及火山椎体上坡段，是一类腐殖质层浅薄，有机质含量比其他亚类低，石质性强，发育微弱的土壤。

暗火山灰土亚类是在早期老火山群或距火山口较远的火山堆积物上发育的土壤。主要分布在东北三省，面积约2.3×10^4 hm^2，占该土类的11.8%。疏林草甸植被茂密，腐殖质层较厚且累积量高，土壤发育相对较好，土体中细土粒含量较多，土壤呈微酸性，盐基饱和。该土壤有机质、全氮、全磷含量很高，特别是表土层有机质量高达100 g/kg以上，全氮4～7 g/kg，碳氮比大于10，是区别于火山灰土亚类的重要指标之一。全磷、全钾以及速效磷、速效钾和碱解氮含量均表现为暗火山灰土高于火山灰土。

基性岩火山灰土亚类是由玄武岩及其他基性火山岩风化物弱度发育的暗色土壤。主要分布于江西、江苏、黑龙江、广西等省(区),以江西和江苏分布面积最大,总面积为 10.3×10^4 hm^2,占该土类的 52.4%。土壤质地比火山灰土和暗火山灰土亚类黏重,黏粒(<0.002 mm)含量为 25%~35%,黏粒中铁铝三、二氧化物含量很高,砾石量较少,土壤呈中性,盐基饱和度较高。土壤有机质含量 20~40 g/kg,阳离子交换量很高。

(六)火山灰土的利用与改良

我国火山灰土分布区域广,自然条件多样,加之土壤自然肥力较高,可因地制宜地多途径开发利用。

1)东北地区的五大连池、长白山和宽甸盆地等火山群集中区,地理景观独具一格,是具有重要科研价值的自然保护区,也是著名的旅游胜地和疗养场所。因此,要加强管理,严禁大规模生产性开发利用。在高海拔薄层砾质火山灰土区,应保护原始植被,涵养水源。

2)发展农、林、果业。火山灰土有机质及矿质养分含量均较高,同时也具有非常好的通透性,因此具备了发展农、林、果业的基础条件。例如,在海南的火山灰土上已发展成热带荔枝、龙眼、杨桃和菠萝蜜的水果生产基地;在江西的不少基性岩火山灰土地区栽种了乌桕、漆树、油桐、板栗等树林,且效果很好。但在利用过程中,必须注意保护土壤资源,因土制宜,因势利导,不强调整齐划一。

3)发展农业和牧业。火山灰土地区土壤比较肥沃,适宜发展农、牧业,但作为农用地时,必须要注意水利工程的配套,防止干旱,要注意补充磷肥,同时也要防止铝毒害的发生。火山灰土地区灌草生长茂盛,农民历来有饲养草食牲畜的习惯。因此,应利用难开垦为耕地的闲荒地,种植适生豆科饲草绿肥及禾本科牧草等,提高草地载畜量,加速畜牧业发展。

4)火山岩也是重要的矿产资源,尤其在建材业方面具有广泛的用途,如橄榄岩、火山砾等是良好的水泥和耐火砖的原材料。火山岩原料制成的矿绵具有保温、隔音性能,是制造精密仪表、电冰箱和保温箱的必需材料,但应在不破坏资源前提下有计划开采利用。

二、新成土土纲

新成土是具有弱度发育或没有土层分化的土壤,一般有一个淡薄表层或人为扰动层次以及不同的岩性特征。土壤以矿质土占绝对优势。该类土壤的弱度发育是由于年轻性、侵蚀性、间断沉积性母质的深刻影响以及人为扰动等,可形成于任何气候、任何植被、任何地形及任何时代的风化物和沉积物条件下。新成土无鉴别其他土纲所需的诊断层和诊断特性。我国新成土与美国土壤系统分类中的新成土土纲相当,相当于联合国世界土壤图图例单元中的冲积土、薄层土、疏松岩性土,世界土壤资源参比基础(WRB)系统中的砂质土和岩性土等。在土壤地理发生分类中相当于黄绵土、新积土、风沙土、石质土、粗骨土等。

(一)地理分布

新成土分布极为广泛,全球陆地任何地段都可能有新成土分布,包括近代河流冲积物上生产力很高的土壤,以及荒漠地带风力侵蚀或堆积形成不毛裸地的土壤。我国新成土的面积约占国土面积的 12.63%,分布广泛(图 8-33)。全国各地大小河流的冲积物上,特别是大江、大河冲积平原和河口三角洲是冲积新成土集中分布的地区;在干旱地区,风沙物质所在地是大面积砂质新成土集中分布的区域;在各基岩分化物上也有各种新成土分布;在人为活动强烈的区域,经人为扰动堆积或引洪放淤可形成人为新成土。

(二)成土条件

1)成土时间短暂:不管任何条件,成土时间短暂是新成土形成的重要原因。

2)不利的气候条件:如极端干旱或极端寒冷的气候条件妨碍了成土作用的进行,但其成土时间不一定短。

3)成土物质的抗风化性:如一些抗风化的石英等,阻滞了土壤的层次分化和发育。

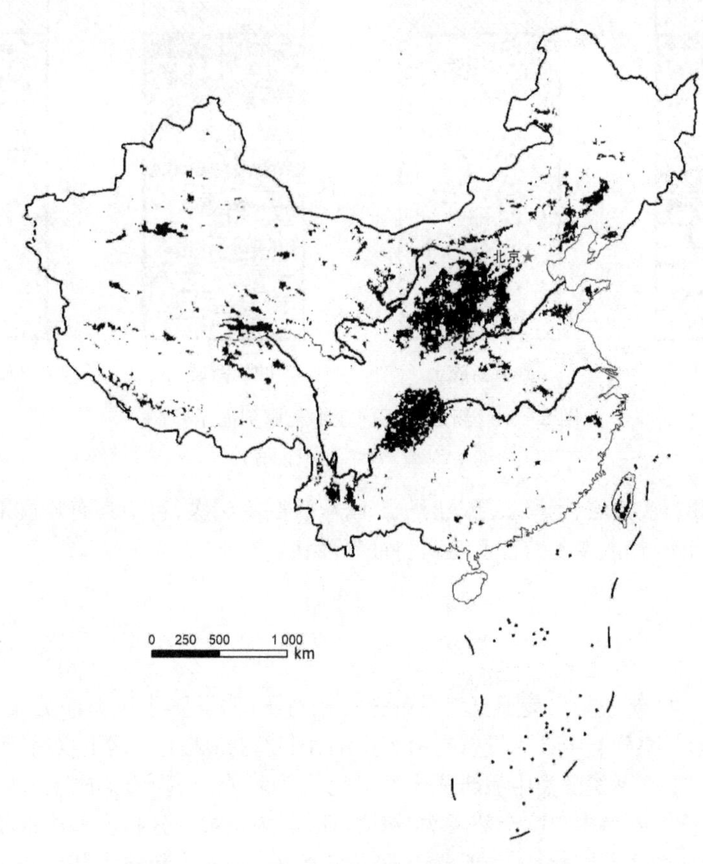

图 8 - 33　中国新成土土纲分布示意图

资料来源：龚子同等(2007)

4) 侵蚀作用使已经发育的土壤流失：被侵蚀的土壤始终处于年轻状态，不断地搬运沉积作用使土壤过程一次又一次被打断。

5) 人为扰动作用：工业化、城市化引起大面积土壤扰动，打乱原有土壤的层次和剖面发育。

（三）成土过程

新成土是处于土壤形成发育初始阶段的土壤，主导成土过程是淡薄表层的形成过程，成土过程中的物理、化学、生物过程处于同等重要的地位。因此，新成土的组成和性状基本上取决于成土母质。在新成土的成土过程中，一般有三种不同的形式。

1) 在水热条件优越的地区，频繁的侵蚀与堆积过程经常中断土壤的形成和发育，因此，短暂的成土时间是其形成的重要原因。

2) 在自然环境恶劣的地区，土壤形成发育时间比较长，但因土壤在形成发育的同时，还遭受强烈的侵蚀或地表快速堆积作用，从而导致土壤发育微弱。

3) 在人为活动强烈的区域，因人为不合理的开发利用，导致强烈的水土流失、土壤风蚀沙化，使原有土壤不断流失，从而形成新成土。

（四）形态特征和主要诊断层

新成土的剖面形态特征为 A - C 型剖面。除表层(A)外，母质层(C)视成土物质来源不同而异，不同亚纲土壤剖面构型如图 8 - 34 所示。

新成土的特点是具有淡薄表层，没有其他土壤具有的诊断层和诊断层特性，即新成土剖面中无有机表

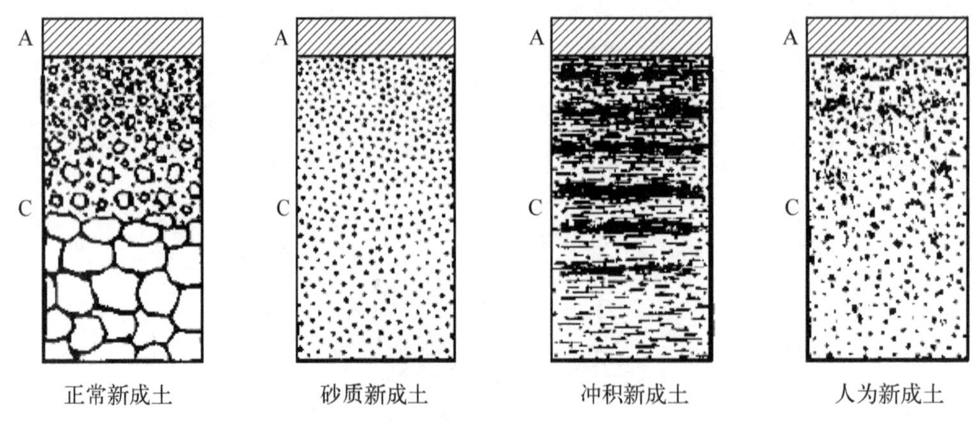

图 8-34　新成土不同亚纲土壤剖面示意图

资料来源：龚子同等(2007)

层、人为表层、灰化淀积层、铁铝层、干旱表层、盐积层、暗沃表层等层次，也不具有均腐殖质特性、低活性富铁层、黏化层、雏形层、火山灰特性、变性特征及潜育特征等性状。

（五）主要土类

在中国土壤系统分类中新成土与美国土壤系统分类稍有不同，美国土壤系统分类中新成土下设有潮湿新成土亚纲，因中国土壤系统分类中独立设置有潜育土纲，因此在新成土土纲下没有潮湿新成土亚纲。根据成土母质来源不同，中国土壤系统分类中将新成土续分为人为新成土、砂质新成土、冲积新成土及正常新成土4个亚纲。土类的划分主要考虑土壤全部层次及其特性，因为土壤水分状况和温度状况是土壤重要性质，也决定土壤利用的方向和途径。因此，人为新成土亚纲续分为扰动人为新成土和淤积人为新成土2个土类；砂质新成土续分为寒冻砂质新成土、潮湿砂质新成土、干旱砂质新成土、干润砂质新成土和湿润砂质新成土；冲积新成土续分为寒冻冲积新成土、潮湿冲积新成土、干旱冲积新成土、干润冲积新成土和湿润冲积新成土；正常新成土续分为黄土正常新成土、紫色正常新成土、红色正常新成土、寒冻正常新成土、干旱正常新成土、干润正常新成土和湿润正常新成土。

新成土相当于中国地理发生分类中的黄绵土、新积土、风沙土、石质土、粗骨土等土类。下面对这几个土类作简要介绍。

1. 黄绵土　黄绵土是由黄土母质经直接耕种而形成的一种幼年土壤。因土体疏松、软绵，土色浅淡，而得名，实质为岩成土或原色(质)土。其主要特征是土壤剖面发育不明显，仅有A层及C层，且两者之间无明显界限；但土层深厚，质地多为均一的粉砂壤土。

(1) *地理分布和成土条件*　黄绵土是我国特定的土类，总面积为1 227.9×10^4 hm^2，约占黄土高原总面积的28.4%，广泛分布于中国黄土高原水土流失较严重的地区。其中以甘肃东部和中部、陕西北部、山西西部面积较广，宁夏南部、河南西部和内蒙古境内也有分布，常与黑垆土、灰钙土、褐土等组成复域。

黄绵土分布于温带、暖温带的半干旱和干旱地区，年平均温度7～16℃，年平均降雨量为200～500 mm，集中于7～9月，多暴雨，年蒸发量为800～2 200 mm，干燥度>1。天然植被为森林草原和草原，乔木以阔叶树种为主，有栎、榆、洋槐，并间有油松、柏等，且多为次生旱生中幼年林，林相残破；草本主要为禾本科草类和冷蒿、胡枝子、地椒、甘草等，生长较稀疏。地形为黄土丘陵地和台地等，以及这些黄土地貌区的川台地、涧地等非地下水浸润区。母质为第四纪风成黄土。黄绵土地区地形支离破碎，坡度大，雨量集中，植被稀疏，加之黄土抗蚀力弱，是造成土壤强烈侵蚀的主要原因。

(2) *成土过程*　黄绵土的形成过程主要是生草的淡色腐殖质积累作用、耕种熟化过程和土壤侵蚀三方面。在自然草本和灌木疏林植被下发育的黄绵土，侵蚀减弱，表层具有植物根系，枯枝落叶残留层，形成有机质层。剖面由有机质层和黄土母质层构成的A-C型，层次过渡明显，并有碳酸钙的轻度淋溶，可见霜粉状、斑点状或短条状的碳酸钙新生体，但无钙积层形成。在耕种条件下，一方面进行着耕种熟化过程，另一方面又发生着土壤侵蚀，土壤形成处在熟化-侵蚀-熟化往复循环的过程中，特别是由于气候干旱和生物过程不强，延缓了剖面的发育，所以土壤始终处在幼年发育阶段，剖面由耕层(Ap)和黄土母质层(C)组成，即 Ap－C 型，无明显淋溶沉淀层。

(3) 主要性状

1) 形态特征

黄绵土自然剖面：在自然植被下，林草生长茂密，侵蚀轻微，表层有明显的腐殖质层，厚度 20～30 cm，颜色为灰棕色(10YR5 /4)或暗灰棕色(10YR3 /3)，粒状、团块状结构，稍有碳酸钙的淋溶淀积，心土层有假菌丝状或霜状白色石灰新生体，剖面无明显钙积层，无黏化特征，通体呈强石灰反应。通常林地比草地有机质层厚，有机质含量高，颜色暗，结构发育好。

侵蚀黄绵土剖面：全剖面呈黄土母质特性，颜色、质地、结构均一，土质疏松绵软，通体呈强石灰反应。剖面由耕层和母质层组成，无明显过渡界限。

侵蚀轻微、耕种较久的黄绵土剖面：塬地、台地、梯田上的黄绵土，因地势平坦，侵蚀作用微弱，经耕种熟化后，土壤有微弱发育。表层有机质含量较高，呈淡灰棕色，有轻度碳酸钙淋移淀积，心土层有少量石灰新生体，全剖面呈强石灰发应。耕层以下略有犁底层发育。剖面主要由耕作层、亚耕层、心土层和母质层组成。

2) 理化性质：颗粒组成以细沙粒和粉粒为主，约占各级颗粒总数的 60%，同一剖面各层颗粒组成变化不大。黄锦土的矿物组成复杂，主要成分在 23 种以上，但以石英、长石为主，约占 80%，其次为云母和碳酸盐，各层变化不大；黏土矿物以伊利石为主，并含有一定量的云母。黄绵土氧化硅和氧化铝含量很高，分别为 58%～62%和 12%～13%，其次为氧化铁(4%～5%)和氧化钙(6%～8%)。黏粒部分的 SiO_2/R_2O_3 为 2.7～2.8，全剖面变化不大。黄绵土呈弱碱性反应，pH 为 7.8～8.5。整个剖面呈石灰性。土体富含碳酸钙，含量为 70～140 g /kg，上下土层比较均匀，阳离子交换量 5～15 cmol(+) /kg，保肥能力较弱。

黄绵土耕地有机质含量一般在 3～10 g /kg，草地为 10～30 g /kg。腐殖质组成以富里酸为主，H /F 为 0.3～0.9，由于母质富含碳酸钙，全剖面无活性胡敏酸；氮素含量低，全磷、全钾较丰富，但有效性差，特别是速效磷缺乏。有效微量元素含量不足，除铁、铜外，其他元素均较缺乏。

(4) 黄绵土的利用与改良　黄绵土垦殖程度较高，耕地面积约 528.1×10^4 hm^2，林草地及荒漠地面积为 699.8×10^4 hm^2，植被覆盖率较低，但农业利用存在较多问题。黄绵土区陡坡垦殖、粗放式经营较为普遍，加上黄绵土本身粉砂粒含量高，土质疏松，抗蚀性极弱，水土流失较为严重。因此，应从调节生产结构入手，退耕还林还牧，特别是坡度大于 15°的坡耕地要逐步退耕还牧还林。按照综合治理原则，防治水土流失，改善生态环境。黄绵土区气候干旱，土壤水分不足，是影响农业生产的重要因素。因此，应在有条件的地区大力发展灌溉，加强水利设施建设，积极推广抗旱耕作及保墒措施，增加土壤蓄水和抗干能力。黄绵土存在有机质和氮、磷缺乏的问题，应有计划地施用有机肥料，同时增施氮、磷化肥和硼、锰微肥，改进轮作制度，把豆科作物、牧草、绿肥纳入轮作，特别是发展苜蓿对解决肥料、饲料、燃料都有积极作用。总之，应采取农、林、牧相结合的土地利用模式，发展生态农业。

2. 新积土　新积土是新近冲积、洪积、坡积、塌积、海潮沉积或人工搬运堆积而成的土壤。该土类土壤成土时间较短，没有剖面发育，或在表层略有腐殖质累积，或因耕作而具有疏松的耕作层，没有特定的母质特征。

(1) 地理分布和成土条件　新积土是自然力及人为作用下堆积而成的土壤，因此广泛分布于全国各地。其分布面积为 162.2×10^4 hm^2，其中吉林、黑龙江、陕西、宁夏及云南等省(区)新积土分布面积较大，其次为四川、青海、广西、内蒙古等省(区)。但大多分布在地势相对低平地段，如河床、河漫滩、冲积平原、洪积扇、谷地或盆地，以及沟坝地等。分布区海拔高度相差很大，在东部滨海分布区的海拔高度为 3～8 m，在青藏高原分布区的海拔高度达 4 600 m。

新积土成土物质来源十分复杂，属性变化也很大。河流冲积物来源于上游地表松散物质，砂砾磨圆度较高，细粒物质经水力分选作用后有砂、壤、黏的质地分异。坡积物及洪积物来源于附近的高地，由重力作用堆积而成，不同颗粒物质混杂堆积。人工堆垫的新积土是由人工搬运而来，物质性状不一。

新积土分布于全国各地，故其气候条件也差异甚大。因新积土成土时间较短，未形成稳定的植被类型，在水分条件较好的河滩地及低阶地，可见到少量中生植物，如芦苇、赖草及柳树等。由冲积母质形成的新积土，其成土特征主要受水文条件和沉积规律的影响。未耕种的新积土，表层略有有机质累积，色泽稍暗。

(2) 主要性状

1) 形态特征：新积土的形态特征基本上保留着沉积物原状，剖面无发育层次分化。由河流冲积物形成的冲积土,土体结持疏松,沉积层理明显,原生矿物清晰可见,其心底土层有时可见锈纹锈斑。由洪积、坡积物形成的新积土,土体中颗粒粗细混杂并夹有岩石碎屑等。由珊瑚、贝壳沙形成的珊瑚沙土,结持松散,呈灰白色,夹有大量的珊瑚、贝壳碎屑。

2) 理化性质:由于母质来源、沉积物质的类型不同以及人为活动的影响,新积土理化性质差异较大。石灰性新积土富含石灰,pH 为 7.5~8.5,呈碱性反应;由酸性岩类风化物形成的新积土,多无石灰反应,pH 为 4.7~6.5,属酸性土。土壤的化学组成与土壤反应有一定关系。土壤 pH 降低,钙、镁氧化物含量明显减少,盐基饱和度较高。土壤的硅铁铝率在土壤质地一致时,剖面上下无明显变化。新积土的质地有很大变化。沉积物质来源不同,质地也不同。例如,来源于玄武岩风化物的土壤质地黏重;来源于花岗岩和砂页岩风化物土壤,土体中含粗砂较多;黄土区的新积土质地多属粉砂黏壤土;南方红壤区的新积土质地则多为黏土。通常随着土壤质地的加重,有机质与养分含量、阳离子交换量及碳酸钙亦随之增加,除钾素外,自砂土至黏土,其数值均增加一倍左右。由于物质来源,气候条件等不同,新积土养分差异也很大,土壤表层有机质从 6 g /kg 到 20 g /kg 不等,其他养分元素含量也有很大差异。

(3) 新积土的利用与改良　新积土类型较多,土壤属性及所处自然环境条件变化较大,故其利用现状比较复杂。不同的土壤类型存在不同问题,因此针对新积土开发利用和改良,宜采取不同的措施。分布于河漫滩、洪积扇等地区的新积土,由于常遭受洪水冲塌、侵蚀或淹没,因此应采取筑堤防洪护岸的措施,搞好水土保持,防止土壤冲刷,同时在旱季应采取引水或提水措施,发展灌溉,培肥土壤。在有条件的地方,可以采取人工修建引洪工程淤地,改善土壤质地,增厚土层。另外,在有条件的地方还可以因地制宜的发展农、林、牧副业。

3. 风沙土　风沙土是干旱、半干旱及滨海地区风成沙性母质发育而成的土壤。其主要特征是土壤矿质部分几乎全由细砂(0.25~0.05 mm)颗粒组成;剖面层次分化不明显,仅有 A 层(表层)和 C 层(母质层),缺乏 B 层(淀积层);风蚀严重;土壤处于幼年阶段。

(1) 地理分布和成土条件　风沙土主要分布于干旱少雨、昼夜温差大和多沙暴的地区,包括世界各大洲的沙漠、草原和半荒漠草原地带。著名的非洲撒哈拉大沙漠及其周围地区,亚洲的西部、南部、北部,以及俄罗斯、澳大利亚和美国都有大面积风沙土存在。在我国,主要分布在 36°N~49°N 之间的干旱和半干旱地区,包括塔克拉玛干、古尔班通古特、库母达格、柴达木、巴丹吉林、乌兰布、腾格里、库布奇、毛乌素、小腾格里、西辽河和呼伦贝尔等沙区,东南沿海也常有所见,其分布面积为 $6\,752.7\times10^4$ hm^2。

风沙土主要处于温带半干旱、干旱和极端干旱的草原、荒漠草原及荒漠地带,部分处于海滨。大陆性气候明显,干旱少雨,年降雨量$<$400 mm,西部有些地区仅数十毫米。蒸发强烈,干燥度东部为 1.3~4.0,西部在 4 以上;气温变化大,年温差和日温差悬殊,常年多风,风力大且持续时间较长,是风沙土形成的基本动力。在这种气候条件下,岩石以物理风化为主,风化产物为沙砾质。这为风沙土的形成提供了丰富的沙源。

风沙土地区植被稀疏,覆盖率低,自然植被主要为草原、荒漠草原和荒漠植被,以耐旱灌木或半灌木为主,还有耐旱、耐瘠的沙生植物。植物稀疏低矮,主要有沙柳、柠条、梭梭、沙拐枣、红柳、胡技子、锦鸡儿、沙蓬、沙蒿、白草、沙米等,滨海风沙土的植物主要有节竹、滨藜、木麻黄等。

风沙的成土母质为风积物,包括岩石就地风化的产物、河流冲积物、洪积物、海积物和坡积物等,在海积沙地中的沙粒为海生动物的壳骼风化粉碎而来。沙性母质在起沙风力的作用下,沙粒开始移动,形成沙地特有的风沙地貌。

人类的盲目垦荒、过度樵采和放牧以及其他不合理的生产活动,对风沙土的扩展起着非常重要作用。

(2) 成土过程　风沙土的形成过程与流动沙性母质上自然植被的出现、繁衍和演变紧密相关。当由流动性沙性母质构成的沙丘上出现稀疏的植物时,风沙土的成土过程即告开始。植物通过根系和它的地上部分对沙性母质产生固结作用和表面覆盖作用,从而减弱了沙性母质的流动性;植物死亡后遗留下的残体转变为腐殖质,又使沙性母质的物理、化学和生物性质发生变化并使之产生发生层次。随着植被的不断发展,上述作用日益强烈,流动的沙性母质也渐趋于半固定或固定状态,从而形成半固定风沙土和固定风沙土。

在自然环境条件下,风沙土的形成始终贯穿着风蚀沙化的风蚀过程和植被固沙的生草化过程,这两者互相对立而往复循环以推动着风沙的形成与变化,成土过程很不稳定,土壤发育十分微弱,风沙土的形成大致分为三个阶段。

1) 流动风沙土阶段:风沙母质含有一定的养分和水分,为喜沙、耐旱、耐瘠和抗风沙能力强的先锋植物的生长提供了条件,如一年生沙米,相继也有沙蒿等半灌木也定居,但因风蚀和沙压强烈,植物难以定居和发展,生长十分稀疏，覆盖度小于 10%，常受风蚀移动，土壤发育极其微弱，基本保持母质特征，处于成土过程的最初阶段。

2）半固定风沙土阶段：随着植物的不断滋生和发展，覆盖度明显增大，常在 10%～30%之间。沙丘背风坡和迎风坡脚首先被植物固定，丘顶相继夷平、地形变缓，风蚀减弱，地面生成薄的结皮或生草层，表层变紧，并被腐殖质染色，剖面开始分化，表现出一定的成土特征。

3）固定风沙土阶段：半固定风沙土上植物进一步发展，覆盖度继续增大。除沙土植物外，还渗入了一些地带性植物成分，生物成土作用较为明显，土壤剖面进一步分化，土壤表层更紧，形成较厚的结皮层或腐殖质染色层，有机质有一定的积累，颜色带灰，弱团块状结构，细土粒增加，理化性质有所改善，具备了一定的土壤肥力。固定风沙土的进一步发展，可形成相应的地带性土壤。

(3) 主要性状

1）形态特征：风沙土的剖面构型为 A－C 或 C 型。风沙土腐殖质层(A)薄而淡，或者很不明显。流动阶段，土壤剖面分异很不明显，呈灰黄色或淡黄色。固定或半固定阶段风沙土土壤剖面层次有微弱分化，腐殖质层厚 10～30 cm。地表有 0.5～1 cm 的褐色结皮，棕色或灰棕色，弱石灰反应。土壤通体壤质砂土，无明显淀积层。草甸风沙土心、底土有锈纹锈斑，并偶见石灰淀积现象。

2）理化性质：风沙土质地粗，粗砂和细砂粒占土壤矿质部分重量的 85%～90%以上，粉砂粒及黏粒的含量甚微，但从流动风沙土到固定风沙土中黏粒含量逐渐增加。随土壤发育，黏粒和有机质含量的增加，土壤结构性逐渐改善。风沙土的水热状况受气候、土壤和植被的影响较大。草原风沙土、草甸风沙土和滨海风沙土水分状况优于荒漠风沙土，因此也比较容易改造利用；不同发展阶段风沙土水热条件有较大差异，由于根系吸水、植物蒸腾作用等影响，固定、半固定风沙土水分状况往往不如流动风沙土。风沙土化学组成以二氧化硅为主，其最高含量达 960 g /kg，其次为铁铝的三、二氧化物。风沙土有机质含量低，约为 1～10 g /kg，腐殖质组成以富里酸为主，H /F 为 0.3～0.7。土壤中有盐分和碳酸钙的积聚，前者由风力从他处运积而来，后者是植物残体分解和沙尘沉积的结果，土壤阳离子交换量较低，交换性盐基以钙为主。由于所处的自然地带不同，风沙土的性质也表现出一定的地区性变异。通常是草原地区的风沙土有机质含量较高，盐分含量较低且无石灰积聚；半荒漠地区的风沙土有机质含量较低，有盐分及少量石灰的积聚；荒漠地区的风沙土有机质含量更低，盐分及石灰的积聚作用明显增强。

(4) 风沙土的利用与改良　我国风沙土分布面积较广，开发利用潜力很大，是宝贵的后备土壤资源。目前，风沙土的利用大致以 300 mm 降水量等值线为界，其东部为牧业和部分旱作农业，属半牧半农区；其西部基本只有牧业，但在河流沿岸的一定范围内有绿洲农业区，水源足，光照时长，温差大，作物产量一般均较高，常常成为瓜果之乡。

由于受自然条件和水源的限制，大部分风沙土仍处于未利用状态。加上长期以来，人们对风沙土的认识不足，滥垦、乱樵、过度放牧等导致植被遭受严重破坏。因此，合理利用和改良风沙土有利于当地社会经济发展和生态环境保护。风沙土的利用方向以林业和牧业为主，因地制宜发展农业、果业和其他经济作物。风沙土改良的基本要求是制止风沙土的流动，保护与之相邻的农田不受破坏，因此要根据区域环境条件和土壤类型等进行全面规划、分区治理，采取生物措施、工程措施、化学措施和农业措施相结合。

生物措施主要有封沙育草，恢复和保护自然植被；栽树种草，提高植被覆盖率；开辟水源，发展农业、林业和果业等；建设农田林网，保护水土资源。工程措施主要包括机械固沙，新修水利、引水拉沙、引水阻沙及引水灌淤等措施。农业措施主要是通过增施有机肥料、客土(掺黏土)、留(高)槎和种植豆科绿肥等措施，增强风沙土的抗风蚀的能力，并提高土壤肥力水平。化学措施主要是利用某些化学物质增加风沙土颗粒的固结能力以减缓风沙土的流动性。

4. 石质土　石质土指发育在各种岩石风化残积物上或次生薄层堆积物上的一类极薄土层的土壤。石质土最显著特点是土层浅薄，厚度一般在 10 cm 以内，其中含有 30%～50%的岩石碎屑。

(1) 地理分布和成土条件　石质土广泛分布于侵蚀严重的岩石裸露的石质山地、剥蚀残丘以及在丘顶、山脊、山坡等坡度陡峭的地形部位。我国石质土分布面积为 $1\ 852.2\times10^4\ hm^2$，其中以西北和华北地区分布面积较大。

石质土主要在两种情况下形成：① 在丘陵峻岭陡坡，由于坡度陡峭，一般 25°～50°，缺乏植物保护和植物生长稀疏，地表侵蚀强烈，土层浅薄甚至基岩裸露；② 近山麓地区，地表不断被坡积物、洪积物等覆盖，阻碍了土壤的形成和发育，使其处于幼年阶段。石质土深受母岩岩性影响，母岩中矿物组成和风化物的性状的差异,直接影响石质土土壤性质。石质土可以在各种生物气候带出现,其所处地形部位多位于山地。石质土上植被稀少,仅生长地衣、苔藓等低等植物及一些耐旱耐瘠的草本和灌丛,覆盖率5%～20%。

(2) *成土过程* 石质土的成土过程以物理风化为主,尤其是节理比较发育,岩体具有众多裂隙的岩类在内外营力作用下,更易形成石质土。由于所处地区生态环境不利于土壤发育,土壤侵蚀作用大于成土作用,导致土壤始终处于初始发育阶段,土壤剖面没有层次分化。

(3) *主要性状*

1) 形态特征:石质土剖面构型为A－R型。在局部植被较好的地段,可见1～2 cm的枯枝落叶层(O)。腐殖质层(A)浅薄,一般均小于10 cm,常有多少不等的根系。A层之下为坚硬的母岩层(R),土石界线分明。土层中富含岩石风化碎屑,残留岩性特征非常明显。石质土的颜色、质地及酸碱性等随各地植被覆盖状况和基岩风化物特性不同有很大差异,但土壤质地多为含砾质的砂质壤土或壤砂土。

2) 理化性质:在不同的生物气候地带及不同岩性的母岩风化物上的石质土,其理化性状差异较大。总的说,石质土无明显的元素迁移特征,一般生物富集作用弱,有机质含量较低,在10 g/kg以下,全氮在1 g/kg以下,磷、钾含量变异很大。质地为壤质砂土或砂壤土,土体疏松,砾石含量高,其含量30%～50%以上,土壤通透性强,黏结力很弱,易遭受侵蚀。土壤可呈酸性、中性及石灰性不等,pH为4.5～8.5。阳离子交换量和盐基饱和度均有一定的区域变异。石质土土壤酸碱度、碳酸钙寒冷及盐基饱和度总趋势表现为,北方地区多高于南方地区,西部地区多高于东部地区。

(4) *石质土的利用与改良* 石质土多分布于陡坡,地势陡峻,是强烈侵蚀型土壤,生产力很低,一般仅能生长灌丛和杂草,偶有乔木生长也是根系短浅,株型矮小,林相稀疏残破。石质土生态系统极为脆弱,一般无农业利用价值,而且在利用上稍有不当,土壤退化将会非常严重,因此应以封山育林为主,保护好现有植被,同时尽可能提高植被覆盖率,降低土壤侵蚀,促进土壤发育,改善生态环境。

5. 粗骨土 粗骨土是由各种基岩风化残积物、坡积物上形成的一类土壤。粗骨土常见于没有森林覆被的山地,多系严重侵蚀的结果。

(1) *地理分布和成土条件* 粗骨土广泛分布在河谷阶地、丘陵、低山和中山等多种地貌单元和地形部位。常与石质土和基岩风化物发育的其他土壤呈复域。据统计,我国粗骨土分布面积为2 610.3×10^4 hm^2,全国大部分省份都有分布,其中华北、西北部分布面积相对较大。

粗骨土的形成多系土壤严重侵蚀的结果。粗骨土上体浅薄,风蚀、水蚀大多较为严重,土体中细粒物质被淋失而残留粗骨碎屑物增多,呈显著的粗骨性特征。植被多为稀疏灌丛草类,覆盖率较高,地面有较多的凋落物积累,土壤持水量较大,有明显的生物积累特征。粗骨土表层有机质及全氮含量明显高于母质层。

(2) *主要性状* 粗骨土土层较石质土厚,其剖面构型多为A－C型。表土腐殖质层(A)厚度为10～20 cm,土色较浅,质地砾质性强,结构性差,根系少,疏松多孔。其下为风化或半风化的母质层(C),厚度为20～50 cm,夹有大量岩屑体,颜色因母质岩性不同各异。表土层及母质层中石砾含量超过35%。

粗骨土的理化性质主要受母岩风化物影响。土壤质地可从砂土到黏土,土壤呈酸性、中性或石灰性反应,pH为5.4～8.5。土壤有机质含量差异较大,最低的仅1 g/kg左右,高的可达40 g/kg以上,但多数在20～25 g/kg,一般林地比草地高,自然土壤比耕作土壤高。全磷含量平均为0.5 g/kg左右,全钾在20 g/kg以下,速效养分含量也不高。硅质岩形成的粗骨土特别贫瘠。

(3) *粗骨土的利用与改良* 粗骨土是一类生产性能不良的土壤,一般不宜农用。局部坡麓及平缓地段的粗骨土已开垦种植薯类、谷类、豆类、芝麻等耐旱的粮油作物或果、茶等经济林木,但一般产量不高。目前,有些地方仍盲目垦荒,顺坡种植,全垦造林,挖树根、刨草皮等不合理的利用,已造成严重水土流失。应严禁乱砍、滥伐、乱垦和刀耕火种,控制水土流失。加强封山育林种草,增加地面覆盖,治坡护坡,保持水土,改善生态环境。在有条件的地区,应采用工程措施,筑坝防洪拦泥,防止沟坡滑塌;对已垦农地需进行砌墙保土,修筑水平梯地等高种植,增厚土层,培肥土壤。总之,应根据气候、地形以及社会经济状况,多途径、因地制宜地治理、改造和利用粗骨土。

第六节 人为土土纲

人为土纲指在长期的人为生产活动影响下,引起土壤性质发生了质的变化,可从土壤剖面形态特征和理化性状加以明显区分的土壤类型。在耕作、灌溉和施肥等人为活动的深刻影响下，人为土形成了具有不同特征的人为层，其厚度超过 50 cm，土壤肥力比自然起源土壤高，且土壤动物尤其是蚯蚓等较多，人为层中还含有砖、瓦片、陶瓷碎片以及其他的人为侵入体。

在早期经典的土壤分类中，没有人为土的分类位置。随着人类活动对土壤影响越来越受到关注，人为土的分类才逐渐得到中外学者的承认。从当前各国的土壤分类来看，人为土分类位置已得到越来越多国家的认同。德国、英国、日本、澳大利亚和新西兰等国的土壤分类系统中已经开始有人为土的独立划分。但是到目前为止，只有中国土壤系统分类及受其影响的世界土壤资源参比基础(WRB)分类系统中有详细的人为土分类。联合国世界土壤图图例单元也作了这样的尝试，但过于简单，而美国土壤系统分类中尚未设立专门的人为土土纲，只把人为作用的影响体现在土纲以下分类等级的相关单元中。

（一）地理分布

人为土分布较为广泛，主要集中分布在人类耕作活动频繁和农业历史悠久的地区，集中分布于中国、印度、埃及尼罗河三角洲地区、伊拉克和伊朗交界的底格里斯河和幼发拉底河下游平原区、巴基斯坦印度河三角洲地区、孟加拉恒河三角洲地区、日本群岛沿海平原区，以及东南亚红河、湄公河、伊洛瓦底江等三角洲地区。我国农业历史悠久，人为土分布几乎遍及全国，约占全国土地面积的 3.6%。人为土分布面积与人口集中程度有关。从全国范围看，东部多于西部，南部多于北部，江河中下游多于上游，三角洲地区分布最为集中，特别是长江三角洲地区(图 8-35)。人为土分为水耕人为土和旱耕人为土两个亚纲，其中水耕人为土在我国分布最广，凡生长期在 100 天以上，有水灌溉的地方均有水耕人为土的分布，其中长江三角洲和珠江三角洲是世界上水耕人为土分布最为集中的地区。

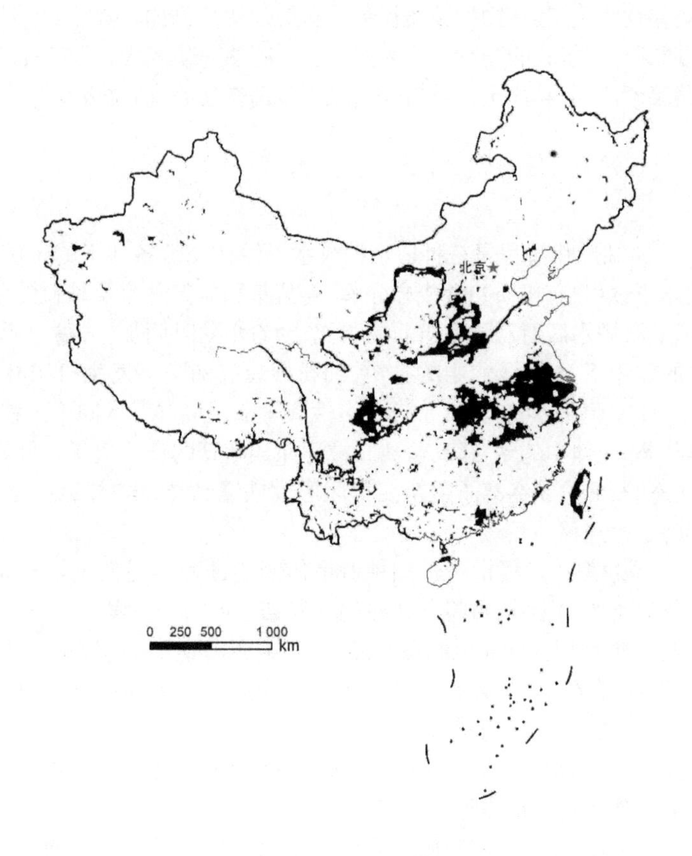

图 8-35　中国人为土土纲分布示意图

资料来源：龚子同等(2007)

（二）成土条件

人为土纲包括水耕人为土亚纲和旱耕人为土亚纲，各自的成土条件有较大差异。

由于人们年复一年的灌溉、耕作和施肥，水耕人为土形成了特有的形态和理化性质，特别是氧化还原交替过程对元素迁移产生了深刻影响。水耕人为土的成土条件如下。

1）独特的水热情况：水耕人为土的土壤水分状况受人为调节，植稻期间，土壤水分大多数情况下处于饱和状态；非植稻季节，土壤通气性能得到明显改善。土壤温度较旱地土壤均衡。长期淹水和土壤温度趋于平稳、变化幅度小，使不同地区气候差异的影响大为减小；而土壤淹水耕种，其发育脱离了原有轨道，随耕种时间加长，人为影响加强而母土影响逐渐减弱，其成土过程具有很强的人为特征。

2）深刻的人为影响：在农业工程因素中，修筑梯田、围垦海涂和沼泽是最为普遍的方式。前者扰动了原有土壤层次，后者则包括人工排水和堆垫。水耕人为土堆垫的另外一个重要原因是灌溉水带来的淤泥。施肥、平田、翻耕、黏闭、移栽、间隙排水和复水等栽培管理措施也对土壤产生了明显影响。可以看出，水耕土的成土条件在一定的程度上已经超过或改变了自然成土因素的影响和控制，而人为活动极大地改变了土壤的发生、发育过程。

3）变动的氧化还原作用：淹水还原、排水氧化的交替进行，使土壤剖面中物质状态和迁移转化规律发生明显变化，从而产生其特有的土壤形成过程。

旱耕人为土的成土条件受生物气候、物质来源、灌溉作用、农业利用和下垫母土等因素影响较大，不同土类成土条件有较大差异。灌淤旱耕人为土分布于干旱区，水热不同步，在生物生长季节降水量较少，主要靠引水灌溉。灌溉水中的悬浮泥沙以及人工施用的"土粪"是土壤物质的来源之一，对灌淤旱耕人为土的形成起重要作用。土垫旱耕人为土是人类长期施用土粪堆垫并进行耕作熟化作用的结果，同时也伴随着各种自然现象的作用。泥垫旱耕人为土多发育于热性温度状况和潮湿土壤水分条件下，成土物质主要是三角洲或江湖沉积物，主要以栽培作物为主，其作物种类随社会需求而改变。例如，珠江三角洲地区的桑基鱼塘、果基鱼塘、蔗基鱼塘、草基鱼塘等种植模式的"塘基"均为泥垫土。肥熟旱耕人为土通常是在已经耕作熟化的粮田土壤上，经过长期栽培蔬菜形成的，其成土特点与大量施用畜禽粪便、生活垃圾及污泥污水等有机肥相联系。

（三）成土过程

1. 水耕熟化过程 水耕熟化过程是在种植水稻或水旱轮作交替条件下的土壤熟化过程。一般来说，水耕熟化过程包括氧化还原过程、有机质的合成和分解、复盐基和盐基淋溶及黏粒的积聚和淋失等。在淹水条件下有利于有机质的积累，排水后有利于有机质的矿化，随着水耕时间加长，腐殖质含量增高，而其组成却越来越简单。在灌溉水的作用下，悬浮于水中的黏粒、细粉砂粒等随向下发生机械淋溶作用；同时土体中的Ca^{2+}、K^{+}、Na^{+}、Mg^{2+}、NH_4^{+}、Cl^{-}、NO_3^{-}、SO_4^{2-}等可溶性离子随土壤渗漏水向下迁移而发生溶解淋溶作用；由于土壤长期处于淹水状态，土体中的铁、锰高价离子被还原成活跃的低价离子，并随水向下淋溶，从而发生还原淋溶作用，在氧化状态时，低价铁锰离子重新淀积而形成铁锰结核；水耕络合（螯合）淋溶指土体内的金属离子以络（螯）合物形态进行迁移。

2. 旱耕熟化过程 旱耕熟化过程指在长期种植旱作物的过程中促使土壤熟化的过程。根据旱耕熟化中人们采取的措施及其对土壤的影响，可将旱耕熟化过程细分为四个过程。

1）灌淤熟化过程：指长期引用富含泥沙的浑水灌溉，水中泥沙逐渐淤积，并经过施肥、耕作等交替作用的影响，失去灌淤层理而形成灌淤表层的过程。其成土主导作用是在人为控制下，长期交替进行灌溉淤积、灌水淋溶与耕作培肥，逐渐形成一定厚度的灌淤层。

2）土垫旱耕人为过程：指长期施用大量土类、土杂肥等并经耕作熟化形成堆垫表层的过程，包括堆垫作用、复钙作用、双重淋溶淀积作用和堆垫培肥作用等。

3）泥垫旱耕熟化人为过程：指人们以塘中淤泥作为肥源，长期施用大量河塘淤泥并经耕作熟化形成堆垫表层的过程。

4）肥熟旱耕人为过程：指在耕作熟化土壤上，长期种植蔬菜，大量施用人畜粪尿、厩肥、有机垃圾和土杂肥等，精耕细作，频繁灌溉而形成高度熟化的肥熟表层和磷质耕作淀积层的过程。

（四）形态特征和主要诊断层

水耕人为土的水耕表层包括耕作层和犁底层，水耕氧化层常有铁氧化淀积层和锰氧化淀积层的区别（图8-36a）。灌淤旱耕人为土具有明显的灌淤表层，包括灌淤耕作层、灌淤犁底层和灌淤耕作淀积层，其下为灌淤斑纹层（图8-36b）。土垫旱耕人为土剖面中可见到老熟化层的古耕作层，其剖面上部为土垫表层，从上而下分为耕作层、犁底层、老熟化层、古耕层，其下为原土壤剖面包括黏化层、钙积层和母质层等（图8-36c）。泥垫土剖面分化不明显，其构型为Aup-Au-Bur或Br-BG-G，即Aup为耕作层（新泥垫层），Au为过渡层（原泥垫层），Bur或Br为泥垫氧化层，BG为塘水水位变化的泥垫氧化还原层，G为不同母质沉积物潜育层或还原层（图8-36d）。泥垫旱耕人为土的形态特征为有氧化还原层的形成，有较厚的耕作层，但耕作层与心土层过渡不明显，没有犁底层，土体中普遍存在碎瓦、螺壳、贝壳、瓷片等人为侵入体。肥熟土剖面构型如图8-36e所示，包括肥熟层、磷质耕作淀积层，其下为自然土层。其中肥熟表层一般大于25 cm，磷质耕作淀积层则大于10 cm。

人为诊断层是人为土纲区别于其他土纲的鉴别特征。水耕人为土的诊断层为在长期植稻条件下形成的水耕表层和水耕氧化还原层；肥熟旱耕人为土的诊断层是具有在长期栽培蔬菜条件下形成的肥熟表层和磷质耕作淀积层；灌淤旱耕人为土具有灌淤条件下形成的灌淤表层；土垫旱耕人为土和泥垫旱耕人为土的诊断层分别为具有人为堆垫条件下形成的土垫性堆垫表层和泥垫性堆垫表层。

（五）主要土类

在《中国土壤分类系统》（第三版）中，人为土纲根据水分状况续分为水耕人为土和旱耕人为土两个亚纲，水耕人为土包括潜育水耕人为土、铁渗水耕人为土、铁聚水耕人为土和简育水耕人为土四个土类，旱耕人为土续分为肥熟旱耕人为土、灌淤旱耕人为土以及根据有无水成特点分为泥垫旱耕人为土和土垫旱耕人为土四个土类。在《中国土壤分类系统》（1998）中，人为土纲包括人为水成土和灌耕土两个亚纲，包括水稻土、灌淤土和灌漠土三个土类，为了便于与传统的发生学分类做大致参比，以下简介这三个土类的特征。

1. 水稻土 水稻土是一种独特的土壤类型，指发育于各种自然土壤之上，在种植水稻或以植稻为主的耕作制下，经过人为水耕熟化而形成的耕作土壤。它既不同于耕作条件下的旱作土壤，也不同于自然条件下的淹水土壤。该土壤土体中氧化还原过程不断交替，淹水时土壤处于还原状态，土壤中的氧化铁被还原成易溶于水的氧化亚铁，并随水在土壤中移动，土壤排水后土壤中的氧化亚铁又被氧化成氧化铁而发生淀积作用以及水耕黏闭等过程，对水稻土剖面层次结构的形成以及一系列物理、化学和生物学性质起着极其深刻的影响。

（1）地理分布和成土条件

1）地理分布：水稻土分布很广，广泛地分布于世界各地，主要集中在35°N～23°S，其中亚洲分布面积最广，占水稻土总面积的90%以上，南美洲和非洲也有小面积分布。我国是广种水稻的国家，水稻土是我国重要的耕作土壤之一。南自热带海南岛，北抵寒温带的黑龙江，东起台湾，西到新疆的伊犁河谷和喀什地区都有水稻土分布。但主要分布在秦岭-淮河一线以南的广大平原、丘陵和山区，其中以长江中下游平原、四川盆地和珠江三角洲最为集中。据第二次土壤普查，我国水稻土面积为2 953.2×10^4 hm^2，约占全国耕地面积的1/5，遍及26个省（市、自治区），其中以四川省的面积最大。

2）成土条件：水稻土是在水耕熟化过程中形成的特殊土壤。水稻土的形成和发展，在很大程度上受人类生产活动的影响。年复一年的泡水耕耘、排水烤田、精整田面、轮作施肥、客土改造等耕作管理，使土壤中的较大土块散碎，形成一种有特殊软糊度的耕作层，有利于水稻根系发展；同时又在耕作层之下形成一个黏重的犁底层，以利于蓄水种稻。

但水稻土的发展也必然受到所在地区的气候、生物、母质、水文、地形等自然因素的影响，在不同自然条件下，水稻土的形成过程和特征有着明显的差异。水稻土分布区的气候条件相差极为悬殊。年平均温度由−2～−5℃到23～25℃，≥10℃积温为1 600～10 000℃，无霜期由110天到全年，年降水量东部和南部约为

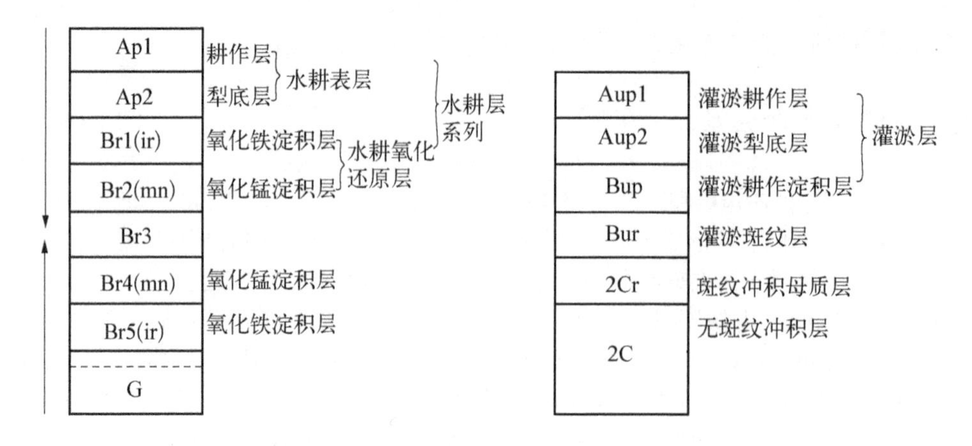

a. 水耕人为土　　　　b. 灌淤旱耕人为土

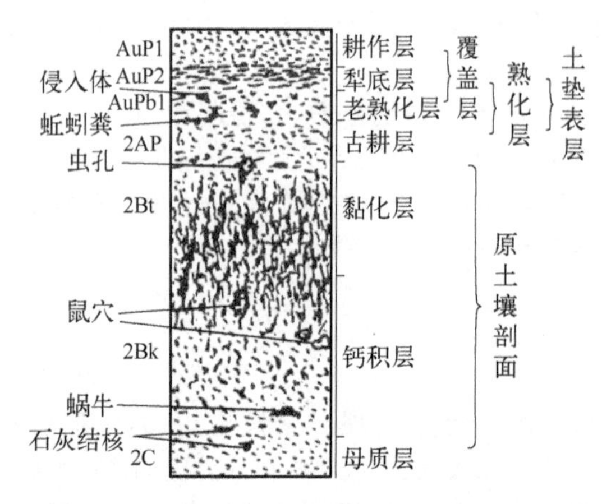

c. 土垫旱耕人为土（据何述尧资料）

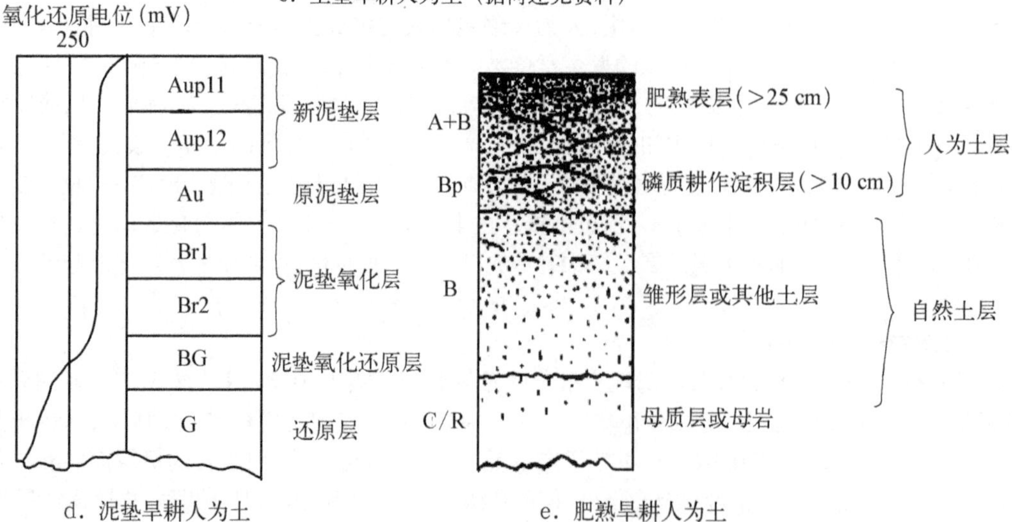

d. 泥垫旱耕人为土　　　　e. 肥熟旱耕人为土

图 8-36　人为土剖面构型示意图

资料来源：龚子同等(2007)

450～3 000 mm，西北部一般少于 450 mm，有的只有几十毫米。在不同气候条件下，水稻土的形成发育的特点是不同的。

水稻土受水稻作物本身的影响。水稻根系具有特殊的泌氧能力，使根际小环境属于好气条件，这样既可以抗拒土壤中还原物质的危害，又能在一定程度上使矿质营养物质趋集于根系周围，从而促进土体中物质的交换，提高水稻土的营养水平。嫌气微生物对水稻土的形成作用较大，其生命活动对土壤氧化还原状况具有深刻影响。在嫌气微生物作用下，土壤中高价铁、锰被还原成低价铁、锰并随水向下淋洗，在氧化层或者好气环境中重新氧化淀积，从而形成锈斑、锈纹、黑斑以及铁锰结核等。此外，嫌气性微生物活动对水稻土氮素转化有显著影响，它能加速土壤反硝化作用造成土壤大量氮素损失。

土壤母质、地形、地下水位、排水以及灌溉等都是影响水稻土发生发展的重要因素。不同母质影响水稻土中水肥的分配，发育于颗粒分选性较差、砂黏混杂的母质上的水稻土容易漏水漏肥，而发育于均匀细致、分选性好的湖积母质上的水稻土则容易黏重滞水。地形主要影响水分和热量的分配，从而影响水稻土形成发育；而水分状况又受地形和母质影响。地下水位深的水稻土形成发育主要受灌溉方式和降水的影响；地下水位高的洼地形成的水稻土主要受地下水影响，土壤剖面呈青灰色，糊烂；在三角洲平原以及河谷低阶地，地下水位约 1～1.5 m，水稻土的形成发育同时受灌溉水和地下水位升降的影响，土壤剖面有明显的淋溶淀积现象。

(2) **成土过程**　一般来说，水耕熟化过程包括了氧化还原过程、有机质合成和分解、复盐基和盐基淋溶以及黏粒积聚和淋失等，这些矛盾又是相互联系、互为条件、相互制约和不可分割的。

1) 氧化还原过程：通常，水稻土是水旱交替耕作，以水耕熟化为主的一类土壤。水稻土中氧化还原特征是水稻生长期间以还原态为主，其余时间以氧化态为主。植稻期间，由于表层土壤长期淹水耕翻，有机肥和根茬的累积与分解使土壤发生周期性的氧化还原交替作用，引起土壤氧化还原电位的变化。还原条件导致土壤中铁、锰氧化物还原，形成易迁移的活性成分，同时也产生一定数量铁、锰有机络合物，在一定程度上改变土壤基色。土壤排水落干后，氧化过程随之发生，活性铁、锰化合物一部分向下淋移，另一部分在土壤孔隙和裂面淀积，形成棕红色的锈纹或与有机物络合形成“鳝血斑”。由于心土层水分不饱和，土壤处于氧化状态，向下淋移的低价活性铁、锰物质在下层被氧化淀积，从而形成黄棕、红棕色锈斑锈纹或暗棕、黑棕色铁锰斑块和结核等。由于不同地区热量和轮作制度不同，水稻土一年中处于还原和氧化状态的时间也有差异。从全国来看，一般淹水还原条件有自北向南逐渐增强的趋势。不同水分类型水稻土的氧化还原状况不一样，其剖面形态也有较大差异。

2) 有机质的合成与分解：与原有土壤(不包括沼泽土)相比，水稻土的有机质含量增加，表层尤为明显，形成松软的耕作熟化层。例如，红壤发育的水稻土，弱度熟化阶段的耕作层有机质含量由母质的 5 g/kg 左右增至 15 g/kg，至高度熟化阶段可达 30 g/kg。水稻土耕作层有机质的累积量约为同地区旱作土的 1.3～1.6 倍，水稻土耕层有机质的胡敏酸/富里酸之比较母土明显增加，但芳构化程度和分子量都减低，也就是说，水耕熟化过程使水稻土土壤有机质质量有所提高，而组成变得更简单了。

3) 盐基淋溶和复盐基作用：在人工培肥和灌溉的影响下，土壤中交换性盐基将重新分布。在饱和的土壤中部分盐基被淋溶，而在非饱和的土壤中发生复盐基作用。一般施肥和灌溉有利于土壤复盐基，而淹水还原则可加速土壤中盐基的淋失。复盐基过程在红壤、黄壤和砖红壤等酸性土壤改种水稻后表现特别明显，这些土壤的盐基饱和度一般只有 20%左右，水耕熟化后可达 50%以上，在某些情况下甚至达到饱和。复盐基过程始于耕层，而后逐渐向下扩展。

4) 黏粒的累积和淋失：水稻土中的黏粒、细粉砂粒等物质在水重力作用下，一方面沿着土壤孔隙作垂直运动，从而造成水稻土黏粒下移，心土层比较黏重，特别是形成一层比旱作土更加明显的犁底层。另一方面这些物质又会作表面或侧向移动，使一些水稻土出现淀浆板结层次。

(3) **主要性状**

1) 剖面特征：水稻土有着特有的剖面构型，包括耕作层(Ap)、犁底层(P)、淀积层(B)、还原淀积层(BG)和潜育层(G)，有的还出现漂洗层(E)。耕作层(Ap)是淹水和脱水频繁交替下形成的发生层。在淹水季节，除表层呈氧化态外，均呈还原态，泥烂而不成型；排水落干后，表面由较分散的土粒构成，向下凝絮呈小团聚体状态，结构致密，多根系和根锈，大孔隙和空隙壁上附有铁、锰斑块或红色胶膜。犁底层(P)较紧实，容重是耕作层的 1.2～1.3 倍，略带片状结构，结构面上有铁、锰斑纹。部分剖面犁底层具有潜育斑块。淀积层或斑纹层(B)亦称渗育层(强调氧化还原作用)或渗积层(W 层，强调水分渗淋)，是还原淋溶和氧化淀积的产物，含有较多的黏粒、有机质、盐基和铁、锰。在形态上，铁、锰的淀积特别明显，可根据氧化淀积的程度进一步划分为氧化状态下形成的淀积层(Bm)、氧化还原交替下形成的淀积层(Bg)和带有潜育斑的淀积层(Br)，此外还有石灰淀积层(Bca)。漂洗层(E)是经漂洗作用而形成的灰白色土层。潜育层(G)受地下水或层间积水影响，形成于还原条件，土粒分散，土体糊烂，亚铁反应显著，呈蓝灰色。受地下水影响的水稻土，其下层或发育为潜育层，或发育为淀积层，不能见到母质层的特征。只有在地下水位低或发育程度弱的土壤剖面中才能见到母质层,因其受水稻土成土过程的影响,某些特性发生一定的变化而不同于原来的母质。

2) 理化性质：水稻土的矿物组成与其发育母质很相似,但由于水耕熟化的影响,又具有与母质不同的特点。绝大多数原生矿物处于分解、演化过程中,不稳定矿物在熟化程度较高的水稻土中很少见。例如,云母在水稻土中容易发生脱钾现象,从而逐次演变成为水云母、蛭石和蒙皂石,直至变成高岭石。水稻土利于有机质的积累,与旱作土壤相比,腐殖质化系数也高。但水稻土有机质主要累积在耕作层,向下迅速递减。水稻土的氮素营养主要来自土壤,已有研究表明,在施氮肥条件下,水稻所吸收的氮素60%～80%来自土壤,20%～40%来自化肥。氮素含量与有机质含量呈极显著正相关,碳氮比一般为8～12。另外,淹水会导致水稻土中的反硝化作用加强,造成氮素损失。水稻田的pH除受母土影响外,与水层管理关系较大。一般酸性水稻土或碱性水稻土在淹水后,其pH均向中性变化,即pH由4.6～8.0变化到6.5～7.5,酸性土壤的铁、锰还原作用以及碱性水稻土上碱性物质遭到淋失是其变化的主要原因。

(4) 水稻土的利用与改良

1) 培育高产水稻土：我国水稻土分布地域非常广泛,气候、母质等条件各异。因此,高产水稻土的培育和管理必须密切联系水稻土的成土特点、耕作性能以及土壤的肥力水平。但高产水稻土具有某些共同的肥力特征,如土壤有机质、氮、磷和钾等的养分储量较丰富,养分供应协调;具有良好的保肥、供肥和爽水特性;具有良好的排水能力,耕层深厚,结构条件较好,底土结构也发育较好;土壤剖面各层次的质地组合较好;具有良好的缓冲性能和抗逆能力。高产水稻土的培养管理途径应包括以下诸方面：① 提高地力贡献,地力贡献是衡量土壤肥力水平的生产指标,因此要不断培育地力,施用足量的有机肥和化肥,使水稻土维持较高的地力贡献;② 保持土壤养分平衡,高产水稻土复种指数和年收获量很大,养分消耗较多,因此,必须通过培肥来保持土壤养分平衡;③ 建立高质量排灌体系,良好的土壤环境条件是保持高产水稻土科学管理的重要前提,因此要重视高质量排灌体系的建立;④ 集约化土壤耕作,高产水稻土的土壤耕作技术因地域性差异较大,通过集约化管理,以达到提高和发挥土壤的生产潜力。

2) 改良低产水稻土：低产水稻土的土壤性状不良,养分供应能力弱,有障碍层段或毒质危害,使水稻根系生长受阻、秧苗发僵、植株矮小或受毒而死,而且大多数只能种植一季水稻,产量甚低。由此可知,水稻土的低产性状主要有"冷、黏、沙、盐碱、毒和酸"等。因此对这些性状加以改良,水稻土的增产潜力巨大。低洼地区地下水位高的水稻土,土壤水分长期饱和甚至积水,这样于次年春季插秧后,土温低,影响水稻苗期生长,不发苗,造成低产。其改良方法是开沟排水,增加排水沟密度和沟深,改善排水条件,降低地下水位,或者进行水旱轮作。对于质地过黏和过沙的水稻土,因其对水分渗漏不利,前者过小,后者过大,均对水稻生育产生不良影响,也不利于耕作管理。因此对质地过黏的水稻土,应该采用深耕增施有机肥、客土掺砂、晒垡、冻垡和挖垡并配施氮、磷化肥等方法对其进行改良;对于质地偏沙的水稻土,应该增施有机肥、巧用化肥、客土改砂、调整土壤质地以及改善灌排条件等方法进行改良。对于盐碱田主要措施是在排水的基础上,加大灌溉量以对盐碱、毒害进行冲洗。对于水稻土酸度改良主要措施有蓄淡洗酸、用水压酸、石灰治酸、填土隔酸等方法。

2. 灌淤土 灌淤土是具有厚度50 cm以上灌淤土层的土壤,是引用泥质河水进行灌溉,灌水落淤与耕作施肥交替作用下而形成的土壤。灌淤土多发育在栗钙土上,但在草甸土和固定风沙土上也能发育。

这种土壤,原苏联土壤学家A. N. Rozanov在《中亚细亚灰钙土》一书中称之为灌溉灰钙土或老灌溉灰钙土。在美国土壤系统分类中,把该土列入半干润始成土之下的类型,近似于厚熟始成土。联合国世界土壤图图例单元的人为土中并没有单独的灌淤土。世界土壤资源参比基础(WRB)参照中国土壤系统分类增设了灌淤土。

我国对这种土壤有过不同的名称,如灌溉自成型古老绿洲耕作土和灌溉水成型古老耕作土、草甸灌溉熟土、绿洲土。新中国成立后,宁夏及新疆等地对灌淤土开展了系统的研究,论证了灌淤土是在人为灌溉耕作条件下所形成的新的土壤类型。1978年中国土壤学会正式将它称为灌淤土。1984年全国土壤普查分类会议拟订的中国土壤分类系统将其列入人为土纲之下。从《中国土壤系统分类首次方案》开始,中国土壤学家以诊断层为基础,将它列入旱耕人为土亚纲中的灌淤土土类。在《中国土壤系统分类》(第三版)中,灌淤土相当于灌淤旱耕人为土。

(1) 地理分布和成土条件

1) 地理分布：灌淤土广泛分布于我国半干旱与干旱地区。东起西辽河平原,经冀北的洋河和桑干河河谷,内蒙古、宁夏及甘肃黄河冲积平原,青海湟水河谷平原,甘肃河西走廊,至新疆昆仑山北麓与天山南北的山前洪积扇和河流冲积平原等。凡多年引用含有大量泥沙的水流进行灌溉的地区,一般都有灌淤土的形成和分布。西藏西部干旱的亚高山地带的河谷,也有灌淤土分布。

我国灌淤土的面积为 152.7×10^4 hm^2,其中新疆分布面积最大,占整个土类的 59.14%,其次为宁夏回族自治区和甘肃省,分布面积分别占灌淤土总面积的 18.27%和 13.82%。

2) 成土条件:灌淤土的气候以温暖干旱为主,年平均气温 7~12℃,≥10℃积温为 2 500~3 500℃。年平均降水量 350 mm 以下,而且地区差异较大,从东到西呈现降水由多到少再增多的趋势,新疆南部仅为38~65 mm。灌淤土的地形部位一般是大河流两岸平原、阶地和洼地。灌淤土是在引用含有大量泥沙的水流经长期灌溉而形成,人为引水灌淤极大地改变了当地的自然气候条件,尤其是水分条件。同时,在灌溉耕作条件下,人工的农田植被取代了当地的自然植被。生物气候条件对灌淤土的性质影响较小,不同地区灌淤土一些性质差别较小。除了灌溉落淤外,人工施用土粪(当地农民用渠道清淤物或其他田地中取来的土壤物质进行垫圈而形成堆肥)对灌淤土的形成产生了明显的影响。另外,灌溉水不仅补充了土壤水分,也有淋洗作用,对土壤水分和盐分的运动以及土壤结构产生一定影响。灌淤土的成土母质为河流所携带的泥沙。

(2) **成土过程** 灌淤土形成的主导作用是在人为控制下,长期交替进行灌溉淤积、灌水淋溶与耕种培肥,逐步形成一定厚度的灌淤层。

形成灌淤土的灌水淤积物来源于灌溉水中的悬浮物,每年灌溉落淤量因灌溉水中的泥沙含量及灌水量不同而异。例如,宁夏引黄灌区,小麦地每年灌溉落淤量为 10 300~14 100 kg /hm^2,水稻田高达 155 400 kg /hm^2;新疆每年随灌溉水进入农田的泥沙,平均为 15 000 kg /hm^2。即使同一田块,因距离进水口远近不同,淤积物的厚度也有差别。一般离进水口越远,淤积物增厚变缓。

灌淤土每年灌溉的水量很大,约为 9 000~11 000 m^3,大量的水分向土壤深层渗漏,对土壤产生了一定的淋洗作用,土壤可溶性盐容易被淋失,尤其在深地下水位的土壤上。另外,土壤中的碳酸盐和黏粒也有淋洗,通常在土壤结构面可见黏质胶膜。

除灌溉落淤外,耕作过程中常施用农家肥也对灌淤土的形成有重要作用。一般每年人工施用有机肥料量约为 70 000 kg /hm^2,农家肥料中时常还会带进碎砖瓦、碎陶瓷、碎骨及煤屑等侵入体。侵入体是灌淤土人为成因的一项重要指标。

耕翻、耙耱以及中耕等耕作措施搅动土层,并把灌水淤积物、土粪、残留的化肥、作物残体和根系、人工施入的秸秆和绿肥及耕作层土壤均匀地混合,使灌水淤积层次消失,同时,根系的穿插、蚯蚓活动、土壤冻融作用也对灌淤土起到了改善土壤结构的作用。

(3) **主要性状**

1) 剖面特征:灌淤土剖面形态比较均匀,上下无明显变化。剖面可分为灌淤耕层、灌淤心土层及下伏母土层三个层段。前两个层段合称为灌淤土层。其基本剖面构型为 Pip - Pi(B)- Db(C)。灌淤耕层(Pip)一般厚度为 15~20 cm,多属壤质上,灰棕或暗灰棕色,疏松,块状或屑粒状结构。灌淤心土层[Pi(B)]厚约 50 cm,部分土壤该层超过 100 cm 甚至 200 cm,淡灰棕或灰棕色,质地多属壤质土,较紧实,块状结构,有的呈鳞片状结构,结构面上有胶膜,有较多的孔隙及蚯蚓孔洞,蚯蚓排泄物较多,常见人为侵入体,不见沉积层次。下伏母土层[Db(C)]即被灌淤土层所覆盖的原来的土壤层,因灌淤土多分布于洪积、冲积平原,故下伏母土层多为不同的洪积、冲积土层(D:沉积的砾质的异元母质层;b:埋藏层)。

作为诊断层的灌淤层同时具有的条件为:① 厚度 ≥50 cm;② 全层在颜色、质地、结构、结持性、碳酸钙含量等方面均一,相邻亚层的质地在美国农业部制质地三角表中也处于相邻位置;③ 土表至 50 cm 有机碳加权平均值≥4.5 g /kg,随深度逐渐减少,但至该层底部最少为 34.5 g /kg;④ 泡水 1 h 后,在水中过 80 目筛,可见扁平状半磨圆的致密土片,在放大镜下可见淤积微层理,或在微形态上有人为耕作扰动形貌——半磨圆、磨圆状细粒质团块,内部或可见有残存淤积微层理;⑤ 全层含煤渣、木炭、砖瓦碎屑、陶瓷片等人为侵入体。

2) 理化性质:灌淤土层理化性质比较一致,在剖面垂直方向上变化较小,但与下伏母土层有明显的差异。灌淤土耕作层有机质、全氮、全磷和全钾含量最高,其平均值分别为 12 g /kg、0.7 g /kg、0.6 g /kg 和 18.4 g /kg,向下其含量逐渐递减。但相邻两自然层次间,相差不超过 40%;灌淤心土层有机质含量>5 g /kg。同一剖面的灌淤土层中,质地和颗粒组成也比较均匀一致,各层次间差异也不大。但不同地区灌淤土的质地和颗粒组成有明显差异。碳酸钙含量也因灌淤物质来源不同而异,但一般含量约为 12%,同一剖面的垂直变化很小,相邻两自然层次之间,相差不超过15%。灌淤土风化作用较弱,其化学组成在剖面上没有明显变化,土壤的硅铁铝率为6~9,黏粒的硅铁铝率约为3,土壤分化淋溶系数较大,为2~3.5。同一剖面的垂直变化很小。灌淤土的黏土矿物以水云母为主,其次为绿泥石及高岭石。

(4) *灌淤土的利用与改良* 灌淤土地形平坦,灌溉便利,土层深厚,质地适中,更兼光热条件好,具有广泛的适宜性和较高的生产力。主要种植小麦、玉米及水稻等粮食作物,胡麻(油用亚麻)、向日葵等油料作物,以及各种瓜果、蔬菜、树木等。宁夏的枸杞、新疆的长绒棉和陆地棉都是灌淤土上生长的名、特、优产品。因温度较低,西藏的灌淤土一般只能种植青稞和豌豆等作物。

从高产的角度来看,灌淤土的有机质及氮素等养分含量不足,特别是有效磷素含量比较缺乏。因此,灌淤土上宜采用秸秆还田,增施有机肥料,发展绿肥,合理施用氮、磷、钾化肥等有效措施来提高土壤肥力。土壤盐化是限制灌淤土生产力的重要因素之一。防治土壤盐化的主要措施是建立完善的排水系统,实行合理灌溉,防止深层渗漏,以降低地下水位;同时还必须配合其他有效的农业耕作措施,有条件的地方进行水旱轮作等。另外,在灌淤土上要加强基本农田建设,建立农田防护林网,筑堤筑坝等措施防止农田冲刷。

3. 灌漠土 灌漠土是在漠土的基础上,经长期引用清水灌溉所形成的无明显灌淤层的灌溉漠土。这些清水主要来源坎儿井或者泉水。漠土的主要特征是有明显的剖面物质表聚现象,即盐分与碳酸钙大量向表土层累积。由于长期清水灌溉,土壤出现了盐分和碱土金属随灌溉水下移的特征,土壤发生脱盐及碳酸钙向下迁移,改变了漠土中物质表聚现象。同时,人工施肥和耕作后,土壤中有机质等养分状况明显改善。

(1) *地理分布和成土条件* 灌漠土广泛分布于荒漠绿洲地带的内陆灌区,包括新疆的广大地区和甘肃的河西走廊,主要地貌部位为扇形地、干三角洲、大河三角洲、平原和谷地滩地等,其总面积为$91.5\times 10^4\ hm^2$。

灌漠土区属于暖温带向温带过渡的地区,其热量优越,年日照时数在3 200 h以上,年辐射量达628 020 J/cm^2,≥10℃年积温在3 000℃以上。有着保证种植业发展所需要的光热条件。该区属于我国以塔里木和准噶尔沙漠为主的广阔荒漠地区,存在阿尔泰山、天山和昆仑山三大高耸的山系,其高度均达雪线以上,终年有冰川积雪,成为“固体水库”,气温回升后,高山融雪水深入深厚的砾质冲积扇。千百年来,当地居民采用巧妙设计的坎儿井法,将沿冲积扇注入的深层融雪水引出地面,并对冲积末端的细土荒漠进行灌溉。坎儿井或者泉水中清水的引入,实行灌溉耕作,克服了漠土区主要的干旱和盐渍问题。因此,发展灌溉农业是灌漠土的突出成土条件。清水的引入改变了漠土剖面物质表聚的现象,克服了某些漠土的不利性状;人工耕作施肥使表土层增厚,促使了漠土向有利于作物生长的方向转变。

(2) *成土过程* 淋溶与表聚交替进行。漠土的形成是在蒸发量大于降雨量的情况下发生的,形成可溶性物质表聚作用。但是由于清水的灌溉作用,漠土中表聚物质不断发生向下淋溶现象,如碳酸钙和可溶性盐类有淋移趋势,脱盐淡化明显;黏粒也有随水下移的情况。

干湿冻融交替进行。该区冬春干燥,经夏秋因作物生育期一系列的灌溉后,土壤变得湿润。春季解冻,冻层自上而下融化;冬季冻结,土壤冻结层可达1 m以下。这种周期性的干湿交替,促进了土壤发育,使土体松散绵软,疏松多孔,也促进了作物根系的发育,使土壤中根系密集,加强了生物累积作用,土壤的其他形状也得到了改善。

(3) *主要性状*

1) 剖面特征:灌漠土的全剖面颜色、质地、结构均较均一,但也出现表土层有砂、黏、壤土覆盖的现象。由于冲积扇末端交互沉积作用,土壤中还有夹层型,如腰砂、腰黏、夹砾等土层变化。灌漠土根系密集于40~60 cm深处,在深达100 cm处仍可见大量微根延伸。土壤呈暗棕至灰褐色,可见陶片、炭屑、碎骨、粪斑等文化遗物和生产活动痕迹,蚯蚓活动可深达100 cm,常见其粪便和洞穴。

灌淤土剖面主要由耕作层、亚耕层、心土层、母质层组成。耕作层厚20~30 cm,根系密集,疏松多孔。亚耕层一般厚10~15 cm,较紧实,多为块状、片状结构。耕作时间越长,越靠近村落,土壤越肥沃,亚耕层越厚。耕作层和亚耕层中多根孔,在根孔及结构面上,常见淋移黏粒和腐殖质形成的暗色胶膜,结构面上常见菌丝体状或斑点状碳酸钙淀积。心土层厚40~60 cm,色泽亦渐浅淡,呈灰棕色,碳酸钙淀积更多,结持更紧密。母质层未受成土作用影响,结持紧实,质地黏重。常见因渗水临时停留的水分潜潴,形成棕色或褐色铁、锰斑纹。

灌漠土中常见障碍层。某些矿质盐类或较细颗粒在剖面某些部位累积而形成许多新生体,如砂姜、黏磐、铁锰结核残留。钙积现象的发展，使结核不断增大增多，堵塞渗水通道，造成地面积水。有时砂姜相互胶结，形成厚层硬磐，成为障碍层次，对作物根系下伸形成严重障碍。但若障碍层位于母质层中，则具有良好的保水保肥作用。

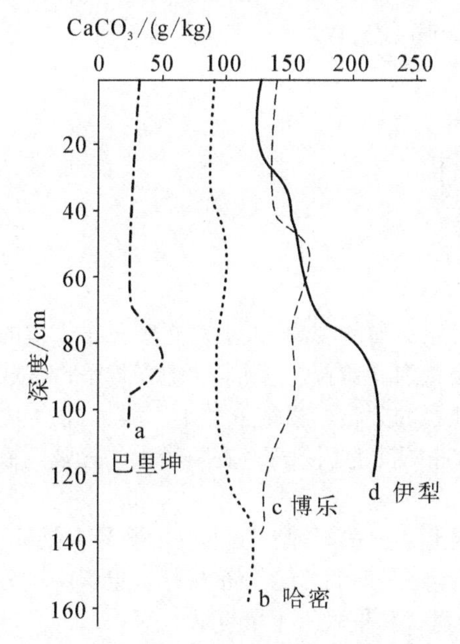

图 8-37　灌漠土剖面中 $CaCO_3$ 分布状况

2) 理化性质：灌漠土壤含水量为150～200 g/kg，下层含水量高于上层，表现为明显高于原来漠土的含水量(一般约为50 g/kg)。全剖面碳酸钙含量差异不明显，碳酸钙、黏粒有下移趋势，耕作层中脱盐也明显(图 8-37)。灌漠土中细砂、粉砂和黏粒占优势，只有极少数剖面含有粗砂或石砾，其黏粒、粉粒含量一般分别为11%～31%和14%～52%。灌漠土熟化土层质地均一，土壤容重为1.1～1.5 g/cm^3，总孔隙度为42%～58%。土壤通透性较好，蓄水保肥能力较强，耕性较好。下层质地黏重，多片状或块状结构。灌漠土上土层中石膏、易溶盐和碳酸钙被淋洗，但硅、铝、铁等元素没有明显移动。

灌漠土有机质、氮、磷、钾等养分元素在熟化层中有大量累积，耕作层有机质含量为10～15 g/kg，全氮和全磷约为1 g/kg，速效氮、速效磷和速效钾含量分别为20～40 mg/kg、5～35 mg/kg和40～450 mg/kg。

(4) *灌漠土的利用与改良*　灌漠土处于荒漠地区，生物覆盖率低且种类较少，生产脆弱而不稳定。因此，必须提高林草比重，草灌先行，乔灌结合。该地区多为单一种植业，农田生态系统脆弱，农牧结合不足，而且农业集约经营程度较差，因此，应扩大垦殖指数，发展多种种植，提高土地利用率，发展农区畜牧业，实现农牧结合，以牧促农。其改良措施有：

1) 扭转单一种植业格局，提高农区畜牧业比重，走农牧结合道路，以牧促农，推动种植业发展。

2) 搞好护田林带，林下种绿肥牧草，结合蓄水保墒，增高土壤水分涵蓄能力。

3) 发挥光热优势，提高土壤生产力。

4) 改造中低产田。采取种植绿肥、挖盐窟窿、客土拉沙、种稻改土等方法改造土壤贫瘠、盐潮、旱僵、板结、枯结、漏沙、砾石、硬磐层等障碍因素。

5) 推行有效的农业技术。充分利用现代农业科学技术，提高土壤生产力。

参考文献

龚子同. 1999. 中国土壤系统分类：理论、方法、实践. 北京：科学出版社.
龚子同，张甘霖，陈志诚等. 2007. 土壤发生与系统分类. 北京：科学出版社.
李庆逵. 1983. 中国红壤. 北京：科学出版社.
李庆逵. 1992. 中国水稻土. 北京：科学出版社.
李天杰，赵烨，张科利等. 2004. 土壤地理学. 第三版. 北京：高等教育出版社.
李天杰，郑应顺，王云等. 1979. 土壤地理学. 北京：高等教育出版社.
南京大学，中山大学，北京大学等. 1980. 土壤学基础与土壤地理学. 北京：人民教育出版社.
内蒙古自治区土壤普查办公室，内蒙古自治区土壤肥料工作站. 1994. 内蒙古土壤. 北京：科学出版社.
全国土壤普查办公室. 1998. 中国土壤. 北京：中国农业出版社.
赵其国，史学正等. 2007. 土壤资源概论. 北京：科学出版社.
中国科学院南京土壤研究所. 1987. 中国土壤. 第二版. 北京：科学出版社.
朱鹤健. 1986. 世界土壤地理. 北京：高等教育出版社.
朱鹤健，何宜庚. 1992. 土壤地理学. 北京：高等教育出版社.
朱震达，吴正，刘恕等. 1980. 中国沙漠概论(修订本). 北京：科学出版社.

第九章　土壤分布与土壤分区

第一节　土壤分布规律

一、土壤分布与地理空间的关系

土壤分布规律是指土壤类型在地球陆地表面按确定方向依次发生更替的现象,人类对土壤分布规律的科学认识是从道库恰耶夫提出“自然地带学说”开始的。道库恰耶夫认为,所有成土因素在地表均呈带状或地带分布,它们的延伸方向或多或少地与纬线相平行,那么土壤在地表的分布严格地依赖于气候、植物等因素,也具有地带性规律(图 9-1)。由于种种原因,不同学者对土壤分布规律的认识却存在着较大的分歧。概括起来说主要有以下几种不同意见:

1) 将土壤分布规律分为广域、中域和微域三种尺度。其中广域土壤分布规律包括土壤水平分布规律,即土壤纬度地带性和经度地带性分布规律,土壤垂直分布规律和土壤水平-垂直复合分布规律。土壤中域分布包括枝形、扇形和盆形等土壤组合。土壤微域分布包括梯田式、棋盘式和框式等土壤复域。

2) 将土壤基本分布规律性分为土壤纬度地带性、非纬度地带性(区域性或经度地带性)和垂直带性三种规律。

3) 将土壤分布规律分为土壤地带性显域性规律(包括土壤纬度地带性和经度地带性规律)和非地带性规律(包括隐域性土壤分布规律、泛域性土壤分布规律)和土壤垂直地带性规律。

可以看出,上述几种意见在诸多方面存在着分歧,但其争论的焦点主要集中在两个方面。① 土壤地带性规律的含义究竟是什么? ② 各土壤分布规律性之间的逻辑关系到底应该怎样阐述?之所以对土壤分布规律性的认识存在着意见分歧,根本原因就在于没有阐明影响土壤分布的基本因素及其在土壤分布规律性之间的影响程度或表现形式。

中国南北跨越热带、亚热带、暖温带、温带、寒温带五个热量带。东部沿海深受东南季风影响,比较湿润,西北地区由于青藏高原对西南季风的屏障以及东北-西南走向山地对东南季风的层层阻挡,愈向内地愈趋干旱,青藏高原的强烈隆起使气候干寒。植被类型也随水热条件不同而呈有规律的变化。由于生物气候条件深刻影响风化作用和成土过程,所以生物气候的地带性必然影响土壤地带分异。土壤的分布与生物气候相适应,在水平方向呈现自南而北随热量变化的纬度地带性,而自东向西则有随湿度变化的经度地带性,前者以东部季风区最为完整,后者以温带、暖温带表现较为明显。山地由低到高有随高度增加而产生的土壤更替的垂直地带性,并因基带不同而有多种多样的垂直带谱。青藏高原原面辽阔,海拔一般超过 4 000 m,具有特殊的地理分布形式,即垂直-水平复合式分布规律,而且它的耸立还切断了某些土壤水平带的向西延伸。此外,母质特性、中地形、水文地质条件以及长期的人为耕作活动也影响土壤的广域和中域分布,形成土壤分布的区域性差异。

综上所述,土壤作为“历史自然体”,是特定历史-地理因子的产物,它的形成、发展和变化与地理环境密切相关,土壤类型多随着空间转移而变异,且土壤分布具有规律性,是以三维空间(按经度、纬度和海拔高度三个方向)的形态存在,用下列多变量函数式表达。

$$S = F(W, J, G)$$

式中,S 表示土壤的分布状态;W、J、G 分别表示南北(纬度)、东西(经度)及海拔高度等的变化。相应这三种土壤带组合形式,分别称为纬度地带谱、经度地带谱和垂直地带谱,如果以三维坐标轴表示土壤的分布状态,则

纬度地带谱　　$S_1 = F(W)$

经度地带谱　　$S_2 = F(J)$

垂直地带谱　　$S_3 = F(G)$

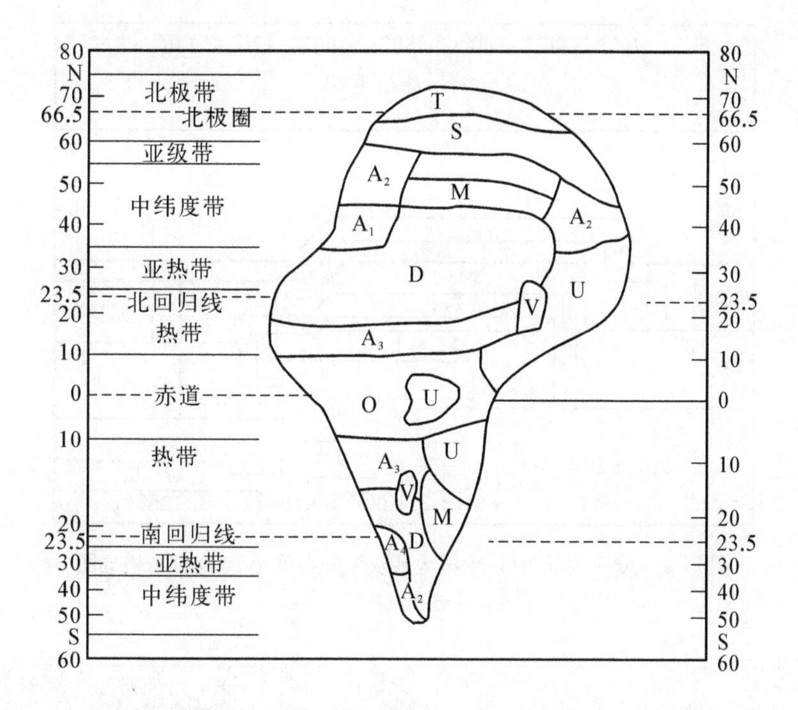

O. 氧化土；A_1. 冷凉淋溶土；A_2. 湿润淋溶土；A_3. 半干润淋溶土；A_4. 夏干淋溶土；S. 灰土；D. 干旱土；U. 老成土；T. 冻土；V. 变性土；M. 软土

图 9-1 美国土壤系统分类中主要土纲在理想大陆上的分布规律

资料来源：Strahler 等(1989)

二、土壤分布规律的层次性

土壤分布规律同地域分异规律一样也具有不同的层次或规模，根据土壤分布规律所涉及的范围大小可分为三种尺度八大分布规律性。

(一) 大尺度土壤分布规律

大尺度土壤分布规律指土壤高级分类单位纵横整个大陆分布的规律性，包括土壤纬度地带性和经度地带性两种规律性。

1. 土壤纬度地带性规律 所谓土壤纬度地带性规律指土壤高级分类单位大致沿纬线东西方向延伸，按纬度南北方向依次发生更替并且环绕地球分布的规律性。如果不考虑地势起伏变化和海陆分异的影响，自赤道向两极分布的土壤类型依次为砖红壤、砖红壤性红壤、红壤、黄棕壤、棕壤、暗棕壤、灰化土和冰沼土等(图 9-2)。但从世界土壤实际分布图式(图 9-3)来看，只有砖红壤、灰化土、冰沼土比较明显地横跨大陆分布，在一定程度上表现出了纬度地带性规律。亚热带和温带地区，土壤纬度地带性遭到了各种各样的破坏，但是这并不能否定它的普遍存在意义，而只能说明它的表现形式受其他因素影响。即使在热带和寒带，土壤分布的纬度地带性也遭到了一定程度的破坏。总之，土壤纬度地带性规律是地带性因素影响的结果，是世界土壤最基本的分布规律性之一。

2. 土壤经度地带性规律 所谓土壤经度地带性规律指土壤高级分类单位大致沿经线南北方向延伸，按经度东西方向依次发生更替并纵跨大陆分布的规律性。如果仅考虑海陆分布而不考虑热力和陆地地势起伏的影响，按沿海到内陆干湿度和其他自然条件的差异，可分为东西两岸海洋性森林土壤和内陆性草原和荒漠土壤。由于世界大陆形态的南北狭长性，这些土壤带大致南北延伸，表现出一定程度的经度地带性规律。从世界实际土壤分布图式来看，典型的土壤经度地带性规律是不存在的，它仅仅出现在某些局部地区，但已不属于大尺度土壤分布规律讨论的内容。由此可见，土壤经度地带性规律是一种理论性规

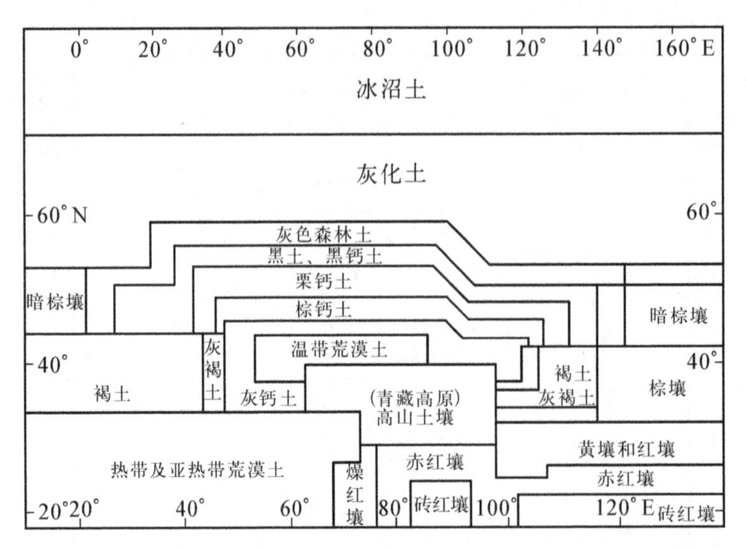

图 9-2 欧亚大陆土壤(土壤地理发生分类单元)空间分布格局图

资料来源：马溶之(1957)

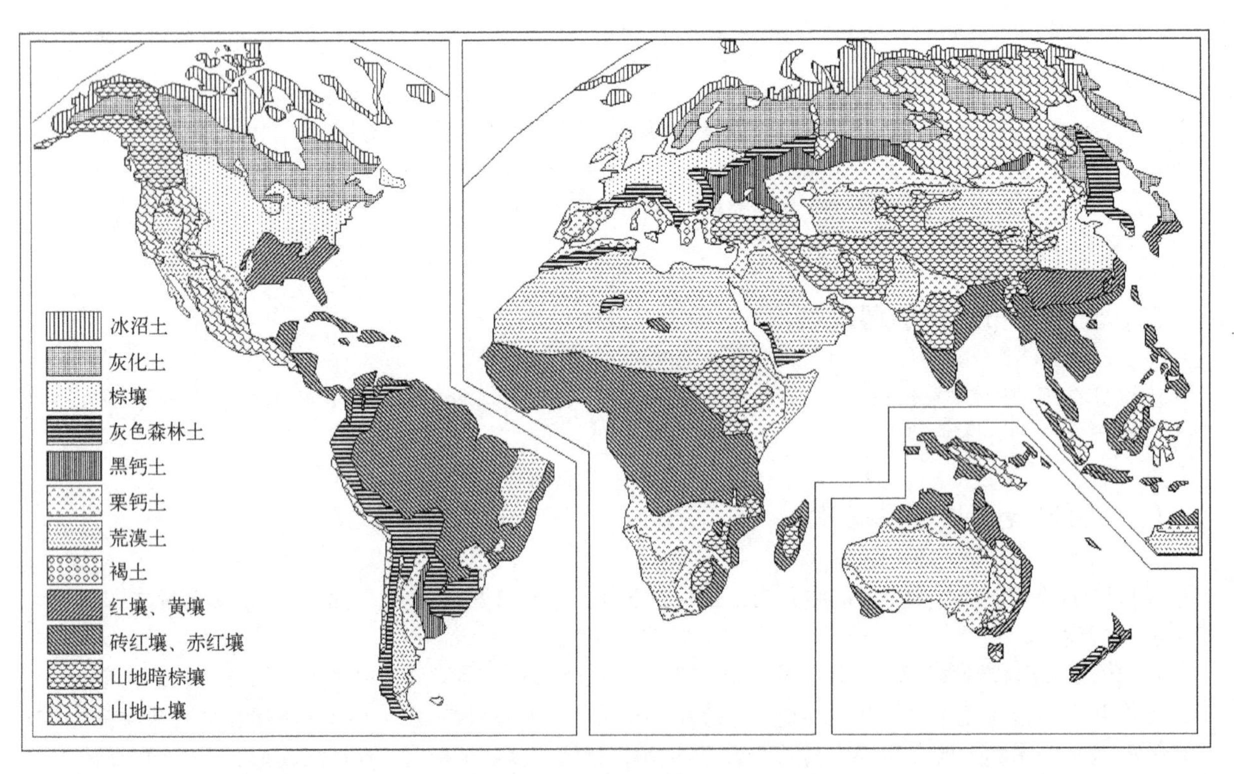

图 9-3 发生学分类制的世界土壤分布图

资料来源：Bridges(1978)

律,但这并不能否认它的客观存在性,只是由于它和纬度地带性规律复合以后,使其表现形式遭到一定程度的破坏而已,它对全球土壤分布也起着不可忽视的制约作用。土壤经度带性规律是以地球内能的积累与释放导致海陆分异作为前提条件的,所以属于基本的土壤非地带性分布规律。为了和土壤纬度地带性规律相区别,作者认为将其称为"土壤经度带性"较为合适,以避免将"土壤经度地带性"也理解为一种土壤地带性分布规律。

(二) 中尺度土壤分布规律

在大尺度土壤分布规律的背景上,根据大地构造-地势地貌分异、太阳辐射和大气环流等特点所表现出的土壤分布规律叫中尺度土壤分布规律，包括土壤分布的区域性、地带段性、省性和垂直带性规律。

1. 土壤区域性规律　土壤区域性规律指与大地构造-地貌单元相联系的土壤分布规律性。世界各大陆均由不同的大地构造-地貌单元组成，在不同的大地构造-地貌单元上，区域性气候、地表组成物质和地-水状况等成土因素有本质的区别，形成性质完全不同的土壤系列。例如，青藏高原分布着各种高山土壤而区别于同纬度的红壤、黄壤、黄棕壤和棕壤，也区别于同经度的森林草原、草原和荒漠土壤；黄土高原分布着各种与黄土母质有直接联系的土壤而区别于同纬度的棕壤或同经度的典型草原土壤；中国华北平原分布着各种与地-水相联系的土壤而区别于棕壤(图 9－4)。由此可见，土壤区域性分布规律打破了土壤纬度地带性或经度地带性的分布模式，使自然界土壤分布进一步复杂化。另外，虽然土壤区域性规律主要是在非地带性因素作用下形成的，是一种区域性非地带性土壤分布规律，但同时它也不可避免地受到地带性因素的影响。

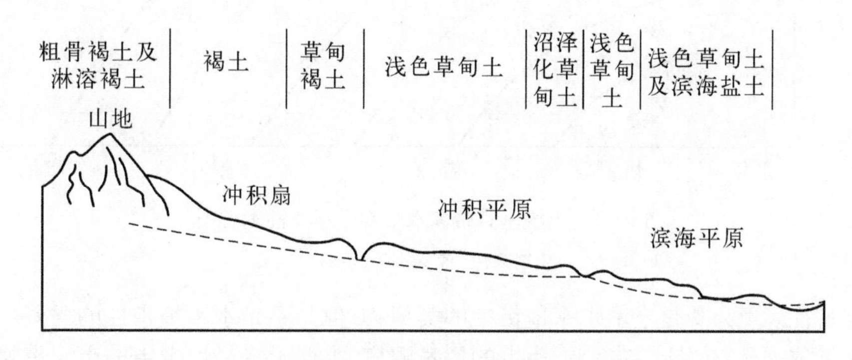

图 9－4　太行山至滨海平原土壤分布断面图

资料来源：熊毅等(1987)

2. 土壤的带段性规律　土壤的带段性规律指在平原、高原、盆地等大地构造-地貌单元内土壤大致沿东西方向延伸、按南北方向依次更替的分布规律性。土壤的带段性规律与土壤纬度地带性规律相似。但由于受大地构造-地貌分异的影响，它们不能横跨整个大陆呈带状分布，而仅仅出现在某些特定区域，可将它们视为土壤纬度地带性的局域表现，故称其为土壤的带段性规律。

土壤的这种分布规律性相当于某些文献中所指出的土壤湿润海洋性地带谱、土壤内陆干旱半干旱地带谱以及土壤水平-垂直地带复合规律的高原地带谱。显而易见，土壤的带段性规律是在非地带性基础上的地带性表现，主要是在地带性因素作用下形成的。

3. 土壤省性规律　土壤省性规律指在平原、高原、盆地等大地构造-地貌单元内土壤大致沿南北方向延伸、按东西方向依次更替的分布规律性。从土壤分布现象来看，土壤省性规律与土壤经度地带性规律相似，但两者的成因和表现形式不完全相同。在高平地域内可视其为土壤经度地带性的局域表现，在一定程度上也可以视其为地带性基础上的非地带性表现。在低平地域内它是隐域性土壤、海陆位置和地貌分异共同作用的综合表现。可见，土壤省性规律主要是在非地带性因素作用下形成的。

4. 土壤垂直带性规律　土壤分布的垂直地带性指土壤随地形高度的增加或降低，依次地、有规律地相应于生物与气候而变化的规律。

土壤垂直带性规律指在高原、平原、盆地等大地构造-地貌单元内，根据海拔高度的变化，土壤类型在垂直方向上依次发生变化的分布规律性。这种土壤分布规律性包括正向和负向垂直带性两种形式，其中以正向土壤垂直带性最为普遍。土壤垂直带性规律主要是在非地带性因素作用下形成的，同时也带有地带性的烙印(图 9－5)。土壤垂直带性规律是一种中尺度分布规律，不应将该规律亦视为大尺度规律，不应与纬度地带性和经度地带性规律相提并论。

(1) 土壤垂直地带的形态特征　土壤垂直地带的形态指山地区土壤垂直地带谱中土壤类型的排列组合和土壤带延伸的状况。土壤垂直地带的形态特征最普遍、最突出地表现在山地区中具有一定宽度、水平延伸、与等高线平行的土壤带，沿着海拔高度方向自下而上或自上而下更替的规律。土壤带从基带沿着海拔高度向上依次更替的现象，称正向土壤垂直地带性；反之，称负向土壤垂直地带性。前者广泛出现于各个山地区的土壤垂直分布之中，后者则多出现在高原的河谷中。从建谱土壤类型的排列组合来看，土壤

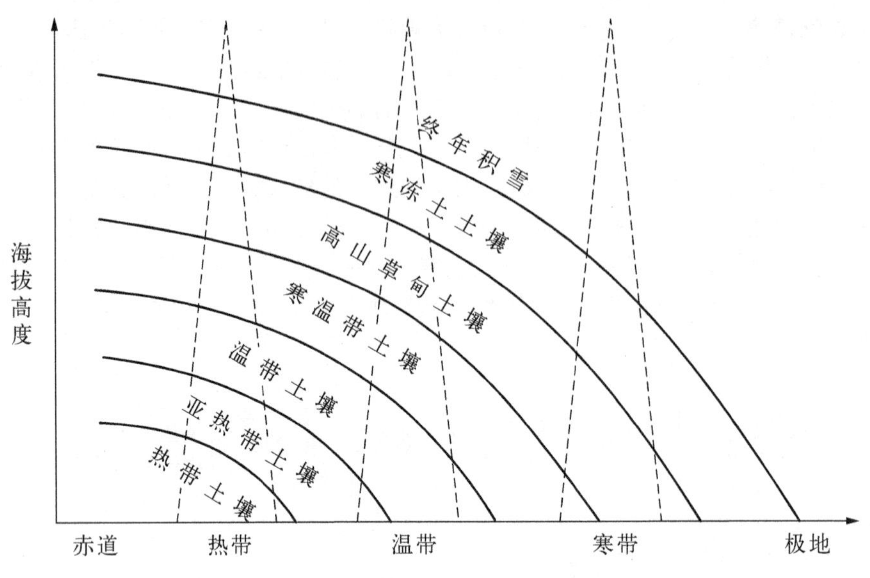

图 9-5 土壤垂直带和水平地带相关性示意图

资料来源：李天杰等(1983)

垂直地带的形态特征表现为既是土壤水平地带性的类似物，但又不是水平地带性的重复。看作是水平地带的类似物的主要依据是它的土壤带自下而上的更替顺序，类似于水平地带中的土壤带朝极地方向的更替顺序。中国天山西北坡山地棕钙土带、山地栗钙土带，以及北坡的山地棕钙土带等，土带的宽度一般都是 200 m 左右，这种情况在水平地带中是不可能找到的。其次，土壤的垂直地带谱结构比水平地带谱结构要复杂得多，以至在同一山地的不同部分，通常都可以具有各不相同的土壤带排列组合状况。此外，某些土类如高山草甸土只出现在垂直地带谱中，而另外某些土类如信风荒漠带下发育的土壤又不可能出现在垂直地带谱中的现象，亦是土壤垂直地带形态不同于水平地带形态的表现。促成这种差异性产生的原因，为① 地形的高低起伏所造成的山地区气候和生物的变化和分布，无论在垂直或水平方向上，在很短的距离内便发生显著的分异和更替的现象；② 各种成土因素的同等重要性在山地区中表现得比平原区来得显著，其中任何因素的变化都会引起成土过程性质发生相应的改变，使山地区的成土过程组合状况比平原地区复杂得多。

(2) *土壤垂直地带的结构类型* 土壤垂直地带谱尽管在空间分布中呈现着错综复杂的变异现象，但它的结构土壤带组合是随基带的气候和生物条件的不同而呈现有规律地变化的。从沿海到内陆通常可依次出现湿润、半湿润海洋性、半干旱、干旱大陆性四种垂直地带谱结构类型。

在中国，土壤垂直地带谱结构类型，从热带到寒温带，亦具有明显的变化规律。

1) 热带与南亚热带地区：建谱土壤类型主要是山地黄壤，其次为山地黄棕壤和山地灌丛草甸土。其谱式基本上分两种，即湿润海洋性垂直地带谱是砖红壤或赤红壤—山地黄壤—山地黄棕壤—山地灌丛草甸土，半干旱大陆性垂直地带谱是燥红土—山地黄壤—山地黄棕壤与山地灌从草甸土。

2) 中亚热带与北亚热带：山地黄棕壤成为主要建谱土壤类型，其谱式亦可分为两种，即红壤—黄壤—山地黄壤—山地黄棕壤—山地草甸土，以及山地褐红壤—山地黄棕壤—山地草甸土(北亚热带为山地棕壤)。

3) 暖温带：土壤垂直地带谱式可分为四种，即湿润地区为棕壤—山地棕壤—山地草甸土，半湿润地区为山地褐土—山地棕壤—山地暗棕壤—山地草甸土，半干旱地区为黑垆土或栗钙土—山地灰褐土—山地黑钙土，干旱地区为山地棕钙土与山地栗钙土，某些高山垂直地带谱还有亚高山草原土与高山寒漠土。

4) 温带：主要建谱土壤类型随基带土壤不同而变化，湿润地区南部为山地棕壤，北部为山地暗棕壤，半湿润与半干旱地区为山地灰色森林土与山地栗钙土，干旱地区为山地棕钙土和山地栗钙土，较高山则出现亚高山草甸土与高山草甸土。

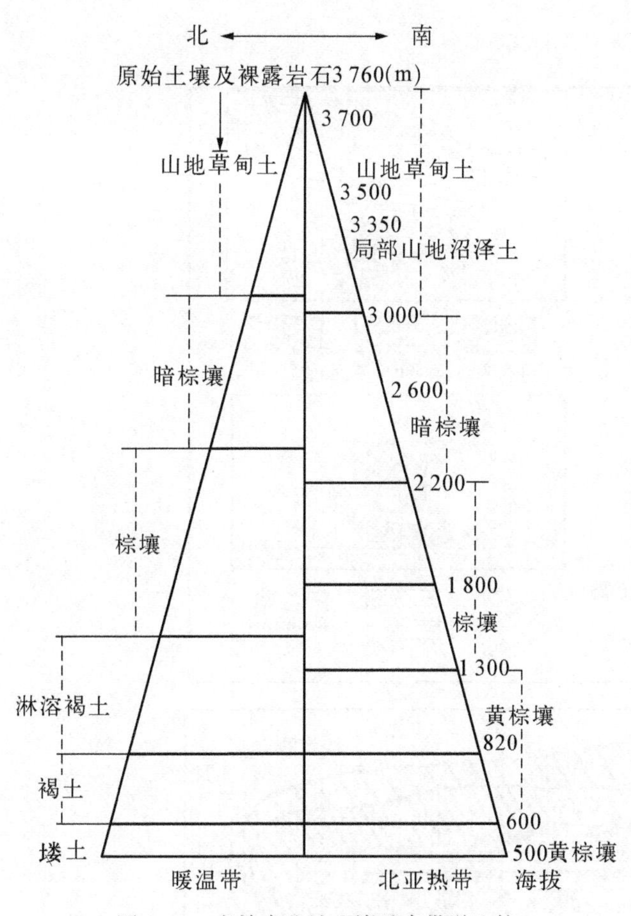

图 9-6　秦岭南北坡土壤垂直带谱比较

资料来源：熊毅等(1987)

5) 寒温带：气候冷湿，其垂直地带谱较简单，主要建谱土壤为山地暗棕壤与山地灰化土。

(3) 土壤垂直地带的变异规律　土壤垂直地带的变异指某些不同山地之间，或同一山地的不同地段之间，土壤垂直地带谱的形态结构随着山地所处的纬度、海陆位置以及地表形态等各种条件的不同而有规律地变化的现象。在自然综合体中，土壤垂直地带谱的变异是极为普遍而复杂的现象。根据它们在空间分布中变异的基本规律，在这里归纳为以下三种：① 土壤垂直地带的纬度变异，表现为某些经度位置相似的山地区，土壤垂直边带谱的形态结构随着纬度的变化而发生差异的规律；② 土壤垂直地带的经度变异，表现为纬度位置相似的某些山地，土壤垂直地带谱的形态结构随着经度的变化而发生差异的规律；③ 土壤垂直地带的地域变异，表现为同一山地的不同坡向和不同地段上，土壤垂直地带谱的形态结构发生显著变异的现象(图 9-6)。

(4) 土壤垂直分布与农业立体配置　在黔北黔东一带，开垦山丘土壤资源时如图 9-7 所示，常常采用山顶“戴帽子”水源涵养林、山腰“系带子”经济林、山脚“穿鞋子”护土坡草带的开垦方式，实行林粮间作。这样既可防止水土流失，又可促进林粮双丰收。

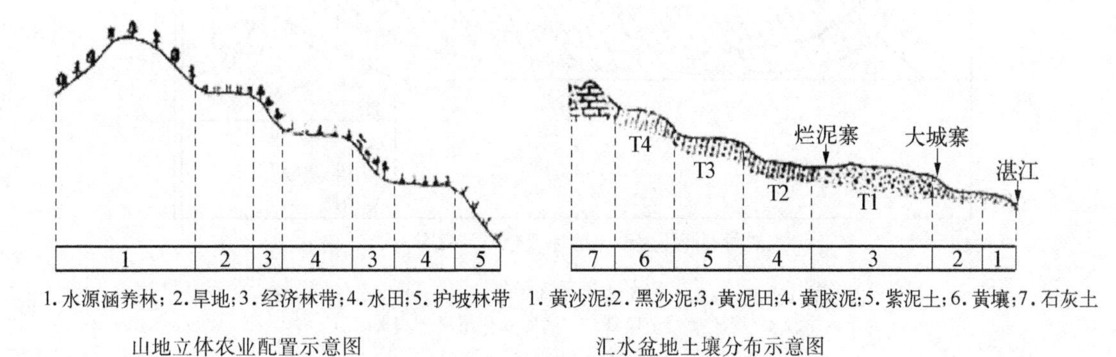

图 9-7　贵州省土壤分布特点与农业利用的关系

资料来源：杨云(1980)

(三) 小尺度土壤分布规律

小尺度土壤分布规律指在中尺度土壤分布规律的背景上，根据中小地形、水文地质、地方性气候和小气候、岩性和母质、人类活动等状况，土壤低级分类单位发生有规律更替的现象，包括土壤组合和土壤复域两个层次。但必须强调两点：① 小尺度土壤分布规律是在土壤地带性和非地带性因素综合作用下形成的，两种因素对该种土壤分布规律的影响程度相同；② 耕作土壤属于小尺度土壤分布规律的一种表现，将它独立出来与土壤组合或复域并列的做法是欠妥的。

除具有水平-垂直分布规律外，还具有一系列因中小地形、水文地质、人为因素的差异而形成的土壤的隐域性分布规律(图 9-8)。

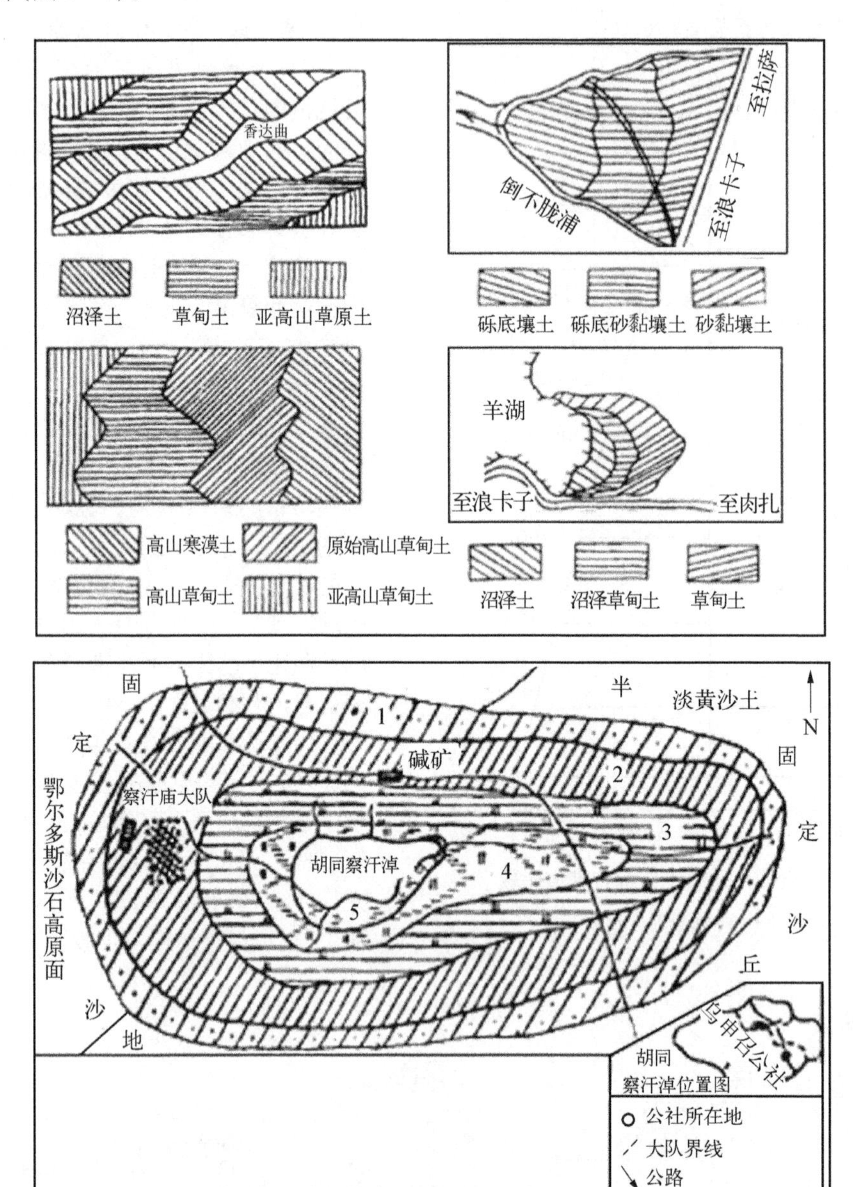

胡同察汗淖盆地土壤环状分布示意图

1. 沙石黄沙土环;2. 沙壤质草甸黄沙土壤环;3. 沙壤质草甸土壤环;
4. 壤质盐碱土壤环;5. 壤质盐化沼泽土壤环

图 9-8 土壤的各种小尺度分布规律

资料来源:王玄德等(1991);向斗敏(1997)

1) 树枝状分布:土壤发生类型沿流水方向或河谷延伸,因而呈树枝状分布。

2) 条带状分布:在河流特别是较宽阔的河流两侧,水流较缓或受阻,水分含量与河滨距离成反比,使沼泽土、草甸土和地带性土壤顺河流呈条带状延伸图。

3) 锯齿状分布:常见于山地土壤中,由于受地形、坡度的影响,使相邻土壤类型的分界线呈锯齿状分布。

4) 扇状分布:洪冲积扇上发育的土壤,从扇顶至扇缘,砾石含量、土层厚度、土壤质地等呈有序的交替,最终导致土壤呈扇形分布。冲积扇上的这种交替现象比洪积扇更明显。

5) 芽状分布:这是湖泊周围特有的土壤分布类型,从湖体向外,水分含量呈辐射状减少。相应地,沼泽土、草甸化沼泽土、沼泽化草甸土、草甸土、亚高山草甸土呈同心圆状分布。由于湖体不规则,湖岸线曲折迂回，有的湖岸线陡峭，使土壤类型减少，甚至湖滩和亚高山草原土直接相连，从而同心圆状分布，变成了芽状分布图(图 9－9)。

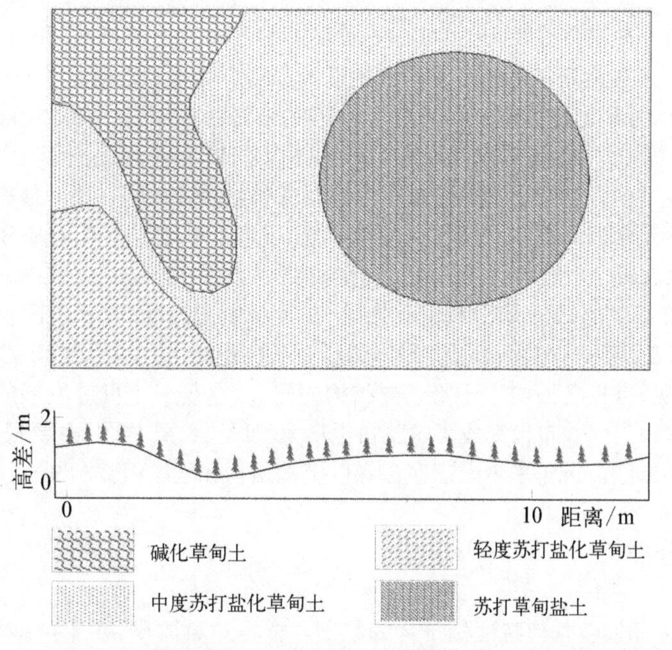

图 9－9　松嫩平原碱化草甸土、盐化草甸土和草甸盐土相间分布的片段

资料来源：熊毅等(1987)

6) 圆锥式分布：湖心岛屿，因四周均受湖体效应影响，土壤分布呈“圆锥式”。

7) 环状分布：盆地内各土壤环的土被均由各种沙土组成，从盆地边缘到盆底中心最低洼地区或积水区域依次相应地分布着黄沙土壤环或淡栗沙土壤环、草甸黄沙土壤环、沙质或沙壤质草甸土壤环、壤质盐碱土壤环及壤质盐化沼泽土壤环。

微域性土壤除了形成上述形状外，还与土壤分布与坡位、坡向和坡度有密切的关系。

1) 坡位与土壤分布：在同一土壤类型条件下，山谷地带土层较厚，有机质及全氮、交换钙、速效磷的含量明显高于山上，其林木长势也优于山上。但是，在山谷中的河滩两岸、局部沟洼的地方，由于积水等原因，土壤中的微量元素含量较低。

2) 坡度与土壤分布：坡度与土壤的关系主要体现在坡度与土层厚、容重、土壤养分、全氮、有机质、钙、磷等因子的关系。坡度影响着土层厚度，两者之间差异非常明显，即山顶部(山脊、平台)上层较薄，随着坡度的减小到山脚下土层逐渐增厚。但在山坡上，如出现平坡、缓坡或低洼积水处，土壤也会增厚；反之，在坡度剧增处，土层就会变薄。

3) 坡向与土壤各因子关系：在同一坡度、同一土壤类型条件下，阴坡的有机质含量要高于阳坡。

通过上述分析讨论可以看出，各土壤分布规律性之间的关系比较复杂，有些属于并列关系，有些是从属关系，并且不同尺度间地带性因素和非带地性因素的影响程度或表现形式不同。大尺度土壤分布规律中的纬度地带性和经度地带性分别是在地带性因素和非地带性因素影响下形成的，两者的成因和表现形式彼此独立，属于并列关系。中尺度土壤分布规律隶属于大尺度土壤分布规律，既受地带性因素影响也受非地带性因素影响，但影响的主导因素不完全相同。土壤区域性规律、省性规律和垂直带性规律主要受非地带性因素影响，而土壤的带段性规律则主要受地带性因素影响。小尺度土壤分布规律隶属于中尺度和大尺度土壤分布规律，是在地带性因素和非地带性因素综合作用下形成的，分不出主导因素和次要因素，或者说地带性因素和非地带性因素对小尺度土壤分布规律的影响程度相同。总之，高层次规律是控制低层次规律的背景，低层次规律是构成高层次规律的基础。从高层次规律到低层次规律，地带性因素和非地带性因素由彼此独立逐渐趋向综合，客观存在的土壤都是在上述两种因素共同作用下形成的。

第二节 土被结构

土被结构的概念最早来自原苏联西比尔泽夫(N. M. Sibirtsev)“土壤复域”和道库恰耶夫的“土壤地形”。20世纪60年代中叶,原苏联弗里德兰在前人研究的理论和概念的基础上提出了土被结构、土壤复域的类型、土被结构的特征和形状,并提出土被研究的用途。30年代美国也发展了土壤复域的概念。

20世纪70年代末美国的布洛(S. W. Boul)和霍尔(F. D. Hoel)先后提出了土壤景观分析研究的内容。霍尔在土壤景观分析一书中详细阐述了土壤景观野外调查和室内分析的方法。他的土壤景观概念和弗里德兰土被结构研究的内容是相似的,其中心概念有两点:① 以基本土域或基本土体为研究对象,研究采用大比例尺的详细调查;② 深入研究土被的空间格局,这就与地貌类型和自然景观有着密切的关系。

肖笃宁等参加了第14届国际土壤学大会后指出,在土壤制图方面,对不同比例尺上图单元的选择上有从土壤类型向土链-土壤景观-土壤区域过渡的趋势。龚子同也指出第三世界国家中也开始了1∶100万土壤-地形制图。由此可见,世界各国均已开始土被结构的研究,这是一个良好发展的趋势。中国土被结构研究开始于20世纪60年代,至70年代完成了内蒙古毛乌素沙区土被结构图,主要根据土壤和地形,特别是微地形及沙丘分布的关系制图。近年来中国正在倡导以土被结构和土壤组合制图。

一、土被结构分类

1. 分类原则 采用发生几何特性相结合的原则。依据这种原则,在土被结构分类时,首先应当把发生及其所形成的几何图形(或称图案)有机地结合起来,并着重于土被结构本身的形成、特性以及土壤组合。其次,土被结构特性亦表现在其组成成分中各单元土区在空间的几何特性或几何构型,不同几何构型反映出不同种类或不同型号的土被结构。例如,条带状土被结构型,一般反映出地面平坦广阔地域的各地带性土被结构;树枝状与条格状等土被结构型,反映出流水地貌地区的土被结构等。因此,只有把土被结构的发生特性与几何特性相互结合起来,才能对土被结构进行较完整而系统的分类。

2. 分类系统及其依据 从上到下采用土被结构类、土被结构型、单元土被结构组合、单元土被结构及单元土区等五级分类制。

(1) *土被结构类* 指由不同地带性土类构成的各种土被结构,其划分依据为地带性土类,如黄壤与红壤为主要成分可构成的黄、红壤土被结构类。土被结构类是土被结构分类中的最高单位。

(2) *土被结构型* 为土被结构类的下属单位。不同几何图形之土被构成的土被结构,即为不同的土被结构型。其划分的依据是各个单元土区或单元土被结构,在空间有规律的更替状态与构型,如树枝状、条带状、条格状、环状及台阶状等土被结构,均构成其不同的型号。这些土被结构型的发育和展布的空间范围,一般都在相应的土被结构类之中。因此,在土被结构分类中可视为二级分类单元。

(3) *单元土被结构组合* 由两个以上并在发生上有联系的,在内容上又各不相同的单元土被结构组合而成,如黄壤单元土被结构与黄壤性水稻土单元土被结构、薄层紫色土单元土被结构与紫色土性水稻土单元土被结构,在发生上均有各自的内在联系,但在内容上又各不相同。这样,它们即构成两种不同性质的单元土被结构组合。所以,各单元土被结构的内在联系或发生联系与内容组成则为单元土被结构组合划分的基本依据。

由于各地自然条件的不同,每种组合中的成分在所占面积方面的百分比率亦不相同,在同一土被结构组合中,在成分上面积比率的差值即为其变异的一种表现,亦可称之为单元土被结构组合的变异,但因它们不具有性质的差异,故不作为土被结构分类单位来考虑。

(4) *单元土被结构* 是土被结构分类的基本单位。它由在发生上互相联系、空间上又相互呈规律性更替的各种单元土区构成,其划分依据是单元土被结构之组成差异及其相互分布状况。各单元土被结构的名称则采用主-次成分命名法,即是按面积大小的顺序为单元土区之土壤名称联名法。

(5) *单元土区* 是土被结构的最低一级组成或原始组成单位。凡某个单元土区,土壤成因、种类、属性均具有同一性,因此,凡具有此种同一性土被所占的空间,即构成某种单元土区。各种单元土区在一定的空间或地域内具有重现性的特点,故在相应的地域范围内则构成了各种单元土区的同种而不同数量的自然现象。在时间方面,各种单元土区在不断地演变与更替,成为一种变动的客体。因而,对各种单元土区性质的认识，掌握其变动规律，对当前农林牧业生产的发展和长远的战略规划，都是有益的。

单元土区面积依据B. M. 费里德兰德公式计算，公式为

$$单元土区平均面积=\frac{\sum_{i-1}^{n}P_i}{R}$$

式中，P_i为研究区各单元土区面积；R为单元土区数目。

单元土区的形状大体上分为圆形、椭圆形、延长形和线状形四种。一般来说，在向斜丘陵宽谷中的大部分丘间平坝、岩溶注地和浅丘地上的单元土区及部分河谷平坝中的单元土区，多呈圆形或椭圆形；一部分河谷平坝、丘间平坝、槽谷、岗地或岗状丘陵地俗称长梁地上的单元土区，呈延长形；大部分丘间谷地及部分河谷地中的单元土区属线状形；东西两侧砂岩山岭上的单元土区，多呈线状形；灰岩浑圆低山地区的单元土区，一部分为延长形，另一部分为圆形或椭圆形；一般而言，单元土区的形状采用分割度公式进行计算，公式为

$$分割度=\frac{S}{3.54\sqrt{A}}$$

式中，S为单元土区的周长；A为单元土区的面积；3.54为将单元土区面积换算成圆周长的系数。

单元土区的界线性质指各单元土区间界线状况及其长短比例关系。各单元土区之间界线按其组成成分的异同，大体上分为两类：第一类为一种单元土区全被另一种单元土区包围，构成封闭式的界线，如缓丘平坝地区之紫色土性水稻土即被普通紫色土所封闭，浅丘顶部各个极薄层紫色土区全被其下的薄层紫色土单元土区所封闭等；第二类是一种单元土区被两种以上或多种单元土区所包围，各单元土区间界线过渡情况依据各单元土区间的界线性质，分为逐渐(A)、清楚(B)和明显(C)三种，并以此三种界线的长度占其总长度之百分比率(%)来表示。如某个单元土区界线性质的计算公式为

$$R=k_1A+k_2B+(1-k_1-k_2)C$$

式中，k_1表示该土区逐渐过度界线的长度占总长度的百分比，%；k_2表示该土区清楚界线的长度占总长度的百分比，%。

二、土被结构分级

1. 土被结构的发生分级 土被结构也可称作土壤群体结构，是研究土壤在空间上的构型。由于成土因素在地理上的差异，所以不同土壤带与地区不仅拥有不同的类型，更拥有不同的群体组合。这些组合的构型空间表现形式及其成分间的发生联系是有规律的。根据土被结构内部各成分间的发生联系，可将土壤群体结构分成几级。土被结构的发生分级以三组土被特征为基础，即质量发生特征、数量发生特征和发生几何特征。质量发生特征的划分标准，是根据土被分异结构可以划分出土被结构的最高单位，称为土被结构谱。同一谱系结构在不同的地带、亚地带有许多相类似的土壤，并形成不同的土壤系列，在土被结构谱式系列之下，就要根据数量发生特征，即土被分异程度来进行分级。土被分异程度表现为土被的异质性、对比性和复杂度，这样同一系列的土被结构按不均匀程度通常可分成几级，最后根据发生几何特征，即土壤复合的轮廓将土被结构划分出最低等级，在这些等级的内部，没有其他的地理界线，内部均匀程度较高。

根据这三组特征所进行的土被结构发生分级是土被结构的基础分级，反映了区域土被结构的真实状况，提高了土壤资源评价和计算的客观性，并为土被结构的应用分级奠定了基础。

2. 土被结构的应用分级 土被结构的应用分级决定于部分参数，而不是全部参数。这些土被结构指标通常低于共同发生的指标，但是这些性质的存在能影响到耕种作物的生态环境。分类指标是在影响农作物的品种、种类的生态因子基础上进行的，在这些土被结构中，单元土区并不总是均质的，而是适合于生长具体的一组作物、一种作物，甚至是确定的种类。费里德兰特提出，为了确定对比度而进行的各种土壤性质的计算，可以广泛地应用到土被结构应用分级中。与此相类似，应用于不同领域的土被结构分级都可以根据不同的目的，确立相应的分级系统和指标。

第三节 土 壤 区 划

一、土壤区划的理论依据

土壤区划是根据土被或土壤群体在地面组合的区域特征,按其相似性、差异性和共轭性进行地理区域上的划分。土壤区划的主要目的是:合理规划和配置农、林、牧业生产,充分利用土壤资源、发挥土壤潜力,达到因地制宜的目的。土壤区划既是综合自然区划的组成部分,又是农业区划的基础工作。因此,土壤区划是为农业经济规划服务的,在进行农业布局、土壤利用改良规划、合理利用土壤资源、发挥土壤生产潜力、提高土地利用率、建设农业现代化基地、发展国民经济等方面都有指导作用和现实意义。

土壤区划是对土壤群体所做地理上的区分,即以土壤群体在地面组合的区域特征异同为依据,将相同或相似的土壤群体划归为同一个单元区;在同一个单元区内再根据土壤群体的某些差异进行续分。一般可分特定地区土壤区划和特定土壤类型区划两类。

1) 特定地区土壤区划:指对全国或某一省、县或其他指定地区范围内所分布的土壤类型进行的区划,目的主要是为农林牧业综合发展服务。涉及内容较广,综合性较强。省级或特定地区的土壤区划,尚可进一步续分为亚土区、小区与土片等续分单元。县级以下的土壤区划要求数据精确,并与农业区划紧密配合,有具体的土壤改良利用措施,一般县级土壤区划分两级为宜。

2) 特定土壤类型区划:指以某一土壤类型的利用、改良为目的,针对影响该土类特性和形成发育过程的有关因子进行分析,而进行的土壤分布区划分。例如,风沙土的改良区划重点分析干燥度、风速、风向以及风沙移动和累积的情况;盐碱土的改良利用区划重点分析土壤盐分累积和碱化的情况,并联系反映地下水位、水质、矿化度以及地区盐渍的地球化学特征等。

二、土壤区划方法

关于土壤区划的方法一般有两种,即自上而下或是自下而上。这两种方法相辅相成,互相补充。全国性的、大区域的、省级的土壤区划采取自上而下法,强调高度综合性。县级土壤区划一般采用自下而上法,强调从低级单位向上综合。

三、土壤区划分级单位划分的依据

1959年中国科学院自然区划工作委员会根据土壤发生学和生产性的原则提出中国土壤的区划系统,将土壤区划系统分为土壤气候带、土壤地区和亚地区、土壤地带和亚地带、土壤省、土壤区、土组、土片七级。土壤区以上属于高级单位系统,是全国性或省级、大区的土壤区划确定的范畴;土壤区以下属于低级单位系统,是县级以下的土壤区划确定的范畴。全国性的(小比例尺的)土壤区划与地方性的(中、大比例尺的)区划应该根据统一的原则划分,并且应有统一的分类单位系统。

1) 土壤气候带:根据地表热量状况,以气候指标为主,分为寒温带、温带、暖温带、亚热带和热带五个带,表现为纬度地带性。

2) 土壤地区和亚地区:根据土壤气候带内土壤水分的差异、距离海洋的远近,分为海洋性、过渡性、大陆性和极端大陆性的土壤地区和亚地区,表现为经度地带性。

3) 土壤地带和亚地带:是土壤地区内按地带性原则的续分,以地带性土类或亚类来命名,如栗钙土地带、暗栗钙土亚地带。

4) 土壤省:是土壤地带或亚地带的一部分,按大地形划分,如山地省、平原省。

5) 土壤区:一般按土壤、地貌单元划分。土壤区又可分为平地土区、半山地(山间盆地)土区和山地土区。平地土区包括地带性土壤、隐域性土壤和耕种土壤构成的土壤组合,半山地土区和山地土区包括地带性土壤、隐域性土壤、耕种土壤和山地土坡的复杂组合。

6) 土组:依据土壤区内与地貌或不同母质相联系的单一土壤组合或土壤复合划分,主要是以地貌条件及人为活动引起水文条件的改变作为划分依据。

7）土片：由于小地形的变化使发育在同一母质上的土壤呈复区分布。

四、中国土壤区划

中国土壤区划的系统和分级具有明显的地方性。现有三种方案。

1. 第一种方案 将全国土壤分为七级。其中，零至三级是土壤区划的高级单元；四至六级属低级单元。

零级，称土壤气候带，分寒温带、温带、暖温带、亚热带和热带五个带。

一级，称土壤地区或亚地区，根据零级中土壤因经度的差异而发生的变化划分。

二级，称土壤地带与亚地带。

三级，称土壤省。

四级，称土壤区，根据地形、地貌单元划分。

五级，称土组，按土壤组合划分。

六级，称土片，是按小范围内的地形变化划分的土壤复区。

2. 第二种方案 将全国土壤分为大土区（一级）、地区（二级）、土区（三级）三级。

（1）大土区 全国分为八大土区：① 砖红壤、砖红壤性红壤、水稻土大区；② 江南、西南红壤、黄壤、水稻土大区；③ 长江中下游黄棕壤、水稻土大区；④ 黄河中下游棕壤、褐土、黑垆土大区；⑤ 东北黑土、白浆土、暗棕壤大区；⑥ 内蒙古高原栗钙土、棕钙土大区；⑦ 甘新干旱漠土、绿洲土大区；⑧ 青藏高原高山土大区。

（2）地区 主要依据土壤在改良利用上的差异划分。例如，在砖红壤、砖红壤性红壤水稻土大区中，依南部热带可种植橡胶的砖红壤和北部适宜龙眼、荔枝的砖红壤的特点，分为第二级区等。

（3）土区 主要依土壤组合划分。例如，对黄淮海平原，根据其北部多盐碱土、南部多砂姜黑土的区别，分为两个土区等。

3. 第三种方案 1982年的中国土壤区划将全国土壤分为土壤区域（一级）、土壤带（二级）、土区（三级）三级。全国共分4个区域和14个土壤带。

（1）土壤区域 根据土壤性状和自然景观的重大差异，划为四大土壤区域：① 富铝土区域（或铁铝土区域），位于秦岭-淮河以南，包括红壤、黄壤等。② 硅铝质土区域，位于秦岭-淮河以北，包括棕壤、褐土等。土壤处于黏粒形成、淋溶和淀积阶段，不少土壤仍含有石灰，低平处见盐分累积，以旱耕为主。③ 干旱土区域，位于长城沿线及黄土区西缘的西北部，包括栗钙土、漠土等。盐分大量累积，多草场，主要为牧业。④ 高山（原）土区域，位于中国西南部低纬度、高海拔的青藏高原。

（2）土壤带 是土壤区域的续分。主要依据土壤与生物、气候的一致性进行划分。① 富铝土区域由南向北分为：砖红壤带，属强富铝化土壤，可种植橡胶及其他地带性经济作物；赤红壤带，适生龙眼、荔枝，局部可引种驯化热带经济作物；红、黄壤带，属中度富铝化土壤，以常绿阔叶林、柑橘、油茶、油桐为主；黄棕壤带，属弱度富铝化土壤，局部可生长茶、柑橘等。② 硅铝土区域由南向北分为：棕壤、褐土和黑垆土带，以旱作为主，为干鲜果类的重要产区，有水土保持问题；暗棕壤、黑土和黑钙土带，土壤富含有机质，多森林及草甸草原，盛产大豆、高粱；灰化土或漂灰土带，以落叶松林为主。③ 干旱土区域可分为：栗钙土、棕钙土、灰钙土带，多干旱草原，以牧业为主；灰棕漠土带，多沙漠，山前多灌区；棕漠土带，多风蚀地貌、戈壁，山前多绿洲。④ 高山（原）土区域可分为：亚高山草甸土带，多草原及牧业；亚高山草原土带，多干旱草场及牧区，局部沟谷中见农区；高山草甸土带，以牧业为主；高山草原土带，多盐湖，局部牧业；高山漠土带，属高山漠境草原。

（3）土区 全国土壤区划的基本单元。以黄淮海平原为例，属棕壤、褐土带中的广阔平原，是一个完整的土壤区，以潮土为主。可再分为：① 黄河以北华北平原潮土-盐碱土区；② 黄河以南黄泛平原潮土-盐碱土区；③ 淮北、苏北平原砂姜黑土区等。

五、特定土壤的改良利用区划

1. 风沙土改良利用区划 应重点分析其干燥、湿润的情况，风速、风向及风蚀、风沙的移动和堆积，植被覆盖率及其固定程度。例如,我国内蒙古东部的呼伦贝尔高原沙地、科尔沁沙地东部相对湿润,沙丘可生长樟子松、榆等疏林及多种草灌,主要为半湿润固定风沙土区;科尔沁沙地中西部、小腾格里、毛乌素等沙地相对干旱,多沙蒿、柠条及铺地柏(或臭柏),主要为半干旱、半固定和固定风沙土;内蒙古西部的腾格里、巴丹吉林沙漠则更为干旱,植被稀疏矮小,主要为高大的流动沙土区。这些均是风沙土在改良利用时要考虑的主要差异。各大河泛滥平原或沙漠地区内风沙土的差异均较明显,可在低级区划中进一步详细区分。

2. 盐碱土改良利用区划 依据土壤盐分累积特征和碱化问题及其成因,联系地区的生物气候条件、地貌、地下水位、矿化度以及盐渍地球化学特征、土壤质地构型等进行区划。例如,中国滨海区以氯化物滨海盐土为主;黄淮海平原以氯化物、硫酸盐斑状盐化为主;草原以硫酸盐、氯化物和碱土为主;西北干旱区以漠境氯化物、硫酸盐盐土为主。首先依据盐渍化差异划分盐渍区,再按盐渍区内部盐化、碱化特征、土壤特性等进一步区分,并拟出当前及长远的改良利用措施。

参考文献

蔡惠民.1966.广西地区土壤分布的垂直带谱.土壤学报,14(2):206—213.

康迎昆.1990.长白山北部地貌形态与土壤分布关系.林业科技,04:19—21.

李天杰等.2006.土壤地理学.第三版.北京:高等教育出版社.

刘玉顺.1985.祁连山天峻段水热条件对土壤分布规律的影响.青海农林科技,(04):46—52.

刘兆谦.1962.也谈土壤地理学发展的方向和途径问题.土壤通报,(06):59—60.

马建华.1992.对土壤分布规律的再认识.河南大学学报(自然科学报),22(1):1—5.

屈联发.1991.土被结构系统分类及其应用.陕西师范大学学报,19(4):61—65.

王玄德,赖守悌.1991.西藏羊卓雍湖盆区土壤分布规律研究.西南农业大学,13(3):302—306.

席承藩,张俊民.1982.中国土壤区划的依据与分区.土壤学报,19(2):97—110.

夏丽华,张仁.1995.土被结构应用分级及其用途.松辽学报(自然科学版),(4):38—40.

向斗敏.1984.垫江县土被结构.重庆师范学院学报(自然科学版),(1):89—100.

向斗敏.1977.内蒙古高原的土壤分布规律之一:环状分布规律.内蒙古师范大学(自然科学汉文版),(00):90—99.

熊毅,李锦.1984.中国土壤图集的编制原则和内容.土壤,(01):1—4.

姚铭,刘成祥.1984.长白山北坡植被组成及土壤分布考察报告.吉林农业科学,4:40—47.

中国科学院南京土壤研究所.1986.中国红黄壤地区土壤利用改良区划.地理科学进展,(Z1):91.

朱鹤健等.1992.土壤地理学.北京:高等教育出版社.

http://hanyu.iciba.com/wiki/104964.shtml#1.

第十章　土壤调查与土壤制图

第一节　土壤野外调查方法

土壤调查是在某一地区对土壤进行系统的观察、描述、分类,并将其分布绘制成图的工作过程,是通过野外实地观察土壤剖面去研究土壤的一种基本方法。土壤地理野外调查是土壤地理教学环节的有机组成部分。

土壤野外调查是在观察、记载土壤剖面形态、性状的基础上,掌握被调查环境的水热条件,包括气候、地形地势与水文状况等,环境的成土母质种类及迁移沉积状况,环境的植物生长量与土壤有机质的积累与分解,环境中各个成土因素的作用强度的对比关系等。然后,划分土壤类型,弄清土壤类型及其分布规律、土壤的生产性能和存在问题,搞清限制农业生产的限制因素,并将调查区内所分布的土壤类型变化,标志在地形图或航片、卫片上,经过归纳与综合制成土壤图。其目的是通过野外调查,应用和验证课堂教学所学的理论与知识,加深和巩固对教材内容的理解,学习常规土壤调查与制图的基本技能和方法。

土壤调查的内容是多方面的,针对不同的用途,有不同阶段的土壤调查方法与目标。土壤调查的内容主要包括以下五方面内容: ① 对野外土壤的特性做有系统的观察与检验;② 对土壤特性做完整的描述,包括物理、化学及生物性质的描述与检验分析;③ 对土壤作系统的分类,以作为土壤管理的依据;④ 将不同的土壤分布绘制成土壤图;⑤ 做不同地区土壤的分类特性和进行土壤解释等。

土壤调查的方法一般可分为路线土壤调查和标准地(定点)土壤调查。土壤地理野外调查的重点是学习与掌握土壤路线调查(或概查)的方法。其主要内容包括: ① 调查前的有关资料和图件的收集与分析工作;② 土壤地理调查路线的选择;③ 土壤剖面的选点、观察、描述与记载;④ 土壤样品的采集;⑤ 土壤图的调查与绘制。

一、土壤调查的准备工作

(一) 土壤调查的资料准备

1. 自然环境基础资料

1) 气象气候资料与气候图: 着重搜集的数据有气温、年均温、≥10℃积温、年降水量、年蒸发量、风、无霜期等资料,以及气候图。

2) 植被: 植被类型、组成结构、被覆情况、指示植物等。主要搜集自然植被、植被图等。

3) 地貌: 地貌类型、海拔高度、侵蚀切割程度,以及地貌类型图等。

4) 母质和母岩: 地质图、岩性分布图、区域地质构造、岩石种类、岩性及其分布规律。成土母质类型一般以第四纪成因类型为基础,如花岗岩残积母质、河流冲积母质或洪积物、海(湖)相淤积物、冰碛母质等。在干旱和半干旱地区应注意黄土和风沙物质,湿热的亚热带和热带应注意红色风化壳。

5) 水文: 包括调查区的地表水和地下水。例如,河流水系分布、各河流的水文特征、流域发生发展情况;地面潜水埋藏深度、水化学成分及矿化度;水文地质图等。

2. 基础图件　地形图是用以作为土壤野外调查底图的重要的基础图件。地形图比例尺大小的选择,视调查范围的大小、自然地理环境和土壤的复杂程度而定。调查范围小、环境条件和土壤种类多样的,比例尺宜大;反之,宜小。一般多采用1∶5万～1∶1万比例尺的地形图作底图,范围大者可采用1∶10万地形图。

在条件允许的情况下,可用遥感图像做底图。遥感图像由于现势性比较强,可以直接看到所选的采样点的综合环境状况,并且利于后续土壤图的计算机编辑而体现出其优越性。

3. 社会经济资料　收集社会经济资料的目的在于了解人类活动对土壤发生与演变的影响。包括历史上的人类活动;现在的社会经济情况,特别是农业经济资料,如人口、农业劳动力、总土地面积、耕地面积、林地、牧地;农作物种植情况,如作物种类、作物配置、耕作制度、产量水平;农业生产结构、农业生产中存在的主要问题;水利、施肥状况;旱、涝、盐、碱、次生潜育化、水土流失情况等。此外,对城市、工矿业发展对土壤污染或退化带来的影响也不能忽视。

4. 土壤资料 搜集、阅读与分析土壤调查区的有关地形图、土壤图、土壤调查报告,论文或专著是土壤调查准备工作的重点。一般说经过全国二次土壤普查,各地都有大比例尺土壤图及比较丰富的土壤普查资料可以利用。对现有的资料要着重研究各类土壤的发生学特征、理化性质;土壤形成与分布的地带性规律与区域特性;土壤与农、林、牧生产的关系;土壤改良利用中的问题,如土壤侵蚀、次生盐渍化、潜育化、退化、沙化等;当地群众利用改良土壤的经验等。

(二)野外调查工具准备

野外实习的物质准备包括以下四个方面。

1)记录用具:剖面记录表、记录簿等。

2)采样工具:主要指挖掘土坑和采集土壤标本及分析样品的用具。一般常用的有土锹、土镐、土铲、土钻、取土刀、土壤标本盒、土袋、标签、钢卷尺等。

3)土壤野外速测仪及各种试剂。

4)调查绘制土壤图的测绘仪器:手持“3S”系统、罗盘仪、高度表、三角板、量角器、彩色铅笔、铅笔、小刀、橡皮,以及绘图仪器、透明方格纸、坐标纸、地形图等。

二、土壤路线调查

(一)路线调查选线的原则和方法

土壤地理路线调查属于概查。由于土壤与成土环境之间的关系是统一的,因而选线应通过各种成土环境因素的典型地段,这样就可概查到各种典型土壤类型。

调查选线的原则是以路途短,交通方便,观测内容较全面为标准。

山区土壤路线调查选线,首先要遵循垂直于等高线的原则,这样可观察到不同海拔高度各种生物、气候、地形、母质,以及通过不同的土壤垂直地带;其次还应考虑山体的坡向、坡度对土壤发生发育的影响。此外,山区选线最好从河谷起,这样还可以看到河流水文、母质与地形等对土壤形成和分布的影响。

平原高原地区要使土壤调查路线通过主要的地貌单元、地形部位、母质类型、土地利用方式,以便能观察到更多的土壤类型,并掌握土壤的分布规律,如滨海(或滨湖)平原-冲积平原-山麓平原、河漫滩-河流阶地、洼地-坡地-岗地,能够观察到各种类型的土壤。平原区选线还应注意其典型性,即选定的路线要通过调查地区最具有代表性的地貌,如河流选线调查路线要横穿河谷,这样便于观察河谷两岸地貌成土母质,水文、植被与人类活动对土壤形成和分布的影响。

农耕区选线要选定能代表当地主要耕地、不同农业利用类型的土壤调查路线,如通过路线应照顾到水稻田、旱田、特殊经济作物区、各种草场类型等。

选线的间距要根据土壤调查的目的、调查范围、调查精度等确定,假使通过路线调查要完成一定面积范围的土壤图,则选线的间距要根据不同比例尺的精度要求、成土条件和土壤类型的变化复杂性而定。例如,地势平坦开阔,土壤类型较单一,分布范围较宽广,则调查路线的间距可大些;相反,如果成土条件、土壤类型复杂多样,面积较小,图斑比较零碎,则调查路线的间距应适当小些。总之,要使调查线路能控制土壤类型和分布规律,有利于调查后绘制完成土壤图为原则。

(二)土壤剖面的设置与挖掘

1. 土壤剖面的种类 土壤剖面是土壤三维实体的垂直切面,显露出一些一般是平行于地表的层次

(图 10-1、图 10-2)。土壤剖面按来源可分为自然剖面、人工剖面两类;按剖面的用途和特性,又可分为主要剖面、对照剖面、定界剖面三种。

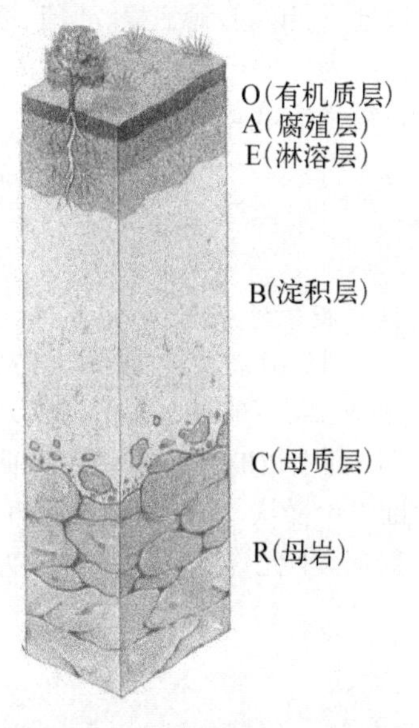

图 10-1　土壤剖面构成示意图

资料来源:李天杰等(2006)

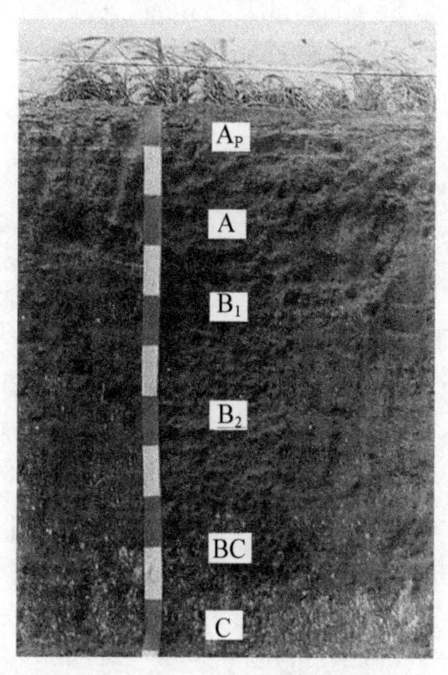

图 10-2　土壤剖面实拍图

资料来源:中国土壤系统分类(2006)

(1) 自然剖面　　由于人为活动而造成的土壤自然剖面。例如,兴修公路、铁路,工程或房屋建设,矿山开采,兴修水利,平整土地和取土烧砖瓦,以及河流冲刷、塌方等,均可形成土壤自然剖面。

自然剖面的优点是垂直面比较深厚,可观察到各个发生土层和母质层,同时暴露范围比较宽广,可见到土层薄厚不等的各种土体构型的剖面,这就有利于选择典型的剖面,比较不同类型土体构型的剖面,对分析研究土壤分类、土壤特性、土壤分布规律都比较有利。自然剖面的另一大优点是挖掘省工,只需挖去表面旧土就可进行观测。自然剖面的缺点是暴露在空气中较久,因受风吹日晒雨淋的影响,其剖面形态已发生了变化,不能代表当地土壤的真实情况,因而它只能起参考作用,不宜做主要剖面。但一些最新挖掘的自然剖面,则在进行观测时,应加整修,以挖除表面的旧土,使其暴露出新鲜裂面。

(2) 人工剖面　　指根据土壤调查绘图的需要,人工挖掘而成的新鲜剖面,有的也叫土坑。

1) 主要剖面(⊙):是为了全面研究土壤的发生学特征,从而确定土壤类型及其特性,而专门设置挖掘的土壤剖面。它应该是人工挖掘的新鲜剖面,从地表向下直挖到母质层(或潜水面)出露为止。

2) 对照剖面(△):是为对照检查主要剖面所观察到的土壤性态是否有变异而设置的。它一方面可以丰富和补充修正主要剖面的不足,另一方面又可以帮助调查绘制者区分土壤类型。检查剖面应比主要剖面数目多而挖掘深度浅,其深度只需要挖掘到主要剖面的诊断性土层为止,所挖土坑也应较主要剖面小,目的在于检查是否与主要剖面相同。如果发现土壤剖面性状与主要剖面不同时,就应考虑另设主要剖面。

3) 定界剖面(×):顾名思义是为了确定土壤分布界线而设置的,要求能确定土壤类型即可。一般可用土钻打孔,不必挖坑,但数量比检查剖面要多。定界剖面只适用于大比例尺土壤图绘制中采用,中、小比例尺土壤图调查绘制中使用很少。

2. 主要剖面的选点　　正确地设置主要剖面点,不仅能提高土壤调查速度,而且有利于对土壤分类、土壤特性做出正确的判断,从而提高土壤调查的质量。如果主要剖面地点设置不当,则所观测到的资料没有代表性,对土壤分类、土壤特性就会做出片面甚至错误的判断,从而影响到土壤调查质量,贻误调查工作。

主要剖面点的选定,原则上每种土壤类型(或制图单元)在调查路线上至少要有一个剖面点,具体位置应设于具有代表性的地形部位上。若在地势、植被、母质呈现相应变异的地区,就要按中地形不同部位分别设置主要剖面;在盐渍化地区,还应按小地形部位设置主要剖面;山区应按海拔高度、坡向、坡度、坡形、植被类型分别设置主要剖面;在农耕区应按不同的耕作方式分别设置主要剖面;农、林、牧交错地区,应按土地利用的不同方式分别设置主要剖面。如要研究某种特定条件对土壤的影响,应按具体条件分别设置主要剖面,如为查明土壤垦殖演替规律,可在林地(或草地)、新垦地、久耕地分别设置主要剖面;研究灌溉等其他农业技术措施对土壤的影响时，可在灌区、非灌区或其他采用特殊农业技术措施的地段分别设置主要剖面。总之，在不同成土因素的组合下，均应设置主要剖面。剖面点设多少，可根据调查绘制详略和每个主要剖面所代表的面积大小而定。主要剖面点的具体位置，还应避开公路、铁路、坟地、村镇、水利工程、池塘、取土壕、砖瓦窑等受人为干扰活动影响较大的特殊地段，以使所设主要剖面点真正成为当地代表性、典型性的土壤剖面。选定好的土壤主要剖面点应该预先标注在地形底图上，标注方法是只需用铅笔画个圈点即可。

（三）土壤主要剖面的挖掘

挖掘主要剖面时，首先在已选好点的地面上画个长方形，其规格大小为长 2 m、宽 1 m，挖掘深度要求 2 m。但是对不同地区的土壤，应有不同的规格。对山地土壤土层较薄，只需要挖掘到母岩或母质层即可；对盐渍土挖掘到地下潜水位为限；对耕作土壤的主要剖面，规格可以小些，一般长 1.5 m、宽 0.8 m、深度 1 m 即可；对采集整段标本用者，土坑要求应按上述第一种规格挖掘。挖掘土坑时应注意将观察面留在向阳面，山区留在山坡上方。观察面要垂直于地平面，土坑的另一端应挖掘成阶梯状，以供剖面观测者上下土坑用。挖掘的土应堆放在土坑两侧，而不应堆放在观察面上方地面上。同时，不允许踩踏观察面上方的地面，以免扰乱土壤剖面土层的性态(图 10－3)。

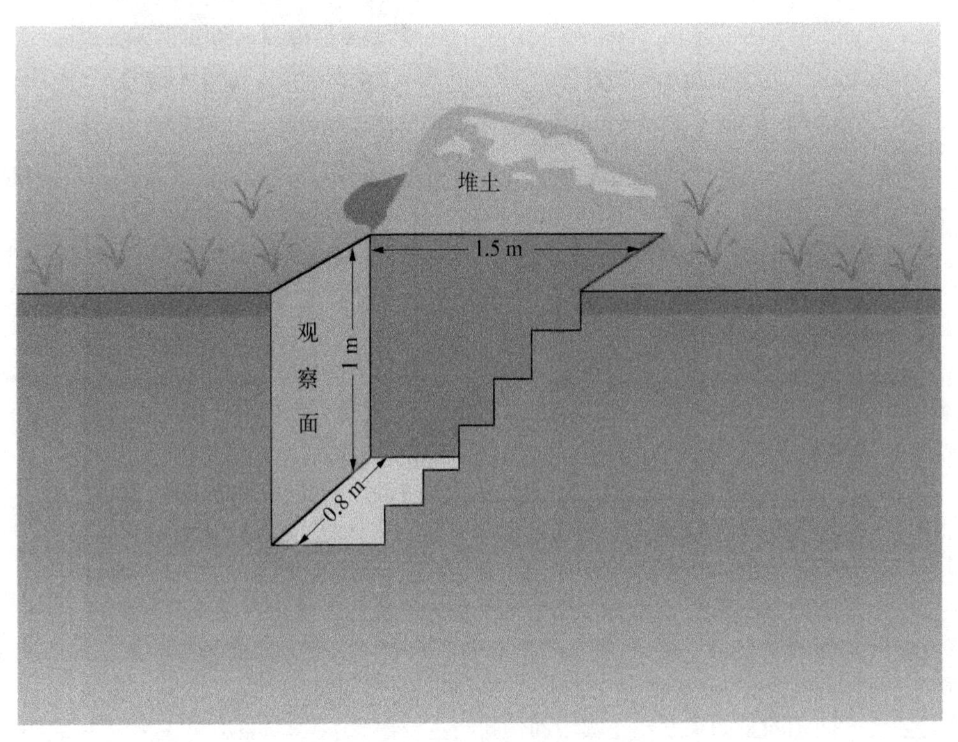

图 10－3　土壤剖面挖掘示意图

资料来源：东方仿真素材库

1. 剖面观察与描述　土壤剖面形态特征包括土体构型、各发生层次的颜色、质地、结构、松紧度、孔隙状况、土壤湿度、植物根系状况、动物穴洞及填充情况以及新生体、侵入体等，是野外鉴别和划分土壤类型的主要依据。

2. 剖面发生层次及构型的观测与划分　土壤发生层次及其排列组合特征(或剖面构型)是长期而相对稳定的成土作用的产物。由于各类土壤的成土条件、成土过程的差异，土壤发生层次及其剖面构型亦不相同，它是鉴别和划分土壤类型的重要形态特征之一。代表某土类或亚类成土条件、成土过程的土壤发生层次，可称之为该类型的诊断土层。例如，寒温带针叶林成土条件下的灰化过程形成的灰化层、腐殖质淀积层，就是灰化土的诊断层；温带草甸草原植被条件下的腐殖质化和钙化过程形成的暗色腐殖质和钙积层，就是草原土壤的诊断层。

在一般情况下，整个剖面可根据土壤的颜色、质地、结构、松紧度等划分成四个明显的层次：① 有机质层，一般出现在土体的表层，依据有机质的聚集状态又可分出腐殖质层、泥炭层和凋落物层；② 淋溶层，指由于淋溶作用而使物质迁移和损失的土层，紧接有机质层，下部因受雨水的不断淋溶常显灰白色，故又称灰化层；③ 淀积层，指物质完全累积的土层，紧接淋溶层，土层紧实、黏重，不透水，矿物质养料丰富，层内的颜色因淀积物而不同，如石灰质淀积多呈白色，铁、铝的三氧化物淀积多呈棕红色；④ 母质层和母岩层，是土体的最下层，严格地讲，不属于土壤层次，因为它们还未受到明显的成土作用的影响。

根据土壤剖面发生层次的基本图式(图 10-4、图 10-5)，结合实习地区剖面观察点的成土条件、各土层综合特性等划分发生层次，并用符号加以标记。用 O 表示枯枝落叶层或草毡层；A 表示表土层；E 表示淋溶层；B 表示淀积层；C 表示母质层；R 表示母岩层。根据各土层性状与成因的差异可进一步细分，并在大写字母的右侧加一个小写字母以示区别。例如，A 层可细分为 Ah(自然土壤的表层腐殖质层)、Ap(耕作层)、Ag(潜育化 A 层)、Ab(埋藏腐殖质层)；E 层可细分为 Es(灰化层)、Ea(白浆层或漂洗层)；B 层可细分为 Bt(黏化层)、Bca(钙积层)、Bn(腐殖质淀积层)、Bin 或 Box(富含铁、铝氧化物的淀积层)、Bx(紧实的脆盘层)、Bfe(薄铁盘层)、Bg(潜育化层)；C 层可细分为 Ca(松散的)、Cca(富含碳酸盐的)、Ccs(富含石膏的)、Cg(潜育化的)、Cg(强潜育化)、Cx(紧实、致密的脆盘层)、Cm(胶结的)。

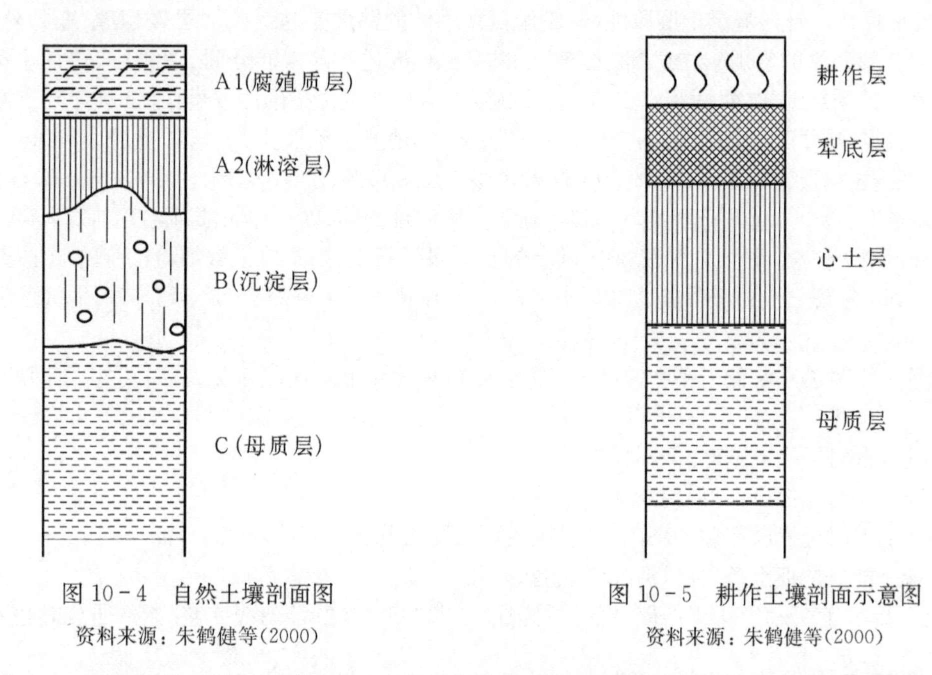

图 10-4　自然土壤剖面图
资料来源：朱鹤健等(2000)

图 10-5　耕作土壤剖面示意图
资料来源：朱鹤健等(2000)

土层划分之后，采用连续读数，用钢尺从地表往下量取各层深度，单位为厘米，将量得的深度记入剖面记载表。最后，可将土体构型画成剖面形态素描图。需要注意的是，在自然界中的土壤剖面，尤其是山丘地区的土壤，剖面的构型并不一定是完整的 O-A-B-C-R 构型。由于发育条件的制约，很可能会缺失某些土层。

3. 各发生层次的性态观测与描述记载　按剖面记录表所列项目，分层记录描述与记载。

(1) *土壤颜色*　土壤颜色是土壤物质成分和内在性质的外部反映，是土壤发生层次外表形态特征最显著的标志。许多土壤类型的名称都以颜色命名，例如黑土、红壤、黄壤、褐土、紫色土等。由于土壤颜色是十分复杂而多样的，绝大多数呈复合色彩，其基本色调是红、黑、白三种，其复合关系可用土壤颜色三角图式来表示。

为了使土壤颜色的描述科学化(避免主观任意性)，真正能反映土壤颜色的本质，目前普遍采用以门塞尔颜色系统为基础的标准色卡比色法，它包含有 428 个标准比色卡。命名系统用颜色的三属性即色调(hues)、亮度(value)、彩度(chroma)来表示。

1) 色调：指土壤所呈现的颜色，又叫色彩或色别，与光的波长有关。包括红(R)、黄(Y)、绿(G)、蓝(B)、紫(P)五个主色调，还有黄红(YR)、绿黄(GY)、绿蓝(GB)、蓝紫(BP)、红紫(RP)等五个半色调或补充色调，每一个半色调又进一步划分为四个等级，如 2.5YR、5YR、7.5YR、10 YR 等。

2) 亮度：也叫色值，指土壤颜色的相对亮度。以无彩色(neutral color，符号 N)为基准，把绝对黑作为 0，绝对白作为 10，分为 10 级，以 1 /、2 /、3 /、4 /、……、10 /表示由黑到白逐渐变亮的亮度。

3）彩度：指光谱的相对纯度，又叫饱和度，即一般所理解的浓淡程度，或纯的单色光被白光“冲稀”典型土壤剖面的程度。土壤彩度在0～8范围内按间隔一单位分级，以/1、/2、/3、/4、……、/8表示，由浓到淡。

土壤颜色的完整命名法是：颜色名称＋门塞尔颜色标量。例如：淡棕(7.5YR5/6)、暗棕(7.5YR3/4)。

土壤颜色的比色，应在明亮光线下进行，但不宜在阳光下。土样应是新鲜而平的自然裂面，而不是用刀削平的平面。碎土样的颜色可能与自然土体外部的颜色差别很大，湿润土壤的颜色与干燥土壤的颜色也不相同，应分别加以测定，一般应描述湿润状态下的土壤颜色。先看深色或先看浅色，或用已观察过的土样进行对比，以免产生视觉上的错误。记录时应注意主色、次色和杂色的区别，通常次色在前，主色在后，如灰棕色即表示棕色为主、灰色为次，杂色如锈纹、锈斑，棕色胶膜，红、黄、网纹等。

土层若夹有斑杂的条纹或斑点，其大小多少和对比度影响到土色时，亦应加以描述。如根据明显度(即按土体与斑纹之间颜色的明显程度)划分为三类。① 不明显：土体与斑纹的颜色很相近，常是同一的色值和彩度；② 清晰：相差几个色值和彩度；③ 明显：不仅色值和彩度相差几个单位，而且具有不同的色调。根据丰度，即按单位面积内斑纹所占面积的百分数，可分为三类。① 少：少于2%；② 中：2～20%；③ 多：多于20%。根据大小，按斑块最长轴直径分为三类。① 细：<5 mm；② 中：5～15 mm；③ 粗：>15 mm。

(2) *土壤质地* 野外鉴定土壤质地，一般用目视手测的简便方法。此法虽较粗放，在野外条件下还是比较可行的。土壤质地的鉴别应注意“细土”部分的鉴定和描述。鉴定质地时，边观察，边用手摸，以了解土壤在自然湿度下的质地触觉；然后和水少许，进行湿测。这种方法称指感法或卷搓法，具体判定标准如下。

1）砾质土：肉眼可看出土壤中含有许多石块、石砾(山地多为砾质土)。根据直径>3 mm的砾石含量，可进一步分为三类。① 轻砾质土：>3 mm砾石含量5%～15%；② 中砾质土：>3 mm砾石含量15%～30%；③ 重砾质土：>3 mm砾石含量>30%。砾质土壤质地描述，要在原有质地名称前冠以砾质字样，如重砾质砂土、少砾质砂土等。砾石含量在30%以上的土壤属砾石土，则不再记载细粒部分的质地名称而以轻重相区别。例如，① 轻砾石土：砾石含量30%～50%。② 中砾石土：砾石含量50%～70%。③ 重砾石土：砾石含量>70%。

2）砂质土：干时将小块置于手中，轻轻的便可压碎，所含细砂粒肉眼可见，湿时可搓成小块，但稍微加压即散开。

3）砂壤土：湿时可搓成圆球，但不能成条。

4）轻壤土：湿时能搓成条，但裂开。

5）中壤土：湿时能搓成完整的细条，如果搓成环时即裂开。

6）重壤土：能搓成细土条，并可弯成带裂缝的环。

7）黏土：干时有尖锐角，不易压碎，湿时可搓成光滑的细土条并能弯成完整的环，压扁时也不产生裂缝，还似有光泽。

按上述判定质地，定名，填入记载表。

(3) *土壤结构* 自然条件下，土壤被手或其他取土工具轻触而自然散碎成的形状，即土壤的结构体。土壤结构主要是按形态和大小来划分。在野外常见的主要粒状、核状、棱柱状、片状、块状等(图2-11)。

进行土壤结构描述时，应注意：① 只有在土壤湿度较小情况下，对土壤结构的测定才比较容易进行和得到良好的结构，含水太多时，结构单位膨胀，很难分辨结构的真实面貌；② 土壤的结构常常不是单一的，对于这种情况应该进行详尽的描述，即要说明其结构的种类，又要阐明其剖面内的变化。

联合国粮农组织的《土壤剖面描述准则》中，对土壤结构按级、类、型等单位来划分，同时辅之以大小范围。

1）结构级：指团聚体的程度，表达团聚体内黏结力之间的差异，以及团聚体之间的不同黏附能力。这种特性随土壤含水量的多少而不同，共划分四个级。

0——无结构：见不到团聚体，或没有明确的依次排列的微弱线条。若有黏结便是大块状，若无黏结便是单粒。

1——弱结构：能观察到不明显土体特性的团聚程度，扰动则崩解成几个完整土体，这些土体往往与没有团聚力的土粒混合在一起。还可细分为弱级、中等弱级。

2——中等结构：已形成明显而良好的土体结构，中等耐久。在未扰动土壤中表现不明显，扰动则崩解成许多明显而完整的土体、许多碎土体及少量非团聚体的混合物。

3——强结构：具有明显而稳定的土壤自然结构体，黏附力差，抗位移，扰动则分散成碎块，从剖面移走时能保持完整土体，同时包括少数碎土体及无团聚的土粒。也可再分为中强、很强级。

2）结构类和型：类用以描述团聚个体的平均大小；型用以描述结构体的形状。

表 10-1 土壤的结构类型分类表

结构类型	大小	直径/mm	实物比较
块状结构（面棱不明显）	大	>100	大于拇指
	小	100～500	大于拇指
团块状结构（面棱不明显）	大	50～30	胡桃
	中	30～10	胡桃～黄豆
	小	10～5	黄豆～小米
核状结构（面棱明显）	大	20～10	小栗子
	中	10～7	蚕豆
	小	7～5	玉米粒
粒状结构（面棱明显）	大	5～3	黄豆～高粱米
	中	3～1	绿豆～小米
	小	1～0.5	小米
柱状结构（圆顶形）	大	>50	横断面大小大于3指
	中	50～30	横断面大小2～3指
	小	<30	横断面大小小于2指
柱状结构（尖顶形）	大	>50	横断面大小大于3指
	中	50～30	横断面大小2～3指
	小	<30	横断面大小小于2指
片状结构	厚	3～5	薄板
	中	3～1	硬纸片
	薄	<1	鱼鳞

（4）松紧度　它是反映土壤物理性状的指标。目前测松紧度的方法、名词术语概念尚不统一。有的用紧实度，有的用硬度。紧实度指单位容积的土壤被压缩时所需要的压力，单位为kg/cm^3；硬度指土壤抵抗外压的阻力（抗压强度），单位为kg/cm^2 表示。因此，松紧度应用特定仪器来测试。在没有仪器的情况下，可用采土工具（剖面刀、取土铲等）测定土壤的松紧度。其标准概括如下。

1）极紧实：用土钻或土铲等工具很难楔入土体，加较大的力也很难将其压缩，块体外表呈光滑面，质地为黏土，往往形成棱块状、柱状等结构，多出现于土层中部，有时成硬盘层。湿时泥泞，可塑性强，泥团用刀切割会留下光滑面，黏着力强。

2）紧实：土钻或土铲不易压入土体，加较大的力才能楔入，但不能楔入很深。干时也很紧实甚至坚硬，用手很难捏碎，加压力也难缩小其体积。湿时可塑性、黏着性较强，属黏土或黏壤质地。

3）稍紧实：用土钻、土铲或削土刀较容易楔入土体，但楔入深度仍不大。干时较紧，但不坚硬，可用手捏碎，并形成一定形态的结构体，如团块结构。质地属壤土，湿时可塑性较差，用刀切割不成光滑面，加压力会使体积缩小，但缩小程度不太大，用土钻取土能带出土壤。

4）疏松：土钻、削土刀很容易楔入土体，而且楔入深度大，易散碎，加压力土体缩小较显著，湿时也呈松散状态。若含大量腐殖质，则形成团粒结构，土体易散碎，缺乏可塑性，透水性强。

（5）孔隙　土壤剖面描述孔隙时，必须对孔隙的大小、多少和分布特点，进行仔细地观察和评定。

按土壤孔隙的大小可分为三级。① 小孔隙：孔隙直径<1 mm；② 中孔隙：孔隙直径 1～2 mm；③ 大孔隙：孔隙直径 2～3 mm。

土壤孔隙的多少，用孔隙的疏密或单位面积上孔隙的数量来划分。① 少量孔隙：孔隙间距约 1.5～2 cm，10 cm^2 内有 1～50 个孔隙，或 2.5 cm^2 内有 1～3 个孔隙；② 中量孔隙：孔隙间距约 1 cm，10 cm^2 内有 51～200 个孔隙，或 2.5 cm^2 内有 4～14 个孔隙；③ 多量孔隙：孔隙间距约 0.5 cm，10 cm^2 内有 200 个以上的孔隙，或 2.5 cm^2 内有 14 个以上孔隙。

土壤孔隙的形状有以下三类。① 海绵状：直径 3～5 mm，呈网纹状分布；② 穴管孔：直径 5～10 mm，为动物活动或植物根系穿插而形成的孔洞；③ 蜂窝状：孔径>10 mm，系昆虫等动物活动造成的孔隙，呈网眼状分布。

在观察孔隙时，对土壤中的裂隙也应加以描述。裂隙指结构体之间的裂缝，其大小可划分为三类。① 小裂隙：裂缝宽度<3 mm，多见于结构体较小的土层中；② 中裂隙：裂缝宽 3～10 mm，主要存在于柱状、棱柱状结构的土层中；③ 大裂隙：裂缝宽度>10 mm，多见于柱状碱土的柱状结构层内，寒冷地区的冰冻裂缝也大于 10 mm。

（6）*动物穴及其填充物*　土壤剖面层次中往往有土壤动物活动形成的洞穴和填充物，它反映了土壤形成特性，尤其是土壤松紧度和有机质含量状况，因而动物活动状况在一定意义上反映土壤肥力状况。例如，蚯蚓活动频繁的土壤，有机质蚯蚓粪含量、土壤孔隙数量较多，土壤肥力也较高；草原土壤中，多啮齿类动物的孔穴和填充物。

描述土壤动物时，应记述动物的种类、多少、活动情况，以及动物在土层中的分布、动物孔穴、动物、填充物特征等。

（7）*土壤湿度*　土壤湿度即土壤干、湿的程度。通过土壤湿度的观测，不但可了解土壤的水分状况和墒情，而且有利于判断土壤颜色、松紧度、结构、物理机械等，因此，在土壤剖面描述中必须观测土壤湿度。

在野外可以用速测方法测定土壤湿度，但通常只是用眼睛和手来观察和触测，其标准可分为干、稍润、润、潮、湿五级。

1）干：土样放在手掌中，感不到有凉意，无湿润感，捏之则散成面，吹时有尘土扬起。

2）稍润：土样放在手中有凉润感，但无湿印，吹气无尘土飞扬，手捏不成团，含水量约 8%～12%。

3）润：土样放在手中，有明显湿润感觉，手捏成团，扔之散碎。

4）潮：土样放在手中，有明显湿痕，能捏成团，扔之不碎，手压无水流出，土壤孔隙 50%以上充水。

5）湿：土壤水分过饱和，手压能挤出水。

（8）*植物根系*　植物根系的种类、多少和在土层中的分布状况对成土过程和土壤性质有重要作用，因此，在土壤剖面的形态描述中必须观察描述植物根系。

植物根系的观察、描述，主要应分清根系的粗细和含水量的多少，具体标准如下。

按植物根系的粗细分为四级。① 极细根：直径<1 mm，如禾本科植物的毛根；② 细根：直径 1～2 mm，如禾本科植物的须根；③ 中根：直径 2～5 mm，如木本植物的细根；④ 粗根：直径>5 mm，如木本植物的粗根。

按植物根系的含量多少，可分三级描述：① 少根：土层内有少量根系，每平方厘米有 1～2 条根系；② 中量根：土层内有较多根系，每平方厘米有 5 条以上根系；③ 多量根：土层内根系交织密布，每平方厘米根系在 10 条以上。此外，若某土层无根系，也应加以记载。

（9）*新生体*　新生体不是成土母质中的原有物质，而是指土壤形成发育过程中所产生的物质。比较常见的新生体有石灰结核、石灰假菌丝体、石灰霜；盐霜、盐晶体、盐结皮；铁锰胶膜、铁锈斑纹、铁锰还原的青灰色或蓝灰色条纹及二氧化硅、铁锰硬盘、黏土硬盘等。

新生体的种类、形态及存在状态和成分，因土壤形成过程与环境条件而异。描述新生体时，要指明是什么物质，存在形态、数量、分布状况及颜色等特征。

（10）*侵入体*　指由于人为活动由外界加入土体中的物质，它不同于成土母质和成土过程中所产生的物质。常见的侵入体有砖瓦碎片、陶瓷片、灰烬、炭渣、焦土块、骨骼、贝壳、石器等。

观察侵入体，首先要辨别是人类活动加入土体的物质，还是土壤侵蚀再搬运沉积的物质。由于其来源的不同，可说明土壤形成发育所经历过程的差异。

对侵入体的观察和描述，不但要弄清是什么物质、数量多少、个体大小、分布特点，而且应探讨其成因，这样做有助于对成土过程的深入了解。

（11）*石灰反应*　在野外观察土壤剖面时，应该用稀盐酸大约测定土壤碳酸钙含量的多少，根据滴加盐酸后所发生的泡沫反应强弱，判断碳酸钙含量的多少，一般分为无、弱、中、强四等。① 无：无泡沫产生；② 弱：缓缓放出小气泡，或难看出气泡，可听到声，含量约在 1%以下；③ 中：明显地放出气泡，但很快消失，含量约在 1%～5%；④ 强：气泡急剧，历时很久，含量在 5%以上。

（12）pH　剖面观测中，速测土壤的 pH 不但可帮助了解土壤的性质，而且可作为土壤野外命名的参考。测定方法可采用速测法-混合指示剂比色法，在白瓷盘或汤匙内用酸碱指示剂数滴和土样（如黄豆大小）混合，与标准比色卡相比确定酸碱度；或用 pH 广泛试纸速测法，即用蒸馏水浸提土壤溶液，滴加 pH 混合指示剂(或用 pH 广泛试纸醮取浸提液),然后用标准颜色比色以确定其 pH 的大小,从而判断该土属于酸性、微酸性、中性、微碱性、碱性。

三、土壤分析样品的采集

土壤分析样品是用来进行室内理化分析用的土样。一般分土壤剖面分析样品和土壤农化分析样品。

(一) 土壤剖面分析样品的采集

剖面分析样品可按剖面形态观察中所划分的土层分层采样,也可按典型的发生层次采样,即过渡层不采样。具体采样部位应该放在层次的中心位置,从下层向上层按层次采样,避免采集上层土样对下层土壤样品的混杂污染。一般每个剖面采集 A、B、C 三层土样。每层采样约 1 kg,所采土样分层、分袋装好。采样中应除去大的石子和明显的植物根系等杂物,并将采样按深度分层记入剖面记录表中。

对于发生层次不明显的土壤剖面采样时,为了减少人为判断剖面深度的误差,按照规定的剖面深度(0～10 cm、10～20 cm、20～40 cm、40～60 cm、60～100 cm)采样。

采样时要拨开地表没有分解的凋落物,避免凋落物进入土样。土样采装好后,填写采土标签(一式两份,一份挂在土袋外的线绳上,一份折叠好装入土袋内)。然后将统一剖面各层土样的土袋拴在一起,以免搞乱。所采样品带回室内后,当天就要倒出风干,以免霉烂变质。

(二) 农化样品的采样

土壤性质和生态过程具有时间和空间的异质性,在空间上有水平方向和垂直方向的变异,在时间上有短期的和长期的变异。土壤空间变异由自然因素(如母质、地形)和人为因素(如耕作、施肥、污染物进入等)引起。因此,农化分析时的土壤采样,要充分认识研究区的土壤变异特征,保证土壤采样的科学性。例如,固相物质进入土壤后,不易得到混匀,采样误差往往大于分析误差。所以,要注意土壤样品的合理代表性。

采集原则具体如下:每个采样单元应代表所在的整块土壤,由于其不均匀性,应多点采样,均匀混合(对于污染土壤来说,不同类型土壤都要进行布点,并在非污染区同类土壤中选择少数对照点)。每一点采取的土样厚度、深浅、宽狭应大体一致,采样地点应避免田边、路边、沟边和特殊地形的部位以及堆过肥料的地方。具体的采样点的配置方法有简单随机法、分区随机法、系统布点法、非系统布点法。

1. 简单随机法 将观测单元分成网格,每个网格编上号码,在计算确定采样点数后,在所有的号码中随机抽取规定的样点数和号码,其对应的网格即为采样点所在的位置。简单随机布点法是一种完全不带主观限制条件的布点方法(图 10-6)。如果采样区不大,且土壤均匀,可改用"之"字形采样(图 10-7)。

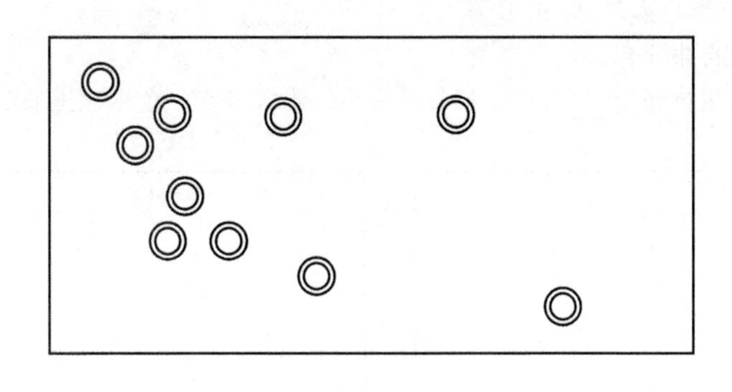

图 10-6 随机布点法

资料来源:孙波等(2007)

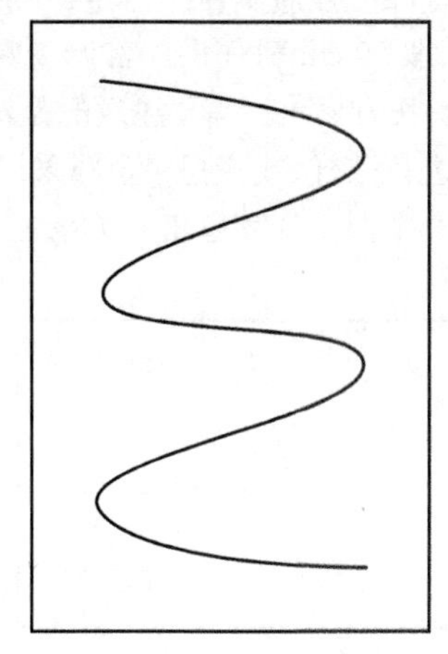

图 10-7 "之"字形布点法

资料来源:孙波等(2007)

2. 分区随机法 在对观测场调查后，如果发现采样地的地形地貌变化较大、土壤性质有显著的空间变异时，应按地形条件和土壤条件的差异确定分区的界线，进行分区，在每个分区内保证地形和土壤条件均匀性，然后在分区中进行随机布点采样(图 10-8)。

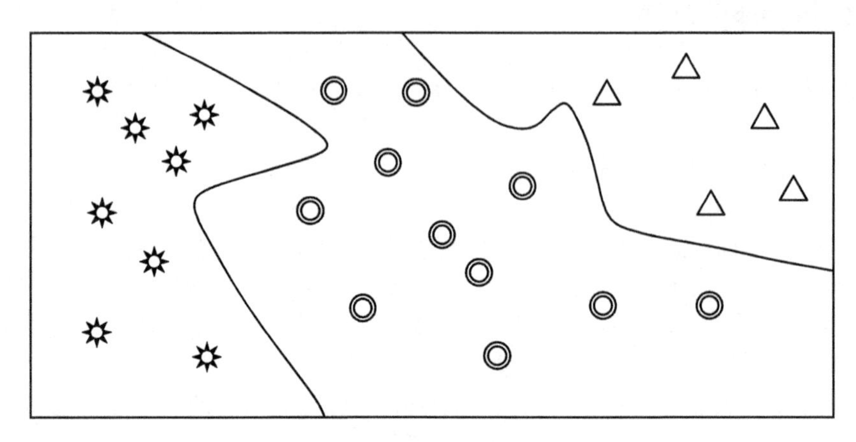

图 10-8 分区随机布点法

资料来源：孙波等(2007)

3. 系统布点 系统布点法的典型代表是网格法，即把所观测得区域分成大小相等的方格，网格线的交叉点为采样点。在每个采样点的 1 m 直径范围内采集 8～10 个土壤样品构成混合土样。网格布点法不仅可以得到采样地土壤性状的平均值，而且可以了解采样地的空间变异规律和界线。如果采样地内土壤性状变化较大，系统布点比随机布点所采样品的代表性要好(图 10-9)。

4. 非系统布点法 非系统布点法是按照“W”、“N”和“X”形的线段布置采样点，然后混合组成土壤混合样(图 10-10)。应用非系统布点法的前提是采样地的土壤性质分布大体均匀。如果采样地的土壤性质、作物类型、作物生长状况、土地利用历史、农田管理方式差异较大时，可以在分区后采用非系统布点法进行采样。非系统布点法不适于观测点源污染过程等空间变异大的土壤过程，因为这种采样方法可能遗漏掉异常值的发生点。非系统布点法应注意以下四点：① 所研究的元素或物质在采样地内大体是均匀分布的，否则应划分区域后再布点；② 避免在较大布点区应用单一对角线布点；③ 沿对角线所布采样点应是等距的，即短线点少，长线点多；④ 不同样点的间距不应人为改变。

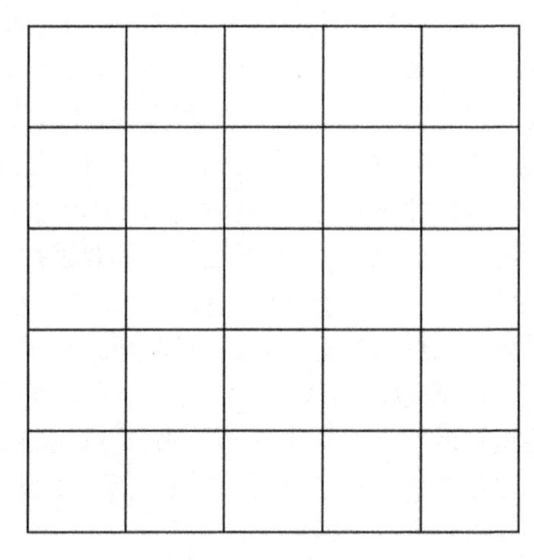

图 10-9 系统布点法

资料来源：孙波等(2007)

采样深度视监测目的而定，一般调查土壤环境质量、了解土壤污染，取 20 cm 耕作层。若调查污染深度，则需挖一个 1 m×1.5 m 的长方形坑。需要注意的是测定重金属元素时，应用木制或竹片进行采样，或者把与金属采样器接触的部分弃去。采样量一般为一个混合样品重在 1.5 kg 左右，如果重量超出很多，可以把各点采集的土壤放在一个木盆里或塑料布

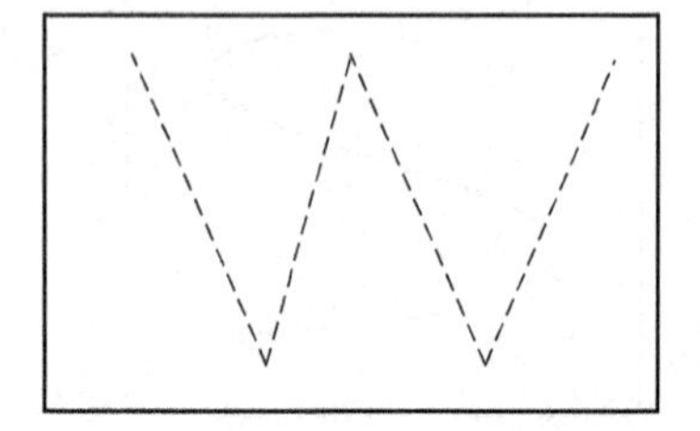

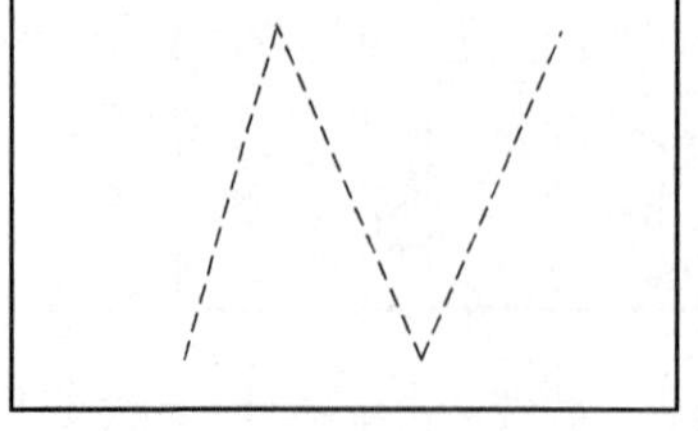

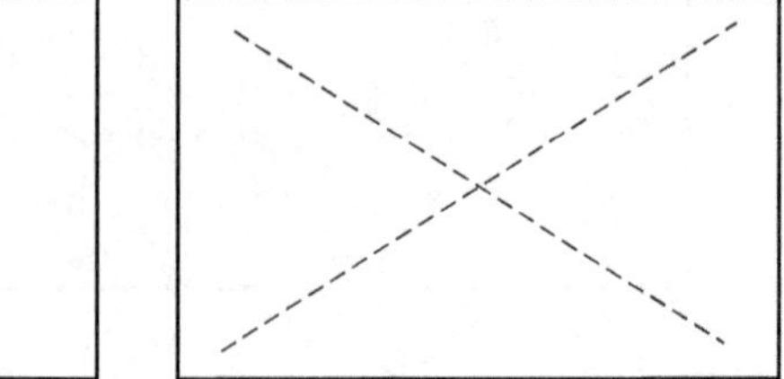

图 10-10 非系统布点法

资料来源：孙波等(2007)

上用手捏碎摊平，用四分法对角取两份混合放在布袋或塑料袋里，其余可弃去，附上标签，用铅笔注明采样地点、采土深度、采样日期、采样人，标签一式两份，一份放在袋里，一份扣在袋上。与此同时要做好采样记录。

第二节　土壤计算机辅助制图

传统的土壤调查首先通过野外调查建立区域土壤与环境关系模型，然后通过手工根据航片或地形图等将不同的土壤或土壤组合绘制在空间范围上，传统土壤制图的准确性和效率主要受两个因素限制：基于多边形的图形表达和手工完成的制图过程。基于多边形的土壤图常使小的土壤斑块在制图综合时常被综合掉，从而产生土壤图在空间上的简化；同时由于不能表达土壤性状的渐变和连续，从而产生属性上的简化。另外，以大量野外调查和手工制图为基础的传统土壤普查周期很长。由此可见，常规土壤制图已不能满足信息时代环境模型和土地管理模型所需的详细土壤信息。

近些年信息技术的发展为土壤制图提供了新的技术与数据支持，利用“3S”信息技术借助计算机辅助来制作土壤类型图和土壤属性图的数字土壤制图已成为土壤调查研究的热点问题。2009 年 7 月 24 日科学技术部在北京举行的科技基础性工作研讨会上公布，2006 年启动的国家科技基础性工作专项——“全国 1∶5 万土壤图籍编撰与高精度数字土壤构建”取得重要阶段性进展，已完成全国 1 100 多个县的高精度数字土壤建设，建立的 1∶5 万大比例尺土壤图籍覆盖全国半数地区。预计到 2012 年，我国高精度数字土壤建设将可覆盖全国 80％的国土。

“数字土壤”是用现代信息技术手段在计算机上模拟、重现土壤理化性状及其自然地理区域分布与剖面特征的重要基础工具。“数字土壤”早期主要是通过 GIS 空间分析来确定景观类型，土壤类型与景观类型之间的关系仍以定性的专家知识为主。后来，数字土壤制图侧重建立土壤类型或土壤属性与环境要素之间的定量关系，到目前为止，获取它们之间关系出现了很多的方法，如线性回归分类法、回归决策树法、神经元网络法和地质统计学以及基于模糊逻辑的推理模型等方法。

利用卫星遥感信息(图像或数字)和计算机技术，进行大面积土壤资源调查与制图、土地利用变化监测、土壤生产潜力评估、土壤退化过程监测与防治以及区域土地利用规划与管理等方面均具有巨大的应用价值。

一、土壤制图遥感数据解译原理

遥感信息以地物反射特性为基础，故土壤及其覆盖物的光谱特性是土壤遥感解译的基础。土壤遥感解译一般具有以下特点：① 由于地面覆盖物的存在，通过遥感获得的土壤信息大部分是间接的表层信息；② 土壤遥感解译要依靠综合分析土壤波谱特性、多波段成像机制和多时相遥感影像进行必要的图像减噪来进行；③ 根据土壤产生原理，利用环境变量(地形、植被、水文、土地利用等)与土壤信息之间的关系或统计模型应用于地理空间数据库中进行综合分析和逻辑推理，依据环境因子的空间分布来解译或推测土壤的空间分布，从而生成土壤图。

土壤遥感解译实质上是综合分析、逻辑推理与验证的过程，其中不仅包括土壤地理发生学理论、土壤类型分布规律的光谱特性分析，也包括土壤、成土因素的光谱特性分析。土壤类型是依据诊断土层(或土体构型)和诊断特性来划分的。但至今还没有能反映土体构型的遥感传感器，这就需要从遥感地学分析入手，按土壤地理发生学理论，研究区域土壤剖面构型、诊断特性与成土条件的相关性，以建立区域土壤发生发育的时空模型，并进行土壤遥感解译。

二、土壤遥感制图解译方法

(一) 土壤遥感影像的目视解译方法

土壤遥感影像目视解译是指直接利用经过校正的遥感影像所反映的土壤景观的光谱特性、色调、几何形状、阴影、纹理和图形结构等，或间接地应用地学相关分析、信息复合、综合分析等方法对土壤类型及其性状进行定位、定性与定量分析和鉴别的过程。

众所周知，土壤解译的难度较大。这是因为土壤的分布，裸露的少，为植被、土地利用现状等因素掩盖起来的居多；即使是出露的土壤，一般也只能反映其表层的光谱特性，其剖面性状则难以"透视"；并且土壤类型的分布往往是逐渐过渡的，而不是截然分界的。然而土壤类型的分布是有规律的，受地貌、母质、植被和土地利用现状以及水文和气候等因素制约。这些成土因子在遥感影像上都能得到不同程度的直接或间接的反映。因此根据少量的野外调查(主要是建立解译标志及对解译结果的验证)，通过对各因子的解译，加以综合分析，并参照地质图和地形图等相关资料，就能编制出符合精度要求的土壤图。

单纯靠遥感图像解译来解决土壤制图的一切问题，看来是不可能的。即便是采取传统的野外调查方法，也还是要参照地质图和地形图等相关资料。所以我们讲遥感制图法，并不是说不要野外调查，也不要参照有关资料，而是说以遥感图像解译为主。根据土壤及其相关地物的光谱特性与其影像色调相关、土壤类型与地貌和微地形的位置相关、土壤类型与土地利用现状及植被类型的相关等直接的和间接的解译标志。

土壤类型的判别首先需要确定土类。土类是根据一个地区的生物气候条件来决定的。因此，土壤解译时，首先要确定研究区的水平地理地带作为基带，这是一项基础性的工作。例如，在内蒙古草场遥感土壤解译、制图时，研究了内蒙古地区的水平地带及特点，有纬度地带性和海陆地带性的共同作用，从东南向西北形成了弧形的水平分带，依次为温带森林草原、草甸草原、干草原、半荒漠和荒漠带，相应发生的土类为温带森林草原黑土、草甸草原黑钙土、干草原栗钙土、半荒漠棕钙土、灰钙土和漠土。明确了所在地区的地带，即可作为解译的"基带"。在此基础上，再进一步考虑垂直带性和非带性因素对土壤类型的影响。

其次是确定亚类。土壤的亚类是在成土过程中受局部条件的影响使土类发生变化，形成的次一级类型，如不同的植被、地貌、水热条件等。例如，山东省的棕壤地区，在河谷坡地上为潮棕壤亚类，在陡坡及植被稀疏坡地上为棕壤性土亚类，在缓岗上形成褐土化潮土亚类。在这种情况下，可以根据容易解译的地貌部位和植被特征结合，间接地在棕壤为基带的地区内确定上述土壤亚类。

土属的划分主要以地区性条件为依据(如地貌、母质等)，在亚类的基础上再分出土属，如残积坡积棕壤性土、黄土状褐土化潮土、河湖积潮棕壤等。

土种主要根据土壤剖面特征来划分，遥感影像较难发现，但可根据地形部位、母质等特征推断土层厚薄，作为土壤分类参考。

综合分析和间接解译时要注意，土壤的发育变化速度落后于气候、水文的变化及植被的更替。有些地区森林退缩，林地消失，被草地代替，而土壤仍保持森林土特性(如灰化土、棕壤等)。此时，仅依靠植被确定为草原植被下有关土壤类型(如栗钙土、黑钙土等)就会发生误判。要解决这一问题，一是在解译过程中必须注重历史变化，二是对两种类型的过渡和边缘地区进行适当的现场验证，以提高解译的精度。

土壤类型的确定还可以根据土地利用特点来分析、确定。例如，在南方许多低平的河谷平原地区，按自然土壤分类可能被划入草甸类型，但经人工开发耕种而成为水稻土及其次一级类型。而水稻田固有特殊的光谱特征、区位特征及形状特征，较容易识别，尤其是高分辨率的遥感影像上水稻土有明显的光谱特征。

在确定基带的基础上，由于地形的变化产生地形地带的垂直分异，尤其是海拔高度的变化，引起了水热条件的重新组合，成土因子随着变化，土壤也发生垂直方向更替。可以把遥感影像、地形图的判断及少量野外调查得出的自然规律与遥感影像特征结合起来，确定土壤的类型。

以太原农业遥感解译为例，海拔 2 700 m 以上的吕梁山地顶部，属中山类型，已处于森林线以上，生长中生和冷生草甸，湿度较大，在 Landsat 红外型假彩色 5 月份影像上呈灰蓝和淡黄褐色，属亚高山草甸土；海拔 2 000～2 300 m 山顶，虽在森林线以下，但因山顶风大，树木难以生长，植被仍为中生草甸，发育了山地草甸土；海拔 1 800～2 000 m 山地，生长云杉、落叶松、桦树、柏树等常绿与落叶混交林，发育了山地棕壤；海拔 1 600～1 900 m 的山地以黄土为母质的针阔混交林下发育了山地褐土；在 1 600 m 以下的黄土塬面及低山、高丘区覆盖为灰褐土、大部开垦为旱作区。太原盆地的中心，被开垦为水稻土，河间低洼地盐碱化地区则成为盐化浅色草甸土，影像上呈灰蓝白色规则斑状、云雾状。

我国云南腾冲地区，处于热带或亚热带南部，在高温湿润环境下，基本为砖红壤、红壤等。由于海拔高差大，垂直分布明显，在具体解译过程中通过影像特征及景观生态规律综合分析，可用 TM6 热红外图像做假彩色等密度分割处理，直接显示土壤垂直分带的可行性。只要选择适当的阈值，对 TM6 图像作等密度分割，并规定以不同颜色显示，即可使一定的颜色与一定海拔的土壤类型相对应，其判读效果甚佳。这种假彩色等密度分割图具有多功能性，既是地面温度等值线图，又是土壤类型垂直分带图。

新疆南部的土壤遥感解译中，根据影像划分出山地、山前洪积扇、冲积平原、荒漠平原、片状绿洲，线状绿洲等地理单元，并进一步划分了沿河、湖滨等地区，在此基础上进行土壤解译、制图。

不同分辨率、不同波段的遥感影像在土壤类型的解译中有不同的作用。分辨率较低的遥感影像对土类和亚类的划分和识别可以起到较大的作用。由于其视野较广，有利于区域的宏观综合分析，适合于进行小比例尺的制图。高分辨率的遥感影像，对地面的细节显示得比较清楚，有利于确定土壤形成的具体地貌条件、植被类型等，能帮助土属和土种的确定，适合于中、大比例尺的土壤制图。

具有较大的波段覆盖范围和较多波段数的传感器可以显示土壤的特征光谱。波段覆盖范围较窄，波段较少的传感器，不利于土壤的遥感探测。

（二）土壤遥感数据的自动解译方法

土壤遥感数据自动解译指以遥感数据为主要依据，借助地理信息系统和计算机技术，采取人机对话方式输入遥感数据与特征地物间的相互关系，然后经计算机按照特定法则自动分类，即依据遥感像元点数据特征识别其类型，与实地类别联系起来，再对各像元进行聚类分析，制出土壤类型或土壤属性空间分布图的过程。

1. 土壤遥感自动识别分类系统的结构 基于土壤系统分类的土壤遥感自动识别分类系统(Automatic Soil Identification and Classification System from Remote Sensing Data, ASICS)由三部分组成，即空间数据库部分、分类识别部分和结果输出部分(图 10－11)。

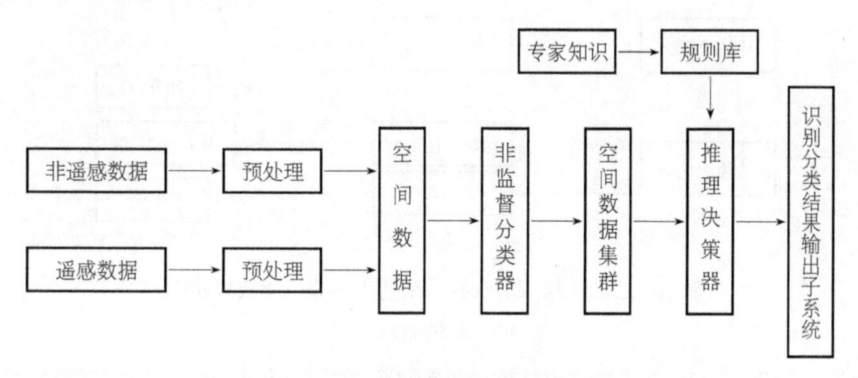

图 10－11 土壤遥感自动识别分类系统结构

资料来源：罗红霞(2003)

空间数据库是为 ASICS 提供基础数据，包括待分类土壤的遥感信息和成土条件信息，使用 GIS 实现。分类识别部分可以采用单纯的数值集群分类，也可采用数值集群与专家推理相结合的方法，可统称为推理子系统。

2. 背景数据库的形成 空间数据库的形成包括遥感图像的处理和非遥感数据的获取，这些信息入库之前还要进行空间数据匹配。这里的遥感图像处理指预先进行常规处理(去噪声、几何纠正、拉伸、滤波等)后的派生图像的生成。其中包括绿度指数图像、土壤专题信息增强图像和同谱土壤图像的生成。非遥感数据的获取是从地形图和其他专题图提取出成土条件信息并使之形成条件数字图像的过程，包括 DTM 的生成和土壤发生分类数字图像的生成。

3. 土壤遥感分类识别 在对研究区土壤没有先验知识的情况下，直接依据遥感影像像元点的光谱特征的内在联系进行的遥感数据分类过程称为非监督分类。在实际土壤自动解译过程中，常采用像元比较阈值法和集群分类法两种方法。监督分类是一种具有先验(已知)类别标准的分类法，对于待研究的对象或者区域，先用已知类别或者训练样本建立分类标准，而后对研究区所有像元特征值或样本的观测数据进行分类，它是一种受控(被监督)的遥感信息类别识别过程。在监督分类中，有最小距离法、最大似然法、线性判别法和平行六面体法等。

在分类识别中，为提高分类精度，往往采用非监督分类与监督分类的相互结合，变换原始数据以有效提取土壤信息的基础上再分类。将与土壤类型相关的非遥感数据(高程、高差、坡度、坡向、粗糙率指数、水系密度、土壤发生分类类别)引入到非监督分类过程中，因而极大地减少了仅使用多光谱数据进行非监督分类时产生的同物异谱、同谱异物现象对土壤分类的影响，使得经非监督分类处理后所得的数据群与相应土壤类型的对应精度大为提高。

基于遥感影像应用分析与图像处理系统的基本流程包括：对原始影像信息进行校正等预处理；根据影像特征和解译土壤类型或性状的目标要求，对影像信息所代表的成土因素进行边缘检测与分割，并通过细化跟踪与性状逼近处理，形成能够表征地表基本景观特征的基元图像，并得到基元特征描述参数；最后基于地物的先验模型、知识系统，对影像进行解译，进一步产生土壤类型结果。

4. 土壤专家知识的获取与表示 将土壤学专家在进行土壤分类时所用到的分类识别知识，归纳整理为一棵各项目间只存在"与"关系的分类决策判断树。判断树的树根是试验区全部土壤类型的集合，而树叶则是要分类的土壤类型(图 10-12)。这是一棵分类体系为土壤系统分类、每个分枝上都带有条件的条件二叉树。在树的任何一层都可能根据条件的不同而派生出两个以上的分枝，每一分枝上所附加的是一组条件，称为条件组，各条件组的内容各不相同。

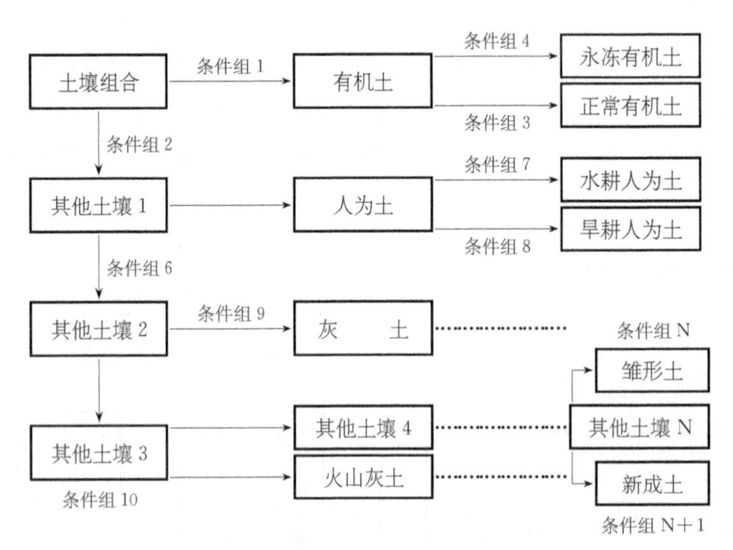

图 10-12 土壤分类识别系统的土壤分类决策判断图

资料来源：罗红霞(2003)

专家系统中的知识表示过程就是知识的符号化过程，即对知识、事实、关系等进行编码，形成一种数据结构，并将该数据结构与解释过程相结合。在 ASICS 中，采用一种称之为"像结构"的数据结构来表示土壤专家的经验性知识。该结构是含有空间图像特征信息的框架式数据结构，是土壤类型的空间特征描述。在像结构中包含了低层次的产生式规则，而在高层次的产生式规则中又包含了像结构。这种知识表示形式排除了单纯使用产生式规则的低效率，也避免了产生式推理规则间的一些矛盾，保证了高层次推理的一致性。在 ASICS 中，每一待判土壤类型的像结构为：TM2 波段图像亮度值、TM4 波段图像亮度值、绿度指数值、高程、高差、平均坡度、坡向、粗糙率指数、水系密度、土壤发生分类类别。如将某一类土壤的具体属性值赋给像结构时，就可以得到反映该类土壤真实物性的具体像结构实例，称之为"典型像例"。

5. 规则库的建立 由于经过分类的专家知识具有二叉树的数据结构，同时某一特定的土壤类型又由多个不同参数共同决定，且土壤类型不同其参数个数也不尽相同，因此，系统采用一种链表式的数据结构存储专家的土壤分类知识。该数据结构为土壤学专家对土壤类型进行判断分类所用的经验性知识与规则的综合。

6. 土壤类型的推理判决 如前所述，在 ASICS 中首先进行非监督分类，分出大于 M (欲分类的土壤类型数)个预分类类别，并将各类别的各分量数据的均值和方差存储在各类别参数文件中。这是一个 UVW 的三维数据文件，其中，U 为预分类类别数，V 为参与分类的数据分量数(即波段数，包括 TM2 波段图像亮度值、TM4 波段图像亮度值、绿度指数值、高程、高差、平均坡度、坡向、粗糙率指数、水系密度、土壤发生分类类别)，W 为每一类别的参数，即均值和方差。此外，还产生了一个非监督分类类别领域关系文件。

推理判别过程就是将每一分类类别的各数据分量的均值、方差及分类类别的邻域关系和规则库中的各种土壤类型的判据进行对比，若两者的均值、方差及邻域关系都一致，则被判分类类型就是判据所对应的土壤类型。

7. 分类识别结果输出 所建系统的土壤识别分类结果由输出子系统输出，包括土壤分布图和一些统计数据，如各土壤类型的面积、各土壤类型面积占总面积的百分比、分类结果总精度等。

为了验证所得分类结果与实地土壤的符合程度，可以利用野外调查的土壤剖面点或已有的土壤系统分类类型分布图数字化重采样所得的数据构成土壤类型标准点数据库，然后从土壤类型标准点数据库中随机抽取足够数量的标准点，按其坐标检查识别分类所得图像上的同位点是否与其一样。

三、遥感制图的一般步骤

利用计算机进行遥感制图，一般要进行下述五个步骤。

1）数据收集和预处理：包括几何和辐射纠正、降噪滤波、信号增强、特征提取和选择、数据压缩等。

2）训练样区的选择：对于非监督分类，需要选择样区以辅助对簇分析结果的归类；对于监督分类，训练样区用于提取各类的特征参数以对各类进行模拟。

3）对像元进行分析：利用分类算法根据像元特征值将任一像元划归最合适的类。像元特征可以是光谱反射、相邻像元的纹理特征及所在位置的几何特征（如高度、坡度、坡向等）。

4）对分类结果进行后处理：包括各类滤波、簇分析结果重新归类，对分类结果依据地图投影的要求完成几何转换，对分类图进行整饰等。一般单凭原始的遥感图像很难取得好的分类效果。为了达到理想效果，需要对不同的地区、不同地形和不同的土壤植被类型采用不同的图像处理技术，并辅以一些非遥感信息的支持。

5）评价分类准确度：通过随机采样、地面实况调查，将分类结果与已知准确的类型进行比较得到分类图的客观分对率。

四、基于 GIS、模糊逻辑和专家知识的土壤制图

基于 GIS、模糊逻辑和专家知识的土壤制图是通过 GIS 和遥感技术获得土壤形成的环境因子，根据土壤专家或者野外调查来提取土壤和环境之间的关系，构造基于模糊逻辑的推理模型——土壤-环境推理模型（soil-land inference model, SoLIM），然后推导出土壤的空间分布，使土壤普查信息在空间详细度和属性精确度等都有较大提高的一种土壤制图方法。目前美国农业部已将这种方法作为土壤调查的标准技术进行推广。

（一）土壤类型的连续表达——土壤相似度模型

土壤相似度模型在空间上采用栅格表示，在属性上则采用相似度来表达。空间上的栅格表示可使土壤在地理空间上的简化大大降低，其详细度可通过空间分辨率变化来实现。属性上的相似度表达则是基于模糊逻辑，每个像元的土壤根据其与各典型土壤类型的相似程度分配给多个土壤类型，这些分配的比例称为隶属度，这样所有的隶属度就形成一个 n 维向量（土壤相似度向量，或称为隶属度向量）S_{ij} (s_{ij}^1, s_{ij}^2, …, s_{ij}^k, …, s_{ij}^n)，n 是给定的土壤类型的个数，第 k 个元素 s 代表在像元(i, j)的土壤和土壤类型 k 的相似度。这样某一地区的土壤可以表示成为一组像元，每一像元的土壤属性被表达成相似度向量（图 10－13、图 10－14），由此土壤空间就可以被表达成空间上和属性上都连续的连续面，在很大程度上克服了土壤在地理空间和属性空间上的简化问题。

（二）土壤相似度模型的赋值——模糊逻辑下的土壤自动推理

土壤相似度向量中各隶属度值主要是根据土壤因子方程和土壤环境模型来确定，采用某一土壤类型典型的成土环境与某一点当地特定的成土环境之间的相似度 s' 来近似地代替该地土壤与这种典型土壤类型的相似程度。

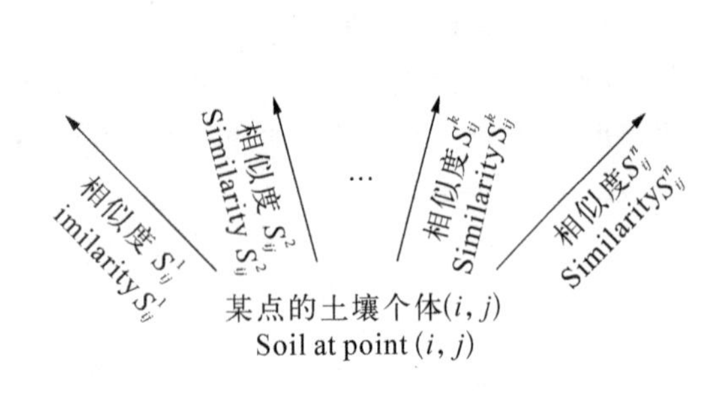

图 10－13 土壤相似度模型

资料来源：朱阿兴等(2007)

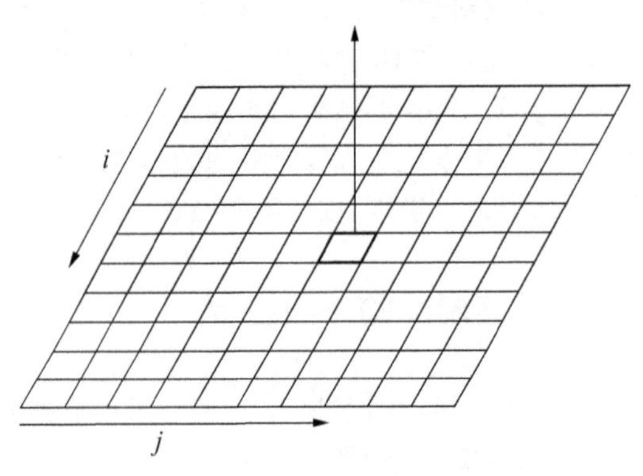

图 10－14 土壤相似度模型

资料来源：朱阿兴等(2007)

$$S' = \int f_1(E)\mathrm{d}t \tag{10-1}$$

式中，t 代表时间；f_1 代表土壤与形成环境之间的关系；E 为描述气候、地形、母质和植被等环境条件的变量。

在实践中具体描述 t 因子是非常困难的，并且 t 中的信息通常在其他成土环境因子(如地形位置)或当地土壤专家的知识中有所表达，因此本模型中式 10－1 可简化为

$$S' = f(E) \tag{10-2}$$

在实际工作中，土壤相似度模型赋值，首先要建立土壤环境关系。土壤和环境关系可以通过专家知识、神经网络计算、案例推理和数据挖掘等方法来获得，将获取的土壤环境关系与描述土壤成土环境因子相结合，环境因子主要通过 GIS 技术来获得，由于数据的可获取性和各地区成土过程的不同，不同地区包括的环境变量并不确定。最后，通过模糊推理得到。将获取的土壤环境关系储存在知识库中，土壤成土环境数据存储在 GIS 数据库中，通过一系列的模糊逻辑推理技术(模糊推理机)连接知识库和 GIS 数据库，从而自动推导出土壤相似度向量(图 10－15)。一般而言，对于像元(i, j)，推理机从 GIS 数据库提取土壤成土环境因子的

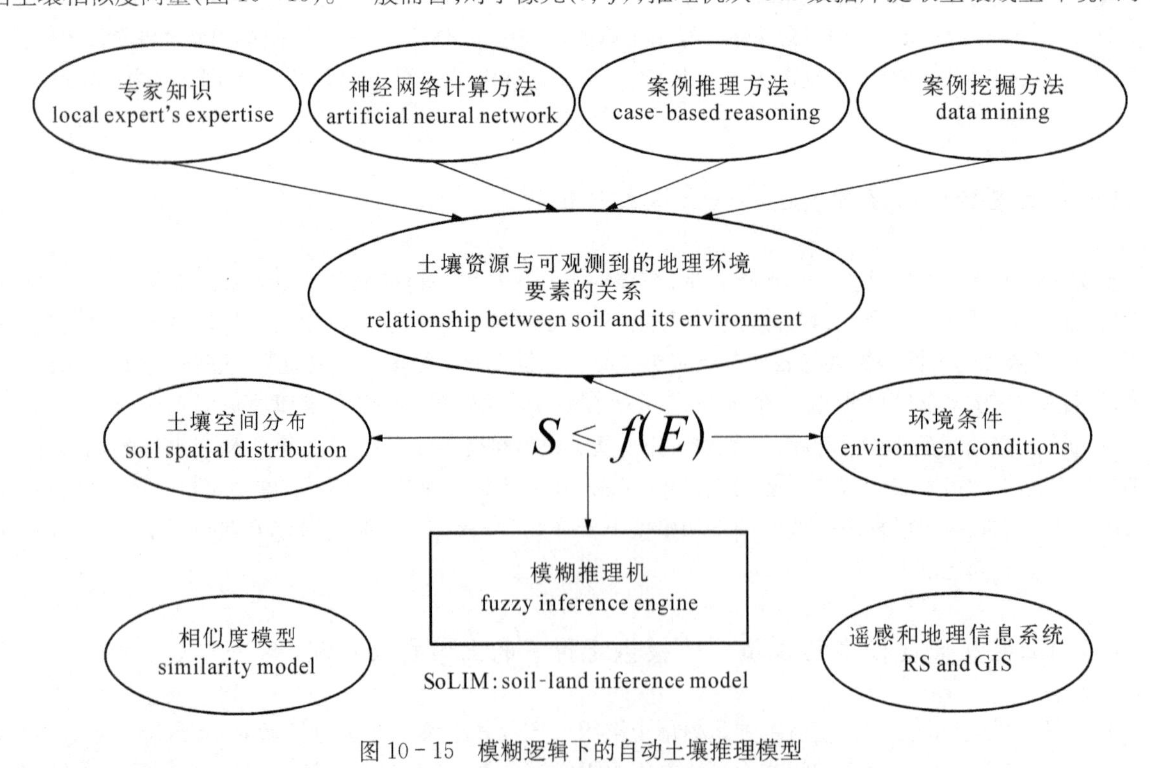

图 10－15 模糊逻辑下的自动土壤推理模型

资料来源：朱阿兴等(2007)

数据，然后将GIS数据和从知识库中获取土壤类型 k 的土壤环境关系结合，计算当地环境和土壤类型 k 的典型环境之间的相似度 s'^{K}_{ij} 来代替 s^{K}_{ij}。当该点环境条件与所有典型土壤类型的环境条件相似程度计算完后，这一像元的土壤相似度向量 s_{ij} 就得到了。当所有的像元都计算完毕，就完成了整个区域土壤相似度的推导工作。

（三）土壤相似度模型的应用

根据土壤相似度向量除了可以获得每种土壤类型的隶属度分布图外，还可以通过硬化(hardening)土壤相似度向量中隶属度来获得土壤类型图。硬化指将相似度向量中最大的隶属度值所代表的土壤类型作为该点的土壤类型。例如，某一点的相似度向量是(0.2，0.4，0.1，0.3)，向量中的隶属度分别代表土壤与土壤类型A、B、C、D的相似程度，这里土壤类型B的隶属度值最大，这点的土壤类型确定为B。在通过硬化编制的土壤类型图基础上，可根据一定域值去掉部分特别小的斑块，并将栅格形式的土壤图转变为以多边形为基础的常规土壤图，使之能够和传统的土壤图进行对比分析。在相似度模型的基础上，也可对分类误差进行全面定义，从而可以精确地、详细地描写分类结果中不确定性在空间上的变化。

土壤属性图的编制是通过点(i, j)的土壤环境与各土壤类型 k 典型环境条件的相似度 S 的隶属度线性加权的方法来进行，这主要是基于当地土壤的成土环境与给定土壤类型的成土环境相似，则当地土壤的性状就与给定的土壤类型性状相似的假设。

$$V_{ij} = \sum_{k=1}^{n} S_{ij}^{k} V^{k} \Big/ \sum_{k=1}^{n} S_{ij}^{k} \tag{10-3}$$

式中，V_{ij} 表示某点(i, j)的土壤属性值；V^k 代表典型土壤类型 k 的土壤属性值；n 代表这一地区给定的土壤类型的总数。

通过GIS和遥感技术获得土壤形成的环境因子，根据土壤专家或者野外调查来提取土壤和环境之间的关系，构造基于模糊逻辑的推理模型——土壤-环境推理模型，在此基础上推导出的土壤类型图和属性图精度与传统土壤图相比精度有较大的提高，详细程度也要详细得多，研究区较小制图单元可以在土壤普查中都能够表达，而这在传统的土壤图中是做不到的。土壤类型也表现为过渡性而不只是一种土壤类型的近似表达，使得土壤类型的描述更为准确。

土壤-环境推理模型方法取得较好的效果在于在模糊逻辑下土壤-环境关系知识与原理和GIS技术的有效集成。空间上的栅格表示和属性上的相似度表达，使得土壤作为一种地理空间和属性空间的连续面，从而使土壤在地理空间和属性空间的简化大大降低。GIS对数据数字化的处理能力使得环境参数的变异可以在很详细程度上做到量化，也大大减少了土壤的概括和错误的解译。

土壤-环境推理模型土壤调查法不仅能提高土壤调查的质量，也使土壤调查更新更为高效，费用更低，因此在土壤调查中具有很重要的借鉴意义。

参考文献

霍亚贞，李天杰等. 1987. 土壤地理实验与实习. 北京：高等教育出版社.

李天杰，赵烨等. 2006. 土壤地理学，第三版. 北京：高等教育出版社.

罗红霞. 基于土壤系统分类的土壤遥感自动识别分类系统的设计. 西南师范大学学报，28(4)：622—626.

孙波，施建平等. 2007. 陆地生态系统土壤观测规范. 北京：中国环境科学出版社.

杨士弘. 2002. 自然地理学实验与实习. 北京：科学出版社.

朱阿兴，李宝林等. 基于GIS、模糊逻辑和专家知识的土壤制图及其在中国应用前景. 土壤学报，42(5)：844—851.

朱鹤健，何宜庚等. 2000. 土壤地理学. 北京：高等教育出版社.

http：//www.chemonline.net/chemdoor/gotourl.asp? url=http%3A%2F%2Fwww.besct.com%2 Fschool.htm&id=3034